普通高等教育 电气工程 系列教材
自动化

电 机 学

第 2 版

主编 李书权
参编 曾令全 初壮

U0213163

机 械 工 业 出 版 社

本书是在继承传统电机学教材特色的基础上，努力适应大众化教育时代的专业设置和课时设置的需要而编写的。本书以变压器、异步电机、同步电机和直流电机作为研究对象，突出基本概念、基本原理和基本分析方法的阐述，注重电机作为系统中控制执行元件的功能，重点分析各类电机的稳态性能。本书的编写特色是：结合国情、博采众长、主次分明、便于自学。

本书可作为高等学校电气工程及其自动化专业及机电类、自动化类专业的教学用书，也可供有关科技人员作为参考用书。

本书配有免费电子课件，欢迎选用本书作教材的老师登录 www.cmpedu.com 注册下载。

图书在版编目（CIP）数据

电机学/李书权主编. —2 版. —北京：机械工业出版社，
2015.10（2023.1 重印）
ISBN 978 – 7 – 111 – 51865 – 5

Ⅰ.①电…　Ⅱ.①李…　Ⅲ.①电机学 – 高等学校 – 教材
Ⅳ.①TM3

中国版本图书馆 CIP 数据核字（2015）第 246745 号

机械工业出版社（北京市百万庄大街 22 号　邮政编码 100037）
策划编辑：徐　凡　责任编辑：王雅新
封面设计：张　静　责任校对：刘秀丽
责任印制：常天培
北京虎彩文化传播有限公司印刷
2023 年 1 月第 2 版·第 6 次印刷
184mm×260mm·22.75 印张·563 千字
标准书号：ISBN 978 – 7 – 111 – 51865 – 5
定价：46.00 元

电话服务　　　　　　　　　网络服务
客服电话：010-88361066　　机　工　官　网：www.cmpbook.com
　　　　　010-88379833　　机　工　官　博：weibo.com/cmp1952
　　　　　010-68326294　　金　书　网：www.golden-book.com
封底无防伪标均为盗版　机工教育服务网：www.cmpedu.com

前　　言

　　"电机学"作为电气工程及其自动化专业学生必修的一门专业基础课和一门承上启下的平台课程，其特点是理论性强、概念抽象、专业特征明显。如何使学生较好地理解和掌握电机学的核心内容，提高分析和解决工程实际问题的能力，提高自主学习和进行创造性思维的能力，并使其通过本课程的学习，为其以后在电气工程领域继续学习打下坚实的基础，是我们在"电机学"课程长期的教学实践中一直思考和探索的问题。

　　本书的编写原则在于激发学生思考的积极性和学习的主动性，提高学生的自主学习能力。内容侧重于基本概念和基本分析方法的分析和阐述，加大了解释性段落的编写。内容体系的安排强调一根主线，即"磁路—变压器—交流绕组—异步电机—同步电机"，各部分相对独立又紧密联系成为一个有机的整体。每部分又遵循"结构—原理—特性—应用"的顺序进行安排，构建了符合认知规律的内容体系，力求将学生普遍认为难于理解的知识通俗化但不失严谨性。本书每章后配有小结，小结对每章内容进行归纳和总结，帮助学生提高对各章内容整体性的把握。每章还配有与章节内容紧密结合的思考题和习题，书后附有习题参考答案，以引导学生理解和掌握本章节的重点内容，提高学生分析问题和解决实际问题的能力。

　　本书此次修订是根据本校及兄弟院校在应用本书实践中提出的宝贵意见和建议而进行的，修订的原则是保持本书的原有特色，总体结构基本不变，重点充实和改进了某些内容。本次修订是由东北电力大学李书权副教授、曾令全教授和初壮副教授共同完成的，具体分工是：李书权编写绪论、第1篇和第3篇；曾令全编写第4篇；初壮编写第2篇和第5篇。全书由李书权统编。

　　虽然本书经过了再版修订，但由于编者学识水平有限，书中仍难免有不妥之处，恳请广大读者批评指正并提出宝贵意见。

编　者

目　　　录

第一篇　变　压　器

第二篇　交流电机的绕组及其电动势和磁动势

第三篇　异 步 电 机

第四篇　同 步 电 机

绪　　论

0.1　概述

1. 电机的定义

电能在现代工农业生产、交通运输、科学技术、信息传输、国防建设以及日常生活等领域获得了极为广泛的应用，而电机是生产、传输、分配及应用电能的主要设备。电机学中所说的电机，泛指借助于电磁感应原理，实现机电能量转换和信号传递与转换的电磁装置。严格地说，这类装置的全称应该是电磁式电机，但习惯上简称电机。由此应明确以下几点：

1）电机是依靠电磁感应原理运行的。利用其他原理（光电效应、化学效应、磁光效应及压电效应等）产生电能的装置通常不包括在电机的范围内。

2）电机本身不是能源，而只是能量转换的装置，其能量转换或传递过程严格遵循能量守恒定律。

3）电机的输入、输出能量中，至少有一方必须为电能。

2. 电机的主要类型

电机常用的分类方法有两种。一种是按用途分，可分为发电机、电动机、变压器和控制电机四大类。发电机是将机械能转换为电能；电动机则是将电能转换为机械能；变压器是将一种电压等级的交流电能转换为同频率的另一种电压等级的交流电能；控制电机主要用于信号的变换与传递。另一种分类方法是按照运动方式分，静止的有变压器，运动的有直线电机和旋转电机，但鉴于直线电机应用较少，电机学只侧重于旋转电机。旋转电机根据电源的性质又分为直流电机和交流电机两类。交流电机按运行速度与磁场速度的关系又分为同步电机和异步电机两类。同步电机主要用作发电机，异步电机主要用作电动机。需要指出的是，发电机和电动机只是电机的两种运动形式，其自身是可逆的。也就是说，同一台电机，既可作发电机运行，也可作电动机运行，只是从设计要求和综合性能考虑，其技术性和经济性未必兼得罢了。

综合以上两种分类方法，可归纳如下：

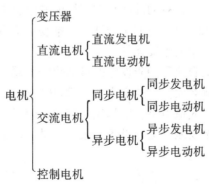

3. 电机在国民经济中的作用

由于电能便于大量生产、集中管理、远距离传输、灵活分配及自动控制，因而电能成为现代社会最主要的能源。电机是电能的生产、输送、变换与利用的核心设备，在国民经济建设的各个领域发挥了极为重要的作用。

（1）电机是电能的生产、传输和分配中的主要设备

在发电厂中，发电机由汽轮机、水轮机、柴油机或其他动力机械带动，这些原动机分别将燃料燃烧的热能、水的位能、原子核裂变的原子能等转化为机械能传给发电机，由发电机将机械能转化为电能。发电机发出的电压一般为 10.5kV ~ 20kV，为了减少远距离输电中的能量损耗，经济地传输电能，采用高压输电，一般输电电压为 220kV ~ 500kV 或更高，因此采用升压变压器将发电机发出的电压升高再进行电能的传输。在各用电区，为安全使用电能，各用电设备又需要不同等级的低电压，因此还需要各种电压等级的降压变压器将电压降低，然后供给各用户。

在电力工业中，发电机和变压器是发电厂和变电站的主要设备，如图 0-1 所示。

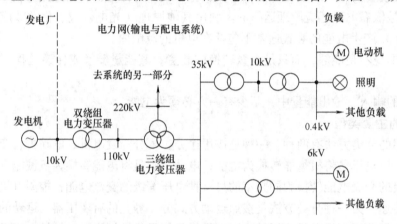

图 0-1　简单的电力系统示意图

（2）电机是各种生产机械和装备的动力设备

在机械、冶金、石油和化学工业中，广泛应用电动机驱动各种生产机械和装备，一个现代化的企业需要几百台以至几万台各种不同的电动机；随着农业现代化发展，电力排灌、谷物和农副产品加工，都需要电动机拖动；医疗器械、家用电器等的驱动设备都采用了各种交、直流电动机；交通运输中需要的各种专用电机，如汽车电机、船用电机和航空电机，以及电车、电气机车需要的具有优良起动性能和调速性能的牵引电动机，特别是近年来电动汽车和以直线电动机为动力的磁悬浮高速列车的开发，推动了新型电动机的开发。

（3）电机是自动控制系统中的重要元件

随着科学技术的发展，工农业和国防设施的自动化程度越来越高，各种各样的控制电机被用作执行、检测、放大和解算元件。这类电机一般功率较小，品种繁多，精度要求较高。例如火炮和雷达的自动定位，人造卫星发射和飞行控制，舰船方向舵的自动操纵，机床加工的自动控制和显示、自动记录仪表、医疗设备、录音、录像、摄影和现代家用电器等的运行控制、检测或记录显示等。

近年来，伴随超导技术、自动控制技术、电力电子技术与计算机技术的发展，使得电机

得到了更快的发展。使用新原理、新结构的高性能电机不断被研制开发出来，电机的应用领域得到了进一步的扩大，不断地满足了国民经济中各个领域的多种多样的需求，在国民经济建设的各个领域发挥了更大的作用。

4. 电机发展简史

电机已有近 200 年的发展历史，大体上可以分为三个时期：①直流电机的产生和形成时期；②交流电机的形成时期；③电机理论、设计和制造工艺逐步达到完善时期，其发展历史可简述如下。

（1）直流电机的产生和形成

早在 1821 年，法拉第（Faraday）发现了载流导体在磁场中受力的现象，并首次使用模型表演了这种把电能转换为机械能的过程。1831 年，他又发现了电磁感应定律。在这一基本定律的指导下，第二年，皮克西（Pixii）利用磁铁和线圈的相对运动，再加上一个换向装置，制成了一台原始型旋转磁极式直流发电机，这就是现代直流发电机的雏形。

虽然早在 1833 年，楞次（Lenz）已经证明了电机的可逆原理，但在 1870 年以前，直流发电机和电动机一直被看作两种不同的电机而独立发展着。

电磁感应定律发现了，直流发电机也发明了，但经济性、可靠性、容量却未达到实用化要求，廉价直流电源的问题并没有很快得到解决，因而电动机的应用和发展依然缓慢。为解决廉价直流电源这一电动机应用中的瓶颈问题，直流发电机获得了快速发展。在 1834—1870 年这段时间内，发电机研究领域产生了三项重大的发明和改进。在励磁方面，首先从永磁体转变到采用电流线圈，其后，1866 年，西门子兄弟（W & C W Siemens）又从蓄电池他励发展到发电机自励。在电枢方面，格拉姆（Gramme）于 1870 年提出采用环形绕组。虽然这种绕组早在电动机模型中就已经提出过，但没有受到重视，直至在发电机中被采用之后，人们才将发电机和电动机中的这两种结构进行了对比，并最终使电机的可逆原理被大家所接受，从此，发电机和电动机的发展合二为一。

1870—1890 年是直流电机发展的另一个重要阶段。1873 年，海夫纳阿尔泰涅克（Hefner Alteneck）发明了鼓形绕组，提高了导线的利用率。为加强绕组的机械强度，减少铜线内部的涡流损耗，绕组的有效部分被放入铁心槽中。1880 年，爱迪生（Edison）提出采用叠片铁心，进一步减少了铁心损耗，降低了绕组温升。鼓形电枢绕组和有槽叠片铁心结构一直沿用至今。上述若干重大技术进步使直流电机的电磁负荷、单机容量和输出效率大为提高，但换向器上的火花问题随之上升为突出问题。于是，1884 年出现了换向极和补偿绕组，1885 年开始用碳粉制作电刷。这些措施使火花问题暂告缓和，反过来又促进了电磁负荷和单机容量的进一步提高。

在电机理论方面，1886 年霍普金森兄弟（J & E Hopkinson）确立了磁路欧姆定律，1891 年阿诺尔特（Anoret）建立了直流电枢绕组理论。这就使直流电机的分析和设计建立在更为科学的基础上。因此，到 19 世纪 90 年代，直流电机已经具备了现代直流电机的主要结构特点。

1882 年是电机发展史上的一个转折点。这一年，台勃莱兹（Depratz）把米斯巴哈水电站发出的 2kW 直流电，通过一条长 57km 的输电线送到了慕尼黑，从而为电能和电机的应用开辟了广阔的前景。

然而，随着直流电的广泛应用，直流电机的固有缺点也很快暴露出来。首先，远距离输电时，要减少线路损耗，就必须升高电压，而制造高压直流发电机却有很多不可克服的困难。此外，单机容量不断增大，电机的换向也就变得越来越困难。因此，19世纪80年代以后，人们的注意力逐渐向交流电机方面转移。

（2）交流电机的形成和发展

1870年以前，由于生产上没有需要，加上当时科学水平的限制，人们对交流电的特点还不大了解。1876年，亚勃罗契柯夫（Yaporochikov）首次采用交流电机和开磁路式串联变压器给"电烛"供电。1884年，霍普金森兄弟发明了具有闭合磁路的变压器，同年，齐波诺斯基（Zipernowski）、德拉（Deri）和勃拉弟（Blathy）三人又提出了芯式和壳式结构。之后，单相变压器就逐渐在照明系统中得以应用，使远距离输电问题得到缓解，但又产生了新的矛盾。这就是，当时的单相交流电还不能用作电动机电源，换句话说，运用交流电驱动各类生产机械的问题仍未获得解决。交流感应电动机的发明，与产生旋转磁场这一研究工作紧密相连。1825年，阿拉戈（Arago）利用金属圆环的旋转，使悬挂其中的磁针得到了偏转。实际上，这一现象展示的就是多相感应电动机的工作原理。1879年，贝利（Beiley）采用依次变动四个磁极上的励磁电流的办法，首次用电的方式获得了旋转磁场。1883年，台勃莱兹进一步在理论上阐明，两个在时间和空间上各自相差1/4周期的交变磁场，合成后可以得到一个旋转磁场。然而，真正用交流电产生旋转磁场，并制造出实际可用的交流电机的，还是从费拉里斯（Ferraris）和特斯拉（Tesla）两人的工作开始。1885年，费拉里斯把用交流电产生旋转磁场和用铜盘产生感应电流这两种思想结合在一起，制成了第一台两相感应电动机。稍后，他又于1888年发表了"利用交流电产生电动旋转"的经典论文。同一时期，特斯拉亦独立地从事于旋转磁场的研究，而且几乎与费拉里斯同时发明了感应电动机。

在此基础上，1889年，多利夫-多布罗夫斯基（Doliv-Dobrovsky）又进一步提出了采用三相制的建议，并设计和制造了三相感应电动机。与单相和两相系统相比，三相系统效率高，用铜省，电机的性能价格比、容量体积比和材料利用率有明显改进，其优越性在1891年建成的从劳芬到法兰克福的三相电力系统中得到了充分显示。该系统的顺利运行表明，三相交流电不但便于输送和分配，而且更有利于电力驱动。三相电动机结构简单，工作可靠，很快得到了大量应用。因此，到20世纪初，交流三相制在电力工业中就占据了绝对统治地位。

随着交流电能需求的不断增加，交流发电站的建设迅速发展，至19世纪80年代末期，研制能直接与发电机连接的高速原动机以替代蒸汽机的要求被提了出来。经过众多工程技术人员的苦心研究，不久就研制出了能高速运转的汽轮机。到19世纪90年代初期，许多电站已经装有单机容量为1000kW的汽轮发电机组。此后，三相同步电机的结构逐渐划分为高速和低速两类，高速的以汽轮发电机为代表，低速的以水轮发电机为代表。同时，由于大容量和可靠性等原因，几乎所有的制造厂家都采用了励磁绕组旋转（磁极安装在转子上）、电枢绕组静止（线圈嵌放在定子槽中）的结构型式。随着电力系统的逐步扩大，频率亦趋于标准化，但不同的地区和国家的标准不一，如欧洲的标准为50Hz，美国为60Hz，我国统一为50Hz。

此外，由于工业应用和交通运输方面的需要，19世纪90年代前后还发明了将交流变换为直流的旋转变流机，以及具有调速和调频等调节功能的交流换向器电机。

在交流电机理论方面，1893 年左右，肯涅利（Kennelly）和斯泰因梅茨（Steinmetz）开始用复数和相量来分析交流电路。1894 年，海兰（Heyland）提出的"多相感应电动机和变压器性能的图解确定法"，是感应电机理论研究的第一篇经典性论文。同年，费拉里斯（Ferraris）已经采用将一个脉振磁场分解为两个大小相等、方向相反的旋转磁场的方法来分析单相感应电动机。这种方法后来被称为双旋转磁场理论。1894 年前后，保梯（Potier）和乔治（Goege）又建立了交轴磁场理论。1899 年，布隆代尔（Blondel）在研究同步电机电枢反应过程中提出了双反应理论，这在后来被发展成为研究所有凸极电机的基础。

总的说来，到 19 世纪末，各种交、直流电机的基本类型及其基本理论和设计方法，大体上都已建立起来了。

（3）电机理论和设计、制造技术的逐步完善

20 世纪是电机发展史上的一个新时期。这个时期的特点是：工业的高速发展不断对电机提出各种新的、更高的要求，而自动化方面的特殊需要则使控制电机和新型、特种电机的发展更为迅速。在这个时期内，由于对电机内部的电磁过程、发热过程及其他物理过程开展了越来越深入的研究，加上材料和冷却技术的不断改进，交、直流电机的单机容量、功率密度和材料利用率都有显著提高，性能也有显著改进。

以汽轮发电机为例，1900 年，单机容量不超过 5MW，到 1920 年，转速为 3000r/min 的汽轮发电机的容量已达 25MW，而转速为 1000r/min 的汽轮发电机的容量达到 60MW，至 1937 年，用空气冷却的汽轮发电机的容量已达到 100MW。1928 年氢气冷却方式首次被应用于同步补偿机，1937 年推广应用于汽轮发电机后，就使转速为 3000r/min 的汽轮发电机的容量上升到 150MW。20 世纪下半叶，电机冷却技术有了更大的发展，主要表现形式就是能直接将气体或液体通入导体内部进行冷却。于是，电机的温升不再成为限制容量的主要因素，单机容量也就可能更大幅度地提高。1956 年，定子导体水内冷、转子导体氢内冷的汽轮发电机的容量达到了 208MW，1960 年上升为 320MW。目前，汽轮发电机的冷却方式还有全水冷（定、转子都采用水内冷，简称双水内冷）、全氢冷以及在定、转子表面辅以氢外冷等多种，单机容量已达 1200 ~ 1500MW。

水轮发电机和电力变压器的发展情况与此相类似。水轮发电机的单机容量从 20 世纪初的不超过 1000kW 增至目前的 1200MW，电力变压器的单台容量也完全能够与最大单机容量的汽轮发电机或水轮发电机匹配，电压等级最高已经达到 1200kV。

电机功率密度和材料利用率的提高可以从下面一组关于电机重量减轻和尺寸减小的实例数据窥见一斑：小型异步电动机的重量 19 世纪末为每千瓦大于 60kg，第一次世界大战后已降至每千瓦 20kg 左右，到 20 世纪 70 年代则降到每千瓦 10kg；与此同时，电机体积也减小了 50% 以上，技术进步的作用是非常明显的。

促使电机重量减轻和尺寸减小的主要因素来自于三个方面。首先是设计技术的进步和完善。这其中有电机理论研究成果的直接注入，也有设计手段和工具革新的积极影响，尤其是计算机辅助设计（CAD）技术的应用，真正使多目标变参数全局最优化设计成为可能。其次是结构和工艺的不断改进。新工艺措施包括线圈的绝缘和成型处理、硅钢片涂漆自动化、异步机转子铸铝等，辅以专用设备、模夹具以及生产线和装配线，也就从根本上保证了设计目标的完整实现。再次是新型材料的发展和应用，如铁磁材料采用冷轧硅钢片，永磁材料采用稀土磁体、钕铁硼磁体，绝缘材料采用聚酯薄膜、硅有机漆、粉云母等。

自动化技术的特殊需要推动了控制电机的发展。20 世纪 30 年代末期出现的各种型式的电磁式放大机，如交磁放大机和自激放大机等，就是生产过程自动化和遥控技术发展需要的产物。现今多种型式的伺服电动机、步进电动机、测速发电机、自整角机和旋转变压器等，更是各类自动控制系统和武器装备以及航天器中不可缺少的执行元件、检测元件或解算元件。它们大多在第二次世界大战期间陆续出现，20 世纪 60 年代以后基本完善，但在功能、精度、可靠性、快速响应能力方面不断有所改进，年产量的平均增长速度明显高于普通电机。

新型、特种电机是所有原理、结构、材料、运行方式有别于普通电机或控制电机，但基本功能又与普通电机或控制电机无本质差异的各类电机的总称。由于这类电机大都是为了满足某种特定需求而专门研制的，具有普通电机或控制电机难以企及的某种特定性能，因而品种繁多，发展速度惊人，应用无所不及。有的以直线运动方式驱动磁悬浮高速列车；有的以 500000r/min 超高速旋转；有的以蠕动方式爬行；有的还可以直接做二维或三维运动；有的用作大功率脉冲电源，主要以突然短路方式运行，典型应用如环形加速器和电磁发射与推进；有的功率不到 1W，采用印刷绕组，尺寸不足 2mm，用于人体医学工程；有的甚至直接由压电陶瓷和形状记忆合金等功能材料制成，可实现纳米级精密定位（压电超声波电机）和柔性伺服传动（形状记忆合金电机），性能卓越，但不再适用电磁理论，原理和运行控制方式也与电磁式电机截然不同。事实上，特种电机，尤其是微特电机一直是电机发展中最有活力、最富色彩、也最具挑战性的分支之一。

在电机理论方面，1918 年，福蒂斯丘（Fortescue）提出了求解三相不对称问题的一般化方法——对称分量法。对于不对称的三相系统，无论是变压器、异步电机还是同步电机，总可以把三相电压和电流分解成正序、负序和零序三组对称分量。其中，正序电流在电机内部产生一个正向旋转磁场，负序电流产生反向旋转磁场，零序电流产生脉振磁场。这样，就使电机不对称运行时内部物理过程的描述得到简化，进而在线性假设条件下，应用叠加原理，即认为电机的总体行为是三组分量单独作用行为的叠加，就可以对电机不对称运行时的行为进行分析计算。在此基础上，各类交流电机（器）的分析方法也就得到了进一步统一。接下来，1926—1930 年间，道黑提（Dohadi）和尼古尔（Nigull）两人先后提出了五篇经典性论文，发展了布隆代尔的双反应理论，求出了同步电机的瞬态功角特性，以及三相和单相突然短路时的短路电流。1929 年，帕克（Park）（原译为"派克"）又利用坐标变换和算子法，导出了同步电机瞬态运行时的电压方程和算子电抗。同时，许多学者又研究了同步电机内的磁场分布，得出了各种电抗的计算公式和测定方法。这些工作使得同步电机的理论达到了比较完善的地步。在异步电机方面，1920—1940 年间，德雷福斯（Dreyfus）、庞加（Punga）、弗里茨（Fritz）、马勒（Müller）和海勒尔（Heiller）等人还对双笼和深槽电机的理论和计算方法、谐波磁场产生的寄生转矩、异步电机噪声等问题进行了系统的研究，奠定了分析设计基础。

为了寻求分析各种电机的统一方法，1935—1938 年间，克朗（Kron）首次引入张量概念来研究旋转电机。这种方法的特点是：一旦列出原型电机的运动方程，通过特定的张量转换，就可以求出其他各种电机的运动方程。线圈的连接、电刷或集电环的引入、对称分量和其他各种分量的应用等，都相当于一定的坐标变换。张量方法的应用，不但揭示了电机及其各种分析方法之间的相互联系，使电机理论趋于统一，而且为许多复杂问题的求解提供了新的、也更有效的途径。

20 世纪 40 年代前后，由于第二次世界大战的影响，自动控制技术得到了很大的发展，相应地，各类控制电机和小型分马力电机的理论也有了较大的发展。至 20 世纪 50 年代，很多学者进一步利用物理模拟和模拟计算机，研究同步电机和异步电机的机电瞬态过程，亦使一些比较复杂的交流电机动态运行问题得到了解决。

在旋转电机理论体系方面，从 1959 年起，由怀特（White）和伍德森（Woodson）倡导，已逐步建立起了以统一的机电能量转换理论为基础的新体系。这种体系的特点是：把旋转电机作为广义机电系统中的一种，从电磁场理论出发导出电机的参数，从汉密尔顿（Hamilton）原理和拉格朗日-麦克斯韦（Lagrange-Maxwell）方程出发建立电机的运动方程，用统一的方法来研究各种电机的电动势、电磁转矩以及实现能量转换的条件和机理，还统一利用坐标变换、方块图和传递函数、状态方程等方法分析各种电机的稳态和动态性能以及电机与系统的联系，从而使电机理论建立在更为严密的基础之上。

进入 20 世纪 60 年代以后，电力电子技术和计算机技术的应用使电机的发展经历了并继续经历着一场持久的革命性的变化。大功率晶闸管开关元件问世后，出现了便于控制、体积小、噪音小，并且完全可以取代直流发电机的大容量直流电源，使直流电动机的良好调速性能得以更充分发挥。与此同时，还出现了高性能价格比的变频电源和晶闸管异步电动机起动器（软起动器），使交流电机的经济、平滑、宽调速成为可能，既拓宽了交流电机的应用领域，也变更了交流电机的传统观念。在此基础上，1970 年，勃拉希克（Blaschke）提出了异步电机磁场定向控制方法（通称矢量变换控制，简称矢量控制）。该方法采用坐标变换和解耦处理后，能分别控制电流的励磁分量和转矩分量，使交流电机可获得与直流电机相媲美的调速性能，由此带动了交流变速传动的高速发展。近 30 年来，交流电机矢量控制在理论和实践上不断得以改进和完善，直接转矩控制和无位置传感器控制思想使系统结构更为简化，专用控制芯片 DSP（Digital Signal Processor）和各类先进、智能控制技术的应用使系统性能不断提高，不仅在绝大部分场合替代了直流传动系统，而且已发展到全面追求系统高品质的程度，如数控设备中就采用了高品质交流伺服系统。这说明，高品质交流变速传动系统已经工业化、实用化。

对电机的近代发展来说，与电力电子技术应用同样重要的是计算机的广泛应用。这主要表现在三个方面。首先，计算机使电机的运行控制变得更为简便，也更为可靠，并使电机能以在线监测方式实现故障诊断和运行维护的智能化，而现代高品质电力传动赖以产生和发展的基础也正是计算机监控技术和电力电子技术的有机结合。其次，非线性特性和动态行为分析这些传统电机学中的研究难点，可运用计算机辅助分析（CAA）及数值仿真技术得以圆满解决，并且还能够虚拟实际系统，包括实际系统难以实现的一些理想或极限运行工况以及各类故障行为的预演，在强化研究手段、丰富研究内容、降低研究成本、缩短研究周期方面发挥着重要作用。最后，借助于计算机和现代数值方法，如偏微分方程数值解法（有限元法、有限差分法、边界元法等）和最优化数学方法（人工神经网络、遗传算法、模拟退火算法等），能从综合物理场的角度（电场、磁场、温度场、应力场等）研究电机内的物理现象，求解出电机内各类场的分布，计算电机参数，从微观上把握结构、材料对电机性能的影响，真正从全局最优化观点实现电机结构的多目标变参数设计。

（4）电机的发展趋势

人们预测，超导技术的广泛应用将使社会生产发生新的飞跃，同时也使电力工业在21世纪的发展面临难得的机遇和巨大的挑战。客观地说，电机发展到现在，已经取得了非常了不起的成就，其单机容量的进一步增大、效率和功率密度（容量体积比）的进一步提高似乎只有也只能寄希望于超导技术的实用化进展，并期望由此带动电机结构和运行控制理论与实践的重大突破。根据超导材料的温度特性，我们把诞生于20世纪初期的传统超导技术称为低温超导，其在电机研究领域的应用开始于20世纪50年代，主要用于研制超导发电机。经过大约30年的开发研究，虽然也取得了单机容量达70MW的成果，但制造、运行成本之高，结构、工艺之复杂，仍然是普通工业应用所无法接受的。20世纪80年代中期超导材料的研究获得突破，相应的高温超导技术给超导电机的实用化进程带来了新的曙光。目前，容量为1000kV·A的高温超导变压器已经试制成功，高温超导发电机和电动机也都在研制之中。可以说，高温超导电机的工业化、实用化进程将是21世纪科学技术进步的重要内容之一。

新型、特种电机仍将是与新原理、新结构、新材料、新工艺、新方法联系最密切、发展最活跃、也最富想象力的学科分支，并将进一步深入渗透到人类生产和生活的所有领域之中。随着人类生活品质的不断提升，绿色电机的概念已经提出并被人们所接受。虽然这个概念目前还是抽象的，但从环保角度看，低振动、低噪声、无电磁干扰、有再生利用能力以及高效率、高可靠性是一些最起码的要求，这对电机的设计制造和运行控制，尤其是原理、结构、材料、工艺等，无疑是一种新的挑战。此外，随着工业自动化的不断发展，智能化电机或智能化电力传动的概念也被越来越多的人们所认可。这种智能化包含两方面的内容：其一是系统所具有的控制能力和学习能力，另一方面就是电机的容错运行能力，即要求研制所谓容错型电机。容错型电机的定义还不太确切，其基本要求就是以安全为前提，允许电机在故障和误操作情况下的容错运行，直至故障消除或系统自动控制恢复。这对于传统的电机运行观念，无疑也是一个严峻的挑战。

计算机技术和电力电子技术的更广泛应用将把已在电机领域内引发的革命性变化不断推向深入，并最终使电机从分析、设计、制造、运行到控制、维护、管理全过程全方位实现最优化和自动化、智能化。由计算机辅助分析（CAA）、计算机辅助设计（CAD）和计算机辅助制造（CAM）技术构架而成的电机的计算机集成制造系统（Computer Integration Manufacturing System on Electrical Machines，简称为CIMSEM），将有可能以全局最优化为目标实施电机的智能化设计和柔性自动化制造，而电力电子技术和计算机在线监测与控制技术的不断进步将使各类电机的运行、控制和故障诊断以及维护、管理能够最大限度地满足系统最优化、自动化、智能化发展的综合需要。

需要特别强调的是，近代科学技术，特别是计算机技术对电机学科的影响是巨大的，意义是深远的。电机的传统内涵已经发生了并继续发生着极大的变化，研究内容拓宽了，研究方法改进了，研究手段也丰富了。新的观念在形成，新的交叉学科在产生，老学科确实重新焕发出了生机和魅力。近年来，围绕电机及其系统的各类控制设备和计算机应用软件的研制方兴未艾，并已构成电机学科新的发展方向。电机与电力电子技术的结合使得现代电力传动系统的分析必须将电机与系统以及电力电子装置揉为一个整体，由此可形成所谓"电子电机学"。传统电机学以路（电路、磁路、热路、风路）、集中参数、均质等温体、刚体等概念分析处理电机，视电机为系统中的一个元件，若可将之称为"宏观电机学"的话，那么，从综合物理场的角度、用计算机手段分析处理电机的理论和方法体系就可以称为"微观电机学"。此外，在我国，"电力电子与电力传动"已经发展成为一门新的学科。

总之，融合科技进步的最新成就，不断追求新的突破，这是电机并且也是所有科学技术发展的永恒主题。它激励着我们努力学习，勇于探索，有所发明，有所发现，有所创造，有所前进。

0.2　电机中的常用材料

电机的技术经济指标在很大程度上与其制造材料有关。材料的改进使电机不但有较好的性能，而且有较小的尺寸。正确地选择导电材料、磁性材料和绝缘材料等，在设计和制造电机时极为重要。同时，在选择材料时，又必须保证电机的各部分都有足够的机械强度，即在按技术条件所允许的不正常运行状态下，也能承受较大的电磁力而不致损坏。通常，电机中所用的材料可分为以下四类。

1. 导电材料

铜是最常用的导电材料，电机中的绕组一般都用铜线绕成。电力工业上用的标准铜，在温度为20℃时的电阻率为 $17.24 \times 10^{-3} \Omega \cdot mm^2/m$，即长度为1m、截面积为 $1mm^2$ 的铜线，其电阻为 $17.24 \times 10^{-3} \Omega$，相对密度为 $8.9g/cm^3$。电机绕组用的导体是硬拉后再经过退火处理的。换向片的铜片则是硬拉或轧制的。

铝也是常用的导电材料，其重要性仅次于铜。铝的电阻率为 $28.2 \times 10^{-3} \Omega \cdot mm^2/m$，相对密度为 $2.7g/cm^3$。铝在输电线路上应用很广，小型异步电动机的转子绕组常用铝模铸成，称铸铝转子。也有用铝线绕制变压器的绕组和小型异步电动机的定子绕组。

黄铜、青铜和钢都可以作为集电环的材料。

碳也是应用于电机的一种导电材料。电刷可用碳－石墨、石墨或电化石墨制成。为了降低电刷与金属导体之间的接触电阻，某些牌号的电刷还要镀上一层厚度约为0.05mm的铜。碳刷的接触电阻并不是常数，随着电流密度的增大而减小。每对电刷的接触电压降随着电刷的牌号略有不同。

2. 导磁材料

钢铁是常用的导磁材料。铸铁因导磁性能较差，应用较少，仅用于截面积较大，形状较复杂的结构部件。各种成分的铸钢的导磁性能较好、应用也较广。特性较好的铸钢为合金钢，如镍钢、镍铬钢，但价格较贵。整块的钢材，仅能用以传导不随时间变化的磁通。如所导磁通是交变的，为了减少铁心中的涡流损耗，导磁材料应当用薄钢片，称为电工钢片。电工钢片的成分中含有少量的硅，使它有较高的电阻，同时又有良好的导磁性能。因此，电工钢片又称为硅钢片。随着牌号的不同，各种电工钢片的含硅量也不相同，最低的为0.8%，最高的可达4.8%，含硅量愈高则电阻愈大，但导磁性能略差。在近代的电机制造工业中，变压器和电机的铁心愈来愈多地应用冷轧硅钢片，它具有较小的比损耗，且有较高的磁导率。此外，有取向电工钢片比无取向电工钢片可以工作在更高磁通密度下。

铁磁材料具有高导磁性，同时还具有磁饱和性、磁滞性和铁耗。

（1）铁磁材料的高导磁性

我们知道，对于空气和所有的非铁磁材料来说，其磁导率都接近于真空的磁导率 $\mu_0 =$

$4\pi\times 10^{-7} \mathrm{H/m}$，而铁磁材料的磁导率 μ_{Fe} 比非铁磁材料磁导率 μ_0 可大 2000～6000 倍，因此，其具有良好的导磁性。

（2）铁磁材料的饱和性

由图 0-2 所示的磁化曲线 $B = f(H)$ 可知，（B 是磁感应强度，H 为磁场强度）区域 Oa 段为起始段，这时候材料的磁导率较小，称为起始磁导率。继续增大 H，到达区域 ab 段，此时磁导率迅速增大，B 与 H 的关系近似为直线，称为线性区。如果电机的磁性材料工作在这个区域，便可近似应用线性理论来分析。区域 bc 段伴随 H 增大，B 的增长率减慢，到达 c 点后，B 增加更缓慢，称为磁路饱和，c 点称饱和点，过 c 点就进入饱和区。电机设计时，通常把铁心中磁通密度选在曲线拐弯处，即 b 点附近。由此可知，当磁通密度变化时，其磁导率也是变化的，其变化如图 0-2 中的 $\mu = f(H)$ 曲线所示。

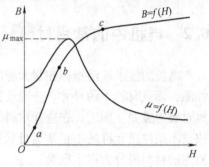

图 0-2 铁磁材料的原始磁化曲线

（3）铁磁材料的磁滞性

如图 0-3 所示，当磁场强度从 $-H_m$ 向 $+H_m$ 增加时，磁化过程沿曲线 defa 进行。当磁场强度从 $+H_m$ 向 $-H_m$ 减少时，磁化过程沿曲线 abcd 进行。我们将曲线 abcdefa 称为磁滞回线。从上述的磁化过程可以看出，B 的变化总是滞后于 H 的变化，这种现象就称为磁滞。B_r 称为剩余磁感应强度或剩余磁通密度，表示当外施磁场减小到零时，所剩余的磁通密度 B_r。要使磁通密度减小至零，必须加上反向磁场，其数值为回线与横坐标的交点 H_c，称为矫顽磁力。B_r 与 H_c 是磁性材料的重要参数。

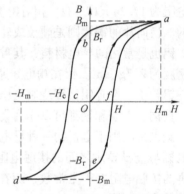

图 0-3 磁滞回线

（4）铁耗

铁磁材料在交变磁场的作用下，存在铁耗。铁耗包括磁滞损耗和涡流损耗。其中磁滞损耗是由于在外磁场的作用下，铁磁物质内部磁畴的方向会转动，以使磁畴的方向与外磁场一致。如果外加的磁场是交变的，在外加磁场的作用下，磁畴便来回翻转，彼此之间产生摩擦而引起功率损耗，这种损耗被称为磁滞损耗。分析表明，单位体积内的磁滞损耗正比于磁场交变的频率 f 和磁滞回线的面积。由于硅钢片的磁滞回线面积很小，而且具有良好的导磁性，有效地减小了铁心体积，因此，大多数电机及普通电器的铁心都采用硅钢片制造，目的之一也就是要尽量减少磁滞损耗。涡流损耗是由于当通过铁心的磁通交变时，铁心内将产生感应电动势和电流。这些电流在铁心内部围绕磁通呈涡流状流动，故称为涡流。涡流在铁心中流动时造成能量损耗称之为涡流损耗。分析表明，涡流损耗与磁场交变频率 f、硅钢片厚度 d 和最大磁感应强度 B_m 成正比，与硅钢片电阻率 ρ 成反比。由此可见，为了减少涡流损耗，可以在钢材中加入少量的硅以增加铁心材料的电阻率；不采用整块的铁心，而采用互相绝缘的由许多薄硅钢片叠起来的铁心，以使涡流所流经的路径变长，从而大大减少涡流，如图 0-4 所示。

实验表明，交变磁化时铁心的铁耗 P_{Fe} 与磁通的交变频率 f 和磁通密度 B_m 有关。单位重量中铁耗的计算公式为

$$p_{\text{Fe}} = P_{1/50}\left(\frac{f}{50}\right)^{\beta}B_{\text{m}}^2 \qquad (0\text{-}1)$$

式（0-1）中，p_{Fe} 为铁耗，单位为 W/kg；$P_{1/50}$ 为铁耗系数，为 $B_{\text{m}} = 1\text{T}$、$f = 50\text{Hz}$ 时，每千克硅钢片的铁耗，其值在 1.05 ~ 2.50 范围内；β 为频率指数，其值在 1.2 ~ 1.6 范围内，随硅钢片的含钢量而异。

电工钢片的标准厚度为 0.35mm、0.5mm、1mm 等。变压器用较薄的钢片，旋转电机用较厚的钢片。高频电机需用更薄的钢片，其厚度可为 0.2mm、0.15mm、0.1mm。钢片与钢片之间常涂有一层很薄的绝缘漆。一叠钢片中铁的净长与包含有片间绝缘的叠片毛长之比称为叠片因数，

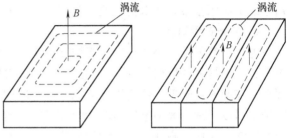

图 0-4　涡流路径

对于表面涂有绝缘漆，厚度为 0.5mm 的硅钢片来说，叠片因数的数值约为 0.93 ~ 0.95。

3. 绝缘材料

导体与导体间、导体和机壳或铁心间，都必须用绝缘材料隔开。绝缘材料的种类很多，可分为天然的和人工的、有机的和无机的，有时也用不同绝缘材料的组合。绝缘材料的寿命和它的工作温度有很大关系，过高的运行温度，绝缘材料会加速老化，会丧失其机械强度和绝缘性能。在电机材料中绝缘材料的耐热程度较低，为了保证电机能在足够长的合理的年限内可靠地运行，对绝缘材料都规定了极限允许温度。国家标准根据绝缘的耐热能力分为七个标准等级，见表 0-1。表中绝缘级别的符号及其极限允许温度是由国际电工技术协会所规定的。

表 0-1　绝缘材料的等级

绝缘级别	Y	A	E	B	F	H	C
极限允许温度/℃	90	105	120	130	155	180	180 以上

Y 级绝缘为未用油或漆处理过的纤维材料及其制品，如棉纱、棉布、天然丝、纸及其他类似的材料。

A 级绝缘为经过油或树脂处理过的棉纱、棉布、天然丝、纸及其他类似的有机物质。整个绕组先用油或树脂浸透，再在电烘箱中烘干，称为浸渍。纤维间所含的气泡或潮气，经过烘干后逸出，油和树脂即行填充原来的空隙。因为油类物质的介质常数较大，所以 A 级绝缘能力较 Y 级绝缘为强。普通漆包线的漆膜也属于 A 级绝缘。在早期的中小型电机中，A 级绝缘应用最多。

E 级绝缘包括由各种有机合成树脂所制成的绝缘膜，如酚醛树脂、环氧树脂、聚酯薄膜等。19 世纪 60 年代以后，由于绝缘材料工业的发展，中小型电机多采用 E 级绝缘。当今，已普遍采用 B 级及以上绝缘等级。

B 级绝缘包括用无机物质如云母、石棉、玻璃丝和有机粘合物，以及 A 级绝缘为衬底的云母纸、石棉板、玻璃漆布等，B 级绝缘材料在大中型电机中采用颇广。

F 级绝缘是用耐热有机漆（如聚酯漆）粘合的无机物质，如云母、石棉、玻璃丝等。

H 级绝缘包括耐热硅有机树脂、硅有机漆，以及用它们作为粘合物的无机绝缘材料，如

硅有机云母带等。H 级绝缘由于价格昂贵，所以仅用于对尺寸和重量限制的特别严格的电机。

C 级绝缘包括各种无机物质，如云母、瓷、玻璃、石英等，但不用任何有机粘合物。这类绝缘物质的耐热能力极高。它们的物理性质使它们不适用于电机的绕组绝缘。C 级绝缘在输电线上应用很多。在电机工业中利用瓷做成变压器的绝缘套管，用于高压的引出端。

4. 机械支承材料

电机上有些结构部件是专为机械支承用的，例如机座、端盖、轴与轴承、螺杆、木块间隔等，要求材料的机械强度好，加工方便，重量轻，常用铸铁、铸钢、钢板、铝合金及工程塑料。在漏磁场附近，任何机械支承，最好应用非磁性物质。例如置于槽口的楔，中小型电机用木材或竹片，大型电机用磷青铜等材料。定子绕组端部的箍环一般用黄铜制成。转子外围的绑线是采用非磁性钢丝。钢的成分中如含有 25% 镍或 12% 锰，即可完全使其丧失磁性。

制造电机所用的材料，种类很多，以上所述仅是大概的情况。

0.3 电机常用的基本定律

1. 全电流定律

磁场是由电流的激励而产生的，即磁场与产生该磁场的电流同时存在，全电流定律就是描述这种电磁联系的基本电磁定律。设空间有 n 根载流导体，导体中的电流分别为 I_1，I_2，$\cdots$，I_n，则沿任意可包含所有这些导体的闭合路径 l，磁场强度 $\boldsymbol{H}$ 的线积分等于该闭合路径所包围的电流的代数和，即

$$\oint_l \boldsymbol{H} \cdot \mathrm{d}\boldsymbol{l} = \sum_{i=1}^{n} I_i \tag{0-2}$$

这就是全电流定律或安培环路定律。在式（0-2）中，电流的符号由右手螺旋法则确定，即当导体电流的方向与积分路径的方向满足右手螺旋关系时，电流取正值，否则取负值。如在图 0-5 中，虽积分路径 l 和 l' 不同，但其中包含的载流导体相同，积分结果必然相等，并且就是电流 I_1、I_2 和 I_3 的代数和。依右手螺旋法则，I_1 和 I_2 应取正号，而 I_3 应取负号。写成数学表达形式就是

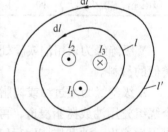

$$\oint_l \boldsymbol{H} \cdot \mathrm{d}\boldsymbol{l} = \oint_{l'} \boldsymbol{H}' \cdot \mathrm{d}\boldsymbol{l}' = I_1 + I_2 - I_3 \tag{0-3}$$

即积分结果与路径无关，只与路径内包含的导体电流的大小和方向有关。

图 0-5　说明全电流定律

对于式（0-3），常常写成 $\sum Hl = \sum I = F$，式中 $\sum Hl$ 表示磁压降，F 表示磁动势，全电流定律可表述为：沿着磁场中任一闭合回路，其总磁压降等于总磁动势。

2. 磁路欧姆定律

磁路的欧姆定律和电路的欧姆定律相似，它反映的是一个磁路段上的磁通和磁压间的关系。图 0-6 是一个单框铁心磁路的示意图。铁心上绕有 N 匝线圈，通以电流 i，产生的沿铁心闭合的主磁通为 Φ 和沿空气闭合的漏磁通 Φ_σ。设铁心截面积为 A，平均磁路长度为 l，铁磁材料的磁导率为 μ（μ 不是常数，随磁感应强度 B 变化）。

假设漏磁可以不考虑（即令 $\Phi_\sigma = 0$，视单框铁心为无分支磁路），并且认为磁路 l 上的磁场强度 H 处处相等，于是，根据全电流定律有

$$\oint_l \boldsymbol{H} \cdot \mathrm{d}\boldsymbol{l} = Hl = Ni = F \qquad (0\text{-}4)$$

因 $H = B/\mu$，而 $B = \Phi/A$，其中 H 为磁场强度，B 为磁感应强度，μ 为磁导率，Φ 为磁通量，A 为磁路的截面积，故可由式（0-4）推得

$$\Phi = \frac{Ni}{l/(\mu A)} = \frac{F}{R_m} = \Lambda_m F \qquad (0\text{-}5)$$

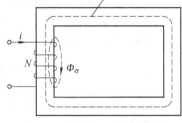

图 0-6　单框铁心磁路示意图

式中，$F = Ni$ 为磁动势，$R_m = \dfrac{l}{\mu A}$ 为磁阻，$\Lambda_m = \dfrac{1}{R_m} = \dfrac{\mu A}{l}$ 为磁导。

式（0-5）即磁路欧姆定律。它表明，当 Λ_m 不变的情况下，磁动势 F 愈大，所激发的磁通量 Φ 会愈大；而当 F 不变的情况下，磁阻 R_m 愈大，则可产生的磁通量 Φ 会愈小。对于空气和所有的非铁磁材料来说，其磁导率都接近于真空的磁导率 $\mu_0 = 4\pi \times 10^{-7} \mathrm{H/m}$。而铁磁材料的磁导率 μ_{Fe} 是 $2000 \sim 6000\mu_0$。为此，同结构、同体积的铁磁材料与非铁磁材料相比，其磁阻 R_{mFe} 要远远小于非铁磁材料的磁阻 R_{m0}。这也是电机采用铁磁材料作为导磁材料的原因。

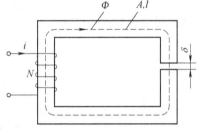

图 0-7　磁路计算示例

例 0.1　在图 0-7 中，铁心用硅钢片 DR510-50（磁化曲线见表 0-2）叠成，截面积 $A = 9 \times 10^{-4} \mathrm{m}^2$，铁心的平均长度 $l = 0.3 \mathrm{m}$，气隙长度 $\delta = 5 \times 10^{-3} \mathrm{m}$，线圈匝数 $N = 500$ 匝。试求产生磁通 $\Phi = 9.9 \times 10^{-4} \mathrm{Wb}$ 时：①铁心部分的磁压降和气隙部分的磁压降；②所需的励磁磁动势 F；③所需的励磁电流 I。

表 0-2　50Hz，0.5mm，DR510-50 硅钢片磁化曲线表

B/T	0	0.01	0.02	0.03	0.04	0.05	0.06	0.07	0.08	0.09
0.4	138	140	142	144	146	148	150	152	154	156
0.5	158	160	162	164	166	169	171	174	176	178
0.6	181	184	186	189	191	194	197	200	203	206
0.7	210	213	216	220	224	228	232	236	240	245
0.8	250	255	260	265	270	276	281	287	293	299
0.9	306	313	319	326	333	341	349	357	365	374
1.0	383	392	401	411	422	433	444	456	467	480
1.1	493	507	521	536	552	568	584	600	616	633
1.2	652	672	694	716	738	762	786	810	836	862
1.3	890	920	950	980	1010	1050	1090	1130	1170	1210
1.4	1260	1310	1360	1420	1480	1550	1630	1710	1810	1910
1.5	2010	2120	2240	2370	2500	2670	2850	3040	3260	3510
1.6	3780	4070	4370	4680	5000	5340	5680	6040	6400	6780
1.7	7200	7640	8080	8540	9020	9500	10000	10500	11000	11600
1.8	12200	12800	13400	14000	14600	15200	15800	16500	17200	18000

注：表中磁场强度单位为 A/m。

解 （1）磁路分为铁心和气隙两部分。

（2）不计边缘效应，则两部分磁路的截面积均为 $A = 9 \times 10^{-4} \mathrm{m}^2$，铁心部分磁路长度 $l = 0.3 \mathrm{m}$，气隙部分磁路长 $\delta = 5 \times 10^{-3} \mathrm{m}$。

（3）忽略漏磁，两部分的磁通密度均为

$$B = \frac{\Phi}{A} = \frac{9.9 \times 10^{-4}}{9 \times 10^{-4}} \mathrm{T} = 1.1 \mathrm{T}$$

（4）查 DR510-50 硅钢片磁化曲线表，得 $B_{\mathrm{Fe}} = 1.1 \mathrm{T}$ 时，$H_{\mathrm{Fe}} = 493 \mathrm{A/m}$

对气隙部分有

$$H_\delta = \frac{B_\delta}{\mu_0} = \frac{1.1}{4\pi \times 10^{-7}} \mathrm{A/m} = 8.754 \times 10^5 \mathrm{A/m}$$

（5）铁心部分磁压降

$$H_{\mathrm{Fe}} l = 493 \times 0.3 \mathrm{A} = 147.9 \mathrm{A}$$

气隙部分磁压降

$$H_\delta \delta = 8.754 \times 10^5 \times 5 \times 10^{-3} \mathrm{A} = 4377 \mathrm{A}$$

（6）磁动势

$$F = H_{\mathrm{Fe}} l + H_\delta \delta = 4524.9 \mathrm{A}$$

励磁电流

$$I = F/N = 4524.9/500 \mathrm{A} = 9.05 \mathrm{A}$$

由该题可见，虽然铁心段长度比气隙段长了近 60 倍，但其所需的磁动势却仅占总磁动势的 3.3%。因此，在估算时往往忽略铁心段的磁压降，也不会带来太大的误差。

3. 电磁感应定律

变化的磁场会产生电场，使导体中产生感应电动势，这就是电磁感应现象。在电机中，电磁感应现象主要表现在两个方面：① 导体与磁场有相对运动，导体切割磁力线时，导体内产生感应电动势，称为运动电动势；② 线圈中的磁通变化时，线圈内产生感应电动势，称为变压器电动势。下面对这两种情况下产生的感应电动势做定性与定量的描述。

（1）运动电动势

长度为 l 的直导体在磁场中与磁场相对运动，导体切割磁力线的速度为 v，导体处的磁感应强度为 B 时，若磁场均匀，且直导体 l、磁感应强度 B、导体相对运动方向 v 三者互相垂直，则导体中感应电动势为

$$e = Blv \tag{0-6}$$

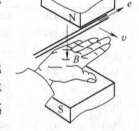

图 0-8　确定感应电动势方向的右手定则

在电机学中习惯上用右手定则确定电动势 e 的方向，即把右手手掌伸开，大拇指与其他四指成 90°角，如图 0-8 所示，如果让磁力线指向手心，大拇指指向导体运动方向，则其他四指的指向就是导体中感应电动势的方向。

（2）变压器电动势

如图 0-9a 所示，匝数为 N 的线圈环链着磁通 Φ，当 Φ 变化时，线圈 AX 两端感应电动势 e，其大小与线圈匝数及磁通变化率成正比，实际方向由楞次定律决定。为了写成数学表达式，首先要规定电动势 e 的参考方向方法为：按右手螺旋关系规定 e 和 Φ 的正方向。如图

0-9b 所示，此时 e 的正方向从 A 指向 X。与实际情况比较，当 $\dfrac{\mathrm{d}\varPhi}{\mathrm{d}t} > 0$ 时，实际上是 A 点为

高电位，X 点为低电位，而规定的 e 的正方向与实际方向相反，此时 $e < 0$；同理，当 $\dfrac{\mathrm{d}\varPhi}{\mathrm{d}t} < 0$ 时，$e > 0$。这就是说，$\dfrac{\mathrm{d}\varPhi}{\mathrm{d}t}$ 与 e 总是符号相反，e 和 $\varPhi$ 之间的关系就应写为

$$e = -N\frac{\mathrm{d}\varPhi}{\mathrm{d}t} \qquad (0\text{-}7)$$

本书采用图 0-9b 即按"右手定则"确定电动势 e 的正方向。

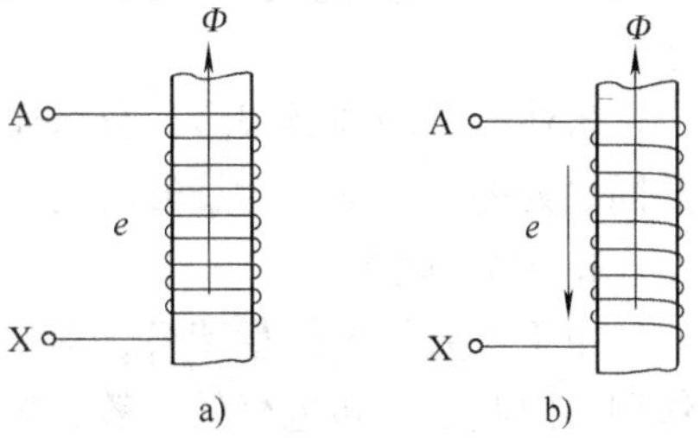

图 0-9　磁通及其感应电动势
a）线圈示意图　b）按右手螺旋关系
规定 e 和 $\varPhi$ 的正方向

4. 电路定律

任何一个闭合电路，沿回路环绕一周，则回路所有电动势的代数和与电压降的代数和相等。即

$$\sum e = \sum u \qquad (0\text{-}8)$$

这就是电路定律。如图 0-10 所示电路，图中的电压、电流和电动势的箭头方向为规定的正方向，并考虑线路电阻 r，可得方程式

$$e = -u + ir \qquad (0\text{-}9)$$

若电动势、电压和电流均按正弦规律变化时，该式可表示为相量形式。即

$$\dot{E} = -\dot{U} + \dot{I}r \qquad (0\text{-}10)$$

5. 电磁力定律

磁场对电流的作用是磁场的基本特征之一。实验表明，将长度为 l 的导体置于磁通密度为 B 的磁场中，通入电流 i 后，导体会受到力的作用，称为电磁力。其计算公式为

$$f = \sum \mathrm{d}f = i\sum \mathrm{d}l \times B \qquad (0\text{-}11)$$

在均匀磁场中，若载流直导体与 B 方向垂直，长度为 l，流过的电流为 i，则载流导体所受的力为

$$f = Bli \qquad (0\text{-}12)$$

在电机学中，习惯上用左手定则确定 f 的方向，即把左手伸开，大拇指与其他四指成 90°，如图 0-11 所示，如果磁力线指向手心，四指指向导体中电流的方向，则大拇指的指向就是导体受力的方向。

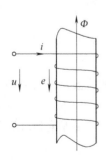

图 0-10　电动势与电压平衡关系

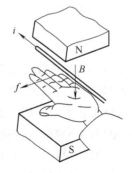

图 0-11　确定载流导体受力方向的左手定则

0.4　电机的分析研究方法

虽然电机的种类很多，分析研究方法也各有特点，但其基本步骤和基本方法还是有很多共同之处的，尤其是对旋转电机。下面综合介绍旋转电机的分析步骤和研究方法。

1. 分析步骤

由于探究机电能量转换过程的关键在于分析耦合磁场对电气系统和机械系统的作用与反作用，因此，旋转电机的一般分析步骤为

（1）电机内部物理情况的分析

这一步主要是分析空载和负载运行时电机内部的磁动势和磁场，建立物理模型。

（2）列出电机的运动方程

利用电磁感应定律和电磁力定律，即可求出各个绕组内的感应电动势和作用在转子上的电磁转矩；再利用基尔霍夫定律、全电流定律、牛顿定律和能量守恒原理，可列出各个绕组的电动势方程式以及电机的磁动势方程式、转矩方程式和功率方程式。这些方程统称为电机的运动方程。这一步的工作就是把物理模型变为数学模型。

电机的运动方程除了可用上述传统方法建立外，还可以用汉密尔顿原理通过变分法建立，或直接应用机电动力系统的拉格朗日－麦克斯韦方程列写。这方面的内容本书不做介绍，有兴趣者可参阅有关著作。

（3）求电机的运行特性和性能

列出运动方程后，求解这些方程，即可确定电机的运行特性和一些主要的技术数据。对于动力用电机，在稳态运行特性中，发电机以外特性为最重要，而电动机则以机械特性为最重要。发电机的外特性是指负载电流变化时，端电压的变化曲线 $u = f(i_L)$；而电动机的机械特性是指电磁转矩变化时，转速的变化曲线 $n = f(T_{em})$。此外，电机的效率、功率因数、温升、过载能力等指标也很重要。暂态运行时，还要考虑电机的稳定性、暂态电流和暂态电磁转矩等。对于控制电机，则要考察其快速响应能力、精确度和控制性能等指标。

2. 研究方法

在分析电机内部磁场并建立和求解电机运动方程时，常规方法有

1）不计磁路饱和时，用叠加原理分析电机内的各个磁场和气隙合成磁场以及与磁场一一对应的感应电动势。考虑磁路饱和时，常把主磁通和漏磁通分开处理，主磁通用合成磁动势和主磁路的磁化曲线确定，漏磁通则以等效漏抗压降方式处理，在列写电动势平衡方程式时考虑。

2）在解决交流电机中由于定、转子绕组匝数不等、相数不等、频率不等而引起的困难时，常采用参数和频率折算方法进行等效处理。

3）各种电机都有对应的等效电路分析模型，一般电机的稳态分析均可归结为等效电路的求解，交流电机还要应用相量图分析方法。

4）交流电机的不对称运行要运用双旋转（即正、负序）磁场理论和对称分量法。

5）在研究凸极电机时，常用双反应理论。

6）电机的动态分析用状态方程方法。为解决交流电机电感系数时变和转子结构不对称（凸极同步电机）所导致的分析困难，常采用坐标变换法进行化简。

　　近年来，由于计算机的发展与应用，电机的研究手段和方法得以改进，主要表现在两个方面。

　　1）从场的角度以微观方式研究电机。早期做法是以磁场的探讨为主，用有限差分或有限元等数值方法求解电机内的磁场分布，从而准确把握电机结构和铁磁材料的非线性特性对电机参数和性能的影响。现在这种做法已延伸发展到以综合物理场方式考察电机，可集成计算电机内的电场、磁场、温度场和应力场之全部或部分。

　　2）从路的角度以宏观方式研究电机。其核心就是通过数值仿真方法展现电机在各种运行状况下的动态特性，包括实际电机中可能无法实现的一些特定的极限工况或故障行为，均可通过计算机进行仿真实验。在新型电机研制过程中，数值仿真方法可以起到降低研究成本、缩短研究周期、揭示运行规律的重要作用。

　　此外，从最新发展趋势看，以场、路结合的方法研究电机也已经推行，前者用于联系电机内部的物理过程，后者用于考察电机的端口行为和外部特性。二者耦合求解，对电机的宏观和微观了解就可以更为深入。不过，作为技术基础课，本课程在阐述各类电机的基本原理和运行特性时，主要还是采用前面介绍的若干常规方法，其具体内容将在有关章节中逐一详细说明。

0.5　课程性质及学习方法

　　电机学是电气工程及其自动化专业学生必修的专业基础课，担负着为后续相关课程打下坚实理论基础的任务。电机学在本专业课程中起着承上启下的作用，电机学的学习必须以本专业的基础课高等数学、大学物理和电路原理等为基础。同时，电机学学习又要兼顾后续的专业课程，电机学与本专业后续专业课发电厂电气设备、电力系统分析、继电保护原理、自动装置以及高电压技术等课程有着密切的关系，实际这些课程中的许多教学内容是围绕着电机进行的。从上述情况足以看出，电机学课程在本专业中的重要地位。

　　电机学是一门理论性很强的课程，在电机学的学习中会遇到：电和磁、线性和非线性、对称和不对称、正弦和非正弦、稳态和暂态、时间和空间等问题，概念多、理论抽象。

　　电机学是一门专业性很强的课程，它分析的对象是工程实际中使用的各种类型的具体电机（变压器、异步电机、同步电机和直流电机），为此，电的问题、磁的问题、力学问题及热学问题等多种交织在一起，分析问题时涉及的条件和因素比较复杂，因此具有较强的综合性和专业性。

　　根据电机学课程的性质和内容特点，在学习方法上建议读者注意以下几点。

　　1）掌握重点，深刻理解基本概念，弄清基本理论，牢固掌握基本分析方法。在分析问题时，要抓住主要矛盾，有条件地略去一些次要因素，把握其中起主导作用的因素，找出问题的本质，培养工程观点。

　　2）理论联系实际。电机理论是人们从长期的电机工程实践中总结提炼出来的，与实际装置密不可分。电机学课程正是结合具体型式的电机来阐述电机学的理论，每种电机的分析都是由结构入手，分析物理现象、电磁关系、工作原理及运行特性。为此，必须对实际电机的具体结构和应用领域有足够的认识，才能对电机的理论有深刻的理解。

　　3）善于运用对比的方法。电机虽然种类繁多，但均是以电磁感应原理为理论基础，因此他们之间必然存在许多共性的内容，掌握共性，深刻理解个性则对电机理论的掌握至关重要。因此，在学习中要善于总结比较，举一反三，可起到事半功倍的效果。

4）重视实践活动，培养动手能力。电机学与工程实际结合密切，因此实践活动是电机学习中的重要环节。实践过程中，要重视分析和解决实践活动中出现的问题，从而深化对电机理论的理解，提高实际分析问题和解决问题的能力。

思 考 题

0-1　电机的磁路常采用什么材料制成？这些材料各有哪些主要特性？

0-2　磁滞损耗和涡流损耗是什么原因引起的？铁耗与哪些物理量有关？

0-3　磁路的磁阻如何计算？磁路的饱和程度对磁阻影响如何？

0-4　变压器电动势、运动电动势产生的原因有什么不同？其大小与哪些因素有关？

0-5　试说明电机学中常用的基本定律有哪几个？

习 题

0-1　在图 0-12 中，若一次绕组外加正弦电压 u_1，绕组电阻为 r_1，流过绕组的电流为 i_1 时，试问：

（1）绕组内为什么会感应出电动势？

（2）标出磁通、一次绕组的感应电动势、二次绕组的感应电动势的正方向。

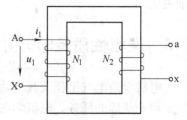

（3）当电流 i_1 增加时，分别标出两侧绕组的感应电动势的实际方向。

0-2　试画出图 0-13 所示磁场中载流导体的受力方向。

0-3　螺线管中磁通与电动势的正方向如图 0-14 所示，当磁通变化时，分别写出它们之间的关系式。

图 0-12　习题 0-1 图

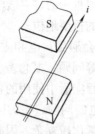

图 0-13　习题 0-2 图

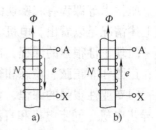

图 0-14　习题 0-3 图

0-4　在图 0-15 所示的磁路中，两个线圈都接在直流电源上，已知 I_1、I_2、N_1、N_2，回答下列问题：

（1）总磁动势 F 是多少？

（2）若 I_2 反向，总磁动势 F 又是多少？

（3）电流方向仍如图所示，若在 a、b 处切开形成一空气隙，总磁动势 F 是多少？此时铁心磁压降大还是空气隙磁压降大？并比较铁心和气隙中 B、H 的大小。

0-5　在图 0-7 中，铁心用硅钢片 DR510-50（磁化曲线见表 0-2）叠成，截面积 $A = 12.25 \times 10^{-4} \mathrm{m}^2$，铁心的平均长度 $l = 0.4 \mathrm{m}$，气隙长度 $\delta = 0.5 \times 10^{-3} \mathrm{m}$，线圈匝数 $N = 600$ 匝。试求：产生磁通 $\Phi = 10.9 \times 10^{-4}$ Wb 时所需的励磁电流 I。

0-6　设有 100 匝长方形线圈，如图 0-16 所示，线圈的尺寸为 $a = 0.1 \mathrm{m}$，$b = 0.2 \mathrm{m}$，线圈在均匀磁场中

围绕着连接长边中点的轴线以均匀转速 $n = 1000 r/min$ 旋转，均匀磁场的磁通密度 $B = 0.8 Wb/m^2$。试写出线圈中感应电动势的时间表达式，算出感应电动势的最大值和有效值，并说明出现最大值时的位置。

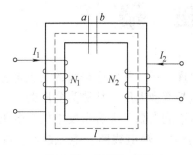

图 0-15　习题 0-4 图

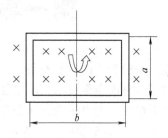

图 0-16　习题 0-6 图

第一篇 变 压 器

变压器是一种静止的电气设备，它利用电磁感应原理，将一种电压等级的交流电能转换成同频率的另一种电压等级的交流电能，因其主要用途是变换电压，故称为变压器。

在电力系统中，发电机受绝缘条件限制，其端电压不能太高，大容量发电机端电压通常只有 10.5～20kV。对于输电，若输送功率一定，电压越高，输电线路上电流越小，线路损耗就越小。因此，发电厂总是用变压器先把发电机输出的电压升高，再经过高压输电线路，把电能送到用电地区。这样，既可以降低输电线路上的电能损耗，也可以减小线路压降，这对于电能的经济传输具有很重要的意义。目前，我国的高压输电电压常用的有 220kV 和 500kV 等。实际送到用电地区的高压电源还不能直接应用，这是因为用电设备根据绝缘和操作安全的要求，电压也不能太高，一般工厂的大型动力设备，常用 10kV 或 6kV，小型设备常用 380V，照明用电一般为 220V。因此，还要用变压器把高电压转换成符合用电需要的低电压，把电能分配到各个用户。总之，电力系统中从发电、输电到配电，需要用变压器多次变换电压，变压器的总容量要比发电机的总容量大得多，一般为 6～7 倍。可见，变压器在电力运行中具有重要的作用。

此外，变压器在测量、控制、保护以及供给电炉、整流设备等方面还有广泛的用途。

本篇主要研究一般用途的电力变压器。

第 1 章 变压器概述

1.1 变压器的分类和基本工作原理

1.1.1 变压器的分类

为了适应不同的使用目的和工作条件，变压器的种类很多，各种类型变压器的结构和性能也不尽相同，一般可按用途、相数、绕组数目、冷却方式等的不同进行分类。

1. 按用途分

1）电力变压器——用于电力系统输电和配电，可分为：

①升压变压器——把低电压转换成高电压。

②降压变压器——把高电压转换成低电压。

③配电变压器——常指较小容量，由较高电压降低到最后一级工业或民用电的配电电压。

2）测量互感器——电压互感器、电流互感器。

3）特种变压器——用于特殊用途。如电炉变压器、整流变压器、电焊变压器。

2. 按相数分

1）单相变压器——一、二次侧均为单相绕组。

2）三相变压器——一、二次侧均为三相绕组。

3）多相变压器——一、二次侧均为多相绕组。

3. 按绕组数目分

1）双绕组变压器——每相有高压和低压二个绕组。

2）三绕组变压器——每相各有高压、中压和低压三个绕组。

3）多绕组变压器——每相有三个以上绕组。

4）自耦变压器——每相至少有两个以上绕组具有公共部分的变压器。

4. 按冷却方式分

1）干式变压器——用空气冷却。

2）油浸式变压器——用变压器油冷却，可分为：

①自然油循环——通过油自然对流冷却。

②强迫油循环——用油泵将变压器油抽到外部进行循环冷却。

5. 按铁心结构分

1）心式变压器——绕组包围铁心。

2）壳式变压器——铁心包围绕组。

1.1.2　变压器的基本工作原理

如图 1-1 所示，在同一铁心磁路上绕有两个或两个以上的线圈（也称绕组），通过电磁感应作用来实现电路之间的电能转换。通常把接到电源的绕组称为一次绕组，接负载的绕组称为二次绕组，有时也把一次绕组称为一次侧，二次绕组称为二次侧。

当变压器一次侧接上交流电源时，一次绕组将流过交流电流，并在铁心磁路中产生交变的磁通，其交变频率与外加电源频率相同，此交变磁通与绕在铁心上的一、二次绕组同时相交链，根据电磁感应定律，在两个绕组上感应出相同频率的感应电动势。因此，如变压器二次侧接以负载，则在电动势作用下，便向负载供给电流，负载获得电能。这就是变压器利用电磁感应原理，

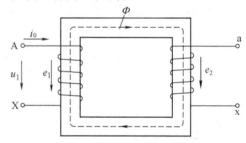

图 1-1　双绕组变压器

把电源输入的电能传递到负载中去的最基本的工作原理。由于各绕组感应电动势的大小与绕组匝数的多少成比例，因此，可以选择绕组的不同匝数，达到变压器升高电压或降低电压的目的。

1.2　变压器的基本结构

变压器主要是由铁心和绕组构成的，此外还有其他结构部件。对于油浸式电力变压器，其主要部件还有油箱、绝缘套管、散热器等，如图 1-2 所示。

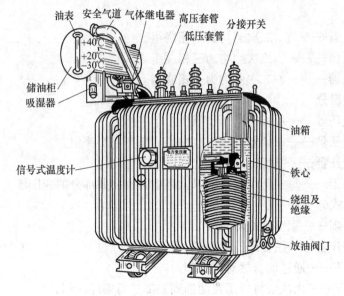

图 1-2 油浸式电力变压器

1.2.1 铁心

变压器铁心由心柱和铁轭两部分构成,心柱上套有高、低压绕组,心柱与铁轭连接起来构成变压器闭合的铁心磁路。为了减少铁心中由于磁通交变而引起的铁心损耗,常用厚度为 0.27 ~ 0.35mm,双面涂有绝缘漆膜的高导磁性硅钢片按一定规则叠装而成。叠装原则是接缝越小越好,为此,铁心叠片常采用全斜接缝,如图 1-3 所示。而且,偶数层接缝与奇数层接缝互相错开。

心柱截面是内接圆的多级矩形,铁轭与心柱截面相等,如图 1-4 所示。大容量的变压器考虑铁心的散热,在铁心柱上还设有油道。

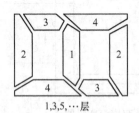

1,3,5,…层   2,4,6,…层

图 1-3 三相铁心叠片

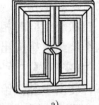

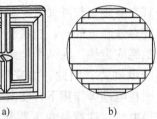

a)   b)

图 1-4 心柱和铁轭截面
a) 心柱 b) 铁轭截面

1.2.2 绕组 (线圈)

变压器的绕组是用丝包或电缆纸包绝缘的铜 (或铝) 导线绕制成的,是变压器的电路部分,具有足够的耐压强度、机械强度和良好的冷却条件。

装配时低压绕组靠着铁心,高压绕组套在低压绕组外面。高、低压绕组间设有油道 (或气道),以加强绝缘和散热。高、低压绕组之间及低压绕组与心柱之间,均用绝缘纸筒进行可靠的绝缘,如图 1-5 所示。将绕组装配到铁心上成为变压器器身,如图 1-6 所示。

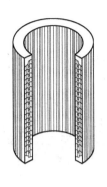

图 1-5　圆筒式绕组

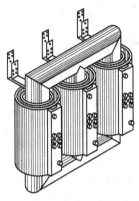

图 1-6　三相变压器器身

1.2.3　变压器油

　　一般装配好的电力变压器的铁心和绕组都浸在变压器油中。变压器油的作用是双重的：①由于变压器油有较大的介质常数，它可以增强绝缘；②铁心和绕组中由于损耗而产生热量，通过油在受热后的对流作用把热量传送到油箱表面，再由油箱表面散发到变压器周围介质当中去。变压器油是从石油中提炼出来的矿物油，具有很高的绝缘强度。但变压器油中混入杂质和水分，会使绝缘强度大大降低（如油中含 0.004% 的水分，其绝缘强度降低 50%）。此外，变压器油在较高温度下长期与空气接触容易老化，使变压器油中产生悬浮物，堵塞油道，并使酸度增加，降低绝缘强度。因此，受潮或老化的变压器油要经过过滤等处理，使之符合使用标准。

1.2.4　油箱

　　电力变压器的油箱一般都做成椭圆形，这是因为它的机械强度较高，且所需油量较少。为了防止潮气浸入，希望油箱内部与外界空气隔离。但是，不透气是做不到的。因为当油受热后，它会膨胀，便把油箱中的空气逐出油箱。当油冷却的时候，它会收缩，便又从箱外吸进含有潮气的空气，这种现象称为呼吸作用。为了减小油与空气的接触面积以降低油的氧化速度和浸入变压器油的水分，通常在油箱上安装储油柜（亦称油枕）。储油柜为一圆筒形容器，横装在油箱盖上，用管道与变压器的油箱接通，使油面的升降限制在储油柜中。储油柜油面上部的空气由一通气管道与外部自由流通。在通气管道中存放有氯化钙等干燥剂，空气中的水分大部分被干燥剂吸收。储油柜的底部有沉积器，以沉聚侵入变压器油中的水分和污物，定期加以排除。在储油柜的外侧还安装有油位表以观察储油柜中油面的高低。

　　在油箱顶盖上装有一排气管（亦称安全气道），用以保护变压器油箱，它是一个长钢管，上端部装有一定厚度的玻璃板。当变压器内部发生严重事故而有大量气体形成时，油管内的压力增加，油流和气体将冲破玻璃板向外喷出，以免油箱受到强烈的压力而爆裂。

　　在储油柜与油箱的油路通道间常装有气体继电器。当变压器内部发生故障产生气体或油箱漏油使油面下降时，它可发出报警信号或自动切断变压器电源。

　　随着变压器容量的增大，对散热的要求也将不断提高，油箱形式也要与之相适应。容量较小的变压器可用平滑油箱；容量较大时需增大散热面积而采用管形油箱；容量很大时用散热器油箱。图 1-2 为具有管形油箱的电力变压器。

1.2.5 绝缘套管

变压器输入与输出端的引出线穿过油箱盖时，必须穿过绝缘套管，以使带电的导体与接地的油箱可靠绝缘。绝缘套管的结构，随着电压等级的不同而有所不同。1kV 以下的低压，采用穿心瓷套管，10~35kV 采用空心充气或充油套管，其结构如图 1-7 所示。

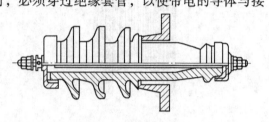

图 1-7　充油套管

电压在 110kV 及以上时，采用电容式套管，电容式套管是在瓷套中的导电杆上，交替地裹上绝缘纸和铝铂片制成的圆筒，从导电杆向外形成许多的电容器，以改善高压导电杆与油箱盖之间的电场分布，降低电场强度。为增加套管表面的放电距离，高压绝缘套管的外部表面做成多级伞形，电压越高，级数越多。

1.3　变压器的型号及额定值

1.3.1　型号

变压器的型号用以表明变压器的类别和特点，其表示方法如下

$$\square\square\square\square\square\square-\times\times\times/\times\times\times$$

短横线前用汉语拼音字母，按表 1-1 所列代号顺序书写，表示变压器的基本类别；短横线后第一组数字为额定容量（kV·A），第二组数字（斜杠后）为高压侧额定电压等级

表 1-1　电力变压器分类及代表符号

代表符号排列顺序	分类	类别	代表符号
1	绕组耦合方式	自耦	O
2	相数	单相	D
		三相	S
3	冷却方式	油浸自冷	—
		干式空气自冷	G
		干式浇注式绝缘	C
		油浸风冷	F
		油浸水冷	S
		强迫油循环风冷	FP
		强迫油循环水冷	SP
4	绕组数	双绕组	—
		三绕组	S
5	绕组导线材质	铜	—
		铝	L
6	调压方式	无载调压	—
		有载调压	Z

（kV），如 OSFPSZ—250000/220 表示是自耦三相强迫油循环风冷三绕组铜线有载调压，额定容量 250000kV·A，高压侧额定电压 220kV 电力变压器。

1.3.2 变压器的额定值

额定值是制造厂根据设计和试验数据，对变压器正常运行状态所做的规定值，并标注在铭牌上。变压器在规定的额定状态下运行，应能在设计的使用年限内连续可靠地工作，并且具有良好的运行性能。

（1）额定容量 S_N（单位为 kV·A）

额定容量是指在规定额定运行条件下变压器所输送的容量，用视在功率表示。对于双绕组变压器一、二次绕组均按相同的额定容量设计，即 $S_N = S_{1N} = S_{2N}$。

（2）一、二次侧的额定电压 U_{1N} 和 U_{2N}（单位为 V 或 kV）

额定电压指变压器在额定容量下长时间运行时所能承受的工作电压。一次额定电压 U_{1N} 指规定加到一次侧的电压，二次侧的额定电压 U_{2N} 指当变压器一次侧外加额定电压 U_{1N} 时二次侧的空载端电压。三相变压器的一、二次侧的额定电压均指线电压。

（3）一、二次侧的额定电流 I_{1N} 和 I_{2N}（单位为 A 或 kA）

额定电流是指变压器在额定容量下允许长期通过的工作电流。三相变压器的一、二次侧的额定电流均指线电流。

额定容量、额定电压和额定电流间的关系是：

单相变压器： $$S_N = U_{1N}I_{1N} = U_{2N}I_{2N} \tag{1-1}$$

三相变压器： $$S_N = \sqrt{3}U_{1N}I_{1N} = \sqrt{3}U_{2N}I_{2N} \tag{1-2}$$

（4）额定频率 f（单位为 Hz）

我国供电的工业频率为 50Hz，故电力变压器的额定频率都是 50Hz。

此外，变压器额定运行的效率、温升等数据也是额定值。变压器铭牌上除额定值外，还标有变压器相数、联结组标号、阻抗电压、运行方式（长期运行，短期运行等）、冷却方式、变压器总重量和油重量等。

小　结

变压器是一种静止的交流电能转换设备，利用一、二次绕组匝数的不同，把一种等级的电压、电流转换成同频率的另一种等级的电压、电流，以满足电能传输和分配的要求。

变压器的工作原理是基于电磁感应定律，磁场是变压器工作的媒介。为了提高磁路的导磁性能，采用了闭合的铁心磁路，为了增强一、二次绕组的电磁耦合，将一、二次绕组套在同一铁心柱上。

铁心、绕组、油箱及绝缘套管等是变压器的主要部件。

为了加强变压器的散热能力，防止绝缘材料老化和受潮，铁心和绕组浸在充满变压器油的油箱中。

额定值是制造厂根据设计和试验数据，对变压器正常运行状态所做的规定值。应掌握变压器主要额定值的定义以及变压器额定容量、额定电压和额定电流之间的关系。

思 考 题

1-1 电力变压器在电力系统中有哪些应用？为什么电力系统中变压器的安装容量大于发电机安装容量？

1-2 变压器铁心的作用是什么？为什么要用厚0.35mm、表面涂绝缘漆的硅钢片制造铁心？

1-3 油浸式变压器都有哪些主要部件？变压器油起什么作用？

1-4 变压器有哪些额定值？二次侧额定电压的含义是什么？

1-5 变压器依据什么原理工作的？能否用来改变直流电压？

习 题

1-1 一台单相变压器，$S_N = 50\text{kV} \cdot \text{A}$，$U_{1N}/U_{2N} = 10\text{kV}/0.23\text{kV}$。试求一、二次绕组的额定电流。

1-2 一台三相变压器，$S_N = 1000\text{kV} \cdot \text{A}$，$U_{1N}/U_{2N} = 35\text{kV}/6.3\text{kV}$，一、二次绕组分别为Ｙ形、△形联结。试求：一、二次绕组的额定电压和额定电流及对应的相电压和相电流。

第2章　变压器运行原理

本章主要阐述单相变压器的基本工作原理、基本分析方法及参数的实验测定方法，并以降压变压器为例，从变压器电磁关系出发，讨论变压器各电磁量之间的相互关系，导出基本方程式、等效电路和相量图，求出表征变压器运行性能的主要数据——电压变化率和效率。本章是变压器原理的核心部分，虽然以单相变压器为主进行讨论，分析讨论的结果，也适用于三相变压器。

2.1　变压器的空载运行

变压器的空载运行，是指变压器的一次绕组接到额定电压、额定频率的交流电源上，而二次绕组开路的运行状态。

2.1.1　空载运行时的物理现象

图 2-1 是单相变压器空载运行时的示意图，当变压器一次绕组 AX 接到电压为 u_1 的交流电源上时，流过一次绕组的电流，即为空载电流，用 i_0 表示。空载电流流过一次绕组产生空载磁动势 $F_0 = i_0 N_1$，并建立变压器的空载磁通，其主要部分是沿铁心闭合，同时与一、二次绕组相交链并产生感应电动势 e_1 和 e_2，该磁通称为主磁通，用 Φ 表示。Φ 是变压器传递能量的媒介。由于铁磁材料的饱和现象，主磁通 Φ 与 i_0 呈非线性关系；另外一小部分磁通，经

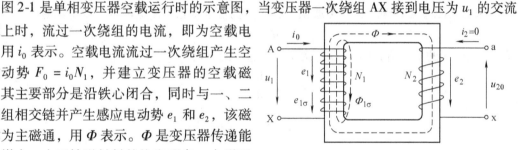

图 2-1　单相变压器的空载运行

过铁心外面的非铁磁材料（变压器油、空气）闭合，它仅交链于一次绕组，在一次绕组中产生漏感电动势 $e_{1\sigma}$，漏磁通不能传递能量，只起压降作用。这部分磁通称为一次绕组的漏磁通，用 $\Phi_{1\sigma}$ 表示，$\Phi_{1\sigma}$ 和 i_0 呈线性关系。由于变压器铁心是用高导磁材料制成的，磁导率比空气和变压器油大得多，所以空载运行时主磁通占空载磁通的绝大部分，而漏磁通只占很小的一部分，约为空载磁通的 $0.1\% \sim 0.2\%$。

此外，变压器空载电流在一次绕组的电阻 r_1 上还将产生电阻压降 $i_0 r_1$。变压器空载时，由于二次绕组电流 i_2 为零，所以，二次绕组端电压 u_{20} 的大小等于感应电动势 e_2 的大小。各物理量之间电磁关系如图 2-2 所示。

2.1.2　物理量正方向的规定

变压器中的电压、电流、磁通和感应电动势都是随时间而交变的量，要建立它们之间的

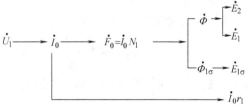

图 2-2　变压器空载运行时电磁关系示意图

关系，必须先规定各量的正方向。从原理上来说，正方向可以任意选定，但电磁现象的规律是统一的，因此表示电压规律的方程式必须与选定的正方向相配合，否则不能正确地表示真实的规律。正方向规定不同，变压器的电磁方程与相量图也将随之而异。这里采用比较普遍的正方向规定方法，如图 2-1 中所示，将变压器一次绕组看作电网的负载，取 i_0 与 u_1 正方向一致，均由 A 指向 X。因为当 i_0 和 e_1 同时为正或同时为负时，表示一次绕组吸入电功率，称之为"负载"惯例。磁通（Φ 与 $\Phi_{1\sigma}$）的正方向应与产生它的电流符合右手螺旋定则的关系，即正电流产生正磁通。考虑到图 2-1 中一次绕组的绕向，磁通的正方向在一次侧应由下向上。e 与 Φ 之间亦符合右手螺旋关系，则感应电动势

$$e_1 = -N_1 \frac{\mathrm{d}\Phi}{\mathrm{d}t}$$

由图 2-1 中二次绕组的绕向，e_1 及 e_2 均由上指向下。将二次绕组电动势看作电压源，则 u_{20} 的正方向由 e_2 决定，于是，当 ax 端接上负载后，二次绕组电流 i_2 与 e_2 正方向相同，在二次绕组端部 i_2 与 u_{20} 正方向相同，即 i_2 与 u_{20} 同时为正或同时为负时，功率自二次绕组输出，这就是"电源"惯例。

2.1.3 空载运行时各电磁量之间的关系

1. 电动势与磁通的关系

根据电磁感应定律，交变磁通在一、二次绕组中将感应出电动势。设主磁通

$$\Phi = \Phi_m \sin\omega t$$

Φ_m 为主磁通的最大值，则 Φ 在一次绕组中感应的电动势

$$e_1 = -N_1 \frac{\mathrm{d}\Phi}{\mathrm{d}t}$$

$$= \omega N_1 \Phi_m \sin\left(\omega t - \frac{\pi}{2}\right)$$

$$= E_{1m} \sin\left(\omega t - \frac{\pi}{2}\right)$$

式中，E_{1m} 为一次绕组感应电动势的最大值，$E_{1m} = \omega N_1 \Phi_m$，其有效值为

$$E_1 = \frac{E_{1m}}{\sqrt{2}} = \sqrt{2}\pi f N_1 \Phi_m = 4.44 f N_1 \Phi_m$$

感应电动势有效值复数表示为

$$\dot{E}_1 = -\mathrm{j}\omega N_1 \dot{\Phi} \tag{2-1}$$

式中，$\dot{\Phi}$ 为主磁通相量。

同理，二次绕组中由主磁通所感应的电动势

$$e_2 = -N_2 \frac{\mathrm{d}\Phi}{\mathrm{d}t} = \omega N_2 \Phi_m \sin\left(\omega t - \frac{\pi}{2}\right) = E_{2m} \sin\left(\omega t - \frac{\pi}{2}\right)$$

式中，E_{2m} 为二次绕组感应电动势的最大值，$E_{2m} = \omega N_2 \Phi_m$，其有效值为

$$E_2 = \frac{E_{2m}}{\sqrt{2}} = \sqrt{2}\pi f N_2 \Phi_m = 4.44 f N_2 \Phi_m$$

感应电动势有效值复数表示为

$$\dot{E}_2 = -\mathrm{j}\omega N_2 \dot{\Phi} \tag{2-2}$$

在一次绕组中，除主磁通 Φ 感应的电动势 e_1 外，还有漏磁通 $\Phi_{1\sigma}$ 感应的电动势 $e_{1\sigma}$，利用前面的分析

$$e_{1\sigma} = -N_1 \frac{\mathrm{d}\Phi_{1\sigma}}{\mathrm{d}t} = \omega N_1 \Phi_{1\sigma m}\sin\left(\omega t - \frac{\pi}{2}\right)$$

式中，$\Phi_{1\sigma m}$ 为漏磁通的最大值。

上式写成复数形式

$$\dot{E}_{1\sigma} = -\mathrm{j}\omega N_1 \dot{\Phi}_{1\sigma}$$

根据漏电感定义 $L_{1\sigma} = \dfrac{N_1 \Phi_{1\sigma}}{I_0}$，代入上式可得

$$\dot{E}_{1\sigma} = -\mathrm{j}\omega L_{1\sigma}\dot{I}_0 = -\mathrm{j}\dot{I}_0 x_1 \tag{2-3}$$

式中，x_1 为一次绕组漏抗，$x_1 = \omega L_{1\sigma}$。

由于在漏磁通的回路中，总有一段是非铁磁材料（如变压器油），磁阻大，磁路不会饱和，因此 $\Phi_{1\sigma}$ 与 I_0 成正比，即漏电感 $L_{1\sigma}$ 和相应的漏电抗 x_1 都是常数。

2. 电压平衡方程式及电压比

在一次侧回路中，当计及一次绕组的电阻时，根据图 2-1 的参考方向，可得空载时一次绕组电压平衡方程式为

$$u_1 = -e_1 - e_{1\sigma} + i_0 r_1$$

其复数形式为

$$\dot{U}_1 = -\dot{E}_1 - \dot{E}_{1\sigma} + \dot{I}_0 r_1$$

将式（2-3）代入上式可得

$$\dot{U}_1 = -\dot{E}_1 + \dot{I}_0 r_1 + \mathrm{j}\dot{I}_0 x_1 = -\dot{E}_1 + \dot{I}_0 Z_1 \tag{2-4}$$

式中，Z_1 为一次绕组的漏阻抗，$Z_1 = r_1 + \mathrm{j}x_1$，为常数。

在二次侧，由于二次绕组开路，电流为零，则二次绕组电动势方程为

$$\dot{U}_{20} = \dot{E}_2 \tag{2-5}$$

在变压器中，一、二次绕组相电动势之比，称为变压器的电压比，用 k 表示，即

$$k = \frac{E_1}{E_2} = \frac{4.44 f N_1 \Phi_m}{4.44 f N_2 \Phi_m} = \frac{N_1}{N_2} \tag{2-6}$$

对于电力变压器，空载电流在一次绕组中所引起的漏阻抗压降 $I_0 Z_1$ 很小，它的数值小到可以忽略的程度，因此在分析变压器空载运行时，可以将 $I_0 Z_1$ 忽略不计，这时式（2-4）变成

$$\dot{U}_1 \approx -\dot{E}_1 \text{ 或 } U_1 \approx E_1 = 4.44 f N_1 \Phi_m \tag{2-7}$$

式（2-7）表明，当 U_1 不变时，Φ_m 也不变，而式（2-6）又可表示为

$$k = \frac{E_1}{E_2} = \frac{N_1}{N_2} \approx \frac{U_1}{U_{20}} \tag{2-8}$$

式（2-8）表明，变压器的电压比是一、二次绕组相电动势的比，同时既等于一、二次绕组匝数之比，又近似地等于变压器空载时的一、二次侧的相电压之比。

2.1.4　空载电流

变压器空载运行时，空载电流主要是建立磁场的，所以空载电流又称励磁电流。

1. 空载电流的波形与大小

变压器在空载时，$u_1 \approx -e_1 = N_1 \dfrac{\mathrm{d}\Phi}{\mathrm{d}t}$，电网电压为正弦波，铁心中主磁通亦为正弦波。若铁心不饱和空载电流也是正弦波。而对于电力变压器，铁心都是饱和的。由图2-3可知，励磁电流呈尖顶波，除了基波外，还有较强的三次谐波和其他高次谐波，这些谐波电流在特殊情况下会起一定作用。对于电力变压器，一般 $I_0 \leqslant 2.5\% I_N$，这些谐波的影响完全可以忽略，一般测量得到的 I_0 是有效值，在下面的讨论中，空载电流均指有效值。

2. 空载电流与主磁通的相量关系

如果铁心中没有损耗，$\dot{I}_0$ 与主磁通 $\dot{\Phi}$ 同相位。但由于主磁通在铁心中交变，产生涡流损耗和磁滞损耗，合称为铁耗 p_{Fe}，此时 $\dot{I}_0$ 将领先 $\dot{\Phi}$ 一个角度 α_{Fe}，α_{Fe} 称为铁耗角。$\dot{I}_0$、$\dot{\Phi}$、$\dot{E}_1$、$\dot{E}_2$ 相位关系如图2-4所示。

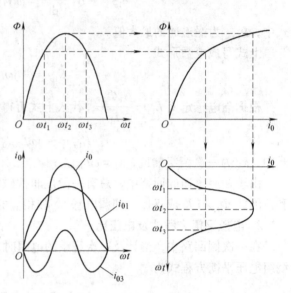

图2-3　空载电流波形

2.1.5　空载时的等效电路及相量图

为了描述主磁通 $\dot{\Phi}$ 在电路中的作用，仿照对漏磁通的处理办法，根据空载电流相量图（如图2-4所示）及式（2-4），并引入励磁阻抗 Z_{m}，将 $\dot{E}_1$ 和 $\dot{I}_0$ 联系起来，即

$$Z_{\mathrm{m}} = -\frac{\dot{E}_1}{\dot{I}_0} \tag{2-9}$$

$$Z_{\mathrm{m}} = r_{\mathrm{m}} + \mathrm{j}x_{\mathrm{m}} \tag{2-10}$$

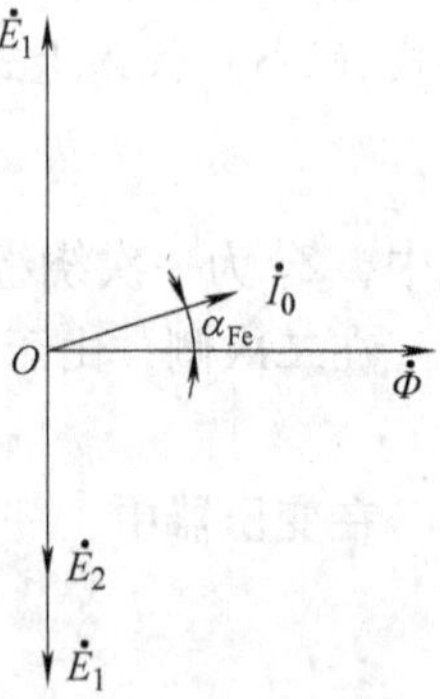

图2-4　空载时各物理量的相位关系

式中，Z_{m} 为励磁阻抗；r_{m} 为励磁电阻，是对应铁耗的等效电阻，$I_0^2 r_{\mathrm{m}}$ 等于铁耗；x_{m} 为励磁电抗，它表征铁心磁化性能的一个参数，其中 x_{m} 远远大于 r_{m}。另外，r_{m} 和 x_{m} 都不是常数，它们随铁心饱和程度而变化。当电压升高时，铁心更加饱和。磁导率 μ 下降，磁导 Λ_{m} 下降，因 $x_{\mathrm{m}} = \omega L_{\mathrm{m}} = 2\pi f N^2 \Lambda_{\mathrm{m}}$，故当电压升高时 x_{m} 减小。实际上，当变压器接入的电网电压在额定值附近变化不大时，可以认为 Z_{m} 不变。由式（2-4）、式（2-10）可得到用 Z_1、Z_{m} 表示的电压平衡方程式为

$$\dot{U}_1 = \dot{I}_0 Z_{\mathrm{m}} + \dot{I}_0 Z_1 \tag{2-11}$$

进而可得与式（2-11）对应的等效电路图，如图 2-5 所示。

根据式（2-11）可画出变压器空载运行时的相量图，如图 2-6 所示。其作图步骤是：① 画 $\dot{\Phi}$，其初相角设为 0°；②画滞后 $\dot{\Phi}$ 90°的 $\dot{E}_1$，再画与 $\dot{E}_1$ 同相、大小为 $\dfrac{E_1}{k}$ 的 $\dot{E}_2$；③根据一、二次侧的电压方程式，画出 $\dot{U}_1$ 和 $\dot{U}_{20}$。

在相量图中，φ_0 为 $\dot{I}_0$ 与 $\dot{U}_1$ 间的相位差，因为 Z_1 很小，漏阻抗压降 $\dot{I}_0 Z_1$ 很小，所以 $\dot{U}_1 \approx -\dot{E}_1$，$\varphi_0 \approx 90°$。这说明变压器空载运行时，功率因数很低，此时从电网吸收滞后性（感性）无功功率。

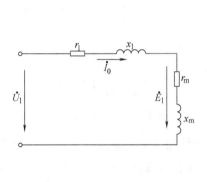

图 2-5　变压器空载时的等效电路

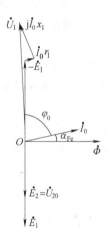

图 2-6　变压器空载运行时的相量图

2.2　变压器的负载运行

如图 2-7 所示二次绕组接有负载阻抗 $Z_{\mathrm{L}} = r_{\mathrm{L}} + j x_{\mathrm{L}}$，负载端电压为 $\dot{U}_2$，电流为 $\dot{I}_2$。由于一、二次绕组之间的电磁耦合关系，一次绕组电流不再是空载时的电流 $\dot{I}_0$，而是变为负载时的电流 $\dot{I}_1$。本节主要分析变压器在负载运行状态下的电动势平衡、磁动势平衡和功率平衡关系。

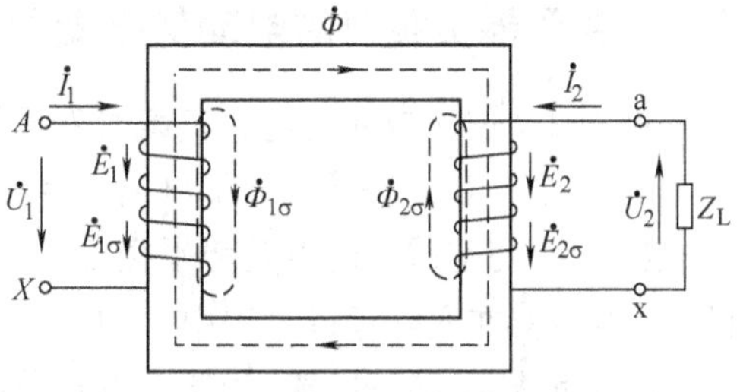

2.2.1　负载运行时的物理现象

由 2.1 节分析可知，变压器空载运行时，

图 2-7　单相变压器的负载运行

空载电流 $\dot{I}_0$ 流过一次绕组形成的磁动势 $\dot{F}_0 = \dot{I}_0 N_1$ 产生主磁通 $\dot{\Phi}$，交变的主磁通在一、二次绕组中分别感应电动势 $\dot{E}_1$ 及 $\dot{E}_2$，在一次侧，电网电压 $\dot{U}_1$ 与电动势 $\dot{E}_1$ 平衡时，绝大部分被抵消，剩下来的部分为漏阻抗压降 $\dot{I}_0 Z_1$，用于克服一次绕组的漏阻抗而维持空载电流在一次绕组中流过。此时变压器中的电磁关系处于平衡状态，各电磁量的大小均有一个确定的数值。现

在，在变压器的二次侧接入一个负载阻抗 Z_L，如图 2-7 所示。在 $\dot{E}_2$ 作用下，二次绕组中有电流 $\dot{I}_2$ 流过，形成二次绕组的磁动势 $\dot{F}_2 = \dot{I}_2 N_2$，由于一次侧和二次侧磁动势都同时作用在同一磁路上，磁动势 $\dot{F}_2$ 的出现使主磁通趋于改变，从而引起一、二次绕组的电动势 $\dot{E}_1$ 及 $\dot{E}_2$ 随之发生变化，在电网电压 $\dot{U}_1$ 和一次绕组漏阻抗 Z_1 不变的情况下，$\dot{E}_1$ 的变化引起一次绕组电流的改变，即由空载时的 $\dot{I}_0$ 变为负载时的 $\dot{I}_1$。这时一次绕组的磁动势为 $\dot{F}_1 = \dot{I}_1 N_1$，它一方面要产生主磁通 $\dot{\Phi}$，另一方面还要抵消 $\dot{F}_2$ 对主磁通的影响。或者说，一、二次绕组的电流 $\dot{I}_1$ 和 $\dot{I}_2$ 产生变压器磁路上的合成磁动势 $\dot{F}_m = \dot{I}_1 N_1 + \dot{I}_2 N_2$，合成磁动势 $\dot{F}_m$ 产生变压器负载时的主磁通 $\dot{\Phi}$，再由 $\dot{\Phi}$ 感应电动势 $\dot{E}_1$ 及 $\dot{E}_2$。$\dot{E}_1$ 和 $\dot{U}_1$ 平衡而抵消 $\dot{U}_1$ 的绝大部分，剩下来的部分用以克服一次绕组的漏阻抗 Z_1 而维持电流 $\dot{I}_1$ 在一次绕组中流过。

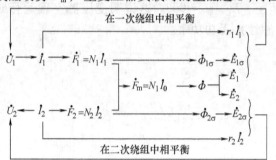

图 2-8　变压器负载运行时的电磁关系

$\dot{E}_2$ 在二次侧回路中产生电流 $\dot{I}_2$，构成了变压器负载时电和磁的紧密联系，并达到负载时的平衡状态。

变压器负载运行时的电磁关系如图 2-8 所示，图中主磁通 $\dot{\Phi}$ 由一、二次绕组的合成磁动势 $\dot{F}_m$ 所产生。一次绕组磁动势 $\dot{F}_1$ 还产生仅与一次绕组交链的漏磁通 $\dot{\Phi}_{1\sigma}$，二次绕组磁动势 $\dot{F}_2$ 还产生仅与二次绕组交链的漏磁通 $\dot{\Phi}_{2\sigma}$，这两个漏磁通分别在一、二次绕组中感应漏磁电动势 $\dot{E}_{1\sigma}$ 和 $\dot{E}_{2\sigma}$，通常，可用漏抗压降形式来表示，即

$$\dot{E}_{1\sigma} = -j\dot{I}_1 x_1 \tag{2-12}$$

$$\dot{E}_{2\sigma} = -j\dot{I}_2 x_2 \tag{2-13}$$

漏磁电动势的正方向均与电流的正方向相同，如图 2-7 中所示。

在二次侧，电流 $\dot{I}_2$ 流过负载阻抗所产生的电压降即为二次侧的端电压 $\dot{U}_2$，即

$$\dot{U}_2 = \dot{I}_2 Z_L \tag{2-14}$$

2.2.2　变压器负载时的电动势平衡关系

根据图 2-7 的正方向规定，负载时变压器一次侧的电动势平衡方程为

$$\dot{U}_1 = -\dot{E}_1 - \dot{E}_{1\sigma} + \dot{I}_1 r_1 = -\dot{E}_1 + j\dot{I}_1 x_1 + \dot{I}_1 r_1 = -\dot{E}_1 + \dot{I}_1 Z_1 \tag{2-15}$$

式 (2-15) 与空载时的电动势平衡方程式 (2-4) 相似，仅一次电流由空载时的 $\dot{I}_0$ 变成负载时的 $\dot{I}_1$。变压器在实际运行过程中，一次绕组的漏阻抗压降是比较小的，即使在额定负载情况下，$I_1 Z_1$ 也只有 U_1 的 2% ~6%，故在负载运行时仍可认为有

$$\dot{U}_1 \approx -\dot{E}_1 \tag{2-16}$$

或

$$U_1 \approx E_1 \tag{2-17}$$

变压器二次侧的电动势平衡方程为

$$\dot{E}_2 + \dot{E}_{2\sigma} = \dot{U}_2 + \dot{I}_2 r_2$$

$$\dot{E}_2 = \dot{U}_2 + j\dot{I}_2 x_2 + \dot{I}_2 r_2 = \dot{U}_2 + \dot{I}_2 Z_2 \tag{2-18}$$

式中，Z_2 为二次绕组的漏阻抗，$Z_2 = r_2 + jx_2$；r_2 为二次绕组的电阻；x_2 为二次绕组的漏电抗。

2.2.3　变压器负载时的磁动势平衡关系

从前面对变压器负载运行时电磁关系的分析可知，负载时作用于磁路上有 $\dot{F}_1 = \dot{I}_1 N_1$ 和 $\dot{F}_2 = \dot{I}_2 N_2$ 两个磁动势，根据图 2-7 所示的电流正方向和绕组的绕向，作用于磁路上的合成磁动势为

$$\dot{F}_1 + \dot{F}_2 = \dot{F}_m \tag{2-19}$$

合成磁动势 $\dot{F}_m$ 产生了负载时的主磁通 $\dot{\Phi}$，据式（2-16）可知，在 $\dot{U}_1$ 不变的情况下，变压器由空载到满载，其 $\dot{E}_1$ 的变化甚微，故铁心中主磁通基本保持不变，铁心的饱和程度也基本不变，空载和负载时的励磁磁动势应基本相等。即 $\dot{F}_m \approx \dot{F}_0$，故式（2-19）可写成

$$\dot{F}_1 + \dot{F}_2 = \dot{F}_0 \quad \text{或} \quad \dot{I}_1 N_1 + \dot{I}_2 N_2 = \dot{I}_0 N_1 \tag{2-20}$$

式（2-20）变换可得

$$\dot{I}_1 = \dot{I}_0 + \left(-\frac{N_2}{N_1} \dot{I}_2 \right) = \dot{I}_0 + \left(-\frac{\dot{I}_2}{k} \right) = \dot{I}_0 + \dot{I}_{1L} \tag{2-21}$$

式中，$\dot{I}_{1L}$ 相当于一次电流中的负载分量，$\dot{I}_{1L} = -\dfrac{\dot{I}_2}{k}$。

式（2-21）说明变压器负载时一次绕组的电流 $\dot{I}_1$ 可视为由两个分量组成，一个分量 $\dot{I}_0$ 是用来在变压器铁心中产生主磁通 $\dot{\Phi}$，它是 $\dot{I}_1$ 的励磁分量。另一个分量 $\dot{I}_{1L} = -\dfrac{\dot{I}_2}{k}$ 是因二次侧带负载而增加的部分，可称为一次绕组电流的负载分量，它所产生的磁动势 $\dot{I}_{1L} N_1$ 用来抵消二次侧磁动势 $\dot{I}_2 N_2$。这说明变压器负载运行时，是通过磁动势平衡关系将一、二次电流紧密地联系在一起的，二次电流的增加或减少，必然同时引起一次电流的增加或减少。相应地二次侧输出功率增加或减少，一次侧从电网吸取的功率必然同时增加或减少。

根据变压器电磁关系分析的结果，可以列出变压器负载运行时的基本方程式

$$\left.\begin{aligned}
\dot{U}_1 &= -\dot{E}_1 + \dot{I}_1 Z_1 \\
\dot{U}_2 &= \dot{E}_2 - \dot{I}_2 Z_2 \\
\dot{I}_1 + \frac{\dot{I}_2}{k} &= \dot{I}_0 \\
\dot{E}_1 &= k\dot{E}_2 \\
-\dot{E}_1 &= \dot{I}_0 Z_m \\
\dot{U}_2 &= \dot{I}_2 Z_L
\end{aligned}\right\} \tag{2-22}$$

利用上述联立方程式，可以对变压器稳态运行进行定量计算，例如当给定电压 $\dot{U}_1$，并已知变压器的电压比 k 和 Z_1、Z_2、Z_m 参数及负载阻抗 Z_L 时，就能从上述方程组中解出六个未知数 $\dot{I}_1$、$\dot{I}_2$、$\dot{I}_0$、$\dot{E}_1$、$\dot{E}_2$ 和 $\dot{U}_2$。

2.2.4　绕组的折算

求解复数方程组是比较烦琐的，特别是由于电力变压器的电压比的存在，使计算更不方

便。为了计算方便，同时也为了画等效电路和相量图的需要，在此引入折算法，它类似于数学中的变量置换。

折算的方法一般有两种：一种是把二次绕组折算到一次侧，即用一个匝数为 N_1 的等效绕组，去替代原变压器匝数为 N_2 的二次绕组；另一种是把一次绕组折算到二次侧，即用一匝数为 N_2 的等效绕组，去替代原变压器匝数为 N_1 的一次绕组。

通常是将二次绕组折算到一次侧，折算后，二次侧各量的数值，称为二次侧折算到一次侧的折算值，用原来二次侧各量的符号右上角加"′"来表示。

折算只是一种数学手段，它不改变折算前后的电磁关系，即折算前后的磁动势平衡关系、功率传递及损耗均应保持不变。以下将二次侧的各量折算到一次侧。

1. 二次侧电流的折算

根据折算前后二次侧磁动势 $\dot{F}_2$ 不变的原则，可得

$$N_1 \dot{I}_2' = N_2 \dot{I}_2$$

即

$$\dot{I}_2' = \frac{N_2}{N_1}\dot{I}_2 = \frac{\dot{I}_2}{k} \tag{2-23}$$

2. 二次侧电动势的折算

由于折算前后主磁通没有改变，根据电动势和匝数成正比的关系，可得

$$\dot{E}_2 = -\mathrm{j}\omega N_2 \dot{\Phi}$$

$$\dot{E}_2' = -\mathrm{j}\omega N_1 \dot{\Phi}$$

$$\frac{\dot{E}_2'}{\dot{E}_2} = \frac{N_1}{N_2} = k$$

即

$$\dot{E}_2' = k\dot{E}_2 = \dot{E}_1 \tag{2-24}$$

3. 二次侧阻抗的折算

（1）二次侧绕组电阻的折算

根据折算前后功率及损耗不变的原则，二次侧绕组的铜耗在折算前后不变，即

$$I_2'^2 r_2' = I_2^2 r_2$$

$$r_2' = \left(\frac{I_2}{I_2'}\right)^2 r_2 = k^2 r_2 \tag{2-25}$$

（2）二次侧漏抗的折算

根据漏抗的无功损耗不变得

$$I_2'^2 x_2' = I_2^2 x_2$$

$$x_2' = k^2 x_2 \tag{2-26}$$

（3）二次侧负载阻抗的折算

负载阻抗 Z_L 的折算，是根据变压器折算前后二次侧输出的视在功率不变的原则，即

$$I_2'^2 Z_L' = I_2^2 Z_L$$

$$Z_L' = \left(\frac{I_2}{I_2'}\right)^2 Z_L = k^2 Z_L \tag{2-27}$$

二次绕组漏阻抗的折算，根据电阻及漏抗的折算方法可得

$$Z_2' = r_2' + \mathrm{j}x_2' = k^2 (r_2 + \mathrm{j}x_2) = k^2 Z_2 \tag{2-28}$$

该式体现了变压器变阻抗的功能。

4. 二次侧电压的折算

根据二次侧电动势平衡关系，折算后的二次电压值仍应等于折算后的二次侧电动势减去折算后的二次侧漏阻抗压降，即

$$\dot{U}_2' = \dot{E}_2' - \dot{I}_2' Z_2' = k\dot{E}_2 - \frac{\dot{I}_2}{k}(k^2 Z_2) = k(\dot{E}_2 - \dot{I}_2 Z_2) = k\dot{U}_2 \qquad (2\text{-}29)$$

从上述各量的折算可知，当把二次侧各量折算至一次侧时，凡是单位为伏（V）的各量（电动势、电压等）的折算值，等于其原来的数值乘以 k；凡是单位为欧姆（Ω）的量（电阻、电抗、阻抗）的折算值，为其原来的数值乘以 k^2；电流的折算值等于其原来的数值除以 k。由此可见，电压比 k 是变压器的重要参数之一，它对研究变压器有着重要的意义。值得注意的是在折算过程中功率是保持不变的，即功率是不能折算的。

折算后，式（2-22）便可写成为

$$\left. \begin{aligned} \dot{U}_1 &= -\dot{E}_1 + \dot{I}_1 Z_1 \\ \dot{U}_2' &= \dot{E}_2' - \dot{I}_2' Z_2' \\ \dot{I}_1 + \dot{I}_2' &= \dot{I}_0 \\ \dot{E}_1 &= \dot{E}_2' \\ -\dot{E}_1 &= \dot{I}_0 Z_{\mathrm{m}} \\ \dot{U}_2' &= \dot{I}_2' Z_{\mathrm{L}}' \end{aligned} \right\} \qquad (2\text{-}30)$$

2.2.5　等效电路

从变压器一次侧所接电网来看，变压器不过是电力系统中的一个元件。有了等效电路，就很容易用一个等效阻抗接在电网上来代替整个变压器及其所带负载，这对研究和计算电力系统的运行情况带来很大的方便。

1. T 形等效电路

运用式（2-30）的前三式可画出变压器的等效电路，如图 2-9a 所示。显然它是图 2-7（二次绕组经过折算）的等效电路。由方程式 $\dot{E}_1 = \dot{E}_2'$，可将 $\dot{E}_1$ 与 $\dot{E}_2'$ 的首端、尾端分别对应短接，对变压器一、二次侧是等效的。据方程式 $\dot{I}_1 + \dot{I}_2' = \dot{I}_0$，流过励磁支路的电流为 $\dot{I}_0$，从而得到图 2-9b 所示电路。由方程式 $-\dot{E}_1 = \dot{I}_0 Z_{\mathrm{m}}$，可以用励磁阻抗替代感应电动势 $\dot{E}_1$ 的作用，便得到变压器的 T 形等效电路，如图 2-9c 所示。在此等效电路中，励磁支路 $r_{\mathrm{m}} + \mathrm{j}x_{\mathrm{m}}$ 中流过励磁电流 $\dot{I}_0$，它在铁心中产生主磁通 $\dot{\Phi}$，$\dot{\Phi}$ 在一、二次绕组中产生的感应电动势分别为

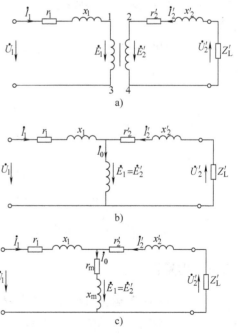

图 2-9　T 形等效电路

$\dot{E}_1$ 和 $\dot{E}_2$。r_m 是励磁电阻，它所消耗的功率代表铁耗。x_m 是励磁电抗，它是主磁通在电路中的具体体现。

2. Γ 形等效电路（近似等效电路）

T 形等效电路能准确地反映变压器运行时的物理情况，但它含有串、并联支路，运算较为复杂。变压器在实际运行过程中，由于 $\dot{U}_1 \approx -\dot{E}_1$，进行电路计算时，用 $\dot{I}_0 = \dfrac{\dot{U}_1}{Z_m}$ 代替实际的 $\dot{I}_0 = \dfrac{-\dot{E}_1}{Z_m}$ 不会产生很大的误差。即把 T 形等效电路中的励磁支路从中间移到电源两端，得到图 2-10 的 Γ 形等效电路，它只有励磁支路和负载支路两并联支路，计算简化很多，而且对 $\dot{I}_1$、$\dot{I}_2'$、$\dot{E}_2'$ 的计算不会产生多大误差。

在近似等效电路中，可将一、二次侧的参数合并，得到

$$\left.\begin{array}{l} r_k = r_1 + r_2' \\ x_k = x_1 + x_2' \\ Z_k = r_k + jx_k \end{array}\right\} \tag{2-31}$$

式中，r_k 为短路电阻；x_k 为短路电抗；Z_k 为短路阻抗。

近似等效电路的方程式为

$$\dot{U}_1 = -\dot{U}_2' + (-\dot{I}_2')Z_k$$
$$\dot{I}_1 + \dot{I}_2' = \dot{I}_0$$

3. 一字形等效电路（简化等效电路）

对于大中型电力变压器，由于 I_0 小于额定电流的 2.5%，故在分析变压器满载及负载电流较大时，可以忽略 I_0，将励磁支路断开，等效电路进一步简化成一个串联阻抗，如图 2-11 所示。

对应于简化等效电路，电压方程式为

$$\dot{U}_1 = -\dot{U}_2' + (-\dot{I}_2')Z_k$$

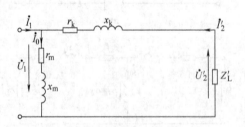

图 2-10　Γ 形等效电路

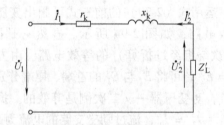

图 2-11　简化等效电路

2.2.6　相量图

根据变压器负载运行时折算后的方程式（2-30）及负载运行时 T 形等效电路正方向的规定，可以把负载时一、二次绕组的电动势、电压和电流之间的大小和相位关系用相量图来表示。一般把相量图作为定性分析的工具。如图 2-12 为变压器 T 形等效电路带电感性负载

（$\varphi_2 > 0°$）时的相量图。

已知 U_2、I_2、$\cos\varphi_2$ 及变压器参数 k、r_1、x_1、r_2、x_2、r_m、x_m，画出相量图。步骤如下：

1）先根据电压比 k 求出 U_2'、I_2'、r_2'、x_2'，并画出 $\dot{U}_2'$、$\dot{I}_2'$；

2）根据 $\dot{E}_2' = \dot{U}_2' + \dot{I}_2'(r_2' + jx_2')$ 求得 $\dot{E}_2'$，$\dot{E}_1 = \dot{E}_2'$；

3）根据 $\dot{E}_1 = \dot{E}_2' = -j\omega N_1 \dot{\Phi}$ 可画出主磁通 $\dot{\Phi}$；

4）根据励磁电流 $\dot{I}_0 = -\dfrac{\dot{E}_1}{Z_m}$ 超前于主磁通 $\dot{\Phi}$ 一个铁耗角 α_{Fe}，$\alpha_{Fe} = 90° - \arctan\dfrac{x_m}{r_m}$ 可以画出 $\dot{I}_0$；

5）根据 $\dot{I}_1 = \dot{I}_0 + (-\dot{I}_2')$，画出 $\dot{I}_1$；

6）由 $\dot{U}_1 = -\dot{E}_1 + \dot{I}_1(r_1 + jx_1)$ 可以画出一次电压相量 $\dot{U}_1$，$\dot{U}_1$ 与 $\dot{I}_1$ 的夹角为 φ_1，$\cos\varphi_1$ 是从一次侧看进去的变压器的功率因数。

变压器带感性负载时的简化等效电路的相量图如图 2-13 所示。

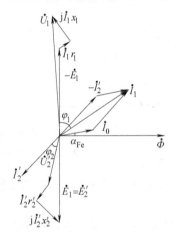

图 2-12 T 形等效电路相量图

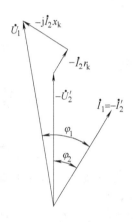

图 2-13 简化等效电路相量图

基本方程式、等效电路、相量图是分析变压器运行的三种方法，其物理本质是一致的。在进行定量计算时，宜采用等效电路；定性讨论各物理量之间关系时，宜采用方程式；而表示各物理量之间大小、相位关系时，相量图比较方便。

2.3 变压器参数的实验测定

当用基本方程式、等效电路、相量图求解变压器的运行性能时，必须知道变压器的励磁参数 r_m、x_m 和短路参数 r_k、x_k。这些参数在设计变压器时可用计算方法求得，对于已制成的变压器，可以通过空载、短路实验求取。

2.3.1 空载实验

根据空载实验可以测得空载电流 I_0 和空载损耗 p_0，从而计算出励磁阻抗 Z_m、励磁电阻 r_m、励磁电抗 x_m 和电压比 k。实验线路如图 2-14 所示。

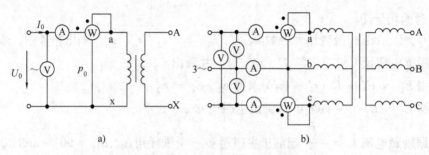

图 2-14 变压器空载实验接线图
a) 单相 b) 三相

以单相变压器为例，在实验时，变压器高压侧开路，低压侧加电压，改变外加电压 U_0 以达到额定值 U_N，测量 I_0 和 p_0。空载实验的等效电路如图 2-15 所示（以降压变压器为例）。

由于 $I_0 Z_2$ 远小于 $I_0 Z_m$，忽略 $I_0 Z_2$ 影响，则有

励磁阻抗为

$$Z_m \approx \frac{U_0}{I_0} \tag{2-32}$$

励磁电阻

$$r_m \approx \frac{p_0}{I_0^2} \tag{2-33}$$

励磁电抗

$$x_m = \sqrt{Z_m^2 - r_m^2} \tag{2-34}$$

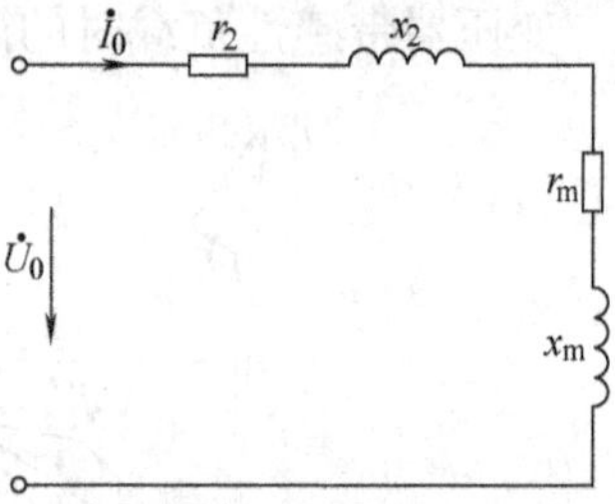

图 2-15 变压器空载实验等效电路

变压器的电压比 k 近似等于高压侧电压与低压侧电压之比，可根据电压表测量值求得。

需要说明的是：

1）空载实验从原理上讲，可以在任何一侧做。但从安全和低压电源容易获得考虑，一般的电力变压器空载实验都在低压侧做，即低压侧加电压，所以，求得的参数是低压侧参数，若需要高压侧参数，应该乘以 k^2，将参数折算到高压侧。

2）U_0、I_0、p_0 均为一相的数值，对于三相变压器实测的电压和电流是线值，功率是三相功率，计算时要将以上各量转换为每相的值。

3）由于磁路饱和的原因，r_m、x_m 都随电压大小而变化，而变压器通常均在额定电压下工作，所以空载实验数据应取对应 $U_0 = U_N$ 额定电压时的数据，才能反映实际情况。

4）低压绕组的铜耗 $I_0^2 r_2$ 远小于铁耗 $I_0^2 r_m$，所以，空载铜耗可以忽略。则空载时输入功率 $p_0 \approx p_{Fe}$，即等于变压器的铁耗，又称不变损耗。

2.3.2 短路实验

根据短路实验可以测得短路电压 U_k 和短路损耗 p_k，从而计算出短路阻抗 Z_k、短路电阻 r_k 和短路电抗 x_k。实验线路如图 2-16 所示。

仍以单相变压器为例，在实验时，变压器低压侧短路，高压侧施加可调的低电压 U_k，使 U_k 从零开始逐渐升高，当高压侧的短路电流 $I_k = I_N$ 达到额定值时，测得施加的电压 U_{kN} 为短路电压，输入功率 p_{kN} 为短路功率。

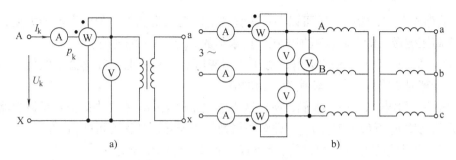

图 2-16　变压器短路实验接线图

a）单相　b）三相

短路实验时，电流为额定值时的外施电压很低（一般中小型变压器仅为额定电压的 4%
~10.5%），主磁通很小，因此可忽略励磁电流和铁耗的影响。为此，可获得短路实验的等
效电路如图 2-17 所示。

根据等效电路可以求得下列参数：

短路阻抗为

$$Z_k = \frac{U_k}{I_k} \tag{2-35}$$

短路电阻为

$$r_k = \frac{p_k}{I_k^2} \tag{2-36}$$

短路电抗为

$$x_k = \sqrt{Z_k^2 - r_k^2} \tag{2-37}$$

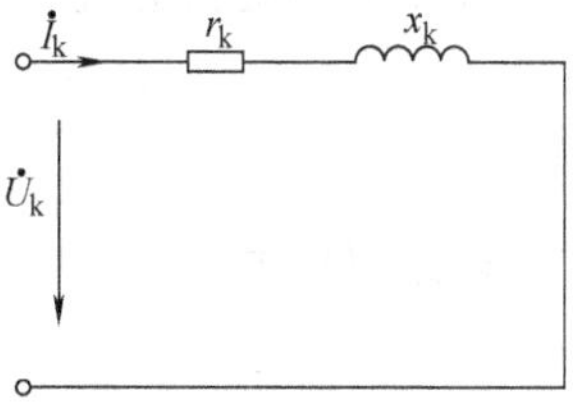

图 2-17　变压器短
路实验等效电路

在变压器做短路实验时，一次绕组的电流达到额定值时，一次绕组上所加的电压称为短
路电压，通常用它与一次额定电压之比的百分值表示，根据等效电路，短路电压百分值为

$$u_k = \frac{I_{1Nph}Z_k}{U_{1Nph}} \times 100\% \tag{2-38}$$

其有功分量、无功分量分别为

$$u_{ka} = \frac{I_{1Nph}r_k}{U_{1Nph}} \times 100\% \tag{2-39}$$

$$u_{kr} = \frac{I_{1Nph}x_k}{U_{1Nph}} \times 100\% \tag{2-40}$$

上两式表明，短路电压百分值即阻抗压降的百分值，其有功分量 u_{ka} 即电阻压降，无功
分量 u_{kr} 即电抗压降。短路电压的数值标在变压器铭牌上，它的大小反映变压器在额定负载
下运行时，漏阻抗压降的大小。从运行角度看，希望短路阻抗小些，则阻抗压降小一些，这
样变压器输出电压随负载变化的波动较小。但短路阻抗太小，当发生突然短路时，短路电流
又会太大，可能会损坏变压器。一般中小型电力变压器的 u_k 为 4% ~10.5%，大型变压器的
u_k 为 12.5% ~17.5%。

需要说明的是：

1）从理论上讲，短路实验可以在一次侧做也可在二次侧做。但为了实验方便，短路实验通常在高压侧做，即在高压侧加电压。所求得的 Z_k 是高压侧的值。

2）U_k、I_k、p_k 均为一相的数值，对于三相变压器实测的电压和电流是线值，功率是三相功率，计算时要将以上各量转换为一相的值。

3）短路实验时，U_k 一般很低，所以铁心中主磁通很小，铁心中的损耗可以忽略。故从电源输入的功率 p_k 近似为铜耗 p_{Cu}，即短路损耗等于铜耗，又称为可变损耗。

4）对于 T 形等效电路，可认为：$r_1 \approx r_2' = r_k/2$，$x_1 \approx x_2' = x_k/2$。

5）由于绕组的电阻随温度而变化，而短路实验一般在室温下进行，故测得的电阻值应按国家标准换算到基准工作温度时的数值。对 A、E、B 级的绝缘，其参考温度为 75℃，这里不做介绍。

例 2-1　一台三相电力变压器，Yd 联结，$S_N = 560\text{kV} \cdot \text{A}$，$U_{1N}/U_{2N} = 10\text{kV}/0.4\text{kV}$。在低压侧加额定电压做空载实验，测得空载损耗 $p_0 = 680\text{W}$，空载电流 $I_0 = 24\text{A}$；高压侧做短路实验，在额定电流下测得短路电压 $U_{kN} = 550\text{V}$，短路损耗 $p_{kN} = 1800\text{W}$，求 T 形等效电路中的参数。

解　（1）由短路实验数据求短路参数

高压侧额定相电流

$$I_{1\text{Nph}} = I_{1N} = \frac{S_N}{\sqrt{3}\,U_{1N}} = \frac{560}{\sqrt{3} \times 10}\text{A} = 32.33\text{A}$$

短路阻抗为

$$Z_k = \frac{U_{k\text{ph}}}{I_{k\text{ph}}} = \frac{U_{kN}/\sqrt{3}}{I_{1\text{Nph}}} = \frac{550/\sqrt{3}}{32.33}\Omega = 9.823\Omega$$

短路电阻为

$$r_k = \frac{p_{k\text{ph}}}{I_{1\text{Nph}}^2} = \frac{p_{kN}/3}{I_{1\text{Nph}}^2} = \frac{1800/3}{32.33^2}\Omega = 0.574\Omega$$

短路电抗为

$$x_k = \sqrt{Z_k^2 - r_k^2} = \sqrt{9.823^2 - 0.574^2}\,\Omega = 9.805\Omega$$

$$r_1 \approx r_2' = r_k/2 = 0.574/2\,\Omega = 0.287\Omega$$

$$x_1 \approx x_2' = x_k/2 = 9.805/2\,\Omega = 4.903\Omega$$

（2）由空载实验数据求励磁参数

励磁阻抗为

$$Z_m = \frac{U_{0\text{ph}}}{I_{0\text{ph}}} = \frac{U_{2N}}{I_0/\sqrt{3}} = \frac{0.4 \times 10^3}{24/\sqrt{3}}\Omega = 28.86\Omega$$

励磁电阻为

$$r_m = \frac{p_{0\text{ph}}}{I_{0\text{ph}}^2} = \frac{p_0/3}{(I_0/\sqrt{3})^2} = \frac{p_0}{I_0^2} = \frac{680}{24^2}\Omega = 1.18\Omega$$

励磁电抗为

$$x_m = \sqrt{Z_m^2 - r_m^2} = \sqrt{28.86^2 - 1.18^2}\,\Omega = 28.83\Omega$$

以上参数是从低压侧看进去的值，等效电路中的参数是折合到某一侧的参数，若等效电

路是折合到高压侧，应将（2）中的励磁参数折合到高压侧

电压比为

$$k = \frac{U_{1Nph}}{U_{2Nph}} = \frac{U_{1N}/\sqrt{3}}{U_{2N}} = \frac{10V/\sqrt{3}}{0.4V} = 14.43$$

故折算至高压侧的参数为

$$Z_m' = k^2 Z_m = 14.43^2 \times 28.86\Omega = 6012.8\Omega$$
$$x_m' = k^2 x_m = 14.43^2 \times 28.83\Omega = 6003.1\Omega$$
$$r_m' = k^2 r_m = 14.43^2 \times 1.18\Omega = 245.7\Omega$$

2.4　标幺值

电力工程的计算中，各物理量的大小，除了用具有"单位"的有名值表示外，还常用不具"单位"的标幺值来表示。下面介绍标幺值的概念、计算及主要优缺点。

2.4.1　标幺值的定义

标幺值是指某一物理量的实际值与选定的同一单位的固定值的比值，选定的同一单位的固定数值叫基准值。即

$$标幺值 = \frac{实际值}{基准值}$$

2.4.2　基准值的选取与标幺值的计算

在电力工程计算中，对于"单个"的电气设备，通常都是选其额定值作基准值，哪一侧的物理量就应选哪一侧的额定值作为基准值。

对于三相变压器一般取额定相电压作为电压基准值，取额定相电流作为电流基准值。额定视在功率作为功率基准值。标幺值是一个无量纲的相对值，一般将原来的物理量符号右上角加"*"表示其标幺值。当选用额定值为基准值时，一、二次电压、电流和阻抗的标幺值分别为

$$U_{1ph}^* = \frac{U_{1ph}}{U_{1Nph}} \quad U_{2ph}^* = \frac{U_{2ph}}{U_{2Nph}} \tag{2-41}$$

$$I_{1ph}^* = \frac{I_{1ph}}{I_{1Nph}} \quad I_{2ph}^* = \frac{I_{2ph}}{I_{2Nph}} \tag{2-42}$$

$$Z_1^* = \frac{Z_1}{Z_{1N}} \quad Z_2^* = \frac{Z_2}{Z_{2N}} \tag{2-43}$$

一、二次阻抗的基准值为

$$Z_{1N} = \frac{U_{1Nph}}{I_{1Nph}} \quad Z_{2N} = \frac{U_{2Nph}}{I_{2Nph}} \tag{2-44}$$

已知标幺值和基准值，就可求得实际值

$$实际值 = 标幺值 \times 基准值 \tag{2-45}$$

将标幺值乘以 100% 即得以同样基准值表示的百分值

$$百分值 = 标幺值 \times 100\%$$

2.4.3 标幺值的优点

1）不论变压器的容量相差多大（从几十到几千千伏·安），用标幺值表示的参数及性能数据变化很小，这就便于不同容量的变压器进行比较。例如中小型变压器短路阻抗的标幺值 Z_k^* 一般为 4% ~ 10.5%。

2）采用标幺值时，一、二次侧各量不需要进行折算，即折算前后相应量的标幺值相等。例如：

$$r_2^* = \frac{I_{2Nph} r_2}{U_{2Nph}} = \frac{k I_{1Nph} r_2}{U_{1Nph}/k} = \frac{k^2 r_2 I_{1Nph}}{U_{1Nph}} = \frac{r_2' I_{1Nph}}{U_{1Nph}} = r_2'^*$$

注意：二次侧折算到一次侧后基准值应取一次侧的额定值。

3）用标幺值表示的量不分相和线，不分单相还是三相，都具有相同的标幺值。例如

$$I_0^* = I_{0ph}^* \quad U_1^* = U_{ph}^* \quad U_k^* = U_{kph}^*$$

三相总功率的标幺值等于各相相应的功率的标幺值。例如

$$p_0^* = p_{0ph}^* \quad p_k^* = p_{kph}^* \quad S^* = S_{ph}^*$$

4）采用标幺值表示的基本方程式与采用实际值时的方程式在形式上保持一致。例如

$$Z_k^* = \sqrt{r_k^{*2} + x_k^{*2}} \quad Z_m^* = \frac{U_0^*}{I_0^*}$$

$$r_k^* = \frac{p_k^*}{I_k^{*2}} \quad r_m^* = \frac{p_0^*}{I_0^{*2}}$$

5）采用标幺值后，各量的数值简化了，例如当电流、电压达到额定值时其标幺值为 1，因此，使计算很方便。同时，某些量还具有相同的数值。例如

$$u_k = Z_k^* \quad u_{ka} = r_k^* = p_{kN}^* \quad u_{kr} = x_k^* \tag{2-46}$$

额定运行时

$$\left. \begin{array}{l} S_N^* = 1 \\ P_N^* = U_N^* I_N^* \cos\varphi_N = \cos\varphi_N \\ Q_N^* = U_N^* I_N^* \sin\varphi_N = \sin\varphi_N \end{array} \right\} \tag{2-47}$$

2.5 变压器的运行特性

对于负载来说，变压器相当于一个交流电源，因此其运行特性主要有外特性和效率特性，与之对应的反映变压器运行性能的主要指标是电压变化率和效率。

2.5.1 电压变化率 ΔU 和外特性

由于变压器一、二次绕组都有漏阻抗，当有负载电流流过时必然在这些漏阻抗上产生电压降，二次电压将随负载的变化而变化。为了描述这种电压变化的大小，引入电压变化率。电压变化率 ΔU 定义为：变压器一次绕组施加额定电压，由空载到给定负载时二次电压代数

差与二次额定电压的比值，即

$$\Delta U = \frac{U_{20} - U_2}{U_{2N}} \times 100\% = \frac{U_{2N} - U_2}{U_{2N}} \times 100\% = \frac{U_{1N} - U_2'}{U_{1N}} \times 100\% = 1 - U_2^* \qquad (2\text{-}48)$$

分析变压器的电压变化率可不计 I_0 的影响。因此，可通过变压器的简化等效电路推导出 ΔU 的计算公式。

图 2-18 是对应于变压器简化等效电路的相量图，过点 P 作 Oa 的垂线，得直角三角形 $\triangle POb$，对于电力变压器漏阻抗压降 $I_1 Z_k$ 很小，$\angle bOP$ 很小，所以有 $OP \approx Ob$。过 d 作 ab 垂线得垂足 c。则从空载到负载，端电压变化为

$$U_{1N} - U_2' \approx ab$$

$$ab = I_1 r_k \cos\varphi_2 + I_1 x_k \sin\varphi_2$$

于是

$$\begin{aligned}
\Delta U &= \frac{U_{1N} - U_2'}{U_{1N}} \times 100\% \approx \frac{ab}{OP} \times 100\% \\
&= \frac{I_1 r_k \cos\varphi_2 + I_1 x_k \sin\varphi_2}{U_{1N}} \times 100\% \\
&= \beta \left(r_k^* \cos\varphi_2 + x_k^* \sin\varphi_2 \right) \times 100\% \qquad (2\text{-}49)
\end{aligned}$$

式中，β 称为负载系数，也是电流的标幺值，$\beta = \dfrac{I_1}{I_{1N}} = \dfrac{I_2}{I_{2N}} = I_1^* = I_2^*$。

从式（2-49）可以看出，变压器负载时影响电压变化率 ΔU 大小的有三个因素：一是负载系数；二是短路参数；三是负载功率因数。在电力变压器中，一般 $x_k \gg r_k$，当负载为纯电阻时，$\varphi_2 = 0$，$\cos\varphi_2 = 1$，$\sin\varphi_2 = 0$，ΔU 很小；当为感性负载时，$\varphi_2 > 0$〔称 $\cos\varphi_2$（滞后）〕，$\cos\varphi_2$、$\sin\varphi_2$ 均为正，ΔU 为正值，二次电压 U_2 随负载电流 I_2 的增大而下降；当为容性负载时，$\varphi_2 < 0$〔称 $\cos\varphi_2$（超前）〕，$\cos\varphi_2 > 0$，$\sin\varphi_2 < 0$，若 $| r_k^* \cos\varphi_2 | < | x_k^* \sin\varphi_2 |$，则 ΔU 为负，二次电压 U_2 随负载电流 I_2 的增加而升高。

当一次电压为额定值，负载功率因数不变时，二次电压 U_2 与负载电流 I_2 的关系 $U_2 = f(I_2)$ 称为电压调整特性，也称外特性。不同性质负载时的变压器电压调整特性如图 2-19 所示。当负载为额定值，功率因数为指定值（通常为 0.8 滞后）时的电压变化率，称为额定电压变化率。它是变压器的一个重要性能指标，反映了变压器输出电压的稳定性，其值通常为 5% 左右。

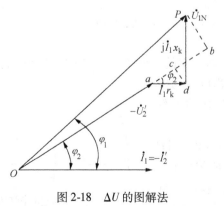

图 2-18　ΔU 的图解法

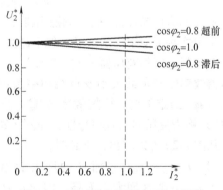

图 2-19　变压器的外特性 $U_2^* = f(I_2^*)$

为了保证变压器二次电压的变化在允许范围内，通常在变压器高压侧设置分接头，并装设分接开关，用以调节高压绕组的工作匝数，从而调节二次电压。分接头之所以设置在高压侧，是因为高压绕组套在最外面，便于引出分接头，而且高压侧电流相对也较小，分接头的引线及分接开关载流部分的导体截面也小，开关触点易于制造。

中、小型电力变压器一般有三个分接头，记作（1 ± 5%）U_N。大型电力变压器则采用五个或更多的分接头，例如（1 ± 2 × 2.5%）U_N 或（1 ± 8 × 1.25%）U_N 等。

2.5.2 效率与效率特性

变压器运行时，输出有功功率与输入有功功率之百分比称变压器的效率，即

$$\eta = \frac{P_2}{P_1} \times 100\% \tag{2-50}$$

式中，P_2 为输出有功功率；P_1 为输入有功功率。

变压器的效率一般都较高，大多数在 95% 以上，大型变压器效率可达 99% 以上，因此不宜采用直接测量 P_1、P_2 的方法，工程上常采用间接法测定变压器的效率，即测出各种损耗以计算效率，所以式（2-50）可改为

$$\eta = \frac{P_2}{P_1} \times 100\% = \frac{P_2}{P_2 + \sum p} \times 100\% \tag{2-51}$$

式中，$\sum p$ 为变压器运行时总的损耗，$\sum p = p_{Cu} + p_{Fe}$。

以单相变压器为例，在用式（2-51）计算效率时，作以下几个近似：

1）以额定电压下空载损耗 p_0 作为铁耗，并认为铁耗不随负载而变化。

$$p_{Fe} \approx p_0 = 常数$$

2）以短路损耗 p_{kN} 作为额定负载电流时的铜耗，即

$$p_{Cu} = I_1^2 r_1 + I_2^2 r_2 = I_1^2 (r_1 + r_2') = (\beta I_{1N})^2 r_k = \beta^2 I_{1N}^2 r_k = \beta^2 p_{kN}$$

3）计算 P_2 时，忽略负载运行时二次电压的变化，认为 $U_2 \approx U_{2N}$ 不变，则有

$$P_2 = U_2 I_2 \cos\varphi_2 = \beta U_{2N} I_{2N} \cos\varphi_2 = \beta S_N \cos\varphi_2$$

式中，S_N 为变压器的额定容量。

因此，式（2-51）变为

$$\eta = \frac{\beta S_N \cos\varphi_2}{\beta S_N \cos\varphi_2 + p_0 + \beta^2 p_{kN}} \times 100\% \tag{2-52}$$

式（2-52）同样适用于三相变压器，只不过 S_N、p_0、p_{kN} 均为三相值。

采用这些近似引起的误差一般不超过 0.5%。

对于制造好的变压器，式（2-52）中 p_{kN} 及 p_0 是一定的，变压器效率则与负载大小及负载功率因数有关。若负载功率因数 $\cos\varphi_2$ 给定不变，则把效率 η 随负载系数 β 变化的关系 $\eta = f(\beta)$ 称为变压器的效率特性，如图 2-20 所示。

从图 2-20 可以看出，空载时，$\beta = 0$，$P_2 = 0$，$\eta = 0$；当 β 较小时，$\beta^2 p_{kN} < p_0$，η 随 β 的增大而增大；当 β 较大时，$\beta^2 p_{kN} > p_0$，η 随 β 增大而下降。因此在 β 增加的过程中，有一 β 值对应的效率达到最大，此值可用求极值的方法求得，

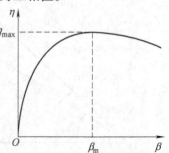

图 2-20　变压器的效率特性

即令 $\dfrac{\mathrm{d}\eta}{\mathrm{d}\beta} = 0$，则

$$\beta^2 p_{kN} = p_0 \tag{2-53}$$

此时的 β 用 β_m 表示，β_m 称为取得最大效率时的负载系数。

从式（2-53）可见，当变压器的不变损耗等于可变损耗时，效率达到最大，此时变压器的负载系数为

$$\beta_m = \sqrt{\dfrac{p_0}{p_{kN}}} \tag{2-54}$$

将 β_m 代入式（2-52）便可求得最大效率 η_{max}

$$\eta_{max} = \dfrac{\beta_m S_N \cos\varphi_2}{\beta_m S_N \cos\varphi_2 + 2p_0} \times 100\% \tag{2-55}$$

一般的电力变压器，$p_0/p_{kN} = 1/4 \sim 1/3$，相应的最大效率发生在 β_m 为 $0.5 \sim 0.6$。一般不将变压器设计成满载（$\beta = 1$）时达到最大效率，是因为变压器并非经常满载运行，负载系数 β 总是随季节、昼夜而变化，因而铜耗也随之变化，而铁耗在变压器投入运行后，基本是不变的，故设计成较小的铁耗，这对提高全年的总体效率有利。

例 2-2　一台电力变压器铭牌数据为 $S_N = 20000\mathrm{kV \cdot A}$，$U_{1N}/U_{2N} = 110\mathrm{kV}/10.5\mathrm{kV}$，$Z_k^* = 0.105$，$p_0 = 23.7\mathrm{kW}$，$p_{kN} = 104\mathrm{kW}$，Yd11 联结。带功率因数 $\cos\varphi_2 = 0.9$（滞后），$\beta = 0.867$ 负载运行。试求：（1）变压器短路参数的标幺值；（2）电压变化率，低压侧电压；（3）效率；（4）若要取得最大效率，其负载系数及最大效率各为多少？

解　（1）变压器的短路参数

$$r_k^* = p_k^* = \dfrac{p_{kN}}{S_N} = \dfrac{104}{20000} = 0.0052$$

$$x_k^* = \sqrt{Z_k^{*2} - r_k^{*2}} = \sqrt{0.105^2 - 0.0052^2} \approx 0.105$$

（2）由负载功率因数 $\cos\varphi_2 = 0.9$（滞后），可知 $\sin\varphi_2 = 0.435$

由（1）知

$$r_k^* = 0.0052, x_k^* = 0.105$$

$$\begin{aligned}\Delta U &= \beta(r_k^* \cos\varphi_2 + x_k^* \sin\varphi_2) \times 100\% \\ &= 0.867 \times (0.0052 \times 0.9 + 0.105 \times 0.435) \times 100\% \\ &= 4.4\%\end{aligned}$$

低压侧电压

$$U_2 = (1 - \Delta U)U_{2N} = (1 - 0.044) \times 10500\mathrm{V} = 10038\mathrm{V}$$

（3）效率

$$\begin{aligned}\eta &= \dfrac{\beta S_N \cos\varphi_2}{\beta S_N \cos\varphi_2 + p_0 + \beta^2 p_{kN}} \times 100\% \\ &= \dfrac{0.867 \times 20000 \times 0.9}{0.867 \times 20000 \times 0.9 + 23.7 + 0.867^2 \times 104} \times 100\% \\ &= 99.35\%\end{aligned}$$

（4）最大效率时的负载系数

$$\beta_{\mathrm{m}} = \sqrt{\frac{p_0}{p_{\mathrm{kN}}}} = \sqrt{\frac{23.7}{104}} = 0.477$$

最大效率

$$
\begin{aligned}
\eta_{\max} &= \frac{\beta_{\mathrm{m}} S_{\mathrm{N}} \cos\varphi_2}{\beta_{\mathrm{m}} S_{\mathrm{N}} \cos\varphi_2 + 2p_0} \times 100\% \\
&= \frac{0.477 \times 20000 \times 0.9}{0.477 \times 20000 \times 0.9 + 2 \times 23.7} \times 100\% \\
&= 99.45\%
\end{aligned}
$$

小　结

变压器是一种静止的电气设备，它基于电磁感应原理，实现把某一电压等级的交流电能转换为同频率的另一电压等级的交流电能。其中，磁场是变压器运行的媒介。

根据变压器内部磁场的实际分布情况和所起作用的不同，把磁通分为主磁通和漏磁通。主磁通同时交链于一次绕组和二次绕组，并在一、二次绕组中分别感应出电动势 $\dot{E}_1$ 和 $\dot{E}_2$，起传递电磁功率媒介的作用；漏磁通仅与各自的绕组相交链，只起电抗压降的作用而不参与能量的传递。在变压器中既有电路问题又有磁路问题，而且磁路和电路之间以及一次侧电路和二次侧电路之间又有磁的联系。为了把电磁场的问题简化成电路的问题，引入了电路参数——励磁阻抗 Z_{m}、漏阻抗 Z_1 和 Z_2。再经过折算，变压器中的电磁关系就可以用一个一、二次绕组之间有电流关系的等效电路来等效。

分析变压器内部的电磁关系可采用三种方法：基本方程式、等效电路和相量图。基本方程式是电磁关系的一种数学表达形式，相量图是基本方程式的一种图形表示法，而等效电路是从基本方程式出发用电路来模拟实际变压器，因此，三者是完全一致的，知道了其中一种就可以推导出其他两种。由于解基本方程组比较复杂，因此在实际分析问题时，如进行定量计算，宜采用等效电路；如定性讨论各物理量之间的关系，宜采用方程式；而表示各物理量之间大小、相位关系时，相量图比较方便。

无论列基本方程式、画相量图还是画等效电路，都必须首先规定各量的正方向。正方向规定的不同，方程式中各量前面的符号和相量图中各相量的方向也就不同。

变压器的电抗参数是和磁通对应的，x_{m} 与主磁通对应，x_1 和 x_2 则分别与一、二次绕组的漏磁通相对应。由于主磁通沿铁心闭合，受磁路饱和的影响，故励磁电抗 x_{m} 不是常数，漏磁通所经过的回路中有一段为非磁性物质，因此，漏磁通基本上不受铁心饱和的影响，所以 x_1 和 x_2 基本上是常数。

电压变化率 ΔU 和效率 η 是变压器的主要性能指标。ΔU 的大小表明了变压器运行时输出电压的稳定性，效率 η 则表明运行时的经济性。变压器的参数对 ΔU 和 η 有很大的影响，对已制成的变压器，参数可以通过实验测出，设计变压器时则通过有关尺寸和材料性质来计算。从电压变化率的观点看，希望短路阻抗小些，但是 Z_{k}^* 过小，变压器发生短路时短路电流过大，绕组间的电磁力也大，因此，国家标准对各种容量变压器的 Z_{k}^* 都做出了规定，一般来讲，容量愈大，电压愈高，短路阻抗愈大。

思 考 题

2-1 变压器中主磁通与漏磁通的作用有什么不同？在等效电路中是怎样反映它们的作用的？

2-2 变压器等效电路中的 r_m 代表什么电阻？能否用直流电表测量该电阻？x_m 的物理意义是什么？我们希望变压器的 x_m 是大还是小好？若用空气心而不用铁心，则 x_m 是增加还是降低？如果一次绕组匝数增加 5%，而其余不变，则 x_m 将如何变化？如果铁心截面积增大 5%，而其余不变，则 x_m 将大致如何变化？如果铁心叠装时，硅钢片接缝间存在着较大的气隙，则对 x_m 有何影响？

2-3 变压器一次电压超过额定电压时，其励磁电流、励磁电阻、励磁电抗和铁耗将如何变化？

2-4 一台变压器，原设计的额定频率为 50Hz，现将它接到 60Hz 的电网上运行，额定电压不变，试问对励磁电流、铁耗、漏抗、电压变化率等有何影响？

2-5 写出用 $\dot{\Phi}$ 表示 $\dot{E}_1$、$\dot{E}_2$ 表达式，以及一次电压平衡方程式，并说明为什么主磁通 $\dot{\Phi}$ 取决于外加电源电压 $\dot{U}_1$。

2-6 为什么变压器的空载损耗可以近似地看成是铁耗，短路损耗可以近似地看成是铜耗？

2-7 在变压器高压侧和低压侧分别加额定电压进行空载实验，所测得的铁耗是否一样？计算出来的励磁阻抗有什么差别？

2-8 为了得到正弦感应电动势，当铁心不饱和与饱和时，励磁电流应各呈何种波形？为什么？

2-9 在分析变压器时，为什么要进行折算？折算的条件是什么？如何进行具体折算？若用标幺值时是否还需要折算？

2-10 变压器一、二次绕组在电路上并没有联系，但在负载运行时，若二次电流增大，则一次电流也变大，为什么？

2-11 变压器运行时本身吸收什么性质的无功功率？变压器二次侧带电感性负载时，从一次侧吸收的无功功率是什么性质的？

2-12 变压器电压变化率的定义是什么？其大小与哪些因素有关？二次侧带什么性质的负载时，有可能使电压变化率为零？

2-13 变压器的效率与哪些因素有关？为什么实际运行的变压器不把最高效率设计在满载时？

2-14 一台 50Hz 的单相变压器，如接在直流电源上，其电压大小和铭牌电压一样，试问此时会出现什么现象？

2-15 变压器的额定电压为 220V/110V，若不慎将低压方误接到 220V 电源上，试问励磁电流将会发生什么变化？变压器将会出现什么现象？

习 题

2-1 一台三相变压器，一、二次侧的额定电压为 $U_{1N}/U_{2N} = 10kV/3.15kV$，Yd11 联结，匝电压为 14.189V，频率为 50Hz，二次侧额定电流 $I_{2N} = 183.3A$。试求：

(1) 一、二次绕组的匝数；

(2) 一次侧额定电流 I_{1N} 及额定容量 S_N；

(3) 变压器运行在额定容量且功率因数为 $\cos\varphi_2 = 0.8$（滞后）情况下的负载功率 P_2。

2-2 有一台 180kV·A 的铝线变压器，$U_{1N}/U_{2N} = 10000V/400V$，50Hz，联结方式为 Yyn，铁心截面积 $A_{Fe} = 160cm^2$，取铁心最大磁密 $B_m = 1.45T$，试求：

(1) 一、二次绕组的匝数；

(2) 按电力变压器标准要求，二次电压应能在额定电压上、下调节 5%，希望在高压绕组边抽头以调节低压绕组边的电压，试问如何抽头？

2-3 一台三相变压器 $S_N = 5600kV·A$，$U_{1N}/U_{2N} = 10kV/6.3kV$，Yd11 联结。在低压侧加额定电压做空

载实验，测得 $p_0 = 6720W$，$I_0 = 8.2A$，在高压侧做短路实验，短路电流 $I_k = I_{1N}$，$p_{kN} = 17920W$，$U_{kN} = 550V$。试求：

（1）折算到高压侧的励磁参数和短路参数；

（2）折算到低压侧的励磁参数和短路参数。

2-4 一台三相电力变压器，Yd11 联结，$r_1 = 2.19\Omega$，$x_1 = 15.4\Omega$，$r_2 = 0.15\Omega$，$x_2 = 0.964\Omega$，$k = 3.37$，忽略 I_0，当带有 $\cos\varphi_2 = 0.8$（滞后）的负载时，$U_2 = 6000V$，$I_2 = 312A$。试求 U_1、I_1、$\cos\varphi_1$。

2-5 一台三相变压器的铭牌数据为：$S_N = 1000kV \cdot A$，$U_{1N}/U_{2N} = 10kV/0.4kV$，Yy 接法，在高压侧做短路实验 $I_k = 57.74A$，$U_k = 400V$，$p_k = 11.6kW$。试求：

（1）短路参数 r_k、x_k、z_k；

（2）当此变压器带 $I_2 = 1155A$，$\cos\varphi_2 = 0.8$（滞后）的负载时，低压侧的电压 U_2。

2-6 一台三相变压器 $S_N = 5600kV \cdot A$，$U_{1N}/U_{2N} = 6000V/3300V$，Yd11 联结。空载损耗 $p_0 = 18kW$，额定电流时短路损耗 $p_{kN} = 56kW$。试求：

（1）当输出电流 $I_2 = I_{2N}$，$\cos\varphi_2 = 0.8$（滞后）时的效率 η；

（2）效率最大时的负载系数 β_m。

2-7 一台三相变压器的铭牌数据为：$S_N = 125000kV \cdot A$，$U_{1N}/U_{2N} = 110kV/11kV$，Yd11 联结，$Z_k^* = 0.105$，$I_0^* = 0.02$，$p_0 = 133kW$，$p_{kN} = 600kW$。试求：

（1）励磁参数和短路参数标幺值。做出 Γ 形等效电路，并标明各阻抗的值；

（2）变压器带 $\cos\varphi_2 = 0.85$（滞后），半载运行时，电压变化率 ΔU、二次电压 U_2 和效率 η；

（3）$\cos\varphi_2 = 0.85$（滞后）时，取得最大效率时的负载系数 β_m 及最大效率 η_{max}。

2-8 一台三相变压器，$S_N = 5600kV \cdot A$，$U_{1N}/U_{2N} = 10kV/6.3kV$，Yd11 联结，变压器的空载及短路实验数据如下：

实验名称	线电压 U_l/V	线电流 I_l/A	三相功率 p/W	备注
空载	6300	7.4	6800	电压加在低压侧
短路	550	323.3	18000	电压加在高压侧

试求：

（1）变压器 Γ 形等效电路参数的标幺值；

（2）满载 $\cos\varphi_2 = 0.8$（滞后）时，电压变化率 ΔU 及二次电压 U_2 和效率 η；

（3）$\cos\varphi_2 = 0.8$（滞后）时的最大效率 η_{max}。

2-9 一台三相变压器，$S_N = 1000kV \cdot A$，$U_{1N}/U_{2N} = 10kV/6.3kV$，50Hz，Yd11 联结。实验数据如下：空载实验时，$U_0 = U_N$，$I_0 = 5\% I_N$，$p_0 = 4.9kW$；短路实验时，$I_k = I_N$，$U_k = 5\% U_N$，$p_{kN} = 15kW$。试求：

（1）变压器 T 形等效电路参数的标幺值；

（2）满载 $\cos\varphi = 0.8$（滞后）时的电压变化率 ΔU；

（3）满载 $\cos\varphi = 0.8$（滞后）时的效率 η。

2-10 有一台三相变压器容量 $S_N = 100kV \cdot A$，$U_{1N}/U_{2N} = 6000V/400V$，Yyn0 联结，$u_k = 4.5\%$，$p_{kN} = 2270W$，此变压器二次侧接至 △ 形联结的平衡三相负载，每相负载阻抗 $Z_L = (3.75 + j2.85)\ \Omega$，试求：

（1）在此负载下的负载电流及二次电压；

（2）一次侧功率因数（不计励磁电流）。

第3章　三相变压器

由于电力系统采用三相制，所以三相变压器在电力系统中应用广泛。三相变压器可以用三个单相变压器做三相联结而组成，称为三相变压器组，或称组式变压器；还有一种铁心是由铁轭把三个铁心连在一起的三相变压器，称为三相心式变压器。从运行原理和分析方法来说，三相变压器在对称负载下运行时，各相电压、电流也是对称的，即大小相等、相位上彼此相差120°，故可取一相进行分析。这时三相变压器的任意一相和单相变压器就没有什么区别，因此前一章所述的分析方法及其结论完全适用于三相变压器在对称负载下的运行情况。

但是三相变压器也有自己的特殊问题须加以研究，如三相磁路的构成方法，三相绕组的联结方法，电动势和励磁电流的波形，并联运行的问题以及不对称运行等。本章所要研究的就是三相变压器所特有的这些问题。

3.1　三相变压器的磁路系统

三相变压器的磁路系统，可分为各相磁路彼此无关和彼此相关的两类。

3.1.1　三相组式变压器（三相变压器组）

三相组式变压器，如图 3-1 所示，是由三个单相变压器在电路上做三相联结而组成的，各相主磁通沿各自铁心形成一个单独回路，彼此毫无关系。所以，三相组式变压器当一次绕组外施三相对称电压时，三相主磁通是对称的。由于三相铁心相同，三相空载电流也是严格对称的。

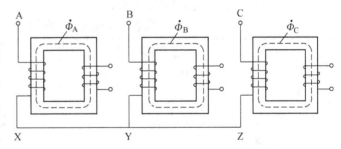

图 3-1　三相组式变压器的磁路

3.1.2　三相心式变压器

三相心式变压器是由三个单相变压器演变过来的，如果把三个单相变压器铁心合并成图 3-2a 的形状，当三相变压器一次绕组外施对称的三相电压时，三相主磁通对称，中间公共铁心柱内通过的磁通为三相主磁通的相量和，即 $\dot{\Phi}_A + \dot{\Phi}_B + \dot{\Phi}_C = 0$，这和负载对称时丫形联结电路的中性线电流等于零一样。因此，可将中间铁心柱省掉而变成图示 3-2b 的形状。实际制造时，为了使结构简单、节省硅钢片，通常将三个铁心柱排列在一同平面上，如图 3-2c 所示，这就是常用的三相心式变压器的铁心。在这种磁路系统中，每相主磁通必须通过另外两相的磁路方能闭合，故各相磁路彼此相关。由于铁心成平面结构形式，使得三相磁路长度不等。中间的 B 相较短，两边的 A、C 两相较长，导致三相磁阻稍有差别。当外施三相对称电压时，三相空载电流将不相等，B 相略小，A、C 两相大些，由于变压器的空载电流很小，它的不对称，对变压器负载运行影响极小，可略去不计。目前，电力系统用的较多的是三相心式变压器，部分大容量的变压器由于运输困难等原因，也有采用三相组式结构的。

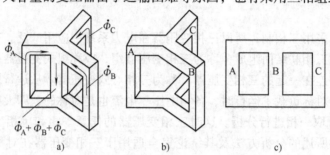

图 3-2 三相心式变压器的磁路

a）四柱对称铁心 b）三柱对称铁心 c）同一平面三柱非严格对称铁心

3.2 三相变压器的电路系统——联结组

三相变压器绕组的联结不仅是构成电路的需要，还关系到高、低压绕组电动势谐波的大小以及变压器并联运行等问题，下面加以分析。

3.2.1 绕组的端点标志与极性

变压器绕组首末端标志的规定见表 3-1。

表 3-1 绕组首末端标志的规定

绕 组 名	单相变压器		三相变压器		
	首端	末端	首端	末端	中性点
高压绕组	A	X	A B C	X Y Z	N
低压绕组	a	x	a b c	x y z	n

由于变压器每相高、低压绕组被同一主磁通所交链，当某一瞬间高压绕组的某一端为正电位时，在低压绕组上必有一个端点的电位也为正，则这两个对应端为同名端，并在对应的端点上用符号"●"标出。

绕组的极性只取决于绕组的绕向，与绕组首末端的标志无关。规定绕组电动势的正方向为从末端指向首端。当同一铁心柱上高、低压绕组首端为同名端时，其电动势同相位，如图 3-3a 所示；当首端为异名端时，高、低压绕组电动势反相位，如图 3-3b 所示。

3.2.2 三相变压器的联结方式

三相电力变压器广泛采用丫形联结和△形联结。所谓的丫形联结，就是把三相绕组的三个首端 A、B、C（或 a、b、c）向外引出，将末端 X、Y、Z（或 x、y、z）联结在一起接成中性点，便是丫形联结，用符号 Y（或 y）表示。如将中性点引出，则用 YN（或 yn）表示，如图 3-4a 所示。所谓的△形联结，就是把一相绕组的末端和另一相绕组的首端联结起来，顺序形成一个闭合电路，而把它们的首端向外引出，用符号 D（或 d）表示。△形联结有两种联结顺序，一种联结顺序为 AX→CZ→BY（或 ax→cz→by），如图 3-4b 所示；另一种联结顺序为 AX→BY→CZ（或 ax→by→cz），如图 3-4c 所示。若高压绕组接成丫形、低压绕组接成△形，则表示成 Yd 联结。

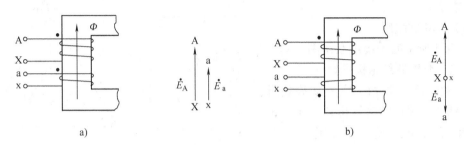

图 3-3　绕组的标志、极性和电动势相量图

a）高、低压绕组首端为同名端标注时的情况　b）高、低压绕组首端为异名端标注时的情况

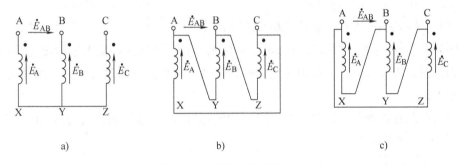

图 3-4　三相绕组的联结方式

a）三相绕组 Y 接　b）三相绕组 D 接（AX→CZ→BY）　c）三相绕组 D 接（AX→BY→CZ）

3.2.3　变压器的联结组标号的判定

1. 单相变压器

为了形象地表示高、低绕组电动势之间的相位关系，通常采用所谓的时钟表示法，即把高压绕组的相电动势相量看作时钟的长针，并把其固定指向时钟的"0"点位置，而把低压绕组的相电动势相量看作时钟的短针，短针所指的数字作为绕组的联结组标号。对于图 3-3a 所示情况，联结组为 Ii0，其中 Ii 表示高、低压绕组都是单相，"0"表示 0 点联结。对于如图 3-3b 所示情况，联结组为 Ii6，其中"6"表示 6 点联结。

2. 三相变压器

对于三相变压器，联结组标号的规定与单相变压器相似。但是，三相变压器的联结组标号不仅与绕组的同名端及首末端的标记有关，还与三相绕组的联结方式有关，相对要复杂一些。我国国家标准规定，联结组标号按变压器高、低压侧的相应端子与中性点间电动势相位差来确定。实际当中高压端子常取 A，对应的低压端子取 a。因此，联结组标号可表示为

$$\text{联结组标号} = \frac{\dot{E}_{oa} \text{滞后于} \dot{E}_{OA} \text{的相角}}{30°}$$

如果三相绕组为丫形联结，端子与中性点间电动势就是相电动势，而三相绕组为△形联结时，实际不存在真实的中性点，则中性点是虚设的。因此，端子与此虚设的中性点间的电动势，相当于将△形联结的三相绕组，归算为等效的丫形联结时的相电动势。

下面以实例说明三相变压器联结组标号的求法。

（1）Yy0 联结组

图 3-5a 所示的是绕组联结图，同名端已标出，判断联结组标号。

1）做出高压侧相、线电动势相量图，△ABC 三顶点顺时针排列，如图 3-5b 所示，$\dot{E}_A$、$\dot{E}_B$、$\dot{E}_C$ 三个相电动势对称，并且，满足 $\dot{E}_{AB} = \dot{E}_B - \dot{E}_A$，取 $\dot{E}_{OA}$（丫形联结即为 $\dot{E}_A$）垂直向上表示长针，固定指向时钟表面的"0"点位置。

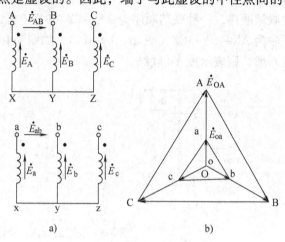

图 3-5　Yy0 联结组
a) 绕组联结图　b) 相量图

2）对于 Aa 心柱，A 与 a 都是首端又是同名端，$\dot{E}_A$ 与 $\dot{E}_a$ 同方向。同理，对 Bb 心柱，B 与 b 为同名端，$\dot{E}_B$ 与 $\dot{E}_b$ 同方向；对 Cc 心柱有 $\dot{E}_C$ 与 $\dot{E}_c$ 同方向。据上述做出低压侧相、线电动势相量图△abc，a、b、c 必须也是顺时针排列，两个三角形重心重合，并做出 $\dot{E}_{oa}$（丫形联结即为 $\dot{E}_a$）。

3）根据 $\dot{E}_{oa}$ 在钟面所指数字"0"，直接判定标号为 0。或根据 $\dot{E}_{oa}$ 滞后 $\dot{E}_{OA}$ 0°，计算出标号为 0，联结组标号即为 Yy0。

（2）Yd11 联结组

三相绕组联结如图 3-6a 所示。

1）做出高压侧线电动势相量图，△ABC 三顶点顺时针排列，$\dot{E}_A$、$\dot{E}_B$、$\dot{E}_C$ 三个相电动势对称，并且，满足 $\dot{E}_{AB} = \dot{E}_B - \dot{E}_A$。取 $\dot{E}_{OA}$ 垂直向上表示长针，固定指向时钟表面的"0"点位置，如图 3-6b 所示。

2）由高、低压绕组的联结图可知，三个心柱 Aa、Bb、Cc 上各自所对应的高、低压绕组的首端 A 与 a、B 与 b 及 C 与 c 分别为同名端同标记，因此有 $\dot{E}_a$ 与 $\dot{E}_A$、$\dot{E}_b$ 与 $\dot{E}_B$ 及 $\dot{E}_c$ 与 $\dot{E}_C$ 方向分别相同。据此可做出低压侧的线电动势相量图△abc，a、b、c 也必须是顺时针排列，两个三角形重心重合，并做出 $\dot{E}_{oa}$（△形联结"o"为虚中性点，$\dot{E}_{oa}$ 为 a 相对中性点电动势，它不是 $\dot{E}_a$）。

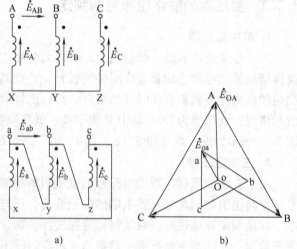

图 3-6　Yd11 联结组
a) 绕组联结图　b) 相量图

3）根据 $\dot{E}_{oa}$ 指向钟面的位置"11"，

直接判定标号为 11，或根据 $\dot{E}_{\mathrm{oa}}$ 滞后 $\dot{E}_{\mathrm{OA}}330°$，计算出标号为 11，联结组标号即为 Yd11。

当高压绕组采用△形联结，低压绕组为丫形联结，且同名端同时作为首端，同一铁心柱为同一相时，可得联结组 Dy1。当高、低压绕组均采用△形联结，且同名端同时作首端，同一铁心柱为同一相时，可得联结组 Dd0。

根据以上四种联结组标号、绕组联结和首末端标记，则可通过以下规律确定其他联结组标号或由联结组标号确定绕组联结和首末端标记。在高压绕组的联结和标记不变，而只改变低压侧的联结或标记的情况下，其规律归纳起来有以下三点：

1）对调低压绕组的首末端标记，即高、低压绕组的首端由同名端改为异名端，其联结组标号加 6 个钟点数。

2）低压绕组的首末端点顺着相序移一相（a—b—c→c—a—b），则联结组标号加 4 个钟点数。

3）高、低绕组联结相同（Yy 或 Dd）时，其联结组标号为偶数；高、低压绕组联结不相同（Yd 或 Dy）时，其联结组的标号为奇数。

为了制造和应用上的方便，我国国家标准规定，Yyn0、Yd11、YNd11、YNy0、Yy0 等五种为标准联结组。其中前三种最常用，Yyn0 为二次侧引出中性线，构成三相四线制供电系统，用作配电变压器可兼照明负载和动力负载。Yd11 用在二次电压超过 400V 的线路中，这种变压器有一侧接成三角形，对运行有利。YNd 主要用在高压输电线路中，使电力系统的高压侧中性点可以接地，对于单相变压器通常采用 Ii0 联结组。

3.3　三相变压器空载电动势波形

在讨论单相变压器的空载运行时，曾经得出当外电压为正弦波时，由于 $e \approx -u$，故感应电动势 e、主磁通 Φ 也是正弦波。如果磁路饱和，励磁电流 i_0 将呈现尖顶波形，其中除了基波外，还含有较强的三次谐波（以下忽略更高次谐波），如图 2-3 所示。

同理，如果励磁电流为正弦波，由于磁路非线性，主磁通为平顶波，其中除了基波，还含有较强的三次谐波（以下忽略更高次谐波），如图 3-7 所示。

3.3.1　Yy 联结的三相变压器

如上所述，在单相变压器中要在铁心柱中产生正弦波磁通 Φ，励磁电流必须呈尖顶波，即含

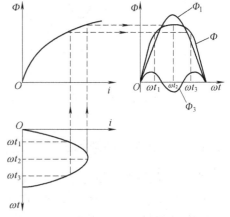

图 3-7　正弦波电流产生的磁通波形图

有较强的三次谐波。在三相系统中，各相电流的三次谐波之间的相位差 $3 \times 120° = 360°$，即各相三次谐波电流在时间上同相位。在一次侧为丫形联结的三相绕组中，三次谐波电流不能流通，即励磁电流中不含有三次谐波而接近正弦波。此时铁心中磁通波形就要决定于磁路结构。以下就组式和心式两种磁路系统分别予以讨论。

1）三相组式变压器。三相组式变压器磁路互相独立、彼此不相关联。图 3-7 是当励磁

电流呈正弦波时，主磁通 Φ 中的三次谐波 Φ_3 和基波 Φ_1 一样，可以沿铁心闭合，在铁心饱和的情况下，其含量较大，有时可达基波磁通的 15% ~20%，主磁通呈现为平顶波。又因为三次谐波磁通在绕组中感应三次谐波电动势 e_{13}，其频率是基波的三倍，故三次谐波电动势 e_{13} 的幅值可达基波电动势 e_{11} 幅值的 45% ~60%，甚至更大。将 e_{13} 与 e_{11} 相加，即得尖顶波形的相电动势，如图 3-8 所示。在三相线电动势中，因三次谐波电动势互相抵消，线电动势的波形仍为正弦波。由于尖顶波形相电动势的幅值较正弦波形相电动势的幅值升高很多，可能将绕组绝缘击穿，因此，三相组式变压器不能采用 Yy 联结组。

2）三相心式变压器。这种变压器的磁路是各相相互关联的。对于三相基波磁通，都能沿铁心闭合，且满足 $\dot{\Phi}_{A1} + \dot{\Phi}_{B1} + \dot{\Phi}_{C1} = 0$，但对于三次谐波磁通，三相同相位，即 $\dot{\Phi}_{A3} = \dot{\Phi}_{B3} = \dot{\Phi}_{C3}$，它们不能沿铁心闭合，只有从铁心轭处散射出去，穿过一段间隙，借道油箱壁而闭合，如图 3-9 所示。这样三次谐波磁通就遇到很大的磁阻，使得它们大为削弱，使主磁通接近正弦波，因此，相电动势中三次谐波很小，电动势波形接近正弦波。因此，三相心式变压器可以采用 Yy 联结组。我国配电变压器就采用 Yyn0（n 表示低压侧有中性点引出线）联结的三相心式变压器。由于三次谐波磁通通过油箱壁或其他铁构件时，将在这些构件中产生涡流损耗，会引起油箱壁局部过热，同时使变压器效率降低，因此国家标准规定，Yyn 联结的心式变压器容量一般不大于 1600kV·A。

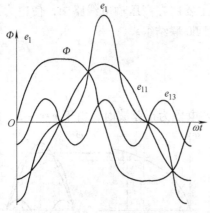

图 3-8 平顶波磁通产生的电动势波形

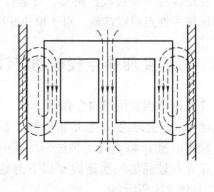

图 3-9 三相铁心式变压器 Yy
联结时三次谐波磁通的路径

3.3.2 Dy 及 Yd 联结的三相变压器

对于 Dy 联结的三相变压器，一次绕组的三相同相位的三次谐波电流在绕组内部可以流通，如图 3-10 所示，因此，在励磁电流中存在所需要的三次谐波分量，使主磁通呈正弦波，从而使相电动势得到正弦波形。由于 △ 形接法的绕组为三次谐波电流提供了通路，所以 △ 形接法的绕组在一次侧还是在二次侧并没有区别，故上述结论亦适合于 Yd 联结的三相变压器。我国制造的 1600kV·A 以上的变压器，一、二次侧总有一侧绕组是接成 △ 形的，其理由也在于此。

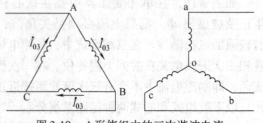

图 3-10 △形绕组中的三次谐波电流

3.4　变压器的并联运行

在大容量的变电站中，通常采用几台变压器并联运行方式。所谓变压器的并联运行，是指将变压器的一、二次绕组分别并联到一、二次侧公共母线上，共同对负载供电，如图 3-11 所示。

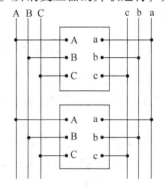

3.4.1　并联的意义

将几台变压器并联运行，能提高供电的可靠性。如果某一台变压器发生故障，可将它从电网中切除检修而不中断供电；可以减少备用容量；并可随着用电负荷的大小来调整投入运行变压器的台数，提高运行的经济性。当然，变压器并联台数太多也不经济，因为一台大容量的变压器的造价要比总容量相同的几台小变压器造价低、占地面积小。

图 3-11　两台变压器并联运行图

3.4.2　并联的条件

变压器并联运行的理想情况是：空载时并联的各变压器一次侧无环流，负载时各变压器所负担的负载电流按容量成比例分配，各变压器的电流同相位。

要达到上述理想情况，并联运行的各变压器需满足下列条件：

1）各变压器电压比相等，即一、二次侧对应额定电压相等。

2）联结组标号相同。

3）短路阻抗、短路电阻、短路电抗的标幺值应分别相等。

在上述三个条件中，条件 2）必须严格满足，条件 1）、3）允许有一定误差，下面分别讨论。

3.4.3　对并联条件的分析

1. 电压比不等的变压器并联运行

设两台变压器的联结组标号相同，但电压比不相等，将一次侧各物理量折算到二次侧，并忽略励磁电流，则得到并联运行时的简化等效电路，如图 3-12 所示。在空载时，两变压器绕组之间的环流为

$$\dot{I}_c = \frac{\dfrac{\dot{U}_1}{k_A} - \dfrac{\dot{U}_1}{k_B}}{Z_{kA} + Z_{kB}} \qquad (3\text{-}1)$$

式中，Z_{kA}、Z_{kB} 分别是变压器 A、B 折算到二次侧的短路阻抗的实际值。由于变压器短路阻抗很小，所以，即使电压比差值很小，也能产生很大的环流。电力变压器电压比误差一般都控制在 0.5% 以内，故环流可以不超过额定电流的 5%。

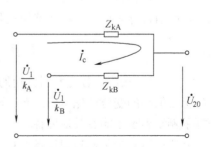

图 3-12　电压比不等的变压器并联运行

2. 联结组标号不同的变压器并联运行

联结组标号不同的变压器，虽然一、二次侧额定电压相同，但二次电压相量的相位至少相差 30°，如图 3-13 所示。例如联结组分别为 Yy0 与 Yd11 的两台变压器一次侧都接入电网，二次电压相量的相位就差 30°，相量差

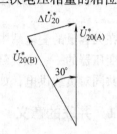

$$\Delta U_{20}^* = 2 \times \sin \frac{30°}{2} = 0.52$$

由于短路阻抗很小（例如两台变压器 Z_k^* 均为 0.05，且短路阻抗角相同），将在两变压器绕组中产生很大的空载环流，按式（3-1）计算，其环流可达额定电流的 5.2 倍，这是绝不允许的。因此联结组号不同的变压器绝对不能并联运行。

图 3-13 Yy0 与 Yd11 两变压器并联时二次电压相量图

3. 短路阻抗不等时变压器的并联运行

设两台变压器一、二次侧额定电压对应相等，联结组标号相同。满足了上面两个条件，可以把变压器并联在一起。略去励磁电流，得到图 3-14 的等效电路。其中 Z_{kA} 是变压器 A 的短路阻抗，$\dot{I}_A$ 是变压器 A 的相电流。Z_{kB} 是变压器 B 的短路阻抗，$\dot{I}_B$ 是变压器 B 的相电流。由图可得到

$$\dot{I} = \dot{I}_A + \dot{I}_B$$

两变压器阻抗压降相等

$$\dot{I}_A Z_{kA} = \dot{I}_B Z_{kB}$$

故有

$$\frac{\dot{I}_A}{\dot{I}_B} = \frac{Z_{kB}}{Z_{kA}} \tag{3-2}$$

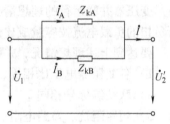

由于并联的变压器容量不一定相等，故负载电流的分配是否合理不能直接从实际值来判断，而应从标幺值（负载系数）来判断。由于

图 3-14 变压器并联运行时简化等效电路图

$$\frac{\dot{I}_A / \dot{I}_{AN}}{\dot{I}_B / \dot{I}_{BN}} = \frac{Z_{kB} \dot{I}_{BN} / \dot{U}_{BN}}{Z_{kA} \dot{I}_{AN} / \dot{U}_{AN}}$$

故有

$$\frac{\dot{I}_A^*}{\dot{I}_B^*} = \frac{Z_{kB}^*}{Z_{kA}^*} = \frac{|Z_{kB}^*|}{|Z_{kA}^*|} \angle \varphi_B - \varphi_A \tag{3-3}$$

式中，φ_A 和 φ_B 分别为变压器 A 和 B 的短路阻抗 Z_{kA}^*、Z_{kB}^* 的阻抗角。

对于容量相差不太大的两台变压器，其阻抗角差异不大，因此并联运行时负载系数仅决定于短路阻抗标幺值，可以忽略阻抗角差的影响

$$\beta_A : \beta_B = \frac{1}{|Z_{kA}^*|} : \frac{1}{|Z_{kB}^*|} = \frac{1}{u_{kA}} : \frac{1}{u_{kB}} \tag{3-4}$$

式（3-4）表明，各变压器分担的负载多少，与各自的短路阻抗的标幺值成反比。短路阻抗标幺值小的变压器先达到满载，而短路阻抗标幺值大的还未到满载，造成并联运行的变压器的额定容量不能有效地发挥。

并联运行时为了不浪费设备容量，要求任意两台变压器容量之比小于 3，短路阻抗标幺值之差小于 10%。

例 3-1　设有两台三相变压器并联运行，其联接组相同，其他数据如下：

S_N/kV·A	U_{1N}/kV	U_{2N}/kV	u_k	变压器序号
1000	35	6.3	6.25%	A
1800	35	6.3	6.6%	B

试求：（1）当总负载为 2000kV·A 时，各变压器所承担的负荷 S_A、S_B 分别为多少？

（2）在不使任何一台变压器过载的情况下，并联组能供给的最大负荷 S_{max} 为多少？利用率 K_L 为多少？

解　（1）求 S_A，S_B

$$\begin{cases} \dfrac{S_A}{S_{AN}}:\dfrac{S_B}{S_{BN}}=\dfrac{1}{u_{kA}}:\dfrac{1}{u_{kB}} \\ S_A+S_B=S_总 \end{cases}$$

则有

$$\begin{cases} \dfrac{S_A}{1000}:\dfrac{S_B}{1800}=\dfrac{1}{6.25\%}:\dfrac{1}{6.6\%} \\ S_A+S_B=2000 \end{cases}$$

联立求解得：$S_A=740$kV·A；$S_B=1260$kV·A

（2）求 S_{max}，K_L

由于变压器 A 的阻抗电压较小，则变压器 A 先满载，即 $\dfrac{S_A}{S_{AN}}=1$，则

$$1:\dfrac{S_B}{1800}=\dfrac{1}{6.25\%}:\dfrac{1}{6.6\%}$$

解得　　　　　　　　$S_B=1700$kV·A

故此时并联组所承担的最大容量

$$S_{max}=S_{AN}+S_B=(1000+1700)\text{kV·A}=2700\text{kV·A}$$

其利用率

$$K_L=\dfrac{S_{max}}{S_{AN}+S_{BN}}\times100\%=\dfrac{2700\text{kV·A}}{1000\text{kV·A}+1800\text{kV·A}}\times100\%=96.43\%$$

3.5　三相变压器的不对称运行

实际运行的三相变压器，其三相负载并不完全对称，但接近于对称，这种状态仍按对称来分析。本节对三相严重不对称情况如单相负载进行分析。分析变压器不对称运行采用的分析方法是对称分量法。

3.5.1　对称分量法

对称分量法的原理是把一组不对称的三相电压或电流看成三组同频率的对称电压或电流的叠加，后者称为前者的对称分量。图 3-15a、b、c 是三组不相关的对称电流，但各有不同相序。在图 3-15a 中 $\dot{I}_A^+$、$\dot{I}_B^+$、$\dot{I}_C^+$ 依次滞后 120°，称为正序，在右上角标有 "+" 号；在图

3-15b 中 $\dot{I}_A^-$、$\dot{I}_B^-$、$\dot{I}_C^-$ 依次超前 120° 称为负序，在右上角标有 "–" 号；在图 3-15c 中 $\dot{I}_A^0$、$\dot{I}_B^0$、$\dot{I}_C^0$ 三相电流同相，称为零序。将正序、负序、零序三组不相关的对称电流叠加起来，便得到一组不对称三相电流 $\dot{I}_A$、$\dot{I}_B$、$\dot{I}_C$，如图 3-15d 所示。

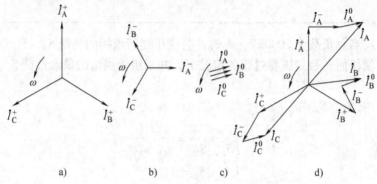

图 3-15 对称分量及其合成相量图

a) 正序电流分量 b) 负序电流分量 c) 零序电流分量 d) 合成电流

这里有

$$\begin{cases} \dot{I}_A = \dot{I}_A^+ + \dot{I}_A^- + \dot{I}_A^0 \\ \dot{I}_B = \dot{I}_B^+ + \dot{I}_B^- + \dot{I}_B^0 \\ \dot{I}_C = \dot{I}_C^+ + \dot{I}_C^- + \dot{I}_C^0 \end{cases} \tag{3-5}$$

反过来，任何一组不对称三相电流也可以分解出唯一的三组对称分量。推导过程如下。

由图 3-15a、b、c，各相序分量中的各相电流之间的关系可描述如下

$$\begin{cases} \dot{I}_B^+ = \alpha^2 \dot{I}_A^+ ; \quad \dot{I}_C^+ = \alpha \dot{I}_A^+ \\ \dot{I}_B^- = \alpha \dot{I}_A^- ; \quad \dot{I}_C^- = \alpha^2 \dot{I}_A^- \\ \dot{I}_A^0 = \dot{I}_B^0 = \dot{I}_C^0 \end{cases} \tag{3-6}$$

式中，复数运算符号 $\alpha = e^{j120°} = -\frac{1}{2} + j\frac{\sqrt{3}}{2}$，其作用是使一个相量逆时针旋转 120°。$\alpha^2 = e^{j240°} = -\frac{1}{2} - j\frac{\sqrt{3}}{2}$，其作用是使一个相量逆时针旋转 240°。此外 $\alpha^3 = 1$，且 $1 + \alpha + \alpha^2 = 0$。将式 (3-6) 代入式 (3-5) 得

$$\begin{cases} \dot{I}_A = \dot{I}_A^+ + \dot{I}_A^- + \dot{I}_A^0 \\ \dot{I}_B = \alpha^2 \dot{I}_A^+ + \alpha \dot{I}_A^- + \dot{I}_A^0 \\ \dot{I}_C = \alpha \dot{I}_A^+ + \alpha^2 \dot{I}_A^- + \dot{I}_A^0 \end{cases} \tag{3-7}$$

则可求出各序电流分量 $\dot{I}_A^+$、$\dot{I}_A^-$、$\dot{I}_A^0$

$$\begin{cases} \dot{I}_A^+ = \frac{1}{3}(\dot{I}_A + \alpha \dot{I}_B + \alpha^2 \dot{I}_C) \\ \dot{I}_A^- = \frac{1}{3}(\dot{I}_A + \alpha^2 \dot{I}_B + \alpha \dot{I}_C) \\ \dot{I}_A^0 = \frac{1}{3}(\dot{I}_A + \dot{I}_B + \dot{I}_C) \end{cases} \tag{3-8}$$

由于各相序分量都是对称的，求出 A 相分量以后，B、C 相分量就可以根据式（3-6）确定。

同样，三相系统中的不对称电动势、磁动势、磁通、电压都可采用上述方法分析。对称分量法的依据是叠加原理，因此只能适用于线性参数电路，对于非线性参数电路，必须做近似的线性化假设，才能得出近似结果。

3.5.2　三相变压器的相序阻抗和相序等效电路

应用对称分量法的一个基本观点即认为有三种对称系统互不干涉地同时作用于变压器各相端点，因而可以独立地考虑每种对称系统作用下变压器呈现的阻抗及其相应的等效电路。

1. 正序阻抗 Z^+ 和正序等效电路

正序阻抗，是变压器在正序电压作用下流过对称的正序电流时反映出的阻抗。实际这与三相变压器带对称负载的情况一样，第二章所述等效电路就是正序等效电路。如果忽略励磁电流其简化等效电路如图 3-16a 所示。图中电压 $\dot{U}_A^+ = \dot{U}_1$ 为电源外施正序电压，二次侧各量已经过折算，为叙述方便，这里省掉了"′"。故 $Z^+ = Z_k$。

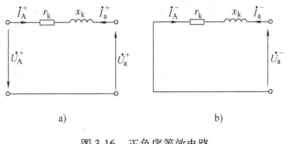

图 3-16　正负序等效电路
a）正序　b）负序

2. 负序阻抗 Z^- 和负序等效电路

负序和正序的差别仅在于相序，对于静止的变压器来说，端点接上正序或负序的电压，绕组中通过正序或负序电流所反映出的阻抗是没有差别的，故 $Z^- = Z^+ = Z_k$。但是电源外施电压认为只有对称的正序，不存在负序分量，即 $\dot{U}_A^- = 0$，而负序电流却可以经电源流通。因此，负序等效电路在电源侧是短路的，如图 3-16b 所示。

3. 零序阻抗 Z^0 和零序等效电路

零序阻抗，是变压器流过零序电流反映出来的阻抗。零序分量的等效电路比较复杂。由于三相零序电流同相位、同大小，因此零序等效电路与三相绕组的联结方式和磁路结构有关。

（1）不同联结方式对零序阻抗和等效电路的影响

由于三相零序电流大小相等、相位相同，因此它的流通情况与正、负序电流有显著差别。变压器的联结方式对其零序阻抗和零序等效电路的影响很大。对于变压器一、二次绕组中零序电压、电流而言，它们仍然满足电压平衡方程组（2-30），其等效电路必然也是 T 形等效电路，如图 3-17 所示。各相绕组的电阻、漏电抗与相序无关，因此图中的 Z_1、Z_2' 和正序等效电路中漏阻抗值相同。Z_m^0 为零序励磁阻抗，它取决于磁路结构。下面我们首先讨论联结方式对零序阻抗和等效电路的影响。

图 3-17　零序等效电路

1）Yyn 联结组。如图 3-18a 所示，一次绕组 Y 形联结，对零序电流开路；二次绕组中性线构成了零序电流通路，其等效电路如图 3-18b 所示。从 Y 侧看 $Z^0 = \infty$，从 yn 侧看 $Z^0 = Z_2' + Z_m^0$。

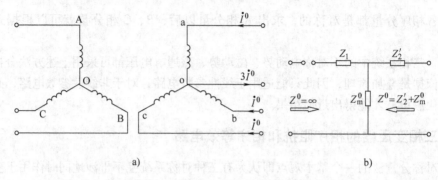

图 3-18　Yyn 联结组的零序电流及其等效电路

a）Yyn 联结图　b）等效电路

2）YNd 联结组。如图 3-19a 所示，二次绕组△形联结，零序电流仅在其内部流通，但不能流出 a、b、c 端子，从二次绕组的 a、b、c 三个端子看进去，对零序电流开路。一次绕组有中性线，零序电流可以流通，而二次绕组的△形联结使零序电流处于短路状态，所以从一次侧看去，其等效电路如图 3-19b 所示。零序阻抗从 YN 侧看 $Z^0 \approx Z_k$，从 d 侧看 $Z^0 = \infty$。

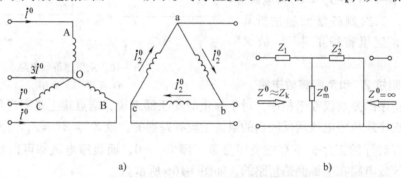

图 3-19　YNd 联结组的零序电流及其等效电路

a）YNd 联结图　b）等效电路

（2）磁路结构对零序励磁阻抗的影响

零序励磁阻抗 Z_m^0 与磁路结构有很大关系，下面就磁路彼此无关的三相组式变压器和磁路彼此相关的三相心式变压器分别进行讨论。

1）三相组式变压器　这种变压器铁心的特点是磁路互相独立、彼此不相关联，零序磁通的流通路径与正序的一样，磁路的磁导与正序情况也一样。因此，对于三相组式变压器，零序励磁阻抗和正序励磁阻抗相等，即

$$Z_m^0 = Z_m \tag{3-9}$$

2）三相心式变压器　在这种心式变压器铁心中，由于铁心结构的限定，三相同相位的零序磁通不能在铁心内构成闭合回路，只有从铁心轭处散射出去，穿过间隙，借道油箱壁构成闭合回路，其路径与三次谐波所经路径一样。由于零序磁通路径主要由非铁磁材料构成，该路径的磁导比正序磁通路径磁导小得多，故 $Z_m^0 \ll Z_m$。对一般电力变压器 $Z_m^{0*} = 0.3 \sim 1.0$，而励磁阻抗 $Z_m^* = 20$ 左右。

综上所述，对于 Yyn 联结组，若为三相组式变压器，从 Y 侧看 $Z^0 = \infty$，从 yn 侧看 $Z^0 = Z'_2 + Z^0_m$ 由于 $Z^0_m = Z_m$，所以 $Z^0 \approx Z_m$ 很大；若为三相心式变压器，从 Y 侧看 $Z^0 = \infty$，从 yn 侧看 $Z^0 = Z'_2 + Z^0_m$，由于 $Z^{0*}_m = 0.3 \sim 1.0$ 很小，所以 Z^0 很小。

对于 YNd 联结组，无论磁路结构如何，零序阻抗从 YN 侧看 $Z^0 \approx Z_k$，从 d 侧看 $Z^0 = \infty$。

3.5.3　Yyn 联结三相变压器带单相负载运行

一台 Yyn 联结的三相变压器，一次侧接入三相电压对称的电网，二次侧带单相负载接至 a 相和中性线之间，如图 3-20 所示，二次侧电流为 $\dot{I}_a = \dot{I}$，$\dot{I}_b = \dot{I}_c = 0$。将这三个不对称电流代入式（3-8），得出二次电流的对称分量

$$\dot{I}^+_a = \dot{I}^-_a = \dot{I}^0_a = \frac{\dot{I}}{3}$$

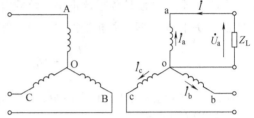

图 3-20　Yyn 联接带单相负载

对各相序的等效电路，各相序分量的电压、电流都是对称的，所以只要考虑一相就可以了。正序分量的等效电路如图 3-21a 所示，Z_k 为短路阻抗，$-\dot{U}^+_a$ 为负载压降，$\dot{U}^+_A$ 为电网电压，电压平衡方程式为

$$- \dot{U}^+_a = \dot{U}^+_A + \dot{I}^+_a Z_k \tag{3-10}$$

对负序分量的等效电路如图 3-21b 所示，由于电网电压对称，没有负序分量，故有

$$- \dot{U}^-_a = \dot{U}^-_A + \dot{I}^-_a Z_k = \dot{I}^-_a Z_k \tag{3-11}$$

对于零序分量等效电路如图 3-21c 所示，一次侧是开路的，零序电流不能在绕组中流通，故

$$- \dot{U}^0_a = \dot{I}^0_a (Z'_2 + Z^0_m) \tag{3-12}$$

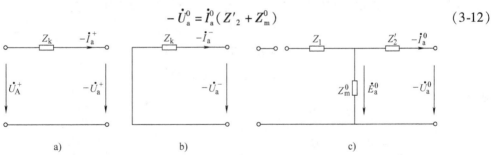

图 3-21　各相序等效电路
a）正序　b）负序　c）零序

在负载 Z_L 上各相序电压叠加，得到其两端实际电压为

$$- \dot{U}_a = - \dot{U}^+_a - \dot{U}^-_a - \dot{U}^0_a = - \dot{I} Z_L = - 3\dot{I}^+_a Z_L$$

可得 Yyn 联结三相变压器带单相负载运行时相序等效电路，如图 3-22 所示。所以

$$- \dot{I}^+_a = \frac{\dot{U}^+_A}{3Z_L + 2Z_k + Z'_2 + Z^0_m}$$

考虑到 $\dot{I} = 3\dot{I}^+_a$，并忽略相对较小的绕组漏阻抗，有

$$-\dot{I} = \frac{\dot{U}_A^+}{Z_L + \frac{1}{3}Z_m^0} \tag{3-13}$$

由式（3-13）可见，零序励磁阻抗对单相负载电流的影响很大，相当于在负载中增加了一个 $\frac{1}{3}Z_m^0$ 的阻抗。现分两种情况来讨论。

1. 三相组式变压器

如前所述，三相组式变压器的零序励磁阻抗等于正序励磁阻抗，即 $Z_m^0 = Z_m$，即使负载阻抗很小，负载电流也不大，负载电流主要受 Z_m^0 所限制。假定单相短路 $Z_L = 0$，负载电流的大小

$$I = \frac{3U_A^+}{Z_m^0} = 3I_0 \tag{3-14}$$

所以，三相组式变压器在 Yyn 联结时不能带单相负载运行。

2. 三相心式变压器

三相心式变压器的零序阻抗是不大的，普通电力变压器零序阻抗标幺值在 $0.3 \sim 1.0$ 之间，因此负载电流主要由负载阻抗 Z_L 来决定。所以，Yyn 联结的三相心式变压器可以带单相负载运行，但变压器运行规程规定，中性线电流不得超过额定电流的 25%。

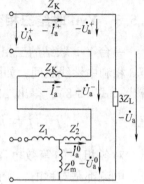

图 3-22　单相负载的相序等效电路

3.5.4 中性点移动现象

为了定性地分析 Yyn 联结三相变压器中性点移动现象，忽略各相序等效电路中的漏阻抗，则图 3-21 对应的电压方程式（3-10）、式（3-11）、式（3-12）变为

$$\left. \begin{array}{l} -\dot{U}_a^+ = \dot{U}_A^+ \\ -\dot{U}_a^- = 0 \\ -\dot{U}_a^0 = \dot{I}_a^0 Z_m^0 = -\dot{E}^0 \end{array} \right\} \tag{3-15}$$

则有

$$\left. \begin{array}{l} -\dot{U}_a = \dot{U}_A^+ - \dot{E}^0 \\ -\dot{U}_b = \dot{U}_B^+ - \dot{E}^0 \\ -\dot{U}_c = \dot{U}_C^+ - \dot{E}^0 \end{array} \right\} \tag{3-16}$$

式中，$\dot{E}^0 = -\dot{I}_a^0 Z_m^0$，$\dot{U}_A^+$、$\dot{U}_B^+$、$\dot{U}_C^+$ 是电网三相对称电压。

Yyn 联结三相变压器带单相负载时相量图如图 3-23 所示，对于三相组式变压器，由于其零序励磁阻抗 Z_m^0 很大，而对应的 E^0 也很大，造成二次侧电动势严重不对称，致使带负载的一相（a相）的端电压急剧下降，使负载电流大不起来。同时，另外两相电压升高，但各线电压仍保持不变。图中两个虚线等边三角形全等，但中性点已

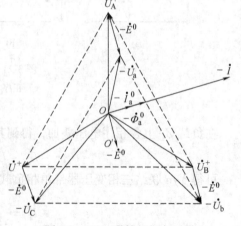

图 3-23　Yyn 联结三相变压器带单相负载时的中性点偏移

由"O"变为"O'"，偏移严重。对三相心式变压器，Z_m^0 不大。因而，零序电动势 E^0 也不会很大，不会产生严重的中性点位移，故可以负担一定的单相负载。

小　结

三相变压器的磁路系统分为各相磁路彼此独立的三相组式变压器和各相磁路彼此相关的三相心式变压器两种。

三相变压器的绕组可以接成丫形或△形。变压器的联结组标号，常用高、低压侧对应相对中性点电动势相位差来表示。单相变压器高、低压侧电动势相位关系，由首、末端标志和极性来决定的。三相变压器除上述两点外，还与一、二次侧三相绕组的联结方式有关。

绕组的联结方式要影响励磁电流中三次谐波电流的流通，铁心结构要影响三次谐波磁通的流通。在空载时，由于空载电流与主磁通之间的非线性关系，当空载电流中的三次谐波不能出现时，则有三次谐波磁通产生，其大小要视磁路结构而定。三次谐波磁通较大时，感应出三次谐波电动势使相电动势成为尖顶波。当空载电流中的三次谐波能出现时，磁通及电动势波形均为正弦波。

为了达到变压器理想的并联运行，要求并联的变压器要满足：联结组标号相同；一、二次侧额定电压对应相等即电压比相同；短路阻抗标幺值 Z_k^* 相等。其中联结组标号必须相同，而电压比和短路阻抗标幺值 Z_k^* 则允许有一定偏差。电压比和联结组标号相同，是为了保证并联的变压器不产生环流，短路阻抗标幺值相等是为了使并联的变压器按容量正比例分担负载；而短路电阻和短路电抗的标幺值分别相等是为了保证各变压器二次侧输出电流相位相同，总输出电流为各变压器电流的算术和，从而使并联的各台变压器被有效地利用。

分析三相变压器不对称运行时，常采用对称分量法。对称分量法是将一组不对称的电流（或电压、电动势、磁通），分解成正序、负序和零序三组各自独立的对称分量。对于每一组对称分量都有相应的等效电路。计算时先分别对各组分量进行计算，然后把三组对称分量计算的结果叠加起来。

应用对称分量法引出了相序阻抗，有正序阻抗、负序阻抗和零序阻抗。变压器的正、负序阻抗相等即 $Z^+ = Z^- = Z_\mathrm{k}$，与变压器的磁路结构和绕组的联结方式无关。而变压器的零序阻抗不仅与绕组联结方式有关，还与磁路结构有关。

Yyn 联结三相变压器在带单相不对称负载时会出现中性点偏移，中性点移动的原因是由于二次侧有零序电流而一次侧没有零序电流与其相平衡，因此二次侧的零序电流成为励磁电流，产生了零序主磁通，在各绕组中感应出零序电动势，使三相电压中性点发生位移。中性点位移的大小与零序磁通大小有关，而零序磁通大小则与变压器磁路结构有关。Yyn 联结的三相组式变压器，三相磁路彼此无关联，在带单相负载时，零序磁通较大，中性点位移较大。若是三相心式变压器，零序磁通只能沿油箱壁闭合，零序磁通较小，中性点位移也较小。Yyn 联结不能用于三相组式变压器，只能用于三相心式变压器中，但使用容量规程有规定，一般容量在 1600kV·A 及以下的变压器才允许采用。原因在于三次谐波磁通或零序磁通会在三相心式变压器油箱壁中产生附加损耗，会导致变压器局部过热。

思 考 题

3-1　三相组式变压器与三相心式变压器在磁路上各有什么特点?

3-2　三相变压器联结组标号由哪些因素决定?

3-3　为什么大容量的变压器常采用 Yd 联结?

3-4　今有一台 Yd 联结的三相变压器空载运行,高压侧加对称的正弦波额定电压,试准确分析:高、低压侧相电流中有无三次谐波;主磁通有无三次谐波;高、低压侧相电动势中有无三次谐波;高、低压侧相电压和线电压中有无三次谐波。

3-5　变压器并联运行的条件有哪些?哪些条件是要绝对满足的?

3-6　变压器短路阻抗标幺值不等时并联会出现什么情况?从容量分配的角度分析容量大的变压器短路阻抗标幺值大有利,还是稍小有利?

3-7　试说明变压器的正序、负序和零序阻抗的物理概念。为什么变压器的正、负序阻抗相等?零序阻抗由哪些因素决定?

3-8　试画出 YNy、Dyn 和 Yy 联结变压器的零序电流流通路径及所对应的等效电路,写出零序阻抗的表达式。

3-9　从带单相负载能力和中性点偏移看,为什么三相组式变压器不能采用 Yyn 联结,而三相心式变压器可以采用 Yyn 联结?

3-10　Yd 接法的三相变压器,一次侧加额定电压空载运行,此时将二次侧的三角打开一角,测量开口处的电压,再将三角闭合测量电流,试问当此三相变压器是三相变压器组或三相心式变压器时,所测得的数值有无不同?为什么?

3-11　在三相变压器中,零序电流和零序磁通与三次谐波电流和三次谐波磁通有什么相同点和不同点?

习 题

3-1　试通过绘制电动势相量图,画出三相变压器 Yd7、Yy4 和 Dy5 绕组接线图。

3-2　试画出图 3-24 所示各变压器的高、低压绕组电动势的相量图,并判别其联接组标号。

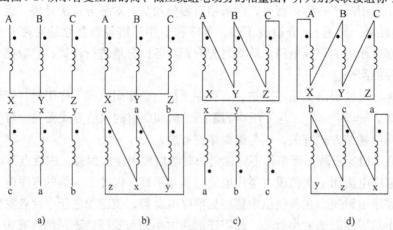

a)　　　　　b)　　　　　c)　　　　　d)

图 3-24　习题 3-2 图

3-3　两台变压器并联运行,数据如下:

变 压 器	额定容量/kV·A	短路电压/%	联 结 组	额定电压/kV
A	1800	8.25	Yd11	35/10
B	1000	6.75	Yd11	35/10

当总负载为 2800kV·A 时，试求：

（1）每台变压器分担的负载是多少？

（2）不使任何一台变压器超载的情况下，输出最大功率为多少？

3-4　三台变压器并联运行，联接组标号均为 Yd11，$U_{1N}/U_{2N} = 35\text{kV}/6.3\text{kV}$。变压器 A：$S_{NA} = 1000\text{kV·A}$，$u_{kA} = 6.5\%$；变压器 B：$S_{NB} = 1800\text{kV·A}$，$u_{kB} = 6.5\%$；变压器 C：$S_{NC} = 3200\text{kV·A}$，$u_{kC} = 7\%$。把它们并联后接上共同的负载 5500kV·A。试求：

（1）每台变压器所分担的负载各为多少？

（2）在三台变压器均不过载的情况下，并联组输出的最大功率为多少？此时并联组的利用率为多少？

3-5　将下列不对称三相电压和不对称三相电流分解成对称分量。

（1）$\dot{U}_A = 220\text{V}$，$\dot{U}_B = 220\angle{-100°}\text{V}$，$\dot{U}_C = 210\angle{-250°}\text{V}$；

（2）$\dot{I}_A = 220\text{A}$，$\dot{I}_B = 220\angle{-150°}\text{A}$，$\dot{I}_C = 180\angle{-240°}\text{A}$。

3-6　一台三相心式变压器 $S_N = 100\text{kV·A}$，$U_{1N}/U_{2N} = 6\text{kV}/0.4\text{kV}$，Yyn 联结，$Z_k^* = 0.055$，$r_k^* = 0.02$，$Z_m^{0*} = 1 + \text{j}6$，如发生单相短路，试求：

（1）一次侧的三相电流；

（2）二次侧的三相电压。

3-7　某三相变压器采用 Yd 联结，一次侧加对称的额定电压，二次绕组 ax 短路，$I_k = 10\text{A}$，该变压器电压比 $k = 2$，试求一次电流 I_A、I_B、I_C 各为多少？

3-8　某工厂由于生产的发展，用电量由 500kV·A 增加到 800kV·A。原有一台变压器 $S_N = 560\text{kV·A}$，$U_{1N}/U_{2N} = 6300\text{V}/400\text{V}$，Yyn0 联结，$u_k = 5\%$。现有三台变压器可供选用，它们的数据是：

变压器 1：320kV·A，6300V/400V，$u_k = 5\%$，Yyn0 联结；

变压器 2：240kV·A，6300V/400V，$u_k = 5.5\%$，Yyn0 联结；

变压器 3：320kV·A，6300V/440V，$u_k = 5.5\%$，Yyn0 联结；

（1）在不使变压器过载的情况下，选用哪一台投入并联最合适？

（2）如果负载再增加，需要三台变压器并联运行，试问再加哪一台合适？这时最大总负载容量是多少？并联组的利用率为多少？

第4章 变压器的瞬变过程

变压器从一种稳态过渡到另一稳态，这个过程称为瞬变过程。如变压器空载合闸到电网上，正常运行时二次侧发生突然短路等都属于瞬变过程。通常这种过渡过程的时间很短，但对变压器影响却较大。例如，突然短路时出现的大电流将使绕组受到很大的电磁力，有可能造成绕组损坏。

4.1 变压器空载合闸时的瞬变过程

在正常稳态运行时，大型电力变压器空载电流只占额定电流 2.5% 以下，但当变压器空载合闸到电网时，电流却较大，往往要超过额定电流几倍。现分析其原因。

4.1.1 空载合闸物理过程分析

图 4-1 是变压器空载合闸接线图，二次侧开路、一次侧在 $t = 0$ 时合闸到电压为 u_1 的电网上，其中

$$u_1 = \sqrt{2}U_1\sin(\omega t + \alpha)$$

式中，α 为 $t = 0$ 时电压 u_1 的初始相位角。

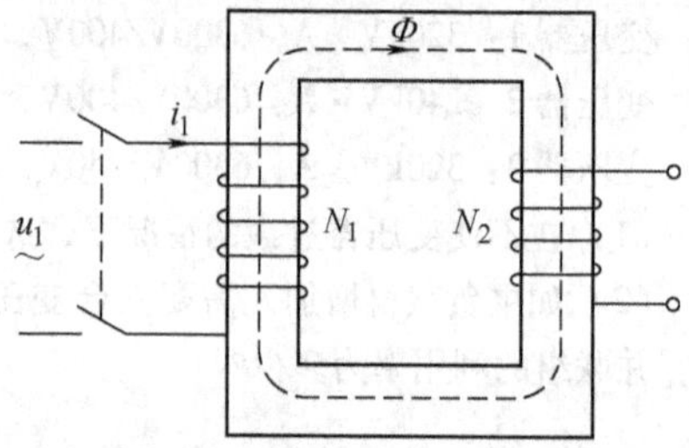

在 $t \geqslant 0$ 期间，变压器一次绕组中电流 i_1 满足如下微分方程式

$$i_1 r_1 + N_1\frac{\mathrm{d}\Phi}{\mathrm{d}t} = \sqrt{2}U_1\sin(\omega t + \alpha) \qquad (4\text{-}1)$$

式中，Φ 为与一次绕组相交链的总磁通，它包括主磁通和漏磁通，在以下分析中近似认为 Φ 等于主磁通。

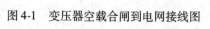

图 4-1　变压器空载合闸到电网接线图

在式（4-1）中电阻压降 $i_1 r_1$ 较小，在分析瞬变过程中的初始阶段可以忽略不计，这样可以清楚地看出在初始阶段电流较大的物理本质。

当忽略 r_1 时式（4-1）变为

$$N_1\frac{\mathrm{d}\Phi}{\mathrm{d}t} = \sqrt{2}U_1\sin(\omega t + \alpha) \qquad (4\text{-}2)$$

解微分方程得

$$\Phi = -\frac{\sqrt{2}U_1}{\omega N_1}\cos(\omega t + \alpha) + C \qquad (4\text{-}3)$$

式中，C 由初始条件决定。

考虑到变压器空载合闸前磁链为 0，据磁链守恒原理，有

$$\Phi(0^+) = \Phi(0^-) = 0$$

得

$$C = \frac{\sqrt{2}U_1}{\omega N_1}\cos\alpha$$

于是式（4-3）变为

$$\Phi = \frac{\sqrt{2}U_1}{\omega N_1}\left[\cos\alpha - \cos(\omega t + \alpha)\right] = \Phi_{\mathrm{m}}\left[\cos\alpha - \cos(\omega t + \alpha)\right] \tag{4-4}$$

式中，Φ_{m} 为稳态磁通最大值，$\Phi_{\mathrm{m}} = \dfrac{\sqrt{2}U_1}{\omega N_1}$。

由式（4-4）看出，磁通 Φ 的瞬变过程与合闸时刻（$t=0$）电压的初始相角 α 有关。下面讨论两种极端情况。

1）$t=0$ 时 $\alpha = \dfrac{\pi}{2}$，此时 $u_1 = \sqrt{2}U_1$ 达到最大值。由式（4-4）得

$$\Phi = -\Phi_{\mathrm{m}}\cos\left(\omega t + \frac{\pi}{2}\right) = \Phi_{\mathrm{m}}\sin\omega t$$

这种情况与稳态运行一样，从 $t=0$ 开始，变压器一次电流 i_1 在铁心中就建立了稳态磁通 $\Phi_{\mathrm{m}}\sin\omega t$，而不发生瞬变过程，一次电流 i_1 也是正常运行时的稳态空载电流 i_0。

2）$t=0$ 时 $\alpha = 0$。此时 $u_1 = 0$。由式（4-4）得

$$\Phi = \Phi_{\mathrm{m}}\left[1 - \cos\omega t\right] = -\Phi_{\mathrm{m}}\cos\omega t + \Phi_{\mathrm{m}} = \Phi' + \Phi'' \tag{4-5}$$

式中，$\Phi' = -\Phi_{\mathrm{m}}\cos\omega t$ 为磁通的稳态分量；$\Phi'' = \Phi_{\mathrm{m}}$ 为磁通的瞬态分量。

与式（4-5）对应的磁通变化曲线如图 4-2 所示。从 $t=0$ 开始经过半个周期即 $t = \dfrac{\pi}{\omega}$ 时，磁通 Φ 达到最大值

$$\Phi_{\max} \approx 2\Phi_{\mathrm{m}} \tag{4-6}$$

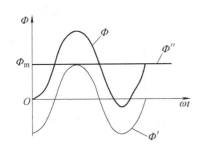

图 4-2 $\alpha = 0$ 空载合闸时磁通曲线

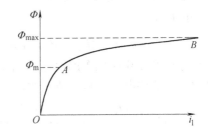

图 4-3 铁心磁化曲线

即瞬变过程中磁通近似可达到稳态分量最大值的 2 倍。电力变压器正常运行时，其磁通密度为 1.5T～1.7T，铁心处于饱和状态，工作点如磁化曲线图 4-3 中的点 A，主磁通为 Φ_{m}。瞬变过程时主磁通 $\Phi_{\max} \approx 2\Phi_{\mathrm{m}}$，铁心已达到极度饱和状态，根据磁化曲线，励磁电流 i_1 可达到正常运行空载电流的 100 倍以上，即额定电流数倍以上。

由于电阻 r_1 存在，Φ'' 是衰减的，合闸电流也将逐渐衰减，如图 4-4 所示。衰减快慢由时间常数 $T = \dfrac{L_1}{r_1}$ 决定，L_1 是一次绕组的全电感。一般小容量变压器衰减得较快，约几个周波就达到稳定状态；大型变压器衰减得较

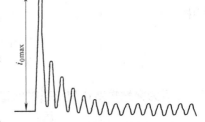

图 4-4 空载合闸电流曲线

慢，有的甚至可延续到几十秒。

4.1.2 空载合闸的影响

空载合闸电流在最不利的情况下，其最大值也不过几倍额定电流，比短路电流小得多。虽然有的瞬变过程持续时间较长，也只不过最初几个周期内冲击电流较大，在整个瞬态过程中，大部分时间内的冲击电流都在额定电流值以下。因此，无论从电磁力或温升来考虑，对变压器本身都危害不大。但在最初几个周期的冲击电流有可能使过电流保护装置误动作。为防止这种现象的发生，装设有过电流保护装置的大型变压器，合闸时可在变压器的输入端与电网间串联适当的电阻以限制冲击电流，且有利于合闸冲击电流快速衰减。待冲击电流衰减到额定电流以内，再把限流电阻切除。

4.2 变压器二次侧突然短路时的瞬变过程

当变压器的一次侧接在额定电压电网上，二次侧不经过任何阻抗突然短接，从短路发生到断路器跳闸需要一定时间，在此段时间内，变压器绕组仍需承受短路电流的冲击，其幅值远超过稳态短路电流，很容易损坏变压器。因此，在变压器设计、制造时应予以充分考虑。

4.2.1 突然短路瞬变过程分析

下面分析最简单的情况——单相变压器二次侧突然短路，采用简化等效电路，如图 4-5 所示，为典型的 $R-L$ 电路外加正弦激励的过程。

电网电压为

$$u_1 = \sqrt{2}U_{1N}\sin(\omega t + \alpha)$$

式中，α 为 $t=0$ 发生突然短路时电压 u_1 的初始相角。

列出关于短路电流 i_k 的常微分方程

$$i_k r_k + L_k \frac{\mathrm{d}i_k}{\mathrm{d}t} = u_1 = \sqrt{2}U_{1N}\sin(\omega t + \alpha) \qquad (4\text{-}7)$$

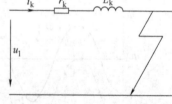

图 4-5　变压器突然短路

式中，L_k 对应于一、二次绕组漏电抗的漏电感，称为短路电感，$L_k = \dfrac{x_k}{\omega}$。

按电路理论，其解的形式必然为

$$i_k = i_k' + i_k'' \qquad (4\text{-}8)$$

其中

$$i_k' = \sqrt{2}I_k\sin(\omega t + \alpha - \varphi_k) \qquad (4\text{-}9)$$

$$i_k'' = Ce^{-\frac{t}{T_k}} \qquad (4\text{-}10)$$

式中，i_k' 为突然短路达到稳态时的稳态分量，i_k'' 为短路电流的瞬态分量。

在式（4-9）中 $I_k = \dfrac{U_{1N}}{\sqrt{r_k^2 + x_k^2}}$ 为稳态短路电流的有效值，φ_k 为 i_k' 与 u_1 的相角差，$\varphi_k =$

$\arctan\left(\dfrac{\omega L_k}{r_k}\right)$，在电力变压器中，$x_k \gg r_k$，故 $\varphi_k \approx \dfrac{\pi}{2}$。在式（4-10）中 $T_k = \dfrac{L_k}{r_k}$ 为瞬态分量 i_k'' 的衰减时间常数，C 为待定系数。将式（4-9）、式（4-10）代入式（4-8）得

$$i_k = \sqrt{2}I_k \sin\left(\omega t + \alpha - \frac{\pi}{2}\right) + Ce^{-\frac{t}{T_k}} \tag{4-11}$$

通常在突然发生短路之前，变压器已带上负载，但由于负载电流比短路电流小得多，可以忽略负载电流，即认为短路前变压器是空载，令

$$i_k(0^-) = 0$$

并将此初始条件代入式（4-11）得

$$C = \sqrt{2}I_k\cos\alpha$$

于是，由式（4-11）得到变压器突然短路时的电流为

$$i_k = -\sqrt{2}I_k\cos(\omega t + \alpha) + \sqrt{2}I_k\cos\alpha \cdot e^{-\frac{t}{T_k}} \tag{4-12}$$

上式表明，突然短路电流的大小与 $t=0$ 电压初始角 α 有关。下面分两种情况讨论

1）$\alpha = \dfrac{\pi}{2}\Big|_{t=0}$ 情况

$$i_k = \sqrt{2}I_k\sin\omega t \tag{4-13}$$

此时瞬态分量 $i_k'' = 0$，在 $t=0$ 时变压器就进入稳态短路。

2）$\alpha = 0\Big|_{t=0}$ 情况

$$i_k = -\sqrt{2}I_k\cos\omega t + \sqrt{2}I_k e^{-\frac{t}{T_k}} \tag{4-14}$$

与式（4-14）对应的电流变化曲线如图4-6所示。经过半个周期 $\omega t = \pi$ 时，有

$$i_{kmax} = \sqrt{2}I_k\left(1 + e^{-\frac{\pi}{\omega T_k}}\right) = k_y\sqrt{2}I_k \tag{4-15}$$

式中，k_y 为突然短路电流最大值与稳态短路电流最大值之比，即 $k_y = 1 + e^{-\frac{\pi}{\omega T_k}}$。$k_y$ 的大小与时间常数 T_k 有关，变压器容量越大，T_k 越大，则 k_y 相应也越大。对中小型变压器而言，$k_y = 1.2 \sim 1.4$，大型变压器 $k_y = 1.7 \sim 1.8$。当对式（4-15）取标幺值时，有

$$i_{kmax}^* = \frac{i_{kmax}}{\sqrt{2}I_N} = k_y\frac{I_k}{I_N} = k_y\frac{U_N}{I_N Z_k} = k_y\frac{1}{Z_k^*} \tag{4-16}$$

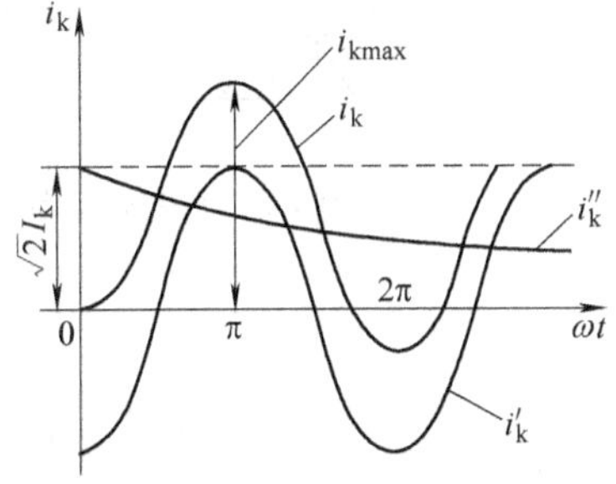

图4-6　$\alpha = 0$ 时突然短路电流

例如，一台变压器 $k_y = 1.8$，$Z_k^* = 0.06$，则 $i_{kmax}^* = 1.8 \times \dfrac{1}{0.06} = 30$。可见这是一个很大的冲击电流，它将产生很大的电动力，可能将变压器绕组冲垮。为限制突然短路电流 i_{kmax}，希望 Z_k^* 大一些好；但从降低电压变化率、减小电压随负载波动来看，Z_k^* 不宜过大。因此实际当中 Z_k^* 大小要两者兼顾。国家标准中已规定了不同电压等级、不同容量变压器 Z_k^* 的范围。

4.2.2 突然短路的影响

突然短路对变压器的影响包括发热和力两个方面。

从发热的角度来看，突然短路时由于短路电流很大，而铜耗与电流的平方成正比，所以，短路时铜耗很大，但变压器的保护装置会动作及时切除电源，发热并不严重。

从力的角度来看，变压器绕组中的电流与漏磁场作用产生电磁力，具体如图 4-7 所示。图中描述了一、二次绕组共同产生的漏磁场分布，漏磁场有轴向分量 B_h 和径向分量 B_r。在半径方向上，轴向漏磁场 B_h 与外绕组中电流作用产生径向力 F_r，迫使绕组由里向外拉伸，同时迫使内绕组压缩；径向漏磁场 B_r 与内绕组中电流作用产生轴向力 F_h，将绕组向中心压缩。对于电力变压器，轴向漏磁场较强，径向力 F_r 较大，轴向力 F_h 较小，但由于轴向导线之间的支撑是较薄弱的环节，轴向力容易造成绕组变形。绕组所承受电磁力的方向由左手定则确定，受力情况如图 4-8 所示。由于电磁力大小 $F = BlI$，其漏磁感应强度 $B \propto I$，故导线上承受的电磁力 $F \propto I^2$。变压器在正常稳态运行时，导线所承受的电磁力很小。突然短路时，电流可达额定电流的 20~30 倍，电磁力将达到正常运行时所承受电磁力的 400~900 倍。这将可能冲垮绕组、损坏绝缘。电磁力的影响与发热影响还不同，发热会导致绕组温度的升高，但温度的升高需要一定的时间，可采用继电保护装置进行保护。而电磁力却伴随电流同时产生，无法利用附加的外部设备保护，只能在制造时考虑绕组能承受这个强大的电磁力。所以大型的变压器设计成具有较大的短路阻抗以限制短路电流，从而减小该力的影响。同时，必须紧固绕组，加强支撑。

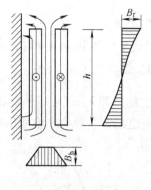
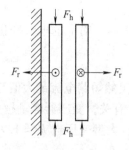

图 4-7　漏磁场分布　　　　　　　　　图 4-8　绕组承受的电磁力

小　　结

变压器的空载合闸和二次侧突然短路所经历的时间很短，但瞬变过程的电流很大，会产生相应的电磁力和热量，对变压器绕组和继电保护装置有一定的影响，甚至可能损坏变压器绕组。

变压器的空载合闸，其电流可达额定电流数倍，主要是由于变压器铁心的磁饱和现象所引起。为了考虑饱和的影响，分析时先求解磁通，再借助铁心的磁化曲线从而求出最大磁通值时的空载合闸电流。该电流对变压器的影响主要表现在会引起继电保护装置的误动作。

变压器突然短路时，突然短路电流可达额定电流的 20 ~ 30 倍。短路回路的短路电阻 r_k 和短路电抗 x_k 都是常数，故可直接就电流解微分方程式。该短路电流对变压器的影响主要表现在电磁力方面，可能会造成变压器绕组的支撑件和绝缘损坏。

思 考 题

4-1　变压器稳态空载电流很小，为什么空载合闸电流却可能很大？

4-2　在什么情况空载合闸电流最大，它会对变压器有何影响？

4-3　变压器在什么情况下发生突然短路过电流最严重？突然短路电流能有多大？对变压器有什么危害？

4-4　变压器突然短路电流的大小与短路阻抗 Z_k^* 有什么关系？为什么大容量变压器的 Z_k^* 设计得要大些？

4-5　研究变压器空载合闸电流和突然短路过电流的方法有什么不同？为什么？

习 题

4-1　一台三相变压器，$S_N = 31500\text{kV} \cdot \text{A}$，$110\text{kV}/10.5\text{kV}$，Yd11 联结，$r_k^* = 0.0063$，$x_k^* = 0.1048$，试求：

（1）加额定电压时低压侧短路，高压侧稳态短路电流 I_k；

（2）最大突然短路电流 $i_{k\max}$ 为多少？

4-2　一台三相变压器，联结组标号为 Yyn0，$S_N = 180\text{kV} \cdot \text{A}$，$U_{1N}/U_{2N} = 10\text{kV}/0.4\text{kV}$，$p_{kN} = 3.53\text{kW}$，$u_k = 4\%$。试求：

（1）当高压侧加额定电压、二次绕组短路时一次绕组的稳态短路电流 I_k^*；

（2）在 $\alpha = 0°$ 二次绕组突然短路时的一次绕组短路电流的最大值 $i_{k\max}^*$（α 为突然短路开始瞬间即 $t = 0$ 时一次电压的初相角）。

第5章　特种变压器

在电力系统中，除了大量采用双绕组变压器，还常用三绕组变压器、自耦变压器和分裂绕组变压器。在高电压、大电流的测量和保护系统中，广泛应用电压互感器和电流互感器。本章叙述这几种特殊变压器的原理和主要特点。

5.1　三绕组变压器

在发电厂和变电所中，常需要把三个不同电压等级的系统联系起来，这时不用两台双绕组变压器，而用一台三绕组变压器更为经济，维护管理更为方便。因此，在电力系统中三绕组变压器得到了广泛应用。

5.1.1　绕组排列和额定容量

三绕组变压器的基本结构与双绕组变压器一样，不过这里每一铁心柱上同心排列高压、中压和低压三个绕组，为了绝缘方便和节省绝缘材料，高压绕组排在最外边，因为相互传递功率多的绕组应靠得近些，使耦合紧密，提高传递效率。如发电厂的升压变压器，多是低压向高、中压侧传递功率，因此，选用中压绕组靠铁心，低压绕组在中间的排列方案，如图5-1a所示。而变电所里的降压变压器，则多是从高压向中、低压侧传递功率，理想的方案应是高压绕组排在中间，但这将增加绝缘上的困难。因而常用中压绕组排在中间、低压绕组靠铁心的方案，如图5-1b所示。

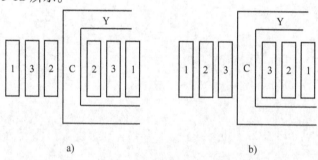

图 5-1　三绕组变压器绕组的排列

a）升压变压器　b）降压变压器

1—高压绕组　2—中压绕组　3—低压绕组

三相三绕组变压器的标准联结组有 YNyn0d11 和 YNyn0y0 两种，单相三绕组变压器则规定为 Ii0i0。高压绕组和低压绕组出线端标志与双绕组变压器相同，规定中压绕组首端标以 Am、Bm、Cm，末端标以 Xm、Ym、Zm，中性点标以 Om。

三绕组变压器根据供电的实际需要，常设计成三个绕组各有不同的容量，这时变压器额定容量是指三个绕组容量中绕组容量最大的一个。如果以额定容量为 100（以变压器额定容量的百分数表示），三个绕组容量配合有下列三种，见表5-1。

表5-1　三个绕组容量的配合（百分数）

高压绕组	100	100	100
中压绕组	100	50	100
低压绕组	50	100	100

5. 1. 2　三绕组变压器的基本方程式

图5-2为三绕组变压器示意图。当一绕组接到额定电压的电源上，而二、三绕组开路时，为三绕组变压器空载运行。这与双绕组变压器空载运行无异，可以通过空载运行了解三绕组变压器的空载电流 I_0、铁心损耗 p_{Fe}、励磁阻抗 Z_m 及电压比等。因为这里有高、中、低三个绕组。所以电压比有三个。即

$$\left. \begin{aligned} k_{12} &= \frac{N_1}{N_2} \approx \frac{U_1}{U_{20}} \\ k_{13} &= \frac{N_1}{N_3} \approx \frac{U_1}{U_{30}} \\ k_{23} &= \frac{N_2}{N_3} \approx \frac{U_{20}}{U_{30}} \end{aligned} \right\} \qquad (5\text{-}1)$$

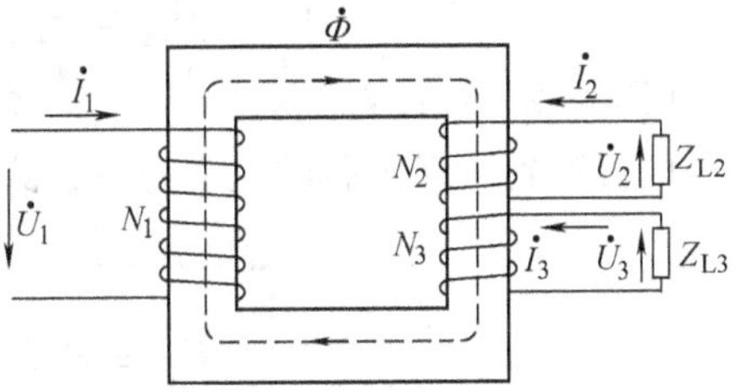

图5-2　三绕组变压器示意图

并有

$$k_{12} \cdot k_{23} = \frac{N_1}{N_2} \cdot \frac{N_2}{N_3} = k_{13}$$

当三绕组变压器二、三绕组带上负载时，可以和双绕组变压器类似地得到各物理量之间的关系，并用方程式表示出来。

$$\dot{I}_1 N_1 + \dot{I}_2 N_2 + \dot{I}_3 N_3 = \dot{I}_m N_1 \qquad (5\text{-}2)$$

或

$$\dot{I}_1 + \dot{I}_2 \frac{N_2}{N_1} + \dot{I}_3 \frac{N_3}{N_1} = \dot{I}_m$$

应用变压器折算的概念，则有

$$\dot{I}_1 + \dot{I}_2' + \dot{I}_3' = \dot{I}_m \qquad (5\text{-}3)$$

式（5-3）为三绕组变压器的电流方程式，式中，$\dot{I}_2'$ 为折算到一次侧的二绕组电流，$\dot{I}_2' = \dot{I}_2/K_{12}$。$\dot{I}_3'$ 为折算到一次侧的三绕组电流，$\dot{I}_3' = \dot{I}_3/K_{13}$。

当忽略励磁电流 I_m 时，电流方程式为

$$\dot{I}_1 + \dot{I}_2' + \dot{I}_3' = 0 \qquad (5\text{-}4)$$

在分析绕组电动势时，由于三绕组变压器的三个绕组之间磁耦合情况较复杂，一般不用双绕组那样的分析方法。双绕组变压器在分析电动势时，是把磁路磁通分成主磁通和漏磁通，并认为主磁通和漏磁通分别在绕组中感应电动势。在分析三绕组变压器的绕组电动势时，由于耦合关系较为复杂，常用各绕组的自感和各绕组间的互感来进行分析。

令 L_1、L_2、L_3 分别表示各绕组的自感系数；$M_{12} = M_{21}$、$M_{13} = M_{31}$、$M_{23} = M_{32}$ 分别表示两绕组间的互感系数。于是，根据图5-2的正方向，可得电动势方程式为

$$\begin{cases} \dot{U}_1 = r_1\dot{I}_1 + j\omega L_1\dot{I}_1 + j\omega M_{12}\dot{I}_2 + j\omega M_{13}\dot{I}_3 \\ -\dot{U}_2 = r_2\dot{I}_2 + j\omega L_2\dot{I}_2 + j\omega M_{12}\dot{I}_1 + j\omega M_{23}\dot{I}_3 \\ -\dot{U}_3 = r_3\dot{I}_3 + j\omega L_3\dot{I}_3 + j\omega M_{13}\dot{I}_1 + j\omega M_{23}\dot{I}_2 \end{cases} \tag{5-5}$$

应用折算概念，把二绕组和三绕组折算到一绕组，则有

$$U_2' = U_2 k_{12} \qquad\qquad U_3' = U_3 k_{13}$$
$$I_2' = I_2 / k_{12} \qquad\qquad I_3' = I_3 / k_{13}$$
$$r_2' = r_2 k_{12}^2 \qquad\qquad r_3' = r_3 k_{13}^2$$
$$L_2' = L_2 k_{12}^2 \qquad\qquad L_3' = L_3 k_{13}^2$$
$$M_{12}' = M_{12} k_{12} \qquad\qquad M_{13}' = M_{13} k_{13}$$
$$M_{23}' = M_{23} k_{12} k_{13}$$

（因为 $M_{12} \propto N_1 N_2$，$M_{13} \propto N_1 N_3$，$M_{23} \propto N_2 N_3$）
则折算到一绕组后的电动势方程式为

$$\begin{cases} \dot{U}_1 = r_1\dot{I}_1 + j\omega L_1\dot{I}_1 + j\omega M_{12}'\dot{I}_2' + j\omega M_{13}'\dot{I}_3' \\ -\dot{U}_2' = r_2'\dot{I}_2' + j\omega L_2'\dot{I}_2' + j\omega M_{12}'\dot{I}_1 + j\omega M_{23}'\dot{I}_3' \\ -\dot{U}_3' = r_3'\dot{I}_3' + j\omega L_3'\dot{I}_3' + j\omega M_{13}'\dot{I}_1 + j\omega M_{23}'\dot{I}_2' \end{cases} \tag{5-6}$$

将式（5-6）的第一式减去第二式，并以 $\dot{I}_3' = -(\dot{I}_1 + \dot{I}_2)$ 代入消去 $\dot{I}_3'$，再以第一式减去第三式，并以 $\dot{I}_2' = -(\dot{I}_1 + \dot{I}_3)$ 代入消去 $\dot{I}_2'$，可得

$$\Delta\dot{U}_{12} = \dot{U}_1 + \dot{U}_2' = Z_1\dot{I}_1 - Z_2'\dot{I}_2' \tag{5-7}$$
$$\Delta\dot{U}_{13} = \dot{U}_1 + \dot{U}_3' = Z_1\dot{I}_1 - Z_3'\dot{I}_3' \tag{5-8}$$

式中，$Z_1 = r_1 + jx_1$，$Z_2' = r_2' + jx_2'$，$Z_3' = r_3' + jx_3'$

其中
$$\left.\begin{array}{l} x_1 = \omega(L_1 - M_{12}' - M_{13}' + M_{23}') \\ x_2' = \omega(L_2' - M_{12}' - M_{23}' + M_{13}') \\ x_3' = \omega(L_3' - M_{13}' - M_{23}' + M_{12}') \end{array}\right\} \tag{5-9}$$

Z_1、Z_2'、Z_3' 为等效阻抗，其中 x_1、x_2'、x_3' 与双绕组变压器的漏抗不同，它们是各绕组自感以及绕组之间的互感组合而成的各绕组等效电抗，并不是某一绕组本身的漏抗。

5.1.3 等效电路和电压变化率

由式（5-7）、式（5-8）可以画出三绕组变压器的简化等效电路，如图 5-3 所示。

由图中可见，只要求出参数 Z_1、Z_2'、Z_3'，即可计算给定负载电流 $\dot{I}_2'$ 和 $\dot{I}_3'$ 的数值，于是电压变化率可用下式求得

$$\left.\begin{array}{l} \Delta U_{12} = \dfrac{U_1 - U_2'}{U_1} \times 100\% \\[2mm] \Delta U_{13} = \dfrac{U_1 - U_3'}{U_1} \times 100\% \end{array}\right\} \tag{5-10}$$

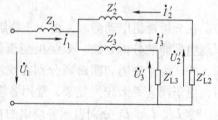

图 5-3　三绕组变压器简化等效电路

5.1.4　参数测定

三绕组变压器等效电路中的等效阻抗 Z_1、Z_2'、Z_3' 也和双绕组变压器一样，可以通过短路实验测出，不过这里需要做三个短路实验，如图5-4为三绕组变压器短路实验接线图。

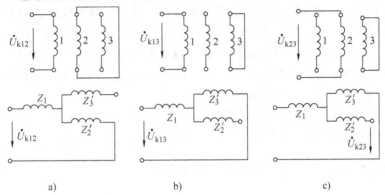

图 5-4　三绕组变压器短路实验

a) 绕组1加电压，绕组2短路，绕组3开路　b) 绕组1加电压，绕组3短路，绕组2开路

c) 绕组2加电压，绕组3短路，绕组1开路

在绕组1上加电压，绕组2短路，绕组3开路，如图5-4a，可测得

$$Z_{k12} = Z_1 + Z_2' = (r_1 + r_2') + \mathrm{j}(x_1 + x_2') = r_{k12} + \mathrm{j}x_{k12} \tag{5-11}$$

在绕组1上加电压，绕组3短路，绕组2开路，如图5-4b，可测得

$$Z_{k13} = Z_1 + Z_3' = (r_1 + r_3') + \mathrm{j}(x_1 + x_3') = r_{k13} + \mathrm{j}x_{k13} \tag{5-12}$$

在绕组2上加电压，绕组3短路，绕组1开路，如图5-4c，可测得 Z_{k23}。但应注意 Z_{k23} 是绕组3归算到绕组2的合成阻抗，尚应归算到绕组1侧，即

$$Z_{k23}' = Z_{k23}K_{12}^2 = Z_2' + Z_3' = (r_2' + r_3') + \mathrm{j}(x_2' + x_3') = r_{k23}' + \mathrm{j}x_{k23}' \tag{5-13}$$

将式 (5-11)、式 (5-12)、式 (5-13) 两两相加减去第三个方程式，可得

$$\begin{cases} r_1 = \dfrac{1}{2}(r_{k12} + r_{k13} - r_{k23}') \\[2mm] r_2' = \dfrac{1}{2}(r_{k12} + r_{k23}' - r_{k13}) \\[2mm] r_3' = \dfrac{1}{2}(r_{k13} + r_{k23}' - r_{k12}) \end{cases} \tag{5-14}$$

$$\begin{cases} x_1 = \dfrac{1}{2}(x_{k12} + x_{k13} - x_{k23}') \\[2mm] x_2' = \dfrac{1}{2}(x_{k12} + x_{k23}' - x_{k13}) \\[2mm] x_3' = \dfrac{1}{2}(x_{k13} + x_{k23}' - x_{k12}) \end{cases} \tag{5-15}$$

三绕组变压器的等效电抗 x_1、x_2'、x_3' 的大小与三个绕组的排列有关，如图5-1b 所示的排列方式，绕组1和绕组3之间的间隙大、漏磁多，因而它们之间的短路电抗 x_{k13} 较大，约

为绕组 1、2 之间与绕组 2、3 之间的短路电抗 x_{k12} 和 x_{k13} 之和，由式（5-15）可见，绕组 2 的等效电抗很小，有时接近于零，甚至为微小的负值，也就是位于中间的绕组其等效电抗最小，甚至是微小的负值。

三绕组变压器由于各绕组容量可能不等，所以在用标幺值进行计算时，要注意容量的基准值问题，即各绕组必须选用相同容量的基准值。一般用三绕组变压器的额定容量（即三个绕组中绕组容量最大的一个）作为容量的基准值。如图 5-5 所示，设三绕组变压器的容量配合为 100、100、50，假如高压绕组输入额定容量的功率并平均分配到中压绕组和低压绕组，流过高压绕组的电流标幺值为 1，即表示该绕组为满载，中压绕组和低压绕组的电流标幺值各为 0.5，但它们并不表示都在半载状态。

从标幺值换算到实际值时，对中压绕组和低压绕组来说，不应用自身的额定电流作为电流基值，而应分别用 $\dfrac{S_N}{U_{2N}}$ 和 $\dfrac{S_N}{U_{3N}}$ 作为它们的电流基值，对图 5-5 所示的情况来说，应为

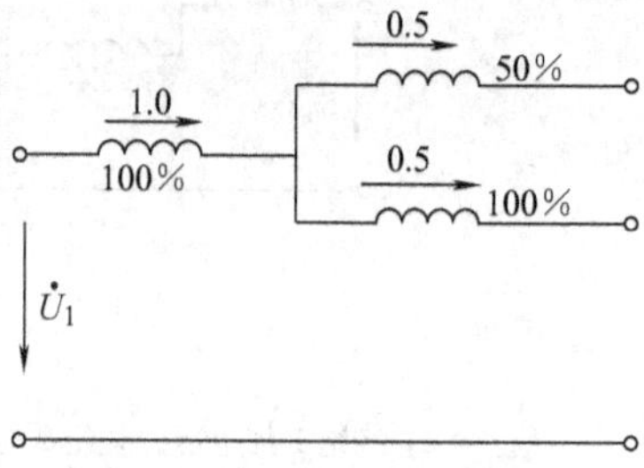

图 5-5 三绕组变压器容量分配图

$$I_2 = I_2^* \frac{S_{1N}}{U_{2N}} = I_2^* \cdot \frac{S_{1N}}{S_{2N}} I_{2N} = 0.5 \times \frac{100}{100} I_{2N} = 0.5 I_{2N}$$

$$I_3 = I_3^* \frac{S_{1N}}{U_{3N}} = I_3^* \cdot \frac{S_{1N}}{S_{3N}} I_{3N} = 0.5 \times \frac{100}{50} I_{3N} = I_{3N}$$

实际就是应以 $\dfrac{S_{1N}}{S_{2N}} I_{2N}$ 和 $\dfrac{S_{1N}}{S_{3N}} I_{3N}$ 分别作为中压绕组和低压绕组的电流基值，所以图 5-5 所示的标幺值，中压绕组处于半载而低压绕组已处于满载状态。

例 5-1 三相三绕组变压器，容量为 10000kV·A/10000kV·A/10000kV·A，线电压为 110kV/38.5kV/11kV，联结为 YNyn0d11，$p_0 = 17kW$，$I_0 = 0.015I_N$，短路实验数据如下：

$$p_{k12} = 91kW, \quad u_{k12} = 10.5\%$$
$$p_{k13} = 98kW, \quad u_{k13} = 17.5\%$$
$$p_{k23} = 69.3kW, \quad u_{k23} = 6.5\%$$

试求近似等电路中各参数，并画出它的等效电路图。

解 先算出高压侧的额定电流及基准阻抗。

$$I_{1N} = \frac{S_{1N}}{\sqrt{3} U_{1N}} = \frac{10000}{\sqrt{3} \times 110} A = 52.49A$$

$$Z_{1N} = \frac{U_{1Nph}}{I_{1Nph}} = \frac{U_{1N}}{\sqrt{3} I_{1N}} = \frac{110 \times 10^3}{\sqrt{3} \times 52.49} \Omega = 1210\Omega$$

（1）计算励磁参数

$$Z_m^* = \frac{1}{I_0^*} = \frac{1}{0.015} = 66.67$$

$$r_m^* = \frac{p_0^*}{I_0^{*2}} = \frac{p_0/S_N}{I_0^{*2}} = \frac{17/10000}{0.015^2} = 7.556$$

$$x_m^* = \sqrt{Z_m^{*2} - r_m^{*2}} = \sqrt{66.67^2 - 7.556^2} = 66.24$$

$$Z_m = Z_m^* \cdot Z_{1N} = 80666.6\Omega$$

$$r_m = r_m^* \cdot Z_{1N} = 9142.2\Omega$$

$$x_m = x_m^* \cdot Z_{1N} = 80146.77\Omega$$

（2）计算短路参数

$$Z_{k12}^* = \frac{u_{k12}}{100} = \frac{10.5}{100} = 0.105$$

$$Z_{k13}^* = \frac{u_{k13}}{100} = \frac{17.5}{100} = 0.175$$

$$Z_{k23}^* = \frac{u_{k23}}{100} = \frac{6.5}{100} = 0.065$$

$$r_{k12}^* = p_{k12}^* = \frac{p_{k12}}{S_N} = \frac{91}{10000} = 0.0091$$

$$r_{k13}^* = p_{k13}^* = \frac{p_{k13}}{S_N} = \frac{89}{10000} = 0.0089$$

$$r_{k23}^* = p_{k23}^* = \frac{p_{k23}}{S_N} = \frac{69.3}{10000} = 0.00693$$

$$x_{k12}^* = \sqrt{Z_{k12}^{*2} - r_{k12}^{*2}} = \sqrt{0.105^2 - 0.0091^2} = 0.1046$$

$$x_{k13}^* = \sqrt{Z_{k13}^{*2} - r_{k13}^{*2}} = \sqrt{0.175^2 - 0.0089^2} = 0.1748$$

$$x_{k23}^* = \sqrt{Z_{k23}^{*2} - r_{k23}^{*2}} = \sqrt{0.065^2 - 0.00693^2} = 0.0646$$

$$Z_{k12} = Z_{k12}^* \cdot Z_{1N} = 127.05\Omega$$

$$Z_{k13} = Z_{k13}^* \cdot Z_{1N} = 211.75\Omega$$

$$Z_{k23}' = Z_{k23}^* \cdot Z_{1N} = 78.65\Omega$$

$$r_{k12} = r_{k12}^* \cdot Z_{1N} = 11.011\Omega$$

$$r_{k13} = r_{k13}^* \cdot Z_{1N} = 10.769\Omega$$

$$r_{k23}' = r_{k23}^* \cdot Z_{1N} = 8.385\Omega$$

$$x_{k12} = x_{k12}^* \cdot Z_{1N} = 126.57\Omega$$

$$x_{k13} = x_{k13}^* \cdot Z_{1N} = 211.51\Omega$$

$$x_{k23}' = x_{k23}^* \cdot Z_{1N} = 78.17\Omega$$

（3）等效电路中各参数

$$r_1^* = \frac{1}{2}(r_{k12}^* + r_{k13}^* - r_{k23}^*)$$

$$= \frac{1}{2}(0.0091 + 0.0089 - 0.00693) = 0.005535$$

$$r_2^* = \frac{1}{2}(r_{k12}^* + r_{k23}'^* - r_{k13}^*)$$

$$= \frac{1}{2}(0.0091 + 0.00693 - 0.0089) = 0.003565$$

$$r_3^* = \frac{1}{2}(r_{k13}^* + r_{k23}^* - r_{k12}^*)$$

$$= \frac{1}{2}(0.0089 + 0.00693 - 0.0091) = 0.003365$$

$$x_1^* = \frac{1}{2}(x_{k12}^* + x_{k13}^* - x_{k23}^*)$$

$$= \frac{1}{2}(0.1046 + 0.1748 - 0.0646) = 0.1074$$

$$x_2^* = \frac{1}{2}(x_{k12}^* + x_{k23}^* - x_{k13}^*)$$

$$= \frac{1}{2}(0.1046 + 0.0646 - 0.1748) = -0.0028$$

$$x_3^* = \frac{1}{2}(x_{k13}^* + x_{k23}^* - x_{k12}^*)$$

$$= \frac{1}{2}(0.1748 + 0.0646 - 0.1046) = 0.0674$$

$$r_1 = r_1^* \cdot Z_{1N} = 6.697\Omega \quad x_1 = x_1^* \cdot Z_{1N} = 129.95\Omega$$

$$r_2' = r_2^* \cdot Z_{1N} = 4.314\Omega \quad x_2' = x_2^* \cdot Z_{1N} = -3.39\Omega$$

$$r_3' = r_3^* \cdot Z_{1N} = 4.072\Omega \quad x_3' = x_3^* \cdot Z_{1N} = 81.55\Omega$$

（4）近似等效电路如图 5-6 所示。

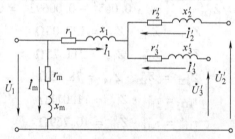

图 5-6 三绕组变压器近似等效电路

5.2 自耦变压器

自耦变压器与双绕组变压器不同，它每相只有一个绕组，如图 5-7 所示。其一、二次侧共用同一绕组的一部分，并在磁路上自相耦合，故称自耦变压器，也可以叫作单绕组变压器。自耦变压器可用于升压或降压，在电力系统中，主要用于连接相近电压等级的电网，电压比一般在 2 左右。

5.2.1 电压、电流和容量关系

1. 电压关系

以降压自耦变压器为例加以说明，其接线如图 5-7b 所示。

当一次侧加额定电压 U_{1aN}，而二次侧开路时，自耦变压器处于空载运行状态。这时如不计空载电流产生的漏阻抗压降，可以认为电压均匀地分布在一次绕组的每一线匝上。因此，根据需要从绕组不同线匝处接出抽头，即可得到所需要的输出端电压。若 A、a 两端匝数为 N_1，a、x 两端匝数为 N_2，则有

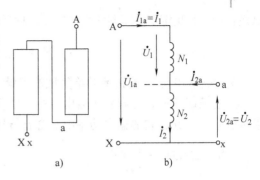

图 5-7 降压自耦变压器
a) 结构示意图 b) 绕组连接图

$$U_{1aN} \approx E_{1aN} = 4.44f(N_1 + N_2)\Phi_m$$

$$U_{2aN} \approx E_{2aN} = 4.44fN_2\Phi_m$$

$$\frac{U_{1aN}}{U_{2aN}} \approx \frac{E_{1aN}}{E_{2aN}} = \frac{N_1 + N_2}{N_2} = k_a \quad (5\text{-}16)$$

式中，k_a 称为自耦变压器的电压比，对于降压变压器，$k_a > 1$。

2. 电流关系

自耦变压器带上负载时，按图 5-7b 规定的电流正方向，则有

$$\dot{I}_{1a}N_1 + \dot{I}_2N_2 = \dot{I}_m(N_1 + N_2) \qquad (5\text{-}17)$$

式（5-17）两边除以（$N_1 + N_2$），可得

$$\left(1 - \frac{1}{k_a}\right)\dot{I}_{1a} + \frac{\dot{I}_2}{k_a} = \dot{I}_m \qquad (5\text{-}18)$$

自耦变压器实际用于励磁的电流 $\dot{I}_m$ 也很小，如果忽略 $\dot{I}_m$ 不计，则

$$\dot{I}_{1a} = -\frac{\dot{I}_2}{k_a - 1} \qquad (5\text{-}19)$$

由图 5-7b 可得

$$\dot{I}_{2a} = \dot{I}_2 - \dot{I}_{1a} = \left(1 + \frac{1}{k_a - 1}\right)\dot{I}_2 \qquad (5\text{-}20)$$

3. 容量关系

自耦变压器的容量是指它的输入或输出容量。额定运行时的容量用 S_{aN} 表示

$$S_{aN} = U_{1aN}I_{1aN} \qquad (5\text{-}21)$$

同时 $$S_{aN} = U_{2aN}I_{2aN} \qquad (5\text{-}22)$$

现以式（5-22）为例推导自耦变压器的容量，并考虑到 $U_{2aN} = U_{2N}$ 和式（5-20）则有

$$\begin{aligned} S_{aN} &= U_{2aN}I_{2aN} \\ &= \left(1 + \frac{1}{k_a - 1}\right)U_{2N}I_{2N} \qquad (5\text{-}23) \\ &= U_{2N}I_{2N} + U_{2N}I_{1N} = S' + S'' \end{aligned}$$

其中

$$S' = S_N = U_{1N}I_{1N} = U_{2N}I_{2N} = \left(1 - \frac{1}{k_a}\right)S_{aN} \qquad (5\text{-}24)$$

S' 是绕组两端电压与绕组流过电流之积，称为绕组容量。它对应于以绕组 N_1 为一次侧，以绕组 N_2 为二次侧的一个双绕组变压器通过电磁感应而传递给二次侧的容量，因此，又称为

电磁容量。它决定了变压器的主要尺寸、材料消耗，是变压器设计的依据，亦称为计算容量

$$S'' = U_{2N}I_{1N} = \frac{1}{k_a}S_{aN} \tag{5-25}$$

S'' 为一次电流 I_{1N} 直接传导给负载的容量，称为传导容量。

上述情况表明，自耦变压器由于一、二次绕组之间不仅有磁的耦合关系，而且还有电的直接联系。因此，它的输出功率中，含有传导功率和电磁功率两部分，前者占输出视在功率的 $\frac{1}{k_a}$，而后者占 $\left(1-\frac{1}{k_a}\right)$。

5.2.2　短路阻抗和等效电路

1. 短路阻抗

自耦变压器的短路阻抗 Z_{ka} 可由短路实验求得，如图 5-8a 为自耦变压器短路实验接线图。从图中可以看出，图 5-8a 和图 5-8b 以及图 5-8c 是等效的。这说明自耦变压器的短路实验线路实际相当于以 Aa 为一次绕组、ax 为二次绕组的普通双绕组变压器短路实验线路，因而自耦变压器的短路阻抗 Z_{ka} 与对应的普通双绕组变压器的短路阻抗 Z_k 相等。

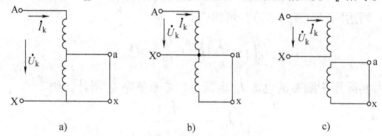

图 5-8　自耦变压器短路实验接线图

a) 自耦变压器短路实验接线图　b) 图 a 的等效图　c) 图 b 的简化表示图

将 Z_k 对双绕组变压器的一次侧取标幺值，得

$$Z_k^* = \frac{Z_k I_{1N}}{U_{1N}} \tag{5-26}$$

自耦变压器正常运行时，以 AX 为一次侧、ax 为二次侧，将 Z_{ka} 对自耦变压器一次侧取标幺值得

$$Z_{ka}^* = \frac{Z_k}{\left(\dfrac{U_{1aN}}{I_{1aN}}\right)} = \frac{Z_k I_{1N}}{\left(1+\dfrac{1}{k_a-1}\right)U_{1N}} = \left(1-\frac{1}{k_a}\right)Z_k^* \tag{5-27}$$

由式（5-27）可知，实际当中 k_a 一般为 1.5~2，故 Z_{ka}^* 小于 Z_k^*，即自耦变压器的短路阻抗标幺值比构成它的双绕组变压器的短路阻抗的标幺值小。

2. 等效电路

忽略励磁电流时，自耦变压器简化等效电路如图 5-9 所示。

对应简化等效电路有：$\dot{U}_{1a} = \dot{I}_{1a}Z_{ka} - \dot{U}_{2a}'$

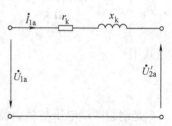

图 5-9　自耦变压器简化等效电路

5.2.3 自耦变压器的特点

自耦变压器有如下特点:

1)自耦变压器的计算容量(电磁容量)小于额定容量。为此,与相同容量的双绕组变压器相比,自耦变压器用材少、体积小、造价低、效率高。

2)自耦变压器短路阻抗标幺值比构成它的双绕组变压器的短路阻抗标幺值小,故短路电流大,突然短路时电动力大,必须加强机械结构。

3)自耦变压器一、二次侧之间有电的直接联系,高压方的过电压会串入低压侧。因此,其内部绝缘和防过压的措施都要加强。

5.3 分裂变压器

一个或几个绕组分裂成互不联系的几个分支的变压器称为分裂变压器。分裂变压器与普通的多绕组变压器的不同在于:它的低压绕组中,有一个或几个绕组分裂成额定容量相等的几个支路,这几个支路没有电气上的联系,而仅有较弱的磁的联系。

由于机组和电力变压器的单位容量的不断增大,系统中的短路容量也随之不断增大,分裂绕组变压器应用越来越广泛。如大型机组的火电厂,其厂用变压器要向两段独立母线供电,若当一低压母线短路,为保证另一低压母线仍维持有较高的电压,常采用两个低压绕组之间有较大短路阻抗的分裂变压器,如图 5-10a 所示。又如水电厂,有时两台发电机共用一台变压器来输送电能,若当一台发电机短路故障,为限制另一台发电机流向短路点的短路电流,常采用分裂变压器,如图 5-10b 所示。

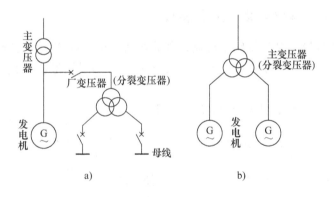

图 5-10 分裂变压器二种接线

a)高压厂用变压器情况 b)两台发电机共用一台变压器情况

5.3.1 分裂变压器结构

分裂变压器的低压绕组一分为二称为双分裂,若某种特殊要求,也可以三分裂或多分裂。现以双分裂变压器为例分析其绕组布置原理,如图 5-11 所示。图中高压绕组 AX 标号为 1,两个低压分裂绕组 a2x2、a3x3 标号分别为 2、3。

由变压器理论知道,从功率传递角度看,绕组间距离越近,耦合越紧密,其短路阻抗就越小；反之，距离越远，耦合越松散，短路阻抗就越大。因此，根据分裂变压器使用要求，绕组 1、2 和绕组 1、3 间均要传递功率，故应靠近些，使得短路阻抗 Z_{k12}、Z_{k13} 较小；绕组 2、3 之间不传递功率，且为限制短路电流，二者应尽可能距离远些，从而有较大的短路阻抗 Z_{k23}。

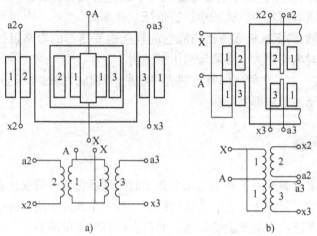

图 5-11　分裂变压器绕组布置原理图
a) 单相两绕组分裂变压器　b) 三相两绕组分裂变压器（一相）

分裂变压器的绕组在铁心上的布置方式有多种，但都应满足两个要求：①分裂绕组间应有较大的短路阻抗；②每个分裂绕组与高压绕组之间的短路阻抗应较小，且应相等，即 $Z_{k12} = Z_{k13}$。

5.3.2　分裂变压器等效电路及主要参数

双分裂变压器实质上是三绕组变压器，因此与普通的三绕组变压器有相同的等效电路，只是对其有特殊要求，采用了特殊的绕组布置方式，有不同的阻抗参数而已，如图 5-12 所示。

其等效电路参数也可使用相同的计算式，即

$$\begin{cases} Z_1 = \dfrac{1}{2}(Z_{k12} + Z_{k13} - Z'_{k23}) \\[2mm] Z'_2 = \dfrac{1}{2}(Z_{k12} + Z'_{k23} - Z_{k13}) \\[2mm] Z'_3 = \dfrac{1}{2}(Z_{k13} + Z'_{k23} - Z_{k12}) \end{cases} \qquad (5\text{-}28)$$

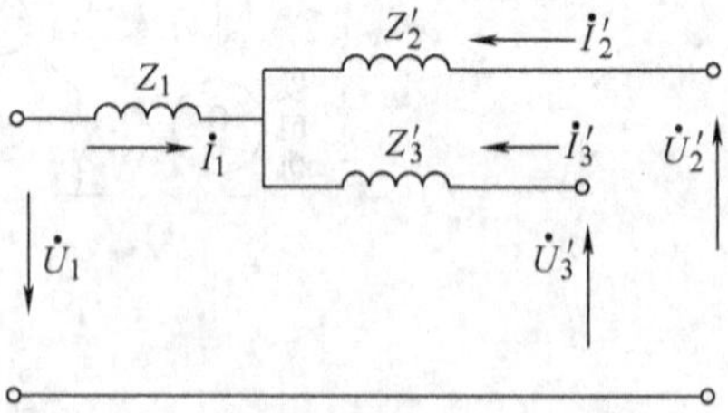

图 5-12　双分裂变压器等效电路

根据分裂变压器运行情况，又定义了双分裂变压器特有的参数。

（1）分裂运行和分裂阻抗

当高压绕组 1 开路，分裂绕组的一个支路对另一个支路的运行称为分裂运行。此时两个分裂绕组之间的短路阻抗叫分裂阻抗 Z_f。由等效电路知，Z_f 相当于 1 绕组开路，3 绕组短接，从 2 绕组端测得的阻抗 Z_{k23}，再折算到 1 绕组的阻抗 Z'_{k23}，即

$$Z_f = Z'_{k23} = Z'_2 + Z'_3 = 2Z'_2 \qquad (5\text{-}29)$$

（2）并联运行和穿越阻抗

当两个分裂绕组并联组成统一的低压绕组对高压绕组的运行，称为并联运行。此时高、低压绕组之间的短路阻抗叫穿越阻抗 Z_c。由等效电路并考虑 $Z_2' = Z_3'$，可知

$$Z_c = Z_1 + \frac{Z_2'Z_3'}{Z_2' + Z_3'} = Z_1 + \frac{Z_2'}{2} = Z_1 + \frac{1}{4}Z_f \tag{5-30}$$

（3）分裂系数

分裂阻抗与穿越阻抗之比叫分裂系数 k_f。

$$k_f = \frac{Z_f}{Z_c} \tag{5-31}$$

由式（5-29）、式（5-30）、式（5-31）可推得等效电路中的等效阻抗与 k_f 和 Z_c 有如下关系

$$\begin{cases} Z_1 = \left(1 - \frac{k_f}{4}\right)Z_c \\ Z_2' = Z_3' = \frac{k_f}{2}Z_c \end{cases} \tag{5-32}$$

分裂系数是分裂变压器的基本参数之一，它由分裂成两部分的分裂绕组的相对位置决定。当 $k_f = 4$ 时，是分裂变压器最理想运行情况。此时，$Z_1 = 0$，$Z_2' = Z_3' = 2Z_c$，这表明两个分裂绕组之间的磁场耦合最弱，相应的等效电路如图 5-13 所示。

这时，分裂变压器犹如两台互不影响的独立变压器在运行。绕组 2 的负载变化只会引起绕组 2 本身端电压的变化，而绕组 3 的端电压不受绕组 2 负载变化的影响，反之亦然，其限制短路电流的效果也是理想的。但要使 $Z_1 = 0$，制造上是不能实现的。因此，设计时只能尽量使 k_f 接近理想情况，我国生产的三相分裂变压器 k_f 一般为 3 ～ 4。

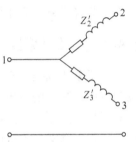

图 5-13　理想运行情况下分裂变压器等效电路

5.3.3　分裂变压器的优缺点

1）由于分裂变压器的阻抗 Z_2'、Z_3' 比一般用途的三绕组变压器大，因此二次侧发生短路时，可以限制短路电流值，从而减小短路电流对母线、断路器的冲击。设备选择时，可选择轻型开关电器，从而节省对一次设备的投资。

2）当一个分裂绕组发生短路故障时，在任一未出故障的绕组有较高的残余电压，从而提高供电的可靠性。如绕组 2 发生短路，如图 5-14 所示。$U_2' = 0$，设 0 点电压为 U_0，略去 I_3' 在 Z_3' 中造成的压降，则

$$\dot{U}_3' \approx \dot{U}_0 = \frac{Z_2'}{Z_1 + Z_2'}\dot{U}_1 \tag{5-33}$$

如略去各阻抗角的相角差，并把式（5-32）代入式（5-33）得

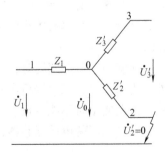

图 5-14　残余电压

$$U_3' \approx \frac{2k_f}{4 + k_f}U_1 \tag{5-34}$$

可见残余电压 U_3' 与分裂系数 k_f 有关，例如国产 SFFL-1500/10 变压器，$k_f = 3.42$，代入式（5-34）可得 $U_3' = 0.92U_1$。一般要求残余电压不低于 $0.65U_1$，可见，完全满足要求，供电可靠性得到提高。

3）分裂变压器制造上比较复杂，价格较贵。因为，当某一低压绕组产生接地故障时，很大的电流流向该侧绕组，在分裂变压器铁心中失去磁平衡，在轴向上产生巨大短路机械应力，必须采取坚实的支承机构。因此，分裂变压器比同容量的普通变压器约贵 20% 左右。

5.4 电压互感器和电流互感器

在高电压、大电流测量和保护装置中，根据使用上的需要，常用互感器把电压或电流降低，用于变换电压的叫电压互感器，用于变换电流的叫电流互感器。我国采用的电压互感器二次侧额定电压为 100V，电流互感器二次侧额定电流为 5A 或 1A。

在电力系统的测量和保护装置中，采用互感器除降低电压、电流外，还可以使测量系统和保护装置系统与高压回路可靠地隔开以确保工作人员和仪器、保护装置等的安全。

5.4.1 电压互感器

用于电压变换，它的一次绕组并联接在被测量的电网上。电压互感器二次侧连接电压表或其他保护装置的电压线圈，阻抗值都相当大。因此，电压互感器的实际工作情况，相当于空载运行的变压器，如图 5-15 所示。电压互感器高压边电动势与低压边电动势之比称电压互感器的电压比，即

$$K_e = \frac{E_1}{E_2} = \frac{N_1}{N_2} = \frac{U_1}{U_{20}}$$

电压互感器可以和普通变压器空载运行一样得出基本方程式、等效电路和相量图，这里不再重述。

电压互感器实际测量时，是通过测量互感器二次电压乘以互感器电压比来得到高压回路电压的，为了读值方便，常采用和互感器相配套的仪表，直接在表盘上刻上高压侧的电压值。

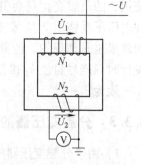

图 5-15 电压互感器原理图

为了提高电压互感器的测量精度，减小测量误差，应减小其空载励磁电流 $\dot{I}_m$ 和一、二次绕组的漏抗 x_1 和 x_2。因此，电压互感器的铁心选用高质量的冷轧硅钢片，并尽量减小磁路中的空气间隙，降低铁心的最大磁密（一般取磁密为 0.6 ~ 0.8T）。

在使用电压互感器时，一定要注意二次侧不准短路，否则会因短路电流过大而烧毁。另外，为了安全，二次绕组应有一端子和铁心一起可靠地接地。电压互感器的额定容量为 VA 级，因此使用时不能接负载（电压表）过多，应避免超过额定容量影响测量精度。

我国生产的电压互感器，按测量精度分为四个等级，即 0.2、0.5、1.0 和 3.0 级。

5.4.2 电流互感器

电流互感器是用于电流变换的，它的一次绕组匝数很少，二次绕组匝数较多，使用时一次绕组与测量回路串联，如图 5-16 所示。

电流互感器二次绕组接的是电流表或其他保护装置的电流线圈，阻抗值都很低。因此，电流互感器的实际工作情况，相当于短路运行的变压器。

从电流互感器的一次侧看，它的短路阻抗很小，把它串联于测量回路中对被测电流影响很小，测量回路的电流仍取决于负载阻抗。

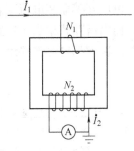

图 5-16 电流互感器原理图

由于电流互感器相当于变压器的短路运行状态，电流互感器一次电压仅为测量电流在互感器短路阻抗上的压降，因此，电流互感器的励磁磁动势 $\dot{I}_m N_1$ 甚小，若忽略不计，则有 $\dot{I}_1 N_1 - \dot{I}_2 N_2 = 0$，由此可得到电流互感器的电流比，即

$$K_i = \frac{I_1}{I_2} = \frac{N_2}{N_1}$$

电流互感器用于实际测量时是通过测量互感器二次电流 I_2，然后乘以电流比得到一次电流 I_1 的。在与电流互感器配套的仪表中，也在仪表盘上直接刻上一次电流值。

电流互感器也和电压互感器一样，也存在测量误差，是励磁电流 I_m 及一、二次绕组漏磁阻抗和仪表阻抗等引起的。为了减少测量误差，提高测量精度，电流互感器铁心也要求选用高质量的硅钢片，尽量减小铁心磁路的空气间隙，降低铁心磁密（一般磁密选为 0.08 ~ 0.1T），绕制绕组时尽量设法减少漏磁。

电流互感器在使用时，一定要注意二次侧不准开路。因为电流互感器二次侧开路时，失去了 $\dot{I}_2 N_2$ 的去磁作用，而互感器一次电流大小是由测量回路的负载阻抗决定的，基本不受互感器二次侧是否开路的影响，这时 $\dot{I}_1 N_1$ 将变成励磁磁动势，使铁心中磁密和铁耗激增，导致铁心过热。另外在二次绕组两端将产生很高的电压，损坏绝缘，危及人身、设备安全。

为了保证安全，电流互感器的二次绕组也要可靠地接地，电流互感器二次侧所接的仪表或其他电流线圈的阻抗值，不应超过互感器规定的"额定负载"欧姆值，否则会引起二次电流减小，铁心磁通和励磁电流 I_m 增大，测量误差增加。

我国生产的电流互感器，按测量精度分为五个等级，即 0.2、0.5、1.0、3.0 和 10 级。

小　结

三绕组变压器的工作原理与双绕组相同，同样可以用基本方程式、等效电路和相量图来表示各物理量之间的关系，但在分析绕组电动势时，采用了与双绕组不同的分析方法，因为三绕组变压器中漏磁通的概念不像双绕组那样明确。因此，在列三绕组变压器的电压方程式时，应用自感和互感的概念，三绕组变压器的等效电路中不是各绕组自身的漏抗，而是由各绕组自感和互感决定的等效电抗。

自耦变压器的一、二次绕组不仅有磁的联系，还有电的联系，其输出功率包括传导功率和电磁功率，由于电磁感应传递的功率小于变压器的额定容量，因而与同容量的普通变压器相比，省材料、损耗小、效率高。但由于短路阻抗小，因此短路电流较大，并且高压侧过电压能直接传导到低压侧。

分裂变压器由于结构的特殊性，造成了分裂绕组的两个支路之间有较大的阻抗值，限制了短路电流，降低了对母线和断路器等电气设备的要求。另外，由于分裂绕组两支路之间的相互影响小，使系统运行可靠性提高。

电压互感器和电流互感器的基本原理与变压器相同，电压互感器相当于空载运行的变压器，而电流互感相当于短路运行的变压器，前者二次侧不准短路，后者二次侧不准开路，使用时二次侧都要可靠接地，以确保人身、设备安全。

思 考 题

5-1 什么是三绕组变压器？它在电力系统中应用如何？

5-2 三绕组变压器三个绕组容量有何关系？三绕组变压器额定容量是如何定义的？

5-3 三绕组变压器，为什么二次某一个负载变化会影响另一个负载的端电压？在升压变压器中，为什么把低压绕组置于高、中压绕组之间能减小上述影响？

5-4 三绕组变压器的等效电路中 x_1、x_2'、x_3' 代表什么电抗？为什么有时其中一个甚小，甚至可能是负值？

5-5 试说明如何通过短路实验求取三绕组变压器的等效参数。

5-6 试述自耦变压器与普通变压器比较时的优、缺点，为什么自耦变压器的电压比不可过大？

5-7 自耦变压器的功率是如何传递的？自耦变压器的电磁容量与自耦变压器容量关系如何？自耦变压器一次额定容量与二次额定容量相同吗？

5-8 什么是分裂变压器？双绕组分裂变压器与普通的三绕组变压器有何不同之处？

5-9 分裂变压器有哪些运行方式和特殊参数？它们是如何定义的？

5-10 分裂变压器有哪些优缺点？

5-11 电压互感器和电流互感器使用时应注意什么？

习 题

5-1 有一台三相三绕组变压器，额定容量为 10000kV·A/10000kV·A/10000kV·A，额定电压为 110kV/38.5kV/11kV，其联结组为 Ynyn0d11，短路实验数据如下：

绕 组	短路损耗/kW	阻抗电压/%
高—中	110.2	$u_{k12} = 16.95$
高—低	148.75	$u_{k13} = 10.10$
中—低	82.70	$u_{k23} = 6.06$

试计算简化等效电路中的各参数，并画出对应的简化等效电路图。

5-2 有一台三相三绕组变压器，额定容量为 360000kV·A/360000kV·A/180000kV·A，额定电压为 242kV/121kV/38.5kV，其联结组为 Ynyn0d11，没有经过归算的短路实验数据如下：

绕 组	短路损耗/kW	阻抗电压/%
高—中	1030	$u_{k12} = 13.1$
高—低	510	$u_{k13} = 6$
中—低	660	$u_{k23} = 9.6$

试计算该变压器归算到高压侧的简化等效电路中的各参数，并绘出等效电路。

5-3 有一台额定容量为 5600kV·A，额定电压 6.6kV/3.3kV，Yy0 联结的三相双绕组变压器，$Z_k^* = 0.105$，现将其改接成 9.9kV/3.3kV 降压自耦变压器，试求：

（1）自耦变压器的额定容量。

（2）在额定电压下的稳态短路电流标幺值 I_{ka}^*，并与原来双绕组变压器稳态短路电流标幺值相比较。

5-4 一台三相变压器，$S_N = 31500kV·A$，$U_{1N}/U_{2N} = 400kV/110kV$，联结组标号为 Yyn0 联结。短路电压 $u_k = 14.9\%$，空载损耗 $p_0 = 105kW$，额定电流时短路损耗 $p_{kN} = 205kW$。现将其改装成 510kV/110kV 的自耦变压器，试求：

（1）改装后的变压器容量、电磁容量、传导容量以及改装后变压器增加了多少容量？

（2）改装后，在额定负载及 $\cos\varphi_2 = 0.8$（滞后）时，效率比未改前提高了多少？

（3）改装后，在额定电压时稳态短路电流是改装前额定电压下的稳态短路电流的多少倍？改装前后稳态短路电流各为其额定电流的多少倍？

第二篇 交流电机的绕组及其电动势和磁动势

交流旋转电机分两大类：异步电机和同步电机，异步电机主要用作电动机，而同步电机主要用作发电机。从原理上讲电机是可逆的，既可作发电机运行，又可作电动机运行。虽然异步电机和同步电机在结构和励磁方式上有很大的差异，但就定子绕组的绕组结构及产生电动势和磁动势而言有很多共性的内容。

本篇介绍交流电机的共同问题，即交流电机绕组的构成原理、绕组中产生的感应电动势及绕组通过交流电流产生的磁动势，它们是分析交流旋转电机的基础，对于学习交流旋转电机具有重要的意义。

电机绕组是电机进行机电能量转换的关键部件，在交流电机中，只有当电机绕组切割磁力线才能感应交流电动势，也只有当电机绕组通过正弦交流电流时才能建立起在空间按正弦规律分布的磁动势，而且绕组中产生的电动势和磁动势的大小及波形都与绕组结构形式密切相关。

第6章 交流绕组的构成

6.1 交流绕组的分类及对交流绕组的要求

6.1.1 对交流绕组的基本要求

交流绕组是实现机电能量转换的重要部件，通常处于电机中温度最高的部位，它的绝缘可能因承受高压而被击穿，短路故障时，又可能受强大的电磁力冲击而遭到损坏，因此对三相交流绕组提出以下一些基本要求：

1）电动势和磁动势波形尽可能接近正弦波形；
2）在导体数一定时，力求得到尽可能大的电动势和磁动势；
3）三相绕组对称，以保证三相电动势和磁动势对称；
4）用铜量少、工艺简单，便于安装检修。

6.1.2 交流绕组的分类

由于交流电机的应用范围非常之广，不同类型的交流电机对绕组的要求也各不相同，因此交流绕组的种类也较多，其主要的分类方法有：

1）根据槽内导体层数分为单层绕组和双层绕组。其中，单层绕组又可以分为等元件式、链式、交叉式和同心式绕组；双层绕组又可以分为叠绕组和波绕组。
2）根据相数分为单相、两相、三相及多相绕组。

3）根据每极每相槽数分为整数槽绕组和分数槽绕组。

尽管交流绕组的种类繁多，但由于三相双层绕组能较好地满足对交流电机的基本要求，所以现代动力用交流电机一般多采用三相双层绕组。

6.1.3　交流绕组中的名词术语介绍

1. 电角度（或空间电角度）

在电机理论中，把一对磁极所占的空间距离称为 360°的空间电角度。从电磁观点分析，若转子上有一对磁极，它旋转一周（机械角度 360°），定子导体就掠过一对磁极，导体中感应电动势就变化一个周波，即 360°电角度，这种每掠过一对磁极，电磁关系就变化一周，即 360°的计量电磁变化的角度就称为空间电角度。依次类推，若一个圆周布置 p 对磁极，它占有的空间电角度就为 $p \times 360°$。值得注意的是，电角度和一般所讲的机械角度是有区别的，以后若不加说明，所指角度均是电角度，即

$$电角度 = 极对数 p \times 机械角度 \tag{6-1}$$

2. 槽距角 α

槽距角 α 表示相邻两槽导体间所隔的（空间）电角度，如图 6-1 所示。

$$\alpha = \frac{p \times 360°}{Z_1} \tag{6-2}$$

式中，p 为极对数；Z_1 为定子总槽数。

3. 极距 τ

相邻两个磁极轴线之间沿定子铁心内表面的距离称为极距 τ。其表示方法很多，常用一个极面下所占的槽数表示，即

$$\tau = \frac{Z_1}{2p} \tag{6-3}$$

还可以用空间长度 $\left(\dfrac{\pi D}{2p}\right)$ 或电角度（180°或 π）来表示。其中 D 为电机定子内圆直径。

4. 线圈节距 y

一个线圈两个有效边（嵌入槽中的线圈边）之间所跨的槽距，称为节距 y，它也用槽数表示。为使每个线圈获得尽可能大的电动势（或磁动势），节距 y 应等于或接近于极距 τ，把 $y = \tau$ 的绕组称为整距绕组，$y < \tau$ 的绕组称为短距绕组，$y > \tau$ 的绕组称为长距绕组。长距绕组和短距绕组具有相同的电磁性能，且短距绕组的端部连线短，能够节省用铜，故一般使用短距绕组。

5. 每极每相槽数 q

在交流电机中，每极每相占有的平均槽数 q 为

$$q = \frac{Z_1}{2pm_1} \tag{6-4}$$

式中，m_1 为电机定子的相数。

6. 相带

在每个磁极下每相绕组所连续占有的电角度 $q\alpha$ 称为绕组的相带。由于每个磁极的电角度是 180°，对三相绕组而言，每相占有 60°电角度，故称为 60°相带，也有占 120°电角度的，

称为120°相带，但三相交流电机大多采用60°相带绕组。

为了获得对称绕组，每极每相的槽数应相同。$q = 1$ 的绕组称为集中绕组，$q > 1$ 的绕组称为分布绕组。q 等于整数的绕组称为整数槽绕组，中小型交流电机大多采用整数槽绕组；q 等于分数的绕组称为分数槽绕组，分数槽绕组常用在大型水轮同步发电机和大型异步电动机中。

6.1.4 槽电动势星形图

所谓槽电动势星形图就是把定子各槽内按正弦规律变化的导体电动势分别用相量表示，这些相量就构成一个辐射状的星形图，称为槽电动势星形图，它实质上就是槽导体电动势相量图，其绘制方法举例如下。

例 6-1 一台三相交流电动机，已知 $Z_1 = 24$，$2p = 4$，如图 6-1 所示，试绘出槽导体电动势星形图。

解 槽距角

$$\alpha = \frac{p \times 360°}{Z_1} = \frac{2 \times 360°}{24} = 30°$$

在图 6-1 中，设电机的气隙磁通密度 B 按正弦规律分布，则当电机转子逆时针旋转时，均匀分布在定子圆周上的导体切割磁力线，感应出电动势 $e = Blv$，在 l、v 为定值时，$e \propto B$，则槽内导体感应电动势也将随时间按正弦规律变化。对每槽的导体而言，磁场转过一对磁极，导体感应电动势就变化一个周期，即 360°。由于 $\alpha = 30°$，即各槽导体空间电角度彼此相差 30°，也就是说导体切割磁场有先有后，所以各槽导体感应电动势在时间相位上彼此相差 30°，当转子按图 6-1 所示方向旋转，则第 2 槽导体产生的电动势滞后于第 1 槽导体电动势 30°，第 3 槽导体电动势滞后于第 2 槽 30°，依次类推，一直到第 12 个槽，循环一对磁极，空间电角度恰为 360°，在槽导体电动势星形图中恰好排成一圈。如图 6-2 所示，1 ~ 12 号槽导体电动势与第 13 ~ 24 槽导体电动势分别重合，这是由于本例中的电机有两对磁极，而 1 号槽导体和 13 号槽导体虽然处于不同的一对磁极下，但它们在各自的一对磁极下的位置相同，因此它们的感应电动势同相位，常称为这两根导体感应的电动势在电气上同相位。依次类推，2 号槽导体感应电动势和 14 号槽导体感应电动势……，12 号槽导体感应电动势和 24 号槽导体感应电动势同相位。

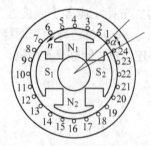

图 6-1 槽内导体沿定子圆周分布的情况

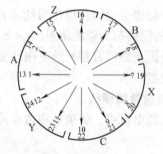

图 6-2 槽电动势星形图

一般来说，当用相量表示各槽导体感应电动势时，由于一对磁极下有 $\dfrac{Z_1}{p}$ 个槽，因此，一对磁极下的 $\dfrac{Z_1}{p}$ 个槽电动势相量均匀分布在 360° 的范围内，构成一个电动势星形图。若 Z_1 和

p有最大公约数 t，则有 t 个重合的星形图。如例 6-1 中 Z_1 和 p 的最大公约数 2，则有 2 个重合的星形图。

利用槽电动势星形图分相可以保证三相绕组电动势的对称性，即将所有槽导体感应的电动势分成六等分，称为 60° 相带绕组，由于三相绕组在空间彼此要相距 120° 电角度，且相邻磁极下导体感应电动势方向相反，根据节距的概念，沿一对磁极对应的定子内圆相带的划分依次为 A、Z、B、X、C、Y，如图 6-2 所示。其中，A、X 两个相带在星形图上的相位差 180°，可以将 A 相带导体电动势和 X 相带导体的电动势反相相加共同构成 A 相电动势，同理，B、Y 两相带可以构成 B 相，C、Z 两相带可以构成 C 相，A、B、C 三相电动势幅值相等，相位互差 120°。这种分法可以保证电动势对称，且可获得较大的基波电动势，是构成对称绕组的基本方法。

6.2　三相对称绕组的构成

6.2.1　三相单层绕组

定子或转子每槽中只有一个线圈边的三相交流绕组称为三相单层绕组。三相单层绕组由于每槽中只含有一个线圈边，所以其线圈数为槽数的一半，与三相双层绕组相比，三相单层绕组无层间绝缘，不存在层间绝缘击穿等问题，嵌线方便，槽利用率较高，绕线及嵌线工时少，但由于它无短距绕组的效果，故绕组感应电动势和磁动势波形不够理想。

三相单层绕组常用于 10kW 以下的小型异步电动机。按照线圈的形状和端部连接方法的不同，从电机嵌线工艺上来说，三相单层绕组可分为等元件式、链式、交叉式和同心式绕组。它们只是嵌线工艺和联接顺序的不同，从绕组感应电动势和产生磁动势上看，并无差别，以下通过具体的例子来说明等元件式单层三相对称绕组的构成。

例 6-2　已知三相电机的定子槽数 $Z_1 = 24$，极数 $2p = 4$，并联支路数 $a = 1$，试绘出三相单层整距绕组展开图。

解　绘图步骤如下

（1）计算有关参数

$$\alpha = \frac{p \times 360°}{Z_1} = \frac{2 \times 360°}{24} = 30°$$

$$q = \frac{Z_1}{2pm_1} = \frac{24}{4 \times 3} = 2$$

$$y = \tau = \frac{Z_1}{2p} = \frac{24}{4} = 6$$

（2）画出槽电动势星形图，如图 6-2 所示。

（3）分相：由 $q = 2$ 分相，本例中各相所属槽号按相带顺序见表 6-1。

表 6-1　例 6-2 中电机各相所属槽号表

	A		Z		B		X		C		Y	
第一对极	1	2	3	4	5	6	7	8	9	10	11	12
第二对极	13	14	15	16	17	18	19	20	21	22	23	24

（4）绘制绕组展开图。要将槽内的各导体连接为三相绕组，就必须按照槽电动势星形图及分相的结果，将属于同一相的导体按照要求连接成线圈，再将各线圈连接成线圈组，继而将线圈组串并联成相绕组，最后把相绕组再连接为三相绕组，这个过程可以通过绕组的展开图来表示。绘制绕组展开图的方法是将电机定子或转子沿轴向切开并平摊，将定子或转子上的槽画为距离相等的一组平行线，按一定的顺序对槽内的导体依次进行编号，并把槽内的导体按构成线圈、线圈组和相绕组的原则进行联接，继而得到绕组展开图。下面以 A 相绕组为例进行具体介绍。按照槽电动势星形图及分相原则，A 相绕组由 1、7；2、8；13、19；14、20 四个线圈构成（$y = 6$），依次按电动势相加的原则进行连接，即，头尾相接将四个线圈串联（根据需要也可以采取并联的形式），这样就构成了 A 相绕组，由于每个线圈的节距相等，又将这种绕组称为等元件式绕组，如图 6-3 所示。同样，B、C 两相绕组的首端依次与 A 相首端相差 120°和 240°空间电角度，故可以画出 B、C 两相绕组展开图。三相绕组展开图如图 6-4 所示。

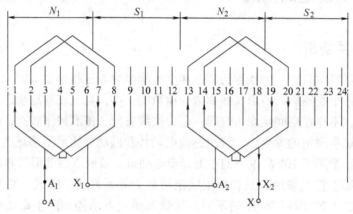

图 6-3　三相单层等元件式绕组展开图（A 相，$a = 1$）

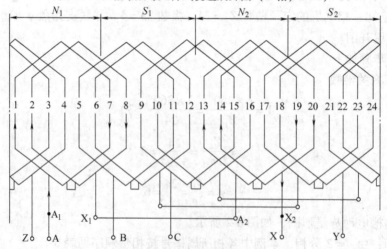

图 6-4　三相单层等元件式绕组展开图（$a = 1$）

电机绕组的有效边是产生电磁作用的主要部分，所以只要保持有效边电流方向不变，端部联接方式的改变不会影响其电磁情况，为缩短端部连线，简化嵌线工艺，节约用铜，使端接部分布更加均匀，由此又引出了链式绕组、交叉式绕组和同心式绕组，它们均是整距绕组。必须指出，单层绕组的线圈节距在不同形式的绕组中是不同的，从表面看这三种绕组的节距均小于极距（$y < \tau$），但从产生电动势角度看，每相绕组中的线圈电动势均是属于两个相差 180° 空间电角度的相带内线圈边电动势的相量和，故其实质仍为整距绕组，它并无短距效果。

单层绕组的连接特点是各相的最大并联支路数等于极对数，即 $a_{\max} = p$，每相串联的匝数 $N = pqN_c/a$，N_c 为每个线圈的匝数或槽导体数，a 为线圈并联的支路数。

6.2.2　三相双层绕组

三相双层绕组是指电机每槽分为上下两层，如图 6-5 所示。线圈（元件）的一个边嵌放在某槽的上层，另一边嵌放在相隔一定槽数的另一槽的下层的一种绕组结构。双层绕组分为叠绕组和波绕组。前者主要用于较大容量三相异步电动机的定子和汽轮同步发电机的定子绕组，后者主要用于三相绕线式异步电动机的转子和水轮发电机的定子绕组。本节仅介绍三相双层叠绕组。

叠绕组在绕制时，任何两个相邻的线圈都是后一个"紧叠"在另一个上面，故称叠绕组，双层叠绕组的特点是：

主要优点：①可以选择最有利的节距，并同时采用分布绕组，以改善电动势和磁动势的波形；②所有线圈具有相同的尺寸，便于制造；③可以得到较多的并联支路数；④可以采用短距线圈以节省端部用铜；⑤端部形状排列整齐，有利于散热和增强机械强度。

主要缺点：①嵌线工艺较为复杂，②线圈组较多时，连接线较为复杂；③增加了层间绝缘。

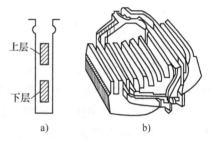

图 6-5　双层绕组
a）双层绕组在槽内的布置
b）有效部分和端部

一般的 10kW 以上的中小型同步电机、异步电机及大型同步电机的定子绕组大多采用双层叠绕组。下面通过具体例子来说明双层叠绕组的构成方法。

例 6-3　已知 $Z_1 = 36$ 槽，$2p = 4$，$y = 7$，试绘出三相双层短距叠绕组展开图。

解　（1）计算可得

$$\alpha = \frac{p \times 360°}{Z_1} = \frac{2 \times 360°}{36} = 20°$$

$$q = \frac{Z_1}{2pm_1} = \frac{36}{4 \times 3} = 3$$

$$\tau = \frac{Z_1}{2p} = \frac{36}{4} = 9$$

为改善电动势和磁动势的波形及节省端接线材料，双层绕组通常采用线圈节距接近于 τ 的短距线圈，本例中取线圈节距为 $y = 7$。

（2）画槽电动势星形图，如图 6-6 所示。和单层绕组一样，采用电动势星形图对双层绕组进行分析。很明显，在双层绕组中，如果其上层线圈边的电动势星形图和槽电动势完全相同，那么下层线圈边的电动势星形图则取决于线圈的节距 y，由于各线圈的节距相等，所以若把各线圈的电动势求出来，其所构成的仍是一幅辐射状星形图，相邻两个线圈之间的相位差仍为 α 电角度。因此，槽电动势星形图即可以代表上层线圈边的电动势星形图，又可以代表各线圈的电动势星形图，电动势相量和线圈的编号都取上层线圈边所在的槽号。

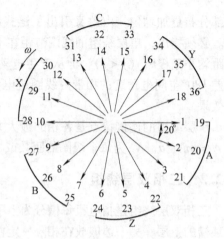

图 6-6 槽电动势星形图

（3）分相。根据 $q = 3$ 分相。双层绕组的分相方法和单层绕组类似，本例中的分相方法见表 6-2。但要注意的是，此时划分到每一相带的是线圈的编号，而不是导体的编号。例如，划分到 A 相带的是 1，2，3 号线圈，而不是 1，2，3 号槽内的导体。

表 6-2 例 6-2 中电机各相所属槽号表

	A			Z			B			X			C			Y	
第一对极	1	2	3	4	5	6	7	8	9	10	11	12	13	14	15	16	17	18
第二对极	19	20	21	22	23	24	25	26	27	28	29	30	31	32	33	34	35	36

（4）画绕组展开图。根据 $y = 7$（$y < \tau$，为短距绕组）以及双层绕组的嵌线特点，一个线圈的线圈边放在上层，另一个线圈边就放在下层。如 1 号线圈的一个线圈边在 1 号槽的上层（用实线表示），则另一个线圈边根据 $y = 7$ 应放在 8 号槽下层（用虚线表示），依次类推。将一个极面下属 A 相的 1、2、3 三个线圈（$q = 3$），通过端部串联起来（其实在绕制线圈时已缠绕在一起）构成一组线圈（亦称线圈组），再将第二个极面下属 A 相的 10、11、12 三个线圈串联构成第二组线圈，依次 19、20、21 和 28、29、30 线圈分别构成第三、第四组线圈。每个线圈的电动势等于组内线圈的电动势之和。很显然，4 个线圈组电动势的大小相等，但同一相的两个相带中的线圈电动势相位相反，例如 A 相带和 X 相带中线圈的电动势相位正好相反。因此 A 相带的线圈组和 X 相带的线圈组之间的连接只能是反向串联或反向并联。那么每相的四个线圈组可以通过串联或并联构成一相绕组，可见，四个磁极就构成了四个线圈组，所以双层绕组的线圈组数就等于磁极数。这样，四个线圈组根据"头接头、尾接尾"的规律串联起来，构成一条支路（$a = 1$）的一相绕组，如图 6-7 所示。B、C 相情

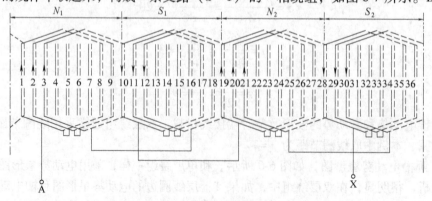

图 6-7 三相双层短距叠绕组展开图（A 相，$a = 1$）

况类似。欲要连成并联支路数 $a=2$ 的绕组，只需分别把两个线圈组串联，然后再把两个串联的线圈组并联，如图6-8所示。对本例还可并联成 $a=4$ 的绕组。

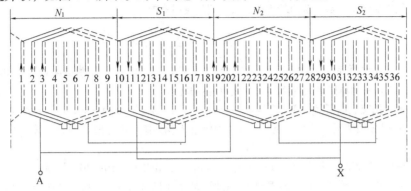

图6-8 三相双层短距叠绕组展开图（A相，$a=2$）

双层绕组的连接特点是其最大并联支路数 $a_{max}=2p$，比单层绕组多一倍，每相串联的匝数 $N=2pqN_c/a$。N_c 为每个线圈的匝数或槽导体数的一半（因一个槽内放两个线圈边），并且其并联支路数可选取 $a=2p$（整数），本例中 a 可选 1，2，4。

小　结

交流绕组是同步电机和异步电机的共同部分，本章虽以同步电机为例，但结论完全适用于异步电机。

三相绕组的构成原则是力求获得最大的基波电动势（或磁动势），削弱谐波电动势（磁动势），并保证三相电动势（磁动势）对称。为此使线圈节距尽量接近极距，每极每相槽数相等，各相绕组在空间互差 $120°$ 电角度。

槽电动势星形图是分析绕组的一种有效的方法，利用槽电动势星形图来划分各相所属槽号，然后按各电动势相加的原则连接各相绕组。相电动势大小与线圈的连接先后次序无关。因此，单层绕组有同心式、交叉式、链式和等元件式绕组，它们具有相同的相电动势，均为整距分布绕组。

单层绕组的连接特点：各相的最大并联支路数等于极对数，即 $a_{max}=p$，每相串联的匝数 $N=pqN_c/a$，线圈组数等于极对数。

双层绕组的连接特点：各相的最大并联支路数等于极数，即 $a_{max}=2p$，线圈组数比单层绕组多一倍，每相串联的匝数 $N=2pqN_c/a$，线圈的匝数为槽导体数的一半。

单层绕组一般多用于小型 10kW 以下的异步电机，大中型电机普遍采用双层短距分布绕组，所以学习中应注意掌握双层绕组的连接规律。

思 考 题

6-1 试说明构成三相交流绕组的要求是什么。

6-2 时间和空间电角度是怎样定义的？机械角度和电角度的关系如何？

6-3 试说明三相单层绕组和双层绕组的连接特点。

6-4 为什么单层绕组不能做成短距绕组，而双层绕组可以做成多种短距绕组？

6-5 交流电机为了得到三相对称的基波感应电势，对三相绕组的安排有什么要求？

6-6 单层叠绕组和双层叠绕组相邻线圈组之间的连接有何不同？

6-7 试比较单层绕组和双层绕组的优缺点及它们的应用范围。

习 题

6-1 有一台三相交流异步电动机 $Z_1 = 24$，$2p = 2$，$a = 1$，试绘出：（1）槽电动势星形图，并标出 60°相带分相情况；（2）三相单层等元件绕组 A 相绕组的展开图。

6-2 有一台三相交流电机 $Z_1 = 36$，$2p = 4$，$y = 7$，$a = 2$，每槽有 10 根导体。（1）试绘出槽电动势相量图，并标出 60°相带分相情况；（2）绘制三相双层叠绕组 A 相绕组的展开图。（3）计算绕组每相串联总匝数 N。

6-3 三相单层分布绕组，槽数 $Z_1 = 18$，极数 $2p = 6$。试画出单层绕组一相展开图。

6-4 八极交流电机定子绕组中有两根导体，相距 45°空间机械角度，这两根导体产生的电动势的相位差是多少电角度？

6-5 六极交流电机，定子有 54 槽，一个线圈的两个边分别在 1 槽和 8 槽，这两个边电动势的相位差是多少电角度？

6-6 三相六极异步电动机，定子有 36 槽，采用单层分布绕组，每个线圈有 20 匝，$a = 2$，试求绕组每相串联总匝数 N。

第7章 交流绕组的感应电动势

7.1 正弦分布磁场下绕组的感应电动势

在交流电机中，一般要求电机绕组中的感应电动势随时间按正弦规律变化，这就要求电机气隙中的磁场沿空间为正弦分布。要得到严格正弦波分布的磁场比较困难，但是可以通过调整电机的结构参数尺寸使磁场尽可能接近正弦波。例如从磁极形状、气隙、绕组的分布及节距等方面进行考虑。

本节首先研究在正弦分布磁场下定子绕组中感应电动势的计算方法，以同步发电机定子绕组电动势计算为例，并从最简单的每根导体的电动势计算开始，推导出交流绕组的相绕组电动势和线电动势的计算公式，最后又给出了交流绕组中高次谐波电动势的削弱方法。

7.1.1 导体的电动势

1. 导体电动势频率 f

图 7-1 是一台交流发电机的原理示意图，定子槽内放置一根导体 a，转子磁极以恒定转速沿某一方向旋转，定子导体切割转子磁场感应出具有一定频率、波形和大小的交流电动势。

每当转子转过一对磁极，导体电动势就经历一个周期的变化。若电机有 p 对磁极，则转子旋转一周，导体电动势就经历 p 个周期。若转子以每分钟 n_1 转或每秒 $n_1/60$ 转速旋转，则导体感应电动势每秒钟变化的频率为

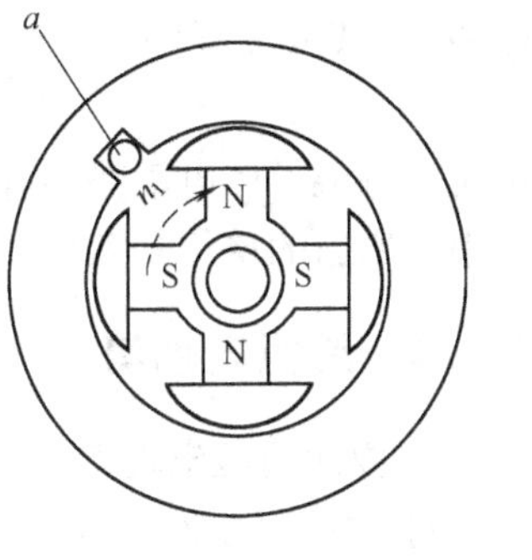

图 7-1 交流发电机原理示意图

$$f = \frac{pn_1}{60}(\mathrm{Hz}) \tag{7-1}$$

2. 导体电动势波形

根据电磁感应定律

$$e = B_{\mathrm{x}}lv$$

式中，l 为导体处于磁场中的有效长度；v 为导体与磁场的相对速度。

对已制成的电机，l 和 v 均为定值。因此

$$e \propto B_{\mathrm{x}}$$

即导体感应电动势 e 正比于导体所切割的气隙磁通密度 B_{x}，也就是说，导体感应电动势的波形取决于电机气隙内磁通密度沿气隙分布的波形。如要得到正弦波形的电动势，就必须使气隙磁通密度沿气隙分布的波形为正弦波形。

本节讨论在正弦分布磁场下的绕组电动势。设气隙磁密的基波 B_{x1} 的分布为

$$B_{\mathrm{x1}} = B_{\mathrm{m1}}\sin\frac{\pi}{\tau}x \tag{7-2}$$

式中，x 为气隙中某一点离磁极中性线的距离，此距离用电角度表示为 $\frac{\pi}{\tau}x$，在此正弦波磁

场作用下导体电动势为

$$e_{c1} = B_{m1} lv \sin \frac{\pi}{\tau} x \tag{7-3}$$

则速度 v 可以表示为

$$v = \frac{2p\tau n_1}{60} = 2\tau f$$

$$x = vt$$

$$\frac{\pi}{\tau} x = \frac{\pi}{\tau} vt = \frac{\pi}{\tau} 2\tau ft = \omega t$$

公式（7-3）则变成

$$e_{c1} = E_{cm1} \sin \omega t \tag{7-4}$$

这说明，磁密沿气隙分布为正弦波时，导体感应电动势的波形也为正弦函数。式中 $E_{cm1} = B_{m1} lv$ 为导体电动势的最大值。

3. 导体电动势的有效值

$$E_{c1} = \frac{E_{cm1}}{\sqrt{2}} = \frac{B_{m1} lv}{\sqrt{2}} = \frac{B_{m1} l \cdot 2\tau f}{\sqrt{2}} \tag{7-5}$$

由于磁密 B_{x1} 为正弦波，$B_{m1} = \frac{\pi}{2} B_1$（$B_1$ 为磁密的平均值）代入上式并考虑到 $\Phi_1 = B_1 l\tau$ 为每极磁通（Wb），则

$$E_{c1} = 2.22 f \Phi_1 \tag{7-6}$$

可见，每根导体电动势的有效值大小与每极磁通量和电动势的频率成正比。

其中，磁通的单位是 Wb（韦伯），频率的单位为 Hz（赫兹），电动势的单位为 V（伏）。

7.1.2 线匝电动势

1. 整距线匝电动势

对于整距线匝（$y = \tau$），如果线匝一个有效边处在 N 极中心下，则线匝另一有效边导体刚好在 S 极中心下，如图 7-2a 中实线所示。由此可知，整距线匝两个有效边导体电动势 $\dot{E}_{c1}$ 和 $\dot{E}'_{c1}$ 大小相等而相位相反，线匝电动势 $\dot{E}_{t1}$ 应为 $\dot{E}_{c1}$ 与 $\dot{E}'_{c1}$ 之差，如图 7-2b 所示，即

$$\dot{E}_{t1(y=\tau)} = \dot{E}_{c1} - \dot{E}'_{c1} = 2\dot{E}_{c1}$$

线匝电动势有效值为

$$E_{t1(y=\tau)} = 2E_{c1} = 4.44 f \Phi_1 \tag{7-7}$$

2. 短距线匝电动势

对于短距线匝的节距 $y < \tau$，如图 7-2a 中虚线所示，其两有效边的感应电动势相位差 $\gamma = \frac{y}{\tau} \times \pi$，而短距角 $\beta = \pi - \gamma = \frac{\tau - y}{\tau} \times \pi$，如图 7-2c 所示。因此，短距线匝电动势为

$$\dot{E}_{t1(y<\tau)} = \dot{E}_{c1} - \dot{E}'_{c1} = \dot{E}_{c1} + (-\dot{E}'_{c1})$$

其有效值为

$$E_{t1(y<\tau)} = 2E_{c1} \cos \frac{\pi - \gamma}{2} = 2E_{c1} \cos \frac{\beta}{2} = 4.44 f K_{y1} \Phi_1 \tag{7-8}$$

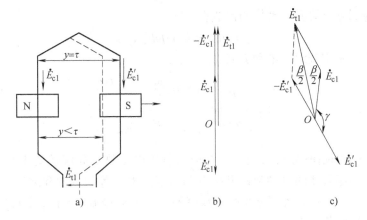

图 7-2 整距和短距线匝电动势

a）整距和短距线匝的表示示意图 b）整距线匝的电动势相量图 c）短距线匝的电动势相量图

式中，K_{y1} 称为基波短距系数，表示线匝短距时感应电动势比整距时应打的折扣。其大小为

$$K_{y1} = \frac{E_{t1(y<\tau)}}{E_{t1(y=\tau)}} = \cos\frac{\beta}{2} \tag{7-9}$$

对整距线匝 $y=\tau$，故 $K_{y1}=1$，因此可把整距线匝看成是短距线匝当 $K_{y1}=1$ 的一种特例，则式（7-8）就可看成是计算线匝电动势的一个通式，即

$$E_{t1} = 4.44fK_{y1}\Phi_1 \tag{7-10}$$

7.1.3 线圈电动势

一个线圈，一般有 N_c 匝，不论整距或短距线圈它们放在同一槽中，各线匝电动势的大小相等、相位相同，所以线圈电动势为

$$E_{y1} = N_c E_{t1} = 4.44fN_cK_{y1}\Phi_1 \tag{7-11}$$

7.1.4 线圈组（相带）电动势

无论是单层绕组还是双层绕组，每个线圈组（也称相带）都是由 q 个线圈串联而成，如图 7-3a 所示。所以线圈组电动势是 q 个线圈电动势的相量和，即

$$\dot{E}_{q1} = \sum \dot{E}_{y1}$$

如图 7-3b 所示，图中 O 为线圈组的电动势相量多边形的外接圆心，R 为半径。从图中得，线圈组电动势的有效值为

$$E_{q1} = 2R\sin\frac{q\alpha}{2}$$

而线圈电动势为

$$E_{y1} = 2R\sin\frac{\alpha}{2}$$

如果 q 个线圈集中在一起，则此集中

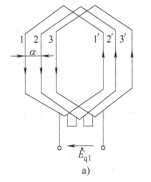
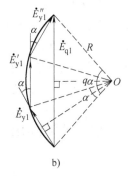

图 7-3 线圈组电动势的计算

a）线圈组联接示意图 b）线圈组电动势相量图

绕组的电动势应为 q 个线圈电动势的代数和，即

$$E_{q1} = qE_{y1} = 4.44fqN_cK_{y1}\Phi_1 \tag{7-12}$$

分布绕组电动势与集中绕组的电动势之比为

$$K_{q1} = \frac{E_{q1}}{qE_{y1}} = \frac{2R\sin\dfrac{q\alpha}{2}}{q2R\sin\dfrac{\alpha}{2}} = \frac{\sin\dfrac{q\alpha}{2}}{q\sin\dfrac{\alpha}{2}} \tag{7-13}$$

式中，K_{q1} 称为绕组的基波分布系数。它是分布绕组电动势与同匝数集中绕组电动势之比，或者说是一个线圈组各线圈电动势的几何和与各线圈电动势的算术和之比。K_{q1} 的意义：由于绕组分布在不同的槽内，使得 q 个分布线圈的合成电动势 E_{q1} 小于 q 个集中线圈的合成电动势 qE_{y1}，由此所引起的折扣。

从式 (7-13) 中可以得出分布线圈组的电动势为

$$E_{q1} = qE_{y1}K_{q1} = 4.44fqN_cK_{y1}K_{q1}\Phi_1 = 4.44fqN_cK_{N1}\Phi_1 \tag{7-14}$$

式中，qN_c 为 q 个线圈串联的总匝数；$K_{N1} = K_{y1} \cdot K_{q1}$ 称基波绕组系数。K_{N1} 的意义：既考虑绕组短距、又考虑绕组分布时，整个绕组的合成电动势所需打的总折扣。

7.1.5 相绕组电动势

把一相串联的各线圈组电动势相加，即可以得到相绕组电动势

$$E_{ph1} = 2NE_{c1}K_{N1} = 4.44fNK_{N1}\Phi_1 \tag{7-15}$$

式中，N 为每相串联总匝数。

对于单层绕组，每相有 p 个线圈组，所以各线圈串联时 $N = pqN_c$，而当采用 a 条支路并联时，$N = \dfrac{pqN_c}{a}$，而对于双层绕组，每相有 $2p$ 个线圈组，所以各线圈串联时 $N = 2pqN_c$，当采用 a 条支路并联时，$N = \dfrac{2pqN_c}{a}$。

从公式 (7-15) 可见，交流电机绕组电动势与变压器绕组电动势相比，所不同的是此处的绕组是短距分布绕组，而变压器相当于整距集中绕组。因此 (7-15) 公式中乘以一个小于 1 的绕组系数。

例 7-1 有一台三相汽轮同步发电机，定子槽数 $Z_1 = 36$，极数 $2p = 2$，采用双层短距绕组，节距 $y = 14$，每个线圈匝数 $N_c = 10$，并联支路数 $a = 1$，电动势频率为 50Hz，每极基波磁通 $\Phi_1 = 0.263\text{Wb}$，定子三相绕组丫形联结。试求：（1）导体电动势 E_{c1}；（2）线匝电动势 E_{t1}；（3）线圈电动势 E_{y1}；（4）线圈组电动势 E_{q1}；（5）相电动势 E_{ph1}；（6）线电动势 E_{l1}。

解 （1）导体电动势

$$E_{c1} = 2.22f\Phi_1 = 2.22 \times 50 \times 0.263\text{V} = 29.2\text{V}$$

（2）线匝电动势

$$\tau = \frac{Z_1}{2p} = \frac{36}{2} = 18 \text{ 槽}$$

$$\beta = \frac{\tau - y}{\tau}180° = \frac{18 - 14}{18}180° = 40°$$

$$K_{y1} = \cos \frac{\beta}{2} = \cos \frac{40°}{2} = 0.94$$

$$E_{t1(y<\tau)} = 4.44 f K_{y1} \Phi_1 = 4.44 \times 50 \times 0.94 \times 0.263 \text{V} = 54.88 \text{V}$$

（3）线圈电动势

$$E_{y1} = N_c E_{t1} = 4.44 f N_c K_{y1} \Phi_1 = 10 \times 54.88 \text{V} = 548.8 \text{V}$$

（4）线圈组电动势 E_{q1}

$$q = \frac{Z_1}{2pm_1} = \frac{36}{2 \times 1 \times 3} = 6$$

$$\alpha = \frac{p \times 360°}{Z_1} = \frac{1 \times 360°}{36} = 10°$$

$$K_{q1} = \frac{\sin \dfrac{q\alpha}{2}}{q \sin \dfrac{\alpha}{2}} = \frac{\sin \dfrac{6 \times 10°}{2}}{6 \sin \dfrac{10°}{2}} = 0.956$$

$$K_{N1} = K_{y1} K_{q1} = 0.94 \times 0.956 = 0.899$$

$$E_{q1} = 4.44 f q N_c K_{N1} \Phi_1 = 4.44 \times 50 \times 6 \times 10 \times 0.899 \times 0.263 \text{V} = 3149 \text{V}$$

（5）相电动势 E_{ph1}

$$N = \frac{2pqN_c}{a} = \frac{2}{1} \times 1 \times 6 \times 10 = 120 \text{ 匝}$$

$$E_{ph1} = 4.44 f N K_{N1} \Phi_1 = 4.44 \times 50 \times 120 \times 0.899 \times 0.263 \text{V} = 6300 \text{V}$$

（6）线电动势 E_{l1}

由于三相绕组是丫联结

$$E_{l1} = \sqrt{3} E_{ph1} = \sqrt{3} \times 6300 \text{V} = 10912 \text{V}$$

7.2　非正弦分布磁场下绕组产生的高次谐波电动势及削弱方法

由于实际的电机中，气隙磁通密度分布曲线并不是理想的正弦波形，磁场中除了基波以外还含有一系列的高次谐波。因此，定子绕组中的感应电动势也并非只有基波的正弦波形。本节主要讨论主磁极磁场为非正弦波分布时所产生的绕组谐波电动势及其削弱方法。

7.2.1　磁极磁场非正弦分布所引起的谐波电动势

一般在同步发电机中，磁极的磁场不是严格的正弦波，比如在凸极同步电机中磁极磁场沿电机电枢表面一般呈平顶波分布，如图 7-4 所示。利用傅里叶级数可以将其分解为基波和一系列高次谐波。根据磁场波形的对称性，谐波次数为奇数次谐波。

对于 ν 次谐波磁场，其极对数为基波的 ν 倍，而 ν 次谐波极距则为基波的 $\dfrac{1}{\nu}$ 倍，即

ν 次谐波极对数为

$$p_\nu = \nu p$$

ν 次谐波极距为

$$\tau_\nu = \frac{\tau}{\nu}$$

由于谐波磁场也因转子旋转而旋转，其转速与基波相同，均为转子转速。即

ν 次谐波转速为

$$n_\nu = n_1$$

因此谐波磁场在定子绕组中感应电动势的频率为

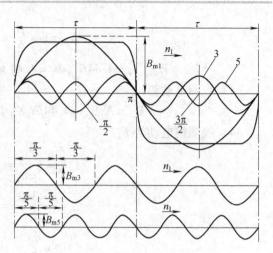

图7-4 主磁极磁密的空间分布曲线

$$f_\nu = \frac{p_\nu n_\nu}{60} = \frac{\nu p n_1}{60} = \nu f \tag{7-16}$$

式中，f 表示基波电动势频率，$f = \dfrac{pn_1}{60}$。

同理可得，ν 次谐波相电动势有效值为

$$E_{\mathrm{ph}\nu} = 4.44 f_\nu N K_{\mathrm{N}\nu} \varPhi_\nu \tag{7-17}$$

式中，$\varPhi_\nu$ 为 ν 次谐波每极磁通量

$$\varPhi_\nu = \frac{2}{\pi} B_{\mathrm{m}\nu} \tau_\nu l = \frac{2}{\pi} \frac{1}{\nu} B_{\mathrm{m}\nu} \tau l \tag{7-18}$$

$K_{\mathrm{N}\nu}$ 为 ν 次谐波绕组系数

$$K_{\mathrm{N}\nu} = K_{\mathrm{y}\nu} K_{\mathrm{q}\nu} \tag{7-19}$$

式中，$K_{\mathrm{y}\nu}$ 为 ν 次谐波短距系数

$$K_{\mathrm{y}\nu} = \cos\left(\frac{\nu\beta}{2}\right) \tag{7-20}$$

式中，$K_{\mathrm{q}\nu}$ 为 ν 次谐波分布系数

$$K_{\mathrm{q}\nu} = \frac{\sin\dfrac{\nu q\alpha}{2}}{q\sin\dfrac{\nu\alpha}{2}} \tag{7-21}$$

根据各次谐波电动势的有效值，可以求得相电动势的有效值为

$$E_{\mathrm{ph}} = \sqrt{E_{\mathrm{ph}1}^2 + E_{\mathrm{ph}3}^2 + E_{\mathrm{ph}5}^2 + \cdots} = E_{\mathrm{ph}1}\sqrt{1 + \left(\frac{E_{\mathrm{ph}3}}{E_{\mathrm{ph}1}}\right)^2 + \left(\frac{E_{\mathrm{ph}5}}{E_{\mathrm{ph}1}}\right)^2 + \cdots} \tag{7-22}$$

对于同步发电机因 $\left(\dfrac{E_{\mathrm{ph}\nu}}{E_{\mathrm{ph}1}}\right)^2 \ll 1$，$\nu = 3$，5，7，$\cdots$，所以 $E_{\mathrm{ph}} \approx E_{\mathrm{ph}1}$。也就是说，正常情况下高次谐波电动势对相电动势的大小影响较小，主要影响电动势的波形。

7.2.2 磁场非正弦分布引起的谐波电动势的削弱方法

由于电机磁极磁场非正弦分布所引起的发电机定子绕组电动势的高次谐波，产生了许多不良影响，主要有：

1）使发电机的电动势波形变坏；

2）使发电机本身的附加损耗增加、效率降低、温度升高；

3）使输电线上的线损增加，并对邻近的通信线路产生干扰；

4）可能引起输电线路的电容和电感发生谐振，而引起谐振过电压；

5）使异步电动机产生附加损耗和附加转矩，影响其运行性能。

数学分析和生产实践表明，谐波次数越高其幅值越小，因而对绕组中电动势波形的影响也越小。因此，设计绕组时，主要是设法削弱或消除 3、5、7 等次谐波。具体方法有下述几种：

1. 在设计制造电机时，尽可能使气隙磁场沿空间按正弦分布

对汽轮发电机（隐极同步电机）合理安排励磁绕组，使每极安放励磁绕组部分与极距之比在 $0.7 \sim 0.75$ 之间，即通过改善励磁线圈分布范围来实现磁密波形的改善，如图 7-5a 所示；对水轮发电机（凸极同步电机）通过改善极靴形状，使 $\delta_{\max}/\delta_{\min} = 1.5 \sim 2.0$，$b_{\mathrm{p}}/\tau = 0.7 \sim 0.75$，把气隙设计得不均匀，使磁极中心处气隙最小，而磁极边缘处气隙最大，以改善磁场分布情况，如图 7-5b 所示。

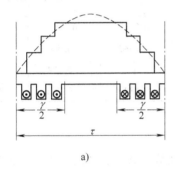
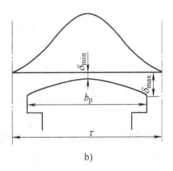

a)　　　　　　　　　　　　　　　b)

图 7-5　改善气隙磁通密度分布的方法

a) 隐极电机：$\gamma/\tau = 0.7 \sim 0.75$　　b) 凸极电机：$\delta_{\max}/\delta_{\min} = 1.5 \sim 2.0$，$b_{\mathrm{p}}/\tau = 0.7 \sim 0.75$

2. 通过采用丫形联结或△形联结，消除线电动势中 3 及 3 的倍数次谐波

由于三相相电动势中的 3 次谐波电动势大小相等，相位彼此相差 $3 \times 120° = 360°$，即相位上同相，所以 $\dot{E}_{A3} = \dot{E}_{B3} = \dot{E}_{C3}$。故三相绕组采用丫形联结时，$\dot{E}_{AB3} = \dot{E}_{A3} - \dot{E}_{B3} = 0$，即对称三相绕组的线电动势中不存在 3 次谐波，同理也不存在 3 的倍数次谐波。当△形联结时，会在联结的三相绕组中产生 3 次谐波环流 $\dot{I}_3$，$\dot{E}_{A3} + \dot{E}_{B3} + \dot{E}_{C3} = 3\dot{E}_{ph3} = 3\dot{I}_3 Z_3$，3 次谐波电动势正好等于 3 次谐波环流产生的阻抗压降，因此线电动势中也不存在 3 次及 3 的倍数次谐波。但是由于△形联结时，闭合回路中的环流会引起附加损耗，故现代同步发电机一般不用△形联结。

3. 通过绕组的短距作用来削弱或消除谐波电动势

由式（7-20）知，欲要消除 ν 次谐波电动势，只需令 $K_{y\nu} = \cos\left(\dfrac{\nu\beta}{2}\right) = 0$，因 $\beta = \pi - \gamma = \dfrac{\tau - y}{\tau} \times \pi$，推得当绕组节距取 $y = \tau - \dfrac{\tau}{\nu}$ 时，即节距只要缩短 ν 次谐波的一个极距即可消除绕组中的 ν 次谐波。

如欲消除绕组中的 5 次谐波电动势，应采用节距 $y = \tau - \dfrac{\tau}{\nu} = \tau - \dfrac{1}{5}\tau = \dfrac{4}{5}\tau$，可使 $K_{y5} = 0$。如图 7-6 所示，表明 5 次谐波在线圈的两根导体中的感应电动势是互相抵消的。若消除绕组中的 7 次谐波电动势，应采用节距 $y = \tau - \dfrac{\tau}{\nu} = \tau - \dfrac{1}{7}\tau = \dfrac{6}{7}\tau$，可使 $K_{y7} = 0$。在交流电机中，通常选 $y = \left(\dfrac{4}{5} \sim \dfrac{6}{7}\right)\tau$ 便可同时使 5、7 次谐波得到最大限度地削弱，见表 7-1。

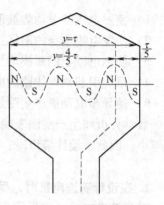

图 7-6　采用短距消除 5 次
谐波电动势原理图

当然，缩短绕组节距，对基波电动势也略有减小，但它对削弱谐波电动势，改善电动势波形起了有效的作用。同时端部联线缩短，节约了用铜，故短距绕组广为应用。

表 7-1　基波和部分高次谐波的短矩系数 $K_{y\nu}$

ν ＼ y/τ	1	6/7	5/6	4/5	7/9	2/3
1	1	0.975	0.966	0.951	0.940	0.866
3	1	− 0.782	− 0.707	− 0.588	− 0.500	0
5	1	0.434	0.259	0	− 0.174	− 0.866
7	1	0	0.259	0.588	− 0.766	0.866

4. 通过绕组的分布作用来削弱谐波电动势

同理也可通过绕组的分布作用来削弱 ν 次谐波电动势，就分布绕组来说，每极每相槽数 q 越大，谐波电动势的分布系数的总趋势变小，可以提高抑制谐波电动势的效果。但 q 太大电机的成本增加，而且 $q > 6$ 后，其抑制效果的增加也不显著了，因此除两极汽轮发电机取 $q = 6 \sim 12$ 外，一般交流电机的 q 均在 $2 \sim 6$ 之间，见表 7-2。

表 7-2　基波和部分高次谐波的分布系数 $K_{q\nu}$

ν ＼ q	2	3	4	5	6	7	8	∞
1	0.966	0.960	0.958	0.957	0.956	0.956	0.956	0.955
3	0.707	0.667	0.654	0.646	0.644	0.642	0.641	0.636
5	0.259	0.218	0.205	0.200	0.197	0.195	0.194	0.191
7	− 0.259	− 0.177	− 0.158	− 0.149	− 0.145	− 0.143	− 0.141	− 0.136

图 7-7 为采用 $q = 2$ 分布绕组改善电动势波形的示意图。从波形图可以看出，本来相邻两线圈电动势波形为不同相的梯形波，其合成后的波形比原梯形波更接近于正弦波了。

表 7-3 是取 $q = 3$，在选择不同的节距时所求的绕组系数。分析结果表明，在采用分布短距绕组时，基波的绕组系数略小于 1，即由于分布短距对基波所打的折扣是有限的，而对 5、7 次谐波所打的折扣就很大，即高次谐波的绕组系数是很小的，因此可以改善电动势波形。

表 7-3　（$q = 3$）不同节距 y 基波和部分高次谐波的绕组系数 $K_{N\nu}$

ν ＼ y/τ	1	6/7	5/6	4/5	7/9	2/3
1	0.960	0.919	0.925	0.910	0.899	0.831
3	0.667	− 0.522	− 0.462	− 0.380	− 0.322	0
5	0.217	0.094	0.053	0	− 0.034	− 0.188
7	− 0.177	0	− 0.041	− 0.088	− 0.118	− 0.153

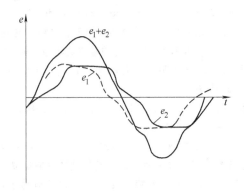

图 7-7　分布绕组（$q = 2$）电动势的合成波形

小　　结

　　正弦磁场下绕组的电动势计算和变压器绕组电动势的计算类似，只不过在交流电机中由于采用短距分布绕组，计算公式中都乘一个小于 1 的绕组系数而已。

　　电动势的波形取决于气隙磁通密度在空间分布的波形。一般电机只能做到近似于正弦分布的气隙磁通密度，因此，电机绕组就感应有高次谐波电动势，因而提出了保留基波，削弱或消除谐波来改善电动势波形的四个方法：使气隙磁通密度在气隙尽可能按正弦规律分布、采用丫形或△形联结及短距和分布绕组。

思　考　题

　　7-1　试述短距系数和分布系数的物理意义，为什么这两系数总是小于或等于 1？

　　7-2　总结交流发电机定子绕组相电动势的频率、波形和大小与哪些因素有关。这些因素中哪些是由构造决定的？哪些是由运行条件决定的？

　　7-3　试说明谐波电动势产生的原因及其削弱方法。

　　7-4　为什么短距和分布绕组能削弱或消除高次谐波电动势？为了消除 5 次谐波或 7 次谐波电动势，节距应选择多大？若要同时削弱 5 次谐波和 7 次谐波电动势，节距应选择多大？

　　7-5　同步发电机电枢绕组为什么一般不接成△形，而变压器却希望有一侧接成△形联结呢？

　　7-6　在采用短距方法削弱电动势中的 ν 次谐波的同时，对基波电动势的大小是否有影响？

　　7-7　在采用分布和短距改善电动势波形时，每根导体中的电动势是否也相应得到改善？

　　7-8　谐波电动势对电机运行有何影响？为什么同步发电机定子绕组采用丫形联结？

习 题

7-1 额定转速为3000r/min 的同步发电机，若将转速调整到3060r/min 运行，其他情况不变，问定子绕组三相电动势大小、波形、频率和各相电动势相位差有何改变？

7-2 一台4 极，$Z_1 = 36$ 的三相交流电机，采用双层绕组，并联支路数 $a = 1$，$y = 7\tau/9$，每个线圈匝数 $N_c = 10$，每极基波气隙磁通 $\Phi_1 = 0.00916$Wb，$f = 50$Hz，试求：（1）每相绕组的基波电动势的大小。（2）若气隙中还存在三次谐波磁通，$\Phi_3 = 0.001718$Wb，则每相三次谐波电动势为多少？（3）每相电动势和线电动势各为多少？

7-3 有一台三相同步发电机，$2p = 2$，$n = 3000$r/min，$Z_1 = 60$ 槽，每相串联总匝数 $N = 20$，$f_N = 50$Hz，每极气隙基波磁通 $\Phi_1 = 1.505$Wb，试求：（1）基波电动势频率、整距时的基波绕组系数和基波相电动势；（2）如要消除5 次谐波电动势，节距 y 应选多大？此时的基波电动势为多大？

7-4 两极汽轮同步发电机，50Hz，$Z_1 = 54$，每槽有两根导体，$a = 1$，$y = 22$ 槽，丫联结。已知空载线电压 $U_0 = 6300$V，试求每极基波磁通 Φ_1。

7-5 某三相交流双层短距绕组，$Z_1 = 24$，$2p = 4$，$y = 5$，并联支路数 $a = 1$，每槽内有30 根导体，每根导体产生1V 的基波电动势，试求每相电动势 E_{ph1}。

7-6 有一台汽轮同步发电机，定子槽数 $Z_1 = 72$，极数 $2p = 4$，采用双层短距绕组，线圈节距 $y = 15$，每个线圈匝数 $N_c = 12$，并联支路数 $a = 1$，频率为50Hz，每极基波磁通量 $\Phi_1 = 0.126$Wb。试求：（1）导体电动势 E_{c1}；（2）线匝电动势 E_{t1}；（3）线圈电动势 E_{y1}；（4）线圈组电动势 E_{q1}；（5）相电动势 E_{ph1}；（6）线电动势 E_{l1}。

7-7 一台6 极，$Z_1 = 36$ 的三相异步电动机，采用单层绕组，并联支路数 $a = 1$，每槽导体数为40 根，每极基波气隙磁通 $\Phi_1 = 4.5 \times 10^{-3}$Wb，$f = 50$Hz，试求每相绕组的基波感应电动势的大小。

第8章　交流绕组的磁动势

电机是一种机电能量转换装置，而这种能量的转换必须要有磁场的参与，因此，研究电机就必须研究分析电机中磁场的分布和性质，在上一章已经分析了交流绕组的电动势，在分析中均假定气隙磁场的分布是已知的，但实际上气隙磁场的建立是很复杂的。它可以由定子的磁动势建立，也可由转子的磁动势建立，或者由定子和转子磁动势的共同建立，它们的性质都取决于产生它们电流的类型及电流的分布，而气隙磁通则不仅与磁动势的分布有关，还和所经过的磁路性质和磁阻有关。同步电机的定子绕组和异步电机的定子绕组均为交流分布短距绕组，而它们中的电流则是随时间变化的交流电流，因此，交流绕组的磁动势及气隙磁通既是时间函数又是空间的函数，分析比较复杂。

本章以定子电流产生的磁动势为例来分析交流绕组的气隙磁动势，所得结论同样适用于转子磁动势。根据由浅入深的原则，将按照单个线圈、线圈组、单相绕组、三相绕组的顺序，依次分析它们的磁动势。

8.1　单相绕组磁动势

为了简化分析，做出如下假设：
1）绕组中的电流随时间按正弦规律变化（实际上只考虑基波电流）；
2）槽内电流（导体）集中在槽中心处；
3）转子呈圆柱形，气隙均匀；
4）铁心不饱和，铁心中的磁压降可以忽略不计（即认为磁动势全部降落在气隙上）。

8.1.1　单相绕组的脉振磁动势

1. 单个整距线圈的磁动势

线圈是构成绕组的最基本单元，所以磁动势分析首先从线圈开始，由于整距线圈的磁动势比短距线圈的磁动势简单，因此先来分析整距线圈的磁动势。

图 8-1a 所示为一台气隙均匀的两极电机示意图，图中 AX 表示电机的定子上放置了一个匝数为 N_c 的整距线圈，当线圈中有电流 i_c 流过时，就产生了一个两极磁场，磁场方向如图中虚线所示。磁场方向和电流方向满足右手螺旋法则。

由全电流定律知，作用于任一闭合路径的磁动势，等于其所包围的全部电流，即 $\oint H dl$ $= \sum i_c = N_c i_c$。从图 8-1a 中可以看到电机中每根磁力线路径所包围的电流都等于 $N_c i_c$。其中，N_c 为线圈匝数，即图中每槽导体根数，i_c 为每根导体中的电流。

由于忽略了铁心上的磁压降，所以总的磁动势 $N_c i_c$ 可以认为全部降落在两段气隙中，作用于每个气隙上的磁动势为 $\frac{1}{2} N_c i_c$ 安匝/极。将图 8-1a 予以展开，如果规定磁动势从定子

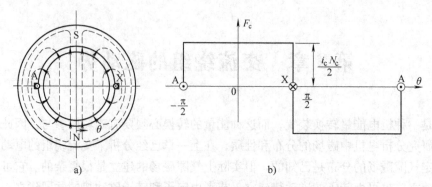

图 8-1 整距线圈的磁动势

a）两极电机示意图 b）磁动势波形图

到转子作为磁动势的正方向，可得图 8-1b 所示的磁动势波形图。从图中可以看到，整距线圈的磁动势在空间分布为一矩形波，其幅值为 $\frac{1}{2}N_c i_c$。

设气隙均匀，若线圈中通以余弦规律变化的交流电流 $i_c = \sqrt{2}I_c\cos\omega t$，则每个气隙上的磁动势为

$$f_c = \pm\frac{1}{2}N_c i_c = \pm\frac{\sqrt{2}}{2}N_c I_c\cos\omega t = \pm F_{cm}\cos\omega t \tag{8-1}$$

式中，F_{cm} 为磁动势的最大幅值

$$F_{cm} = \frac{\sqrt{2}}{2}N_c I_c \quad（安匝/极） \tag{8-2}$$

可见，其矩形波的高度也随时间按正弦规律变化，变化的频率即为交流电流的频率。当电流为零时，矩形波高度也为零；电流最大时，波的高度也为最大 $\left(\frac{\sqrt{2}I_c N_c}{2}\right)$；电流改变方向，磁动势也随之改变方向。这种空间位置不变，波的幅值大小和方向随时间而变的磁动势，称为脉振磁动势。

以上分析的是一对磁极的电机。当电机的极对数大于 1 时，由于每对极下的情况完全一样，所以只要取一对极来分析就可以了。它的分析方法与两极电机完全一样。

将图 8-1b 所示的矩形波用傅里叶级数分解，若坐标原点取在线圈中心线上，横坐标取空间电角度 θ，可得基波和一系列奇次谐波，如图 8-2 所示，其中基波和各奇次谐波磁动势幅值按照傅里叶级数求系数的方法得出，其计算方法如下：

$$F_{c\nu} = \frac{1}{\pi}\int_0^{2\pi} F_{cm}(\theta)\cos\nu\theta\,d\theta = \frac{1}{\nu}\frac{4}{\pi}F_{cm}\sin\nu\frac{\pi}{2} = \frac{1}{\nu}\frac{4}{\pi}\frac{\sqrt{2}}{2}N_c I_c\sin\nu\frac{\pi}{2} \tag{8-3}$$

将基波和各奇次谐波的幅值算出来后，就可以得到磁动势的幅值表达式为

$$\begin{aligned}F_{cm}(\theta) &= F_{c1}\cos\theta + F_{c3}\cos3\theta + F_{c5}\cos5\theta + \cdots + F_{c\nu}\cos\nu\theta + \cdots\\ &= 0.9I_c N_c\left(\cos\theta - \frac{1}{3}\cos3\theta + \frac{1}{5}\cos5\theta + \cdots\right)\end{aligned} \tag{8-4}$$

式中，F_{c1} 为基波幅值 $F_{c1} = 0.9I_c N_c$，其他的谐波幅值为 $F_{c\nu} = \pm\dfrac{F_{c1}}{\nu}$。

所以整距线圈磁动势瞬时值的表达式为

$$f_c(\theta, t) = 0.9 I_c N_c \left(\cos\theta - \frac{1}{3}\cos 3\theta + \frac{1}{5}\cos 5\theta + \cdots \right)\cos\omega t \tag{8-5}$$

若把横坐标由电角度换成距离 x，显然 $\theta = \frac{\pi}{\tau}x$，则

$$f_c(x,t) = F_{c1}\cos\omega t\cos\frac{\pi}{\tau}x + F_{c3}\cos\omega t\cos\frac{3\pi}{\tau}x + \cdots + F_{c\nu}\cos\omega t\cos\frac{\nu\pi}{\tau}x + \cdots$$

$$= 0.9 I_c N_c \left(\cos\frac{\pi}{\tau}x - \frac{1}{3}\cos\frac{\pi}{\tau}3x + \frac{1}{5}\cos\frac{\pi}{\tau}5x + \cdots \right)\cos\omega t \tag{8-6}$$

基波分量磁动势为

$$f_{c1} = 0.9 N_c I_c \cos\omega t\cos\frac{\pi}{\tau}x = F_{c1}\cos\omega t\cos\frac{\pi}{\tau}x \tag{8-7}$$

由上述分析可以得到以下结论：

1）整距线圈产生的磁动势是一个在空间按矩形规律分布，幅值随时间以电流频率按正弦规律变化的脉振波。

2）矩形磁动势波形可以分解成在空间按正弦分布的基波和一系列奇次谐波，各次谐波均为同频率的脉振波，其对应的极对数 $p_\nu = \nu p$，极距 $\tau_\nu = \tau/\nu$。

3）电机 ν 次谐波的幅值为 $F_{c\nu} = 0.9 I_c N_c/\nu$（安匝每极）。

4）各次谐波都有一个波幅在线圈轴线上，其正负由 $\sin\nu\frac{\pi}{2}$ 决定。

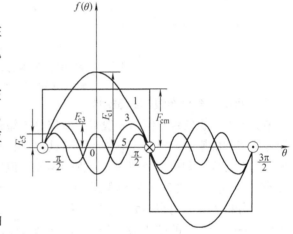

图 8-2 矩形波磁动势的分解

2. 线圈组磁动势

（1）单层整距分布线圈组磁动势

如前所述，交流绕组有单层绕组和双层绕组，单层绕组只能作成整距绕组。现在说明单层绕组线圈组磁动势的计算方法。

单层绕组一个线圈组由 q 个线圈串联而成。如图 8-3a 所示，3 个线圈串联成为线圈组，由于相邻的线圈在空间位置上相隔一个槽距角 α 电角度，因而每个线圈产生的矩形波磁动势也移过一个 α 电角度。将这三个线圈的磁动势相加，就得到如图 8-3a 所示的阶梯波磁动势。

由于矩形波可利用傅里叶级数分解为基波和一系列奇次谐波，其中基波之间在空间上的位移角也是 α 电角度，把 q 个线圈的基波磁动势逐点相加，就可以求得合成磁动势的最大幅值 F_{q1}。因为基波磁动势在空间按正弦规律分布，所以可以用空间向量相加来代替波形图中的磁动势的逐点相加，如图 8-3b 所示，空间向量的长度代表各个基波的幅值，向量的位置代表正弦波幅所在处，所以各空间向量相互之间的夹角等于 α 电角度，将 q 个空间向量相加，就可以得到如图 8-3b 所示的磁动势向量图，由此得出一个线圈组的基波磁动势的幅值为

$$F_{q1} = q F_{c1} K_{q1} = 0.9 q N_c I_c K_{q1} \quad (\text{安匝/极}) \tag{8-8}$$

K_{q1}为基波磁动势的分布系数（对应空间电角度），它与电动势的分布系数（对应时间电角度）完全相同。这说明，绕组分布对电动势和磁动势的影响是相同的，即同样匝数的分布绕组基波磁动势的幅值比集中绕组（q 个线圈集中在同一槽里）减小到 K_{q1} 倍，K_{q1} 是小于 1 的系数。

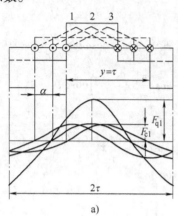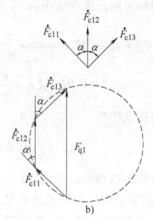

图 8-3　单层绕组线圈组的基波磁动势

a）波形图　b）向量图

（2）双层短矩分布线圈组磁动势

中、大型电机的定子绕组一般采用双层分布短距绕组，所以有必要讨论采用短距绕组对磁动势所造成的影响。以图 8-4a 所示的双层绕组为例来加以说明。双层绕组的线圈总是由一个槽的上元件边和另一个槽的下元件边组成。但磁动势的大小只决定于线圈边电流在空间的分布，与线圈边之间的联结顺序无关。为了分析方便，可以认为上层线圈边组成了一个 $q = 3$ 的整距线圈组，而下层线圈边又组成了另一个 $q = 3$ 的整距线圈组。这两个线圈组都是单层整距绕组，它们在空间上相差的电角度正好等于线圈节距比整距所缩短的电角度。根据单层线圈组磁动势的求法可以得出各个单层线圈组磁动势的基波，叠加起来即可得到双层短距线圈组磁动势的基波，两个单层线圈组的磁动势实现了层与层间的分布。合成磁动势如图 8-4a 所

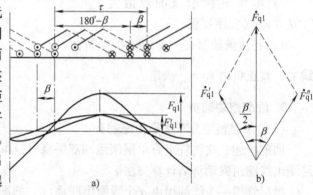

图 8-4　双层短距线圈组磁动势

a）波形图　b）向量图

示。若把这两个基波磁动势用空间向量表示，则这两个向量的夹角正好等于这两个基波磁动势在空间的位移角 β，如图 8-4b 所示。$\beta = 180° - \gamma = \dfrac{\tau - y}{\tau}180°$ 为短距角，它是用电角度表示的线圈短距与整距相比缩短的距离。于是双层短距分布线圈组磁动势的幅值为

$$F_{q1} = 2F'_{q1}\cos\frac{\beta}{2} = 2F'_{q1}K_{y1} = 2(0.9I_cN_cqK_{q1})K_{y1}$$

$$= 0.9I_c(2qN_c)K_{N1}$$

（8-9）

式中，K_{y1} 和 K_{N1} 分别为基波磁动势的短距系数和绕组系数，它和前面所介绍的感应电动势短距系数和绕组系数的计算公式完全一样。

3. 相绕组磁动势

相绕组磁动势不是一相绕组的总磁动势，而是一对磁极下该相绕组产生的磁动势，即相绕组磁动势就是线圈组磁动势，无论是单层绕组还是双层绕组，都是由 q 个线圈组成的线圈组产生的磁动势。

1）单层绕组相绕组基波磁动势幅值为

$$F_{ph1} = F_{q1} = 0.9qN_cI_cK_{q1} \text{（安匝／极）} \tag{8-10}$$

2）双层绕组相绕组基波磁动势幅值为

$$F_{ph1} = 0.9I_c(2qN_c)K_{N1} \text{（安匝／极）} \tag{8-11}$$

式中，K_{N1} 为基波磁动势的绕组系数，$K_{N1} = K_{y1}K_{q1}$。

3）相绕组磁动势的通用表达式。若每相电流为 I_{ph}，各线圈中电流 I_c 实际就是相绕组每条支路的电流，即 $I_c = \dfrac{I_{ph}}{a}$，可得

$$F_{ph1} = 0.9\frac{I_{ph}N}{p}K_{N1} \text{（安匝／极）} \tag{8-12}$$

式中　I_{ph} 为相电流，$I_{ph} = aI_c$；N 为电机每相串联总匝数。单层绕组，$N = (p/a)qN_c$；双层绕组 $N = (2p/a)qN_c$，a 为并联支路数。

同理可推出，相绕组磁动势的高次谐波幅值为

$$F_{ph\nu} = 0.9\frac{I_{ph}N}{\nu p}K_{y\nu}K_{q\nu} = 0.9\frac{I_{ph}N}{\nu p}K_{N\nu} \text{（安匝／极）} \tag{8-13}$$

式中，$K_{y\nu}$、$K_{q\nu}$ 分别为 ν 次谐波磁动势的短距系数和分布系数，也与 ν 次谐波电动势的短距系数和分布系数相同。这是由于空间 ν 次谐波磁动势的极对数为基波磁动势极对数的 ν 倍，所以对基波磁动势来说槽距角 θ，ν 次谐波磁动势的槽距角为 $\nu\theta$。

综上所述可知，磁动势的短距系数和分布系数一样，对基波的影响较小，但可以使高次谐波磁动势有很大程度的削弱。因此采用分布短距绕组可以改善磁动势的波形。

若空间坐标的原点取在相绕组的轴线上，则一相绕组的磁动势的瞬时值表达式为

$$f_{ph}(\theta,t) = 0.9\frac{I_{ph}N}{p}\left(K_{N1}\cos\theta - \frac{1}{3}K_{N3}\cos3\theta + \frac{1}{5}K_{N5}\cos5\theta - \cdots \frac{1}{\nu}K_{N\nu}\cos\nu\theta\right)\cos\omega t \tag{8-14}$$

相绕组磁动势的基波及 ν 次谐波表达式为

$$f_{ph1}(\theta,t) = 0.9\frac{I_{ph}NK_{N1}}{p}\cos\theta\cos\omega t$$

或

$$f_{ph1}(x,t) = 0.9\frac{I_{ph}NK_{N1}}{p}\cos\frac{\pi}{\tau}x\cos\omega t \tag{8-15}$$

$$f_{ph\nu}(x,t) = 0.9\frac{I_{ph}NK_{N\nu}}{\nu p}\cos\nu\frac{\pi}{\tau}x\cos\omega t \tag{8-16}$$

可见，单相绕组基波磁动势为一空间按余弦规律分布，大小随时间按余弦规律变化的脉

振磁动势。

通过以上分析，对单相绕组可以得到下列结论：

1）单相绕组的磁动势是空间位置固定，幅值随时间脉振的脉振磁动势，其脉振频率与绕组中电流的频率相同，脉振磁动势的振幅在相绕组的轴线上。

2）单相脉振磁动势中，含有空间的基波和各高次谐波。值得注意的是，空间分布的各次谐波，在时间上均与电流同频率脉动。

3）磁动势的振幅 $F_{ph\nu} = 0.9\dfrac{I_{ph}N}{\nu p}K_{y\nu}K_{q\nu} = 0.9\dfrac{I_{ph}N}{\nu p}K_{N\nu}$ （$\nu = 1$，3，5，…）。

由于磁动势的谐波次数越高，其幅值越小，尤其采用了分布、短距以后，合成磁动势中的谐波分量很小，所以在以下分析中主要考虑磁动势中的基波分量。

8.1.2 单相脉振磁动势的分解

1. 数学分解

单相绕组产生的基波脉振磁动势的表达式为

$$f_{ph1}\ (x,\ t)\ = F_{ph1}\cos\omega t\cos\frac{\pi}{\tau}x \tag{8-17}$$

根据三角公式可变化为

$$f_{ph1} = \frac{1}{2}F_{ph1}\cos\left(\omega t - \frac{\pi}{\tau}x\right) + \frac{1}{2}F_{ph1}\cos\left(\omega t + \frac{\pi}{\tau}x\right) = f' + f'' \tag{8-18}$$

其中

$$f' = \frac{1}{2}F_{ph1}\cos\left(\omega t - \frac{\pi}{\tau}x\right) \tag{8-19}$$

$$f'' = \frac{1}{2}F_{ph1}\cos\left(\omega t + \frac{\pi}{\tau}x\right) \tag{8-20}$$

式（8-18）表明，单相脉振磁动势 f_{ph1} 可以分解为两个磁动势，其中 f' 分量的幅值为 $F' = \frac{1}{2}F_{ph1}$，而幅值的空间位置 x 与时间角 ωt 有关，即随时间角 ωt 变化，f' 幅值的位置在变化。

因为从式（8-19）可知，当取 $\omega t - \frac{\pi}{\tau}x = 0$ 时，$f' = \frac{1}{2}F_{ph1}$ 为幅值，说明 f' 的幅值位置随时间不同，位置在不断变化，可从 $x = \omega t\dfrac{\tau}{\pi}$ 得到了解，即 $x = f(t)$，也就是 f' 为沿 x 增加方向移动的行波。在实际电机中就是一个沿正方向旋转的旋转磁动势。f' 的移动速度可以从波上任意一点的移动速度计算出来，即线速度

$$\nu = \frac{\mathrm{d}x}{\mathrm{d}t} = \frac{\mathrm{d}}{\mathrm{d}t}\left[\frac{\tau}{\pi}\omega t\right] = \frac{\tau}{\pi}\omega = \frac{\tau}{\pi}2\pi f = 2f\tau \tag{8-21}$$

式（8-21）表明，每当电流变化一个周期，磁动势波 f' 向前移动 2τ 距离，或者每秒移动 $2\tau f$，因电机的定子内圆周长为 $D\pi = 2p\tau$，所以磁动势每分钟的旋转速度为

$$n_1 = \frac{2f\tau}{2p\tau} = \frac{f}{p}\ (\mathrm{r/s})\ = \frac{60f}{p}\ (\mathrm{r/min}) \tag{8-22}$$

同理式（8-19）、式（8-20）中的 f'' 与 f' 的移动速度相同，但移动方向相反，f'' 为沿 x 减少方向移动的行波。在实际电机中 f'' 反向旋转。其旋转转速为

$$n_1 = -\frac{60f}{p} \ (\text{r}/\text{min}) \tag{8-23}$$

2. 图解分析

现用图 8-5 的空间向量说明。空间向量表示单相绕组脉振磁动势,其幅值位置在空间固定不变,大小随时间脉动。在脉振过程中,它始终可分解为大小相等(恒为原最大幅值的一半)、转速相同而转向相反的两个旋转的空间向量 F' 和 F'',由于这两个旋转向量转速相同,故它们所张开的角度相对于纵轴总是对称的。而且当脉振磁动势幅值为最大时,两个旋转磁动势向量恰与脉振磁动势向量同向。

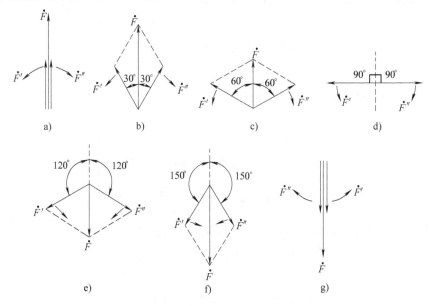

图 8-5　脉振磁动势及其分成两个旋转磁动势

a) $\omega t = 0°$　b) $\omega t = 30°$　c) $\omega t = 60°$　d) $\omega t = 90°$　e) $\omega t = 120°$　f) $\omega t = 150°$　g) $\omega t = 180°$

综上分析,可得如下结论:

一个脉振磁动势可以分解为大小相等(为最大幅值的一半)、转速相同 $\left(n_1 = \dfrac{60f}{p}\right)$ 而转向相反的两个旋转磁动势;反之,若满足上述性质的两个旋转磁动势的合成即为脉振磁动势;

$f_{\text{ph1}}(x,\ t) = F_{\text{ph1}} \cos\omega t \cos\dfrac{\pi}{\tau}x$ 为脉振磁动势的数学表达式,在物理学上它是一个驻波;

$f_{\text{ph1}}(x,\ t) = \dfrac{1}{2}F_{\text{ph1}} \cos\left(\omega t \mp \dfrac{\pi}{\tau}x\right)$ 为旋转磁动势的数学表达式,它是两个行波。

8.2　对称三相电流流过对称三相绕组的磁动势

由于现代电力系统采用三相制,这样无论是同步电机还是异步电机大都采用三相制,因此分析三相绕组的合成磁动势是研究交流电机的基础。由于基波磁动势对电机的性能有决定性的影响,因此本节将首先分析三相基波磁动势。

三相绕组的合成磁动势的分析方法主要有两种,即数学分析法和和图解分析法。本节将分别采用数学分析法和图解法来对三相绕组合成磁动势的基波进行分析。

8.2.1 三相绕组的基波合成磁动势

1. 用数学解析法分析三相基波磁动势

三相交流电机的绕组一般采用对称三相绕组，即三相绕组在空间上互差 120° 电角度，绕组中三相电流在时间上也差 120° 电角度。

把空间坐标的原点取在 A 相绕组的轴线上，把 A 相电流达到最大值的时刻作为时间坐标的起点，并设三相绕组中流过三相余弦波电流为

$$\left.\begin{aligned} i_A &= \sqrt{2}I\cos\omega t \\ i_B &= \sqrt{2}I\cos(\omega t - 120°) \\ i_C &= \sqrt{2}I\cos(\omega t + 120°) \end{aligned}\right\} \tag{8-24}$$

则各相绕组的脉振磁动势为

$$\left.\begin{aligned} f_{A1} &= F_{ph1}\cos\omega t\cos\frac{\pi}{\tau}x \\ f_{B1} &= F_{ph1}\cos(\omega t - 120°)\ \cos\left(\frac{\pi}{\tau}x - 120°\right) \\ f_{C1} &= F_{ph1}\cos(\omega t + 120°)\ \cos\left(\frac{\pi}{\tau}x + 120°\right) \end{aligned}\right\} \tag{8-25}$$

将上面各相脉动磁动势分解成两个转向相反的旋转磁动势为

$$\left.\begin{aligned} f_{A1} &= \frac{1}{2}F_{ph1}\cos\left(\omega t - \frac{\pi}{\tau}x\right) + \frac{1}{2}F_{ph1}\cos\left(\omega t + \frac{\pi}{\tau}x\right) \\ f_{B1} &= \frac{1}{2}F_{ph1}\cos\left(\omega t - \frac{\pi}{\tau}x\right) + \frac{1}{2}F_{ph1}\cos\left(\omega t + \frac{\pi}{\tau}x + 120°\right) \\ f_{C1} &= \frac{1}{2}F_{ph1}\cos\left(\omega t - \frac{\pi}{\tau}x\right) + \frac{1}{2}F_{ph1}\cos\left(\omega t + \frac{\pi}{\tau}x - 120°\right) \end{aligned}\right\} \tag{8-26}$$

由式 (8-26) 可见，三个脉振磁动势分解出来的六个旋转磁动势中，三个正向旋转磁动势恰能相加，而三个反向旋转磁动势恰能相互抵消，故三相绕组的基波合成磁动势为

$$f_1\ (x,\ t)\ = f_{A1} + f_{B1} + f_{C1} = 3 \times \frac{1}{2}F_{ph1}\cos\left(\omega t - \frac{\pi}{\tau}x\right)$$

$$= F_1\cos\left(\omega t - \frac{\pi}{\tau}x\right) \tag{8-27}$$

式中，F_1 为三相合成磁动势基波的幅值，即

$$F_1 = \frac{3}{2}F_{ph1} = 1.5 \times 0.9\frac{NK_{N1}}{p}I_{ph}$$

$$= 1.35\frac{NK_{N1}}{p}I_{ph}\ (\text{安匝/极}) \tag{8-28}$$

ω 为三相合成磁动势基波的旋转角速度。因为 $\omega = 2\pi f$，并考虑到电机的极对数为 p，则合成的磁动势基波转速为

$$n_1 = \frac{60 \times 2\pi f}{2\pi p} = \frac{60f}{p}\ (\text{r/min}) \tag{8-29}$$

与式（8-19）中 f' 比较，它仅比 f' 大三倍，由此得三相对称绕组通入三相对称正弦交流电流时，其三相基波合成磁动势是一个幅值大小恒定不变的旋转磁动势，其转向和转速同 f'，幅值是单相脉振磁动势最大幅值的 3/2 倍。

2. 图解法分析三相基波磁动势

图 8-6 表示三相绕组中三个脉振磁动势图解合成为三相合成磁动势的情况。

图中 A、B、C 三相绕组等效成三个集中的线圈，用 AX、BY、CZ 表示，左边五个图表示不同瞬间的三相电流相量，右边五个图表示相应的磁动势空间向量图。

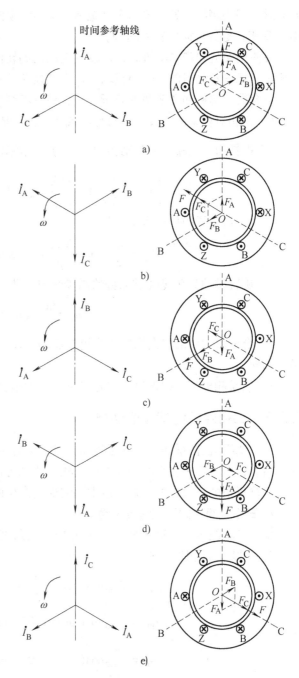

从图 8-6a 可见，当 A 相电流达到正最大值时，A 相磁动势幅值脉振达到最大，等于 F_{ph1}，这时 B 相和 C 相磁动势幅值均为 $-\frac{1}{2}F_{ph1}$（因为 $i_B = -I_m/2$，$i_C = -I_m/2$）。把三个脉振磁动势 $\dot{F}_A$、$\dot{F}_B$、$\dot{F}_C$ 相量合成，则可得三相合成磁动势 $\dot{F}$。这时三相合成磁动势的幅值正好处于 A 相绕组轴线位置，其大小为 $\frac{3}{2}F_{ph1}$。

当 A 相电流由正的最大值逐渐变小，B 相电流逐渐由负值变为正值，C 相逐渐变为负的最大值时，各相磁动势都将随之相应变化，这时合成磁动势的幅值将从 A 相绕组的轴线逐步向 B 相绕组轴线移动，当 B 相电流达到正的最大值时，如图 8-6c，B 相磁动势的幅值达到最大，其值等于 F_{ph1}，A、C 相磁动势为 $-\frac{1}{2}F_{ph1}$。$\dot{F}_A$，$\dot{F}_B$，$\dot{F}_C$ 三个相量合成得到 $\dot{F}$，这时合成磁动势的幅值恰好在 B 相绕组轴线位置上，大小也为 $\frac{3}{2}F_{ph1}$。依次类推，当 C 相电流达到正的最大值时，合成磁动势幅值移到 C 相绕组轴线位置上，如图 8-6e。从上述分析可见，三相

图 8-6　三相绕组基波磁动势的图解分析法
a）$\omega t = 0$　b）$\omega t = \pi/3$　c）$\omega t = 2\pi/3$
d）$\omega t = \pi$　e）$\omega t = 4\pi/3$

绕组流过对称的正相序电流时，其合成磁动势幅值，从 A 相绕组轴线逐渐移到 B 相，再移到 C 相，这说明三相合成磁动势为旋转磁动势。当电流交变一个周期，三相磁动势在空间转过 360°电角度，相当于 $\dfrac{1}{p}$ 转，或者每分钟转速为 $\dfrac{60f}{p}$ 转。不难理解，三相绕组流过负相序电流时，即相绕组达最大值的次序是 A、C、B，则三相磁动势将由 A 相轴线移向 C 相，再移向 B 相，称为反向旋转磁动势。

在使用交流异步电动机时，欲改变电动机的转向，只需改变旋转磁场的转向，即改变电流相序，把三相绕组的三个接线端子任意调换两端即可。

综合数学解析和图解两种分析方法，对三相绕组基波合成磁动势的性质可归纳如下：

1）三相对称绕组流过三相对称电流产生的合成基波磁动势为恒幅圆形旋转磁动势。

2）振幅值：三相合成磁动势的幅值为单相磁动势幅值的 $\dfrac{3}{2}$ 倍，即

$$F_1 = \frac{3}{2}F_{\mathrm{ph1}} = \frac{3}{2} \times 0.9 \frac{NK_{\mathrm{N1}}}{p}I_{\mathrm{ph}} = 1.35 \frac{NK_{\mathrm{N1}}}{p}I_{\mathrm{ph}} \quad （安匝/极） \tag{8-30}$$

更一般地，当定子的相数为 m_1 时

$$F_1 = \frac{m_1}{2}F_{\mathrm{ph1}} = \frac{m_1}{2} \times 0.9 \frac{NK_{\mathrm{N1}}}{p}I_{\mathrm{ph}} = 0.45 \frac{m_1 NK_{\mathrm{N1}}}{p}I_{\mathrm{ph}} \quad （安匝/极） \tag{8-31}$$

3）旋转磁动势转速（磁动势的同步转速）为

$$n_1 = \frac{60f}{p} \quad （\mathrm{r/min}）$$

4）合成磁动势的转向取决于绕组电流的相序，即由超前相转向滞后相，与三相电源的相序相同。

5）当某相电流达幅值时，则合成磁动势的幅值位于该相绕组的轴线上。

8.2.2 三相绕组的谐波磁动势

三相绕组流过对称的三相正弦波电流时，每相磁动势中除基波外一般还含有一系列的奇数次谐波，分析三相绕组的各高次谐波磁动势也可以用分析基波磁动势一样的方法，不过应注意，这里指的高次谐波，是绕组中基波电流产生的空间高次谐波磁动势。

1. 三相绕组中的三次谐波磁动势

由于三相绕组中电流在时间上互差 120°电角度，但三个相中空间的三次谐波磁动势却互差 $3 \times 120°$，同相位，即

$$\left.\begin{aligned}
f_{\mathrm{A3}} &= F_{\mathrm{ph3}}\cos\omega t\cos 3\frac{\pi}{\tau}x \\
f_{\mathrm{B3}} &= F_{\mathrm{ph3}}\cos(\omega t - 120°)\cos 3\left(\frac{\pi}{\tau}x - 120°\right) \\
f_{\mathrm{C3}} &= F_{\mathrm{ph3}}\cos(\omega t + 120°)\cos 3\left(\frac{\pi}{\tau}x + 120°\right)
\end{aligned}\right\} \tag{8-32}$$

$$\begin{aligned}
f_3 &= f_{\mathrm{A3}} + f_{\mathrm{B3}} + f_{\mathrm{C3}} \\
&= F_{\mathrm{ph3}}\cos 3\frac{\pi}{\tau}x\left[\cos\omega t + \cos(\omega t - 120°) + \cos(\omega t + 120°)\right]
\end{aligned}$$

$$= 0 \tag{8-33}$$

这说明三相绕组中三次谐波磁动势，由于空间同相，时间上互差 120°电角度，故空间上任一点、任一时间三相合成的三次谐波磁动势为零。

这一结论，还可以推广到三相中三的倍数次谐波磁动势如 9 次、15 次、21 次……等，即在三相绕组中，合成磁动势不存在三次和三的倍数次谐波磁动势。

2. 三相绕组中的五次谐波磁动势

三相绕组中的五次谐波磁动势在空间上互差 $5 \times 120°$ 电角度，即

$$\left.\begin{aligned}
f_{A5} &= F_{ph5}\cos\omega t\cos 5\,\frac{\pi}{\tau}x \\
f_{B5} &= F_{ph5}\cos(\omega t - 120°)\cos 5\left(\frac{\pi}{\tau}x - 120°\right) \\
f_{C5} &= F_{ph5}\cos(\omega t + 120°)\cos 5\left(\frac{\pi}{\tau}x + 120°\right)
\end{aligned}\right\} \tag{8-34}$$

将各相脉振磁动势分解成两个转向相反的旋转磁动势为

$$\left.\begin{aligned}
f_{A5} &= \frac{1}{2}F_{ph5}\cos\left(\omega t - 5\,\frac{\pi}{\tau}x\right) + \frac{1}{2}F_{ph5}\cos\left(\omega t + 5\,\frac{\pi}{\tau}x\right) \\
f_{B5} &= \frac{1}{2}F_{ph5}\cos\left(\omega t - 5\,\frac{\pi}{\tau}x + 120°\right) + \frac{1}{2}F_{ph5}\cos\left(\omega t + 5\,\frac{\pi}{\tau}x\right) \\
f_{C5} &= \frac{1}{2}F_{ph5}\cos\left(\omega t - 5\,\frac{\pi}{\tau}x - 120°\right) + \frac{1}{2}F_{ph5}\cos\left(\omega t + 5\,\frac{\pi}{\tau}x\right)
\end{aligned}\right\} \tag{8-35}$$

则五次谐波的合成磁动势为

$$f_5 = f_{A5} + f_{B5} + f_{C5} = \frac{3}{2}F_{ph5}\cos\left(\omega t + 5\,\frac{\pi}{\tau}x\right) \tag{8-36}$$

可见，三相绕组中的五次谐波合成磁动势，是波幅不变的旋转磁动势，但由于磁动势的极对数为基波的 5 倍，故其转速为基波的 $\frac{1}{5}$，即 $n_5 = \frac{60f}{5p} = \frac{1}{5}n_1$（r/min），又因为 $5\,\frac{\pi}{\tau}x$ 前为正号，所以 5 次谐波磁动势的转向与基波相反。

这一结论，还可以推广到三相中 $(6k-1)$ 次谐波磁动势如 11 次、17 次……等。

3. 三相绕组的七次谐波磁动势

同样的分析方法，可得三相绕组七次谐波合成磁动势为

$$f_7 = \frac{3}{2}F_{ph7}\cos\left(\omega t - 7\,\frac{\pi}{\tau}x\right) \tag{8-37}$$

可见，三相绕组中 7 次谐波合成磁动势，是波幅不变的旋转磁动势，但由于磁动势的极对数为基波的 7 倍，故其转速为基波的 $\frac{1}{7}$，即 $n_7 = \frac{60f}{7p} = \frac{1}{7}n_1$（r/min），又因为 $7\,\frac{\pi}{\tau}x$ 前为负号，所以 7 次谐波磁动势的转向与基波相同。

这一结论，还可以推广到三相中 $(6k+1)$ 次谐波磁动势如 13 次、19 次……等。

例 8-1　一台三相异步电动机，定子采用双层叠绕组，$2p = 4$，$Z_1 = 36$，$q = 3$，线圈匝数 $N_c = 40$，线圈节距 $y = \frac{7}{9}\tau$，$a = 1$，$f = 50\,\text{Hz}$，设绕组每相电流有效值 $I_{ph} = 10\,\text{A}$，试计算基波、5 次和 7 次谐波合成磁动势的幅值和转速。

解
$$\tau = \frac{Z_1}{2p} = \frac{36}{2 \times 2} = 9$$

$$\alpha = \frac{p \times 360°}{Z} = \frac{2 \times 360°}{36} = 20°$$

$$\beta = \frac{\tau - \gamma}{\tau}180° = \frac{9-7}{9}180° = 40°$$

$$K_{y1} = \cos\frac{\beta}{2} = \cos\frac{40°}{2} = 0.94$$

$$K_{q1} = \frac{\sin\frac{q\alpha}{2}}{q\sin\frac{\alpha}{2}} = \frac{\sin\frac{3 \times 20°}{2}}{3\sin\frac{20°}{2}} = 0.96$$

$$K_{N1} = K_{y1}K_{q1} = 0.94 \times 0.96 = 0.902$$

$$N = \frac{2p}{a}qN_c = \frac{4}{1} \times 3 \times 40 \text{ 匝／相} = 480 \text{ 匝／相}$$

$$F_1 = 1.35\frac{NK_{N1}}{p}I_{ph} = 1.35\frac{480 \times 0.902}{2} \times 10 \text{ 安匝／极}$$

$$= 2922.5 \text{ 安匝／极}$$

$$n_1 = \frac{60f}{p} = \frac{60 \times 50}{2}\text{r/min} = 1500\text{r/min}$$

$$K_{y5} = \cos\frac{5\beta}{2} = \cos\frac{5 \times 40°}{2} = -0.174$$

$$K_{q5} = \frac{\sin\frac{5q\alpha}{2}}{q\sin\frac{5\alpha}{2}} = \frac{\sin\frac{5 \times 3 \times 20°}{2}}{3\sin\frac{5 \times 20°}{2}} = 0.218$$

$$K_{N5} = K_{y5}K_{q5} = -0.174 \times 0.218 = -0.038$$

$$F_5 = 1.35\frac{NK_{N5}}{5p}I_{ph} = 1.35\frac{480 \times 0.038}{5 \times 2} \times 10 \text{ 安匝／极}$$

$$= 24.6 \text{ 安匝／极}$$

$$\frac{F_5}{F_1} = \frac{24.6}{2922.5} \times 100\% = 0.84\%, \text{ 可见 5 次谐波所占的份额很小;}$$

$$n_5 = \frac{60f}{5p} = \frac{60 \times 50}{5 \times 2} = 300\text{r/min} \quad \text{反向旋转}$$

$$K_{y7} = \cos\frac{7\beta}{2} = \cos\frac{7 \times 40°}{2} = -0.766$$

$$K_{q7} = \frac{\sin\frac{7q\alpha}{2}}{q\sin\frac{7\alpha}{2}} = \frac{\sin\frac{7 \times 3 \times 20°}{2}}{3\sin\frac{7 \times 20°}{2}} = -0.177$$

$$K_{N7} = K_{y7}K_{q7} = 0.766 \times 0.177 = 0.1356$$

$$F_7 = 1.35\frac{NK_{N7}}{7p}I_{ph} = 1.35\frac{480 \times 0.1356}{7 \times 2} \times 10$$

$$= 62.8 \text{ 安匝／极}$$

$\dfrac{F_7}{F_1} = \dfrac{62.8}{2922.5} \times 100\% = 2.15\%$，可见 7 次谐波所占的份额也很小。

$$n_7 = \frac{60f}{7p} = \frac{60 \times 50}{7 \times 2}\text{r/min} = 214\text{r/min}　正向旋转$$

由以上的分析和计算可以看出：由于绕组采用了分布和短距的作用，高次谐波磁动势基本被消除，即高次谐波磁动势对总的磁动势振幅影响很小。

8.3　不对称三相电流流过对称三相绕组的磁动势

三相绕组中流过不对称的三相电流时，可用对称分量法，把不对称的三相电流分解为正序、负序和零序电流分量。正序电流分量在三相绕组中产生正向序旋转磁动势 $\dot{F}^+$，而负序电流分量在三相绕组中产生反向序旋转磁动势 $\dot{F}^-$，实际 $\dot{F}^+$ 和 $\dot{F}^-$ 的性质前面已经说明，在此不再重述，这里要注意的是零序电流分量在三相绕组中产生的磁动势。由于三相中零序电流大小相等，相位相同，即

$$i_\text{A}^0 = i_\text{B}^0 = i_\text{C}^0 = I_\text{m}^0 \cos\omega t \tag{8-38}$$

故零序电流在三相绕组中的零序磁动势为

$$\left.\begin{aligned}
f_\text{A}^0 &= F_\text{ph}^0 \cos\omega t \cos\frac{\pi}{\tau}x \\
f_\text{B}^0 &= F_\text{ph}^0 \cos\omega t \cos\left(\frac{\pi}{\tau}x - 120°\right) \\
f_\text{C}^0 &= F_\text{ph}^0 \cos\omega t \cos\left(\frac{\pi}{\tau}x + 120°\right)
\end{aligned}\right\} \tag{8-39}$$

则

$$f^0 = f_\text{A}^0 + f_\text{B}^0 + f_\text{C}^0 = 0$$

上式表明，三相绕组的零序磁动势，由于时间上同相位，而空间互差 120°电角度，合成的结果为零。因此，三相绕组中不对称电流所产生的三相磁动势是 $\dot{F}^+$ 和 $\dot{F}^-$ 的叠加。

$$\left.\begin{aligned}
f^+ &= F^+ \cos\left(\omega t - \frac{\pi}{\tau}x\right) \\
f^- &= F^- \cos\left(\omega t + \frac{\pi}{\tau}x\right)
\end{aligned}\right\} \tag{8-40}$$

$\dot{F}^+$ 和 $\dot{F}^-$ 各以同步转速向相反方向旋转，因为是两个正弦波相叠加，其合成磁动势仍为正弦波，可以用向量 $\dot{F}$ 表示，即

$$\dot{F} = \dot{F}^+ + \dot{F}^- \tag{8-41}$$

当 $\dot{F}^+$ 和 $\dot{F}^-$ 转到不同的位置时，$\dot{F}$ 将有不同的幅值，向量 $\dot{F}$ 的末端轨迹为椭圆，如图 8-7 所示，故此种旋转磁动势称为椭圆形旋转磁动势。

为了说明椭圆磁动势的特点，图 8-7 用空间向量来表示正序、负序旋转磁动势和合成磁动势，若取两向量同相时的方向作为 x 轴的正方向，并以此

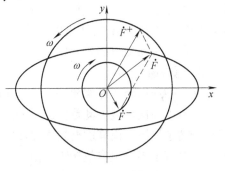

图 8-7　不对称电流所产生的椭圆形旋转磁动势

瞬间作为时间的起点（$t=0$）。当经过时间 t 秒后，$\dot{F}^{+}$ 沿逆时针方向转 ωt 角度，$\dot{F}^{-}$ 沿顺时针方向转 ωt 角度，从图中可见 $\dot{F}^{+}$ 和 $\dot{F}^{-}$ 向相反方向旋转时，合成磁动势 $\dot{F}$ 的大小和位置都在变化。

设 $\dot{F}$ 的横轴分量为 $\dot{F}_x$，纵轴分量为 $\dot{F}_y$，则

$$\left.\begin{array}{l} F_x = F^{+}\cos\omega t + F^{-}\cos\omega t = (F^{+}+F^{-})\cos\omega t \\ F_y = F^{+}\sin\omega t - F^{-}\sin\omega t = (F^{+}-F^{-})\sin\omega t \end{array}\right\} \tag{8-42}$$

将式（8-42）中两式平方后相加，可得

$$\frac{F_x^2}{(F^{+}+F^{-})^2} + \frac{F_y^2}{(F^{+}-F^{-})^2} = 1 \tag{8-43}$$

公式（8-42）为椭圆方程，表明 $\dot{F}$ 末端轨迹为一椭圆。从图 8-7 可见，其合成磁动势幅值为

$$F = \sqrt{(F^{+})^2 + (F^{-})^2 + 2F^{+}F^{-}\cos2\omega t} \tag{8-44}$$

这说明合成磁动势的幅值是随时间而变化的。

综上所述，椭圆形旋转磁动势是两个幅值不同，以相同转速向相反方向旋转的旋转磁动势叠加而成。它是气隙合成磁动势的最普遍的形式。因为 $\dot{F}^{+}$ 或 $\dot{F}^{-}$ 中之一为零，这一磁动势便是幅值不变的圆形旋转磁动势，而 F^{+} 与 F^{-} 相等时便是脉振磁动势。

8.4 三相绕组磁动势产生的磁场

1. 主磁通

当三相异步电动机定子绕组接到三相对称电源上时，便产生圆形旋转磁动势。该磁动势产生的磁通绝大部分穿过气隙，并同时交链于定、转子绕组，这部分磁通成为主磁通，用 Φ_0 表示。其路径为：定子铁心→气隙→转子铁心→气隙→定子铁心，构成闭合磁路，如图 8-8 所示。

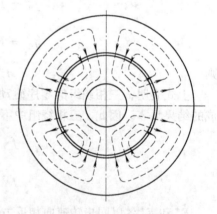

由于主磁通同时交链定、转子绕组而在其中分别产生感应电动势。又由于异步电动机的转子绕组为三相或多相短路绕组，在转子电动势的作用下，转子绕组中有电流通过。转子电流与定子磁场相互作用产生电磁转矩，实现异步电动机的机电能量转换，因此，主磁通起了转换能量的媒介作用。

图 8-8　4 极异步电动机的
主磁通分布情况

2. 漏磁通

除主磁通以外还有漏磁通，它包括定子绕组的槽部漏磁通和端部漏磁通，如图 8-9 所示，还有由高次谐波磁动势所产生的高次谐波磁通，前两项漏磁通只交链于定子绕组，而不交链于转子绕组。而高次谐波磁通实际上穿过气隙，同时交链于定、转子绕组。由于高次谐波磁通对转子不产生有效转矩，而且它在定子绕组中感应电动势又很小，其频率和定子前两项漏磁通在定子绕组中感应电动势频率又相同，它也具有漏磁通的性质，所以就把它当作漏磁通来处理，故又称作谐波漏磁通。

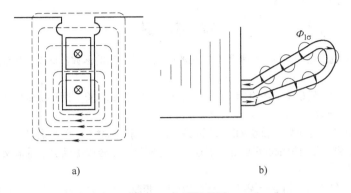

a)　　　　　　　　　　b)

图 8-9　定子漏磁通
a）槽部漏磁通　b）端部漏磁通

由于漏磁通沿磁阻很大的空气形成闭合回路，因此它比主磁通小很多。漏磁通仅在定子绕组或转子绕组产生漏磁电动势，因此不能起能量转换的媒介作用，只起电抗压降作用。

小　结

本章讲述了单相和三相绕组磁动势，其中线圈磁动势是整个绕组磁动势形成的基础。整距线圈磁动势除空间分布的基波外，还含有空间分布的各奇数次谐波，而这些空间分布的磁动势基波和谐波在时间上却与线圈里的电流同频率脉动。因此线圈磁动势既是空间的函数又是时间的函数。

各线圈磁动势空间的正弦波相加，也和电动势的时间正弦波相加一样，受绕组分布系数和短距系数的影响，磁动势空间向量相加和电动势时间相量相加具有相同的短距系数和分布系数。

由各线圈基波脉振磁动势叠加得到的单相绕组基波磁动势仍为空间位置固定，幅值随时间以电流频率脉动的磁动势。单相脉振磁动势可以分解为两个大小相等、方向相反并以相同转速旋转的旋转磁动势。

三相对称绕组流过三相对称电流产生的合成基波磁动势为恒幅圆形旋转磁动势。三相合成磁动势的振幅值为单相脉振磁动势幅值的 $\frac{3}{2}$ 倍；旋转磁动势的同步转速 $n_1 = \frac{60f}{p}$（r/min）；合成旋转磁动势的转向取决于绕组电流的相序，即由超前相转向滞后相，与三相电源的相序相同；合成旋转磁动势的幅值总是位于电流为最大值那相绕组的轴线上。

若三相绕组流过不对称电流时，产生的是椭圆形旋转磁动势，若绕组流过零序电流时，由于三个旋转磁动势空间上互差 120°，时间上同相，三相合成磁动势为零。

三相绕组的高次谐波磁动势中，三次和三的倍数次谐波磁动势，由于空间同相，时间上互差 120°，故合成磁动势为零。其余各次谐波磁动势均为旋转磁动势。$v = 6k + 1$ 次谐波合成磁动势与基波旋转磁动势转向相同，$v = 6k - 1$ 次谐波合成磁动势与基波旋转磁动势转向相反。

思 考 题

8-1 为什么说交流绕组产生的磁动势既是时间的函数又是空间的函数？试以三相合成的磁动势基波来说明。

8-2 脉振磁动势和旋转磁动势各有哪些基本特征？产生脉振磁动势、圆形旋转磁动势和椭圆形旋转磁动势的条件各有什么不同？

8-3 把一台三相交流电机定子绕组的三个首端和三个末端分别联在一起再通以交流电流，则合成磁动势的基波是多少？如将三相绕组依次串联起来后通以交流电流，则合成磁动势的基波又是多少？可能存在哪些谐波合成磁动势？

8-4 一台三角形联结的三相定子绕组，当绕组内有一相断线时，产生的磁动势是什么磁动势？

8-5 把三相异步电动机接到电源的三个接线头任意对调两根后，电动机的转向是否会改变？为什么？

8-6 试说明三相绕组产生的高次谐波磁动势的极对数、转向、转速和幅值。它们所建立的磁场在定子绕组内感应电动势的频率是多少？

8-7 试说明短距系数和分布系数的物理意义是什么？同时说明绕组系数在电动势和磁动势方面的统一性。

8-8 一台50Hz的三相交流电机，今通入60Hz的三相对称交流电流，设电流大小不变，问此时基波合成磁动势的幅值大小、转速和转向将如何变化？

8-9 A、B两相绕组，其空间轴线互成90°电角度，每相基波的有效匝数为NK_{N1}（两相绕组都相同），绕组为p对磁极，现给两相绕组中通以互差90°对称两相交流电流，即$i_A = \sqrt{2}I\cos\omega t$，$i_B = \sqrt{2}I\cos(\omega t - 90°)$，试求绕组的基波合成磁动势及三次谐波合成磁动势的表达式$f_1(\theta,t)$和$f_3(\theta,t)$，写出两者的振幅表达式，并指出磁动势的转速及转向。

8-10 试说明三相对称绕组通以三相对称交流电流产生的基波合成磁动势的性质和高次谐波合成磁动势的性质。

8-11 试证明可以将一个脉振磁动势分解成两个大小相等、转速相同、转向相反的旋转磁动势。

8-12 交流电机主磁通和漏磁通的区别是什么？

8-13 试分析对称三绕组中通以零序电流时所产生的磁动势。

8-14 不计谐波磁场时，椭圆形旋转磁场是气隙磁场的最普遍形式。试述在什么情况下椭圆形旋转磁场将简化成圆形旋转磁场。在什么条件下，椭圆形旋转磁场将简化成脉振磁场。

习 题

8-1 三相4极36槽交流电机绕组，若希望尽可能削弱5次空间谐波磁动势，绕组节距应选取多少？

8-2 一台4极三相交流异步电机，定子绕组为△形联结，每相绕组每条支路串联匝数$N = 240$匝，基波短距系数$k_{y1} = 0.94$，基波分布系数$k_{q1} = 0.96$，三次谐波短距系数$k_{y3} = 0.50$，三次谐波分布系数$k_{q3} = 0.67$；电机正常运行时测得定子相电流为1A，频率$f = 50$Hz。试求基波三次、五次及七次谐波合成磁动势的幅值和转速。

8-3 一台三相4极同步发电机，定子绕组是双层绕组，每极有12个槽，线圈节距$y = 10$，每个线圈2匝，并联支路数$a = 2$。通入频率为50Hz的三相对称正弦电流，其相电流的有效值为15A。试求：三相基波合成磁动势的幅值和转速。

8-4 有一三相对称交流绕组，通入下列三相交流电流

$$(1) \begin{cases} i_a = 141\sin 314t \\ i_b = 141\sin(314t - 120°) \\ i_c = 141\sin(314t + 120°) \end{cases}$$

（2）$\begin{cases} i_a = 141\sin314t \\ i_b = -141\sin314t \\ i_c = 0 \end{cases}$

（3）$\begin{cases} i_a = 141\sin314t \\ i_b = -70.7\sin(314t-60°) \\ i_c = -122\sin(314t+30°) \end{cases}$

试定性分析其合成磁动势的性质（包括转向）。

8-5　一台 50000kW 的 2 极汽轮发电机，50Hz，三相，$U_N = 10.5kV$，Y联结，$\cos\varphi_N = 0.85$，定子采用双层叠绕组，$Z_1 = 72$ 槽，每个线圈一匝，$y = \dfrac{7}{9}\tau$，并联支路数 $a = 2$，试求：定子电流为额定值时，三相合成磁动势基波，3、5、7 次谐波磁动势振幅值和转速，并说明转向。

8-6　有一单层三相绕组，8 极、72 槽，每线圈边有 10 根导体，并联支路数 $a = 1$，今在绕组中通过频率 $f = 50Hz$，有效值为 20A 的三相对称电流，试求基波旋转磁动势的振幅值和转速。

8-7　一台三相同步发电机，定子采用双层短距绕组，Y联接，定子槽数 $Z_1 = 48$，极数 $2p = 4$，线圈匝数 $N_c = 22$，线圈节距 $y = 10$，每相并联支路数 $a = 2$，定子三相绕组产生的合成磁动势基波的振幅值为 2034 安匝/极，试求激励该磁动势所需的电流。

第三篇　异步电机

异步电机是属于交流旋转电机的一种，所谓的异步是指它的转子旋转转速与定子电流所产生的旋转磁场转速不同，故称异步电机。异步电机的定转子之间没有电的联系，能量转换是靠电磁感应的作用，故也称为感应电机。

异步电机主要用作电动机，拖动各种生产机械。例如，在工业方面，用于拖动中小型轧钢设备、各种金属切削机床、轻工机械、矿山机械等；在农业方面，用于拖动风机、水泵、脱粒机、粉碎机以及其他农副产品的加工机械等；在民用电器方面，家用电扇、洗衣机、电冰箱、空调机等也都是用异步电动机拖动的。

异步电动机的优点是结构简单、容易制造、价格低廉、运行可靠、坚固耐用、运行效率较高。缺点是异步电机运行时，从电网吸收滞后性的无功功率，功率因数较低。另外，目前还难以经济地在较宽广的范围平滑调速，但是，通过将异步电动机与电力电子装置相结合，可以构成性能优良的调速系统，其成本在逐渐降低，应用也日益广泛。

异步电机也可作为异步发电机使用。单机使用时，常用于电网尚未到达的地区，以及找不到同步发电机的情况，或用于风力发电等特殊场合。在异步电动机的电力拖动中，有时利用异步电机回馈制动，即运行在异步发电机状态。

第9章　异步电机概述

9.1　异步电机的结构和分类

9.1.1　异步电机的结构

以三相异步电动机为例，其结构主要由固定不动的定子和旋转的转子两部分组成。转子装在定子腔内，定、转子之间有一缝隙，称为气隙。三相异步电动机转子结构有笼型和绕线型两种。图9-1为三相笼型异步电动机的结构图，图9-2为三相绕线式异步电动机的结构图。

1. 定子

定子主要由铁心、绕组和机座三部分组成。

定子铁心的作用是构成磁路的一部分

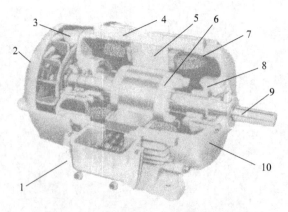

图9-1　三相笼型异步电动机的结构图

1—出线盒　2—风罩　3—风扇　4—机座　5—定子铁心
6—转子　7—定子绕组　8—轴承　9—轴　10—端盖

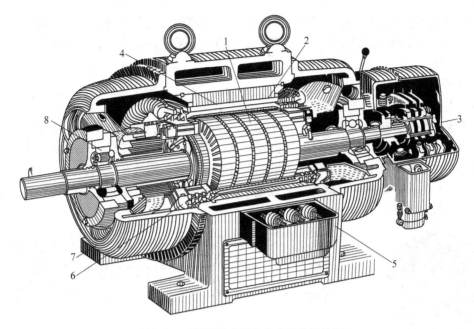

图 9-2　三相绕线式异步电动机的结构图

1—转子　2—定子　3—集电环　4—定子绕组　5—出线盒　6—转子绕组　7—端盖　8—轴承

及安放定子绕组。为减小铁心损耗，一般由 0.5mm 厚的具有高导磁性能的电工硅钢片叠压而成。每片硅钢片的两面涂有绝缘漆以减少铁心内的涡流损耗。电工硅钢片叠装压紧后，固定在机座内。图 9-3 是三相异步电动机定子铁心。中小型电机采用整圆的硅钢片叠成，中型和大型电机采用扇形硅钢片叠成。当铁心较长时，为增加散热面积，沿轴向每隔 3 ~ 6cm 留有径向通风道，整个铁心在两端用压板压紧。

　　为了嵌放定子绕组，在定子铁心内圆沿轴向均匀地冲有许多形状相同的槽。常用的槽形有半闭口槽、半开口槽和开口槽，如图 9-4 所示。其中半闭口槽用于低压小型异步电机，其绕组是用圆导线绕成的。半开口槽适用于低压中型异步电机，其绕组是成型线圈。开口槽用于高压大、中型容量异步电机，其绕组是用绝缘带包扎并浸漆处理过的成型线圈。

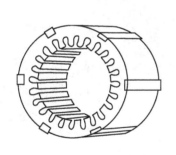

图 9-3　异步电机定子铁心

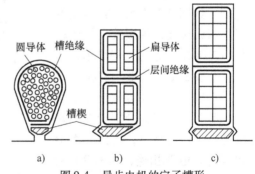

图 9-4　异步电机的定子槽形

a) 半闭口槽　b) 半开口槽　c) 开口槽

　　定子绕组的作用是感应电动势，通过电流以实现机电能量转换。定子绕组的结构形式已在第 6 章中阐述过。定子绕组在槽内部分与铁心间必须可靠绝缘，槽绝缘的材料、厚度由电机耐热等级和工作电压来决定。

机座的作用是固定和支撑定子铁心，同时也是主要的通风散热部件。要求机座必须要有足够的机械强度和刚度。通常中、小容量异步电机一般采用铸铁机座，大容量异步电机采用钢板焊接机座。

2. 转子

转子主要是由铁心、绕组和转轴三部分组成。

转子铁心是电机磁路的一部分，一般由0.5mm厚的高导磁硅钢片冲制后叠压而成，转子铁心冲片如图9-5所示。小容量电动机转子铁心直接套压在转轴上，而稍大容量电动机，其铁心装在特制的转子支架上。转子外圆均匀开槽，以嵌放或浇注绕组。

转子绕组的作用是感应电动势，流过电流，产生电磁转矩。根据其结构型式分为笼型绕组和绕线型绕组两种。

图9-5　转子铁心冲片

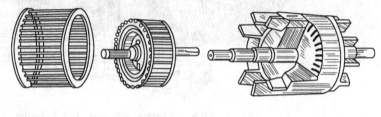

a)　　　　　　　　　　　　b)

图9-6　笼型转子
a) 铜条笼型转子　b) 铸铝转子

（1）笼型转子

笼型转子结构比较简单。在转子铁心的每个槽内嵌放一根铜条，在铁心两端槽口处分别用两个端环把槽里的所有铜条焊接成一个整体，形成一个自身闭合的短接回路。如果去掉铁心，整个绕组外形宛如一个"松鼠笼"，由此得名笼型转子。如图9-6a所示。

对中、小容量电动机，一般都采用铸铝转子，铝导条、端环及端环上的风扇浇制成一个整体，如图9-6b所示。

（2）绕线式转子

绕线式转子绕组和定子绕组相似，其结构如图9-7所示。它是用绝缘导线绕制成线圈元件嵌放在转子槽内，然后连接成对称的三相绕组，可以接成Y形或△形。一般小容量电动机连接成△形，中、大容量电动机都连接成Y形，三个端头分别接在与转轴绝缘的三个集电环上，再经一套电刷引出来与外电路相连，如图9-8所示。绕线式转子的特点是可以通过集电环和电刷在转子绕组回路内接入附加电阻，用以改善其起动性能，或用来调节电动机的转速。

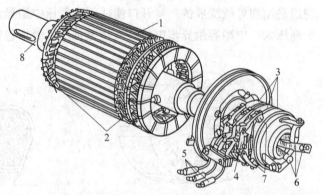

图9-7　绕线式转子
1—转子铁心　2—转子绕组　3—集电环　4—刷架　5—电刷引线
6—转子绕组出线头　7—风扇　8—转轴

有的绕线式异步电动机还装有一套提刷短接装置，当电动机起动完毕后而又不需要调速时，移动手柄使电刷举起脱离集电环，同时靠离心开关的作用自动将三个集电环短接，以减少电刷磨损及摩擦损耗，提高运行效率。

与笼型转子相比，绕线式转子结构复杂、成本高，运行可靠性也稍差，因此它用于要求起动电流小，起动转矩大或需调速的场合。

异步电动机的转轴一般用强度和刚度较高的低碳钢制成，它用来固定转子铁心和传递能量。整个转子靠轴承和端盖支撑着，端盖一般用铸铁或钢板制成，它是电机外壳机座的一部分，中小型电机一般都采用带轴承的端盖，而大型电机为减轻端盖荷重，便于维修，多采用不带轴承的端盖。常用的轴承有滚动轴承和滑动轴承，小容量电机常用前者。

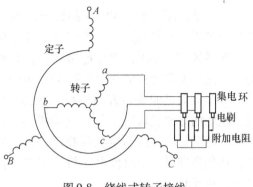

图 9-8　绕线式转子接线

3. 气隙

定、转子之间的间隙称为气隙。异步电动机的气隙是均匀的，它的大小对电动机的参数及运行性能影响很大。因异步电动机的励磁电流由电网供给，气隙大，所需励磁电流就大，而励磁电流又是无功性质，故电动机的功率因数较低。为减小励磁电流而提高功率因数，异步电动机的气隙应尽可能地小，但也不能太小，否则定子和转子有可能发生摩擦或碰撞。中、小型异步电动机的气隙一般为 $0.2 \sim 1.5\text{mm}$。

9.1.2　异步电动机的分类

异步电动机的种类很多，从不同角度看，有不同的分类法。

按定子相数分，有单相异步电动机、两相异步电动机和三相异步电机。

按转子结构分，有笼型异步电动机和绕线式异步电动机。

按有无换向器分为无换向器异步电动机和有换向器异步电动机。

按防护型式分，有开启式、防护式和封闭式。

按通风冷却方式分，有自冷式、自扇冷式、他扇冷式和管道通风式。

按工作定额，从发热角度可分为连续定额、短时定额和断续周期工作定额三种。

按电机容量的大小可分为大型、中型和小型三种。

此外，根据电机定子绕组上所加电压大小又有高压异步电动机、低压异步电动机。从其他角度看，还有高起动转矩异步电机、高转差率异步电机和高转速异步电机等。

9.2　异步电机的基本工作原理

9.2.1　工作原理

以三相异步电动机为例，当电机定子绕组接到三相电源上时，定子绕组中将流过三相对称电流，气隙中将建立基波旋转磁动势，从而产生基波旋转磁场，其同步转速决定于电网频率和绕组的极对数

$$n_1 = \frac{60 f_1}{p} \tag{9-1}$$

这个基波旋转磁场在短路的转子绕组（若是笼型绕组则其本身就是短路的，若是绕线式转子则通过电刷短路）中感应电动势并在转子绕组中产生相应的电流，该电流与气隙中的旋转磁场相互作用而产生电磁转矩，驱使电动机转子转动。异步电动机工作时转子电动势、电流和电磁力及电磁力矩的方向如图9-9所示。

异步电动机的旋转方向始终与旋转磁场的旋转方向一致，而旋转磁场的方向又取决于异步电动机的三相电流相序，因此，三相异步电动机的转向与电流的相序一致。要改变转向，只需改变电流的相序即可，即对调电动机三相中的任意两根电源线，便可使电动机反转。

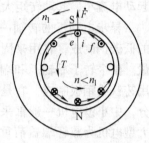

图9-9 异步电动机
工作原理图

异步电动机的转速 n 恒小于旋转磁场转速 n_1，因为只有这样，转子绕组才能产生电磁转矩，使电动机旋转。可见 $n < n_1$ 是异步电动机工作的必要条件。由于电动机转速 n 与旋转磁场 n_1 不同步，故称为异步电动机。

9.2.2 转差率

同步转速 n_1 与转子转速 n 之差 $n_1 - n$ 再与同步转速 n_1 的比值称为转差率，用字母 s 表示，即

$$s = \frac{n_1 - n}{n_1} \tag{9-2}$$

转差率是反映异步电机运行的一个重要参数。当异步电动机工作在理想空载时，因无负载阻转矩，转子转速几乎接近同步转速即 $n \approx n_1$，转差率 s 近似为零；随着机械负载的增加，转子转速下降，转差率 s 升高。

9.2.3 异步电机的三种运行状态

按转差率的正负、大小，异步电机可分为电动机、发电机、电磁制动三种运行状态，如图9-10所示。图中旋转磁场以同步转速 n_1 旋转，并用旋转磁极来等效旋转磁场，2个小圆圈表示一个短路转子线圈。

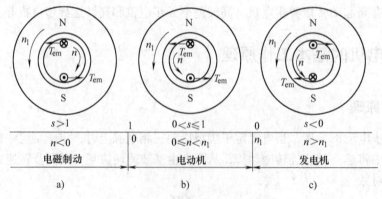

图9-10 异步电机的三种运行状态
a）电磁制动 b）电动机 c）发电机

1. 电动机状态

当 $0 \leqslant n < n_1$，即 $0 < s \leqslant 1$ 时，如图 9-10b 所示，转子中导体以与 n 相反的方向切割旋转磁场，导体中将产生感应电动势和感应电流。由右手定则，该电流在 N 极下的方向为 $\otimes$，而由左手定则，该电流与气隙磁场相互作用将产生一个与转子转向同方向的拖动转矩。该转矩能克服负载制动转矩而拖动转子旋转，从轴上输出机械功率。根据功率平衡，该电机一定是从电网吸收有功电功率。

2. 发电机状态

用原动机拖动异步电机，使其转速高于旋转磁场的同步转速，即 $n > n_1$、$s < 0$，如图 9-10c 所示。转子上导体切割旋转磁场的方向与电动机状态时相反，从而导体上感应电动势、电流的方向与电动机状态相反，电磁转矩的方向与转子转向相反，电磁转矩为制动性质。此时异步电机由转轴从原动机输入机械功率，克服电磁转矩，通过电磁感应由定子向电网输出电功率（电流在 N 极下的方向为 $\odot$，与电动机状态相反），电机处于发电机状态。

3. 电磁制动状态

由于机械负载或其他外因，转子逆着旋转磁场的方向旋转，即 $n < 0$、$s > 1$，如图 9-10a 所示。此时转子导体中的感应电动势、电流与在电动机状态下的相同。但由于转子转向与旋转磁场方向相反，电磁转矩表现为制动转矩，此时电机运行于电磁制动状态，即由转轴从原动机输入机械功率的同时又从电网吸收电功率（因电流与电动机状态同方向），两者都变成了电机内部的损耗。

由此可知，区分这三种运行状态的依据是转差率 s 的大小：当 $0 < s \leqslant 1$ 为电动机运行状态；当 $-\infty < s < 0$ 为发电机状态；$1 < s < +\infty$ 为电磁制动状态。

综上所述，异步电机可以作电动机运行，也可以作发电机运行或电磁制动运行。但一般作电动机运行，异步发电机很少使用，电磁制动是异步电机在完成某一生产过程中出现的短时运行状态，例如，起重机下放重物时，为了安全、平稳，需限制下放速度，就使异步电动机短时处于电磁制动状态。

9.3 三相异步电动机的型号及额定数据

9.3.1 铭牌

三相异步电动机的铭牌如图 9-11 所示。

三相异步电动机		
型号 Y180L-8	功率 11kW	频率 50Hz
电压 380V	电流 25.1A	接线 △
转速 746r/min	效率 86.5%	功率因数 0.77
工作定额 连续	绝缘等级 B	重量 184kg
标准编号	出厂编号	出厂年月 ×年×月
	×××电机厂	

图 9-11 三相异步电动机的铭牌

每台电动机的铭牌上都标注了电机的型号、额定值和额定运行情况下的有关技术数据。按铭牌上所规定的额定值和工作条件下运行，称为额定运行。铭牌上的额定值及有关技术数据是正确设计、选择、使用和检修电机的依据。

9.3.2 型号

异步电动机的型号主要包括产品代号、设计序号、规格代号和特殊环境代号等，产品代号表示电机的类型，用大写印刷体的汉语拼音字母表示。如 Y 表示异步电动机，YR 表示绕线转子异步电动机等。设计序号是指电动机产品设计的顺序，用阿拉伯数字表示。规格代号是用中心高、铁心外径、机座号、机座长度、铁心长度、功率、转速或极数表示。主要系列产品的规格代号按表 9-1 规定。此外，还有特殊环境代号等，请详见有关电机手册。

表 9-1 系列产品的规格代号

序号	系列产品	规 格 代 号
1	中小型异步电动机	中心高（mm），一机座长度（字母代号），一铁心长度（数字代号），一极数
2	大型异步电动机	功率（kW），一极数/定子铁心外径（mm）

注：1. 机座长度的字母代号采用国际通用符号表示：S 表示短机座、M 表示中机座、L 表示长机座。
  2. 铁心长度的字母代号用数字 1、2、3…依次表示。

现以 Y 系列异步电动机为例，说明型号中各字母及数字代表的含义。

小型异步电动机

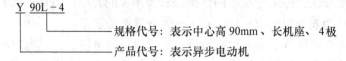

规格代号：表示中心高 90mm、长机座、4 极
产品代号：表示异步电动机

中型异步电动机

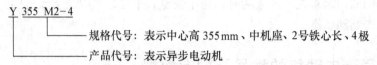

规格代号：表示中心高 355mm、中机座、2 号铁心长、4 极
产品代号：表示异步电动机

大型异步电动机

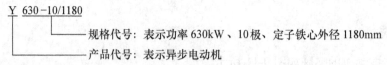

规格代号：表示功率 630kW、10 极、定子铁心外径 1180mm
产品代号：表示异步电动机

9.3.3 异步电机的额定值

1）额定功率 P_N：指电动机在额定状态下运行时，转子轴上输出的机械功率，单位为 W 或 kW。

2）额定电压 U_N：指电动机在额定运行情况下，加在三相定子绕组上的线电压，单位为 V 或 kV。

3）额定电流 I_N：指电动机在定子绕组上加额定电压、轴上输出额定功率时，定子绕组中的线电流，单位为 A。

三相异步电动机的额定功率为

$$P_N = 3U_{Nph}I_{Nph}\cos\varphi_N\eta_N = \sqrt{3}U_NI_N\cos\varphi_N\eta_N \quad (9\text{-}3)$$

式中，$\cos\varphi_N$、η_N 为额定运行情况下的功率因数和效率；U_{Nph}、I_{Nph} 分别表示额定相电压和额定相电流。

额定电流为

$$I_N = \frac{P_N}{\sqrt{3}U_N\cos\varphi_N\eta_N} \quad (9\text{-}4)$$

4）额定频率 f_N：我国电网频率为 50Hz，故国内用的异步电动机额定频率一般为 50Hz。

5）额定转速 n_N：指电动机定子加额定频率、额定电压且轴端输出额定功率时电机的转速，单位为 r/min。

此外，还有额定功率因数、定子绕组接法、绝缘等级、工作方式及温升等。对绕线式异步电动机还要标明转子绕组的接法、转子绕组额定电动势 E_{2N}（指定子绕组加额定电压、转子绕组开路时集电环之间的电动势）和转子的额定电流 I_{2N}。

根据电机的铭牌进行定子的接线，如果电动机定子绕组有六根引出线，并已知其首、末端，分几种情况讨论。

1）当电动机铭牌上标明"电压 380/220V，接法 $\curlyvee/\triangle$"时，这种情况下，究竟是接成 $\curlyvee$ 形或 $\triangle$ 形，要看电源电压的大小。如果电源电压为 380V，则接成 $\curlyvee$ 形；电源电压为 220V 时，则接成 $\triangle$ 形。

2）当电动机铭牌上标明"电压 380V，接法 $\triangle$"时，则只有 $\triangle$ 形接法。但是，在电动机起动过程中，可以接成 $\curlyvee$ 形，接在 380V 电源上，起动完毕，恢复 $\triangle$ 形接法。

对有些高压电动机，往往定子绕组有三根引出线，只要电源电压符合电动机铭牌标注的电压值，便可使用。

例 9-1　一台三相异步电动机，额定功率 $P_N = 55\text{kW}$，电网频率为 50Hz，额定电压 $U_N = 380\text{V}$，额定效率 $\eta_N = 0.79$，额定功率因数 $\cos\varphi_N = 0.89$，额定转速 $n_N = 570\text{r/min}$。试求：（1）同步转速 n_1；（2）极对数 p；（3）额定电流 I_N；（4）额定负载时的转差率 s_N。

解　（1）因电动机额定运行时转速接近同步转速，所以同步转速为 600r/min。

（2）电动机极对数 $p = \dfrac{60f_1}{n_1} = \dfrac{60 \times 50}{600} = 5$，即为 10 极电动机。

（3）额定电流：$I_N = \dfrac{P_N}{\sqrt{3}U_N\cos\varphi_N\eta_N} = \dfrac{55000}{\sqrt{3} \times 380 \times 0.89 \times 0.79}\text{A} = 119\text{A}$

（4）转差率：$s_N = \dfrac{n_1 - n_N}{n_1} = \dfrac{600 - 570}{600} = 0.05$

小　结

异步电机是依据电磁感应原理工作的，因此又称为感应电机。异步电机因其转子转速与磁场的转速不同而得名。异步电机主要用作电动机，拖动多种机械负载，应用非常广泛。

异步电机主要部件包括作为磁路的定、转子铁心和作为电路的定、转子绕组。铁心由硅钢片叠压而成，铁心槽中嵌入绕组。依据转子绕组的型式，异步电机常分为笼型和绕线型。

异步电机的转差率 $s = \dfrac{n_1 - n}{n_1}$。根据转差率可以计算异步电机的转速，推断异步电机的运行方式。当 $0 < s \leqslant 1$ 为电动机状态；当 $-\infty < s < 0$ 为发电机状态；当 $1 < s < +\infty$ 为电磁制动状态。异步电机的许多性能与 s 有关，它是异步电机的一个极为重要的变量。

应该掌握三相异步电动机的各个额定值及它们之间的关系。

思 考 题

9-1 简述异步电机的结构。如果气隙过大会带来怎样不利的后果？

9-2 简述异步电机的工作原理，并分析如何改变它的转向。

9-3 简述转差率的定义。如何由转差率的大小范围来判断异步电机的运行情况？

9-4 异步电机作发电机运行和作电磁制动运行时，电磁转矩和转子转向之间的关系是否一样？怎样区分这两种运行状态？

9-5 异步电动机额定电压、额定电流、额定功率的定义是什么？

习 题

9-1 一台三相异步电动机 $P_N = 60\text{kW}$，$U_N = 380\text{V}$，$n_N = 577\text{r/min}$，$\cos\varphi_N = 0.81$，$\eta_N = 89.2\%$，试求额定电流 I_N。

9-2 一台三相异步电动机 $P_N = 7.5\text{kW}$，$U_N = 380\text{V}$，$I_N = 18.5\text{A}$，$n_N = 975\text{r/min}$，$\cos\varphi_N = 0.87$，$f = 50\text{Hz}$。试问：(1) 电动机的极数是多少？(2) 额定负载下的转差率 s 是多少？(3) 额定负载下的效率 η 是多少？

9-3 一台 8 极异步电动机 $f = 50\text{Hz}$，额定转差率 $s_N = 0.0467$，试求：(1) 额定转速是多少？(2) 额定运行时，将电源相序改变，改变瞬间的转差率是多少？

9-4 一台 8 极异步电动机 $f = 50\text{Hz}$，额定转差率 $s_N = 0.043$，试求：(1) 同步转速；(2) 额定转速；(3) $n = 700\text{r/min}$ 时的转差率；(4) 起动瞬间的转差率。

第10章 三相异步电动机的运行分析

三相异步电动机的定子和转子之间只有磁的耦合，没有电的直接联系，它是靠电磁感应作用实现定、转子之间的能量传递的。虽然，异步电动机与变压器的磁场性质、结构与运行方式不同，但它们内部的电磁关系是相通的。所以，借助变压器的基本工作原理来研究异步电动机是合理而且有效的。三相异步电动机的定子绕组相当于变压器的一次绕组，转子绕组则相当于变压器的二次绕组。因此，分析变压器内部电磁关系的三种基本方法（电压方程式、等效电路和相量图）也同样适用于异步电动机。

10.1 转子不转时三相异步电动机的运行

正常运行的异步电动机，转子总是旋转的。为了便于理解，先从转子不转时进行分析，再分析转子旋转时的情况。现以三相绕线式异步电动机为例，加以阐述。

10.1.1 转子绕组开路时的三相异步电动机

三相绕线式异步电动机，定子绕组加对称三相电压、转子绕组开路，则转子电流 $\dot{I}_2 = 0$，定子流过对称的三相空载电流 $\dot{I}_0$，并产生三相旋转的基波磁动势，其幅值为

$$F_0 = \frac{m_1}{2} \times 0.9 \frac{N_1 K_{N1}}{p} I_0 \tag{10-1}$$

其中 m_1 表示定子绕组相数，在这里 $m_1 = 3$。

由于转子绕组中没有电流，作用在磁路上的只有定子基波磁动势 $\dot{F}_0$，并由此磁动势建立电机磁路中旋转的主磁通 $\dot{\Phi}$，所以，称 $\dot{F}_0$ 为空载磁动势，称 $\dot{I}_0$ 为空载电流。

主磁通经过电机定子轭、定子齿、气隙、转子齿、转子轭等各段磁路，同时与定子绕组和转子绕组相链，并在定、转子绕组中感应电动势，分别为

$$\left. \begin{array}{l} \dot{E}_1 = -\mathrm{j}4.44 f_1 N_1 K_{N1} \dot{\Phi} \\ \dot{E}_2 = -\mathrm{j}4.44 f_1 N_2 K_{N2} \dot{\Phi} \end{array} \right\} \tag{10-2}$$

式中，N_1、N_2 为定、转子绕组每相串联匝数；K_{N1}、K_{N2} 为定子和转子的基波绕组系数。

$$\frac{E_1}{E_2} = \frac{N_1 K_{N1}}{N_2 K_{N2}} = k_e \tag{10-3}$$

式中，k_e 为电动势比。

除此之外，三相定子绕组电流还产生一部分只与定子绕组相链而不与转子绕组相链的磁通，称为定子漏磁通。定子漏磁通包括定子槽漏磁通、端部漏磁通和谐波漏磁通等，用 $\dot{\Phi}_{1\sigma}$ 表示。漏磁通在定子绕组中的感应电动势 $\dot{E}_{1\sigma}$ 称为漏磁电动势。

$$\dot{E}_{1\sigma} = -\mathrm{j}\dot{I}_0 x_1 \tag{10-4}$$

式中，x_1 为定子绕组漏电抗，$x_1 = 2\pi f_1 L_{1\sigma}$，$L_{1\sigma}$ 为定子绕组漏电感。

这样，就和变压器一样，可以写出异步电动机定子绕组的电动势平衡方程式为

$$\dot{U}_1 = -\dot{E}_1 - \dot{E}_{1\sigma} + \dot{I}_0 r_1 = -\dot{E}_1 + j\dot{I}_0 x_1 + \dot{I}_0 r_1 = -\dot{E}_1 + \dot{I}_0 Z_1 \tag{10-5}$$

式中，r_1 为定子绕组电阻；$Z_1 = r_1 + jx_1$ 为定子绕组漏阻抗。

对开路的转子绕组有

$$\dot{U}_{20} = \dot{E}_2 \tag{10-6}$$

仿照变压器引入非线性参数励磁电阻 r_m、励磁电抗 x_m 来等效替代 $\dot{E}_1$，有

$$\dot{E}_1 = -\dot{I}_0(r_m + jx_m) = -\dot{I}_0 Z_m \tag{10-7}$$

式中，Z_m 为励磁阻抗；励磁电阻 r_m 是反映异步电动机定子铁耗的等效电阻；励磁电抗 x_m 是定子每相绕组中对应主磁通 $\dot{\Phi}$ 的电抗。显然，Z_m 的大小将随着铁心饱和程度的不同而变化。其等效电路如图 10-1 所示。

从以上情况可见，异步电动机转子绕组开路时，与变压器空载运行情况完全相似，或者在形式上是完全一样的，所不同的是：

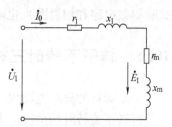

图 10-1　转子绕组开路时
异步电动机等效电路

1）变压器的主磁通是脉动磁通，而这里是三相旋转磁通。

2）变压器的绕组相当于整距集中绕组，而异步电动机一般为短距分布绕组。

3）变压器具有闭合的铁心磁路，而异步电动机的主磁路存在空气间隙。

正因为异步电动机与变压器有此差别，异步电动机的空载电流 I_0 比同容量变压器的空载电流 I_0 大得多。一般异步电动机 $I_0 = （20\% \sim 30\%）I_N$，而小型电动机 I_0 可达 $50\% I_N$。

异步电动机的漏阻抗也比变压器大。因此，异步电动机的空载漏阻抗压降 $I_0 Z_1$ 为额定电压的 $2\% \sim 5\%$，而变压器 I_0 比异步电动机小得多，故其 $I_0 Z_1$ 更小。

10.1.2　转子绕组短路且堵转时的异步电动机

1. 转子堵转时的物理情况

如图 10-2 所示，当三相异步电动机定子绕组接到三相对称电源上时，气隙磁场便在转子绕组产生感应电动势，并产生对称的三相（笼型转子为多相）电流 $\dot{I}_2$。此时，除定子绕组电流 $\dot{I}_1$ 产生基波旋转磁动势 $\dot{F}_1$ 外，转子对称的三相电流 $\dot{I}_2$ 流过对称三相绕组也会产生基波旋转磁动势 $\dot{F}_2$，这两个旋转磁动势

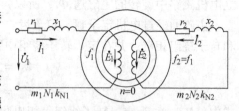

图 10-2　转子堵转时的定、转子电路

共同作用于气隙中，而且以后还会证明两者同速、同向旋转，处于相对静止状态，因此形成合成磁动势（$\dot{F}_1 + \dot{F}_2 = \dot{F}_m$），电动机就在这合成磁动势作用下产生交链于定、转子绕组的主磁通 $\dot{\Phi}$，并分别在定、转子绕组中感应电动势 $\dot{E}_1$ 和 $\dot{E}_2$。同时定、转子磁动势 $\dot{F}_1$ 和 $\dot{F}_2$ 分别产生漏磁通 $\dot{\Phi}_{1\sigma}$ 和 $\dot{\Phi}_{2\sigma}$，感应出相应的漏磁电动势 $\dot{E}_{1\sigma}$ 和 $\dot{E}_{2\sigma}$，用漏抗压降表示为 $\dot{E}_{1\sigma} = -j\dot{I}_1 x_1$，$\dot{E}_{2\sigma} = -j\dot{I}_2 x_2$。其电磁关系如图 10-3 所示。

2. 电压平衡方程式

仿照变压器，假定各物理量的正方向如图 10-2 所示，根据电路定律可得定、转子的电

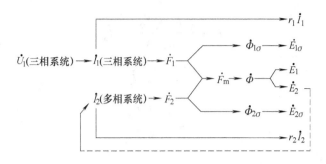

图 10-3　三相异步电动机转子堵转时的电磁关系示意图

压平衡方程式为

$$\left.\begin{aligned} \dot{U}_1 &= -\dot{E}_1 + \dot{I}_1(r_1 + jx_1) = -\dot{E}_1 + \dot{I}_1 Z_1 \\ 0 &= \dot{E}_2 - \dot{I}_2(r_2 + jx_2) = \dot{E}_2 - \dot{I}_2 Z_2 \end{aligned}\right\} \tag{10-8}$$

式中，$\dot{U}_1$ 为定子绕组的相电压；$\dot{E}_1$ 为定子绕组感应的相电动势；$\dot{I}_1$ 为定子绕组相电流；Z_1 为定子绕组漏阻抗；$\dot{E}_2$ 为转子绕组感应的相电动势；$\dot{I}_2$ 为转子绕组相电流；r_2，x_2 为转子绕组电阻和漏电抗；Z_2 为转子绕组漏阻抗。

3. 磁动势平衡方程式

前边已经了解，三相对称的定子电流产生旋转磁场 $\dot{F}_1$，该旋转磁场在定、转子绕组中均产生感应电动势。由于转子绕组短路，在转子绕组电动势作用下，也将形成三相对称的转子电流 $\dot{I}_2$，该电流流过三相对称的转子绕组也要产生旋转磁动势 $\dot{F}_2$。由于转子不旋转，定、转子电流频率相同。因此，定、转子基波磁动势 $\dot{F}_1$ 和 $\dot{F}_2$ 将沿气隙以相同转向和相同转速（$n_1 = \dfrac{60f_1}{p}$）旋转，并作用于同一磁路上，共同产生主磁通 $\dot{\Phi}$，则产生主磁通的磁动势为

$$\dot{F}_1 + \dot{F}_2 = \dot{F}_m$$

则

$$\dot{F}_1 = \dot{F}_m + (-\dot{F}_2) \tag{10-9}$$

式（10-9）表明，定子绕组磁动势 $\dot{F}_1$ 包含两个分量，其中 $\dot{F}_m$ 是用来产生主磁通 $\dot{\Phi}$ 的励磁分量，而另一分量是用来抵消转子绕组磁动势 $\dot{F}_2$ 对主磁通的影响，所以它与转子磁动势大小相等方向相反。值得注意的是此时的 $\dot{F}_m$ 与转子绕组开路时 $\dot{F}_0$ 幅值是不相同的。

定子电流 $\dot{I}_1$ 产生的磁动势 $\dot{F}_1$ 为

$$\dot{F}_1 = \frac{m_1}{2} \times 0.9 \frac{N_1 K_{N1}}{p} \dot{I}_1 \tag{10-10}$$

转子电流 $\dot{I}_2$ 产生的磁动势 $\dot{F}_2$ 为

$$\dot{F}_2 = \frac{m_2}{2} \times 0.9 \frac{N_2 K_{N2}}{p} \dot{I}_2 \tag{10-11}$$

式中，m_2 为转子绕组相数。

则式（10-9）可改写为

$$\frac{m_1}{2} \times 0.9 \frac{N_1 K_{N1}}{p} \dot{I}_1 + \frac{m_2}{2} \times 0.9 \frac{N_2 K_{N2}}{p} \dot{I}_2 = \frac{m_1}{2} \times 0.9 \frac{N_1 K_{N1}}{p} \dot{I}_m$$

将上式各项同除以 $m_1 N_1 K_{N1}$ 可得

$$\dot{I}_1 + \dot{I}_2 \frac{m_2 N_2 K_{N2}}{m_1 N_1 K_{N1}} = \dot{I}_m$$

$$\dot{I}_1 + \frac{\dot{I}_2}{k_i} = \dot{I}_m \tag{10-12}$$

$$k_i = \frac{m_1 N_1 K_{N1}}{m_2 N_2 K_{N2}} \tag{10-13}$$

式中，k_i 称为电流比。

4. 转子绕组的折算

异步电动机定、转子之间没有电路上的联系，只有磁路的联系，这点和变压器的情况相类似。从定子侧看转子，只有转子旋转磁动势 $\dot{F}_2$ 对定子旋转磁动势 $\dot{F}_1$ 起作用，只要维持转子旋转磁动势 $\dot{F}_2$ 的大小、空间位置不变，对定子就是等效的。根据这个道理，设想把实际电动机的转子抽出，换上一个新转子，它的相数、每相串联匝数以及绕组系数都分别和定子的一样（m_1、N_1、K_{N1}）。这时在新换的转子中，每相感应的电动势为 $\dot{E}_2'$，电流为 $\dot{I}_2'$，转子漏阻抗为 $Z_2' = r_2' + jx_2'$，但产生的转子旋转磁动势却和原转子产生的一样。所以不影响定子侧，这就是进行折算的依据。这一折算过程称为绕组折算。

折算的原则是保持转子磁动势 $\dot{F}_2$ 不变。因此，折算后的等效转子绕组的电磁关系和能量传递（包括各种功率或损耗）与折算前的原来转子绕组相等。

（1）转子电流的折算

由于折算前后转子的磁动势保持不变，则转子电流的折算值 $\dot{I}_2'$ 应满足

$$\frac{m_1}{2} \times 0.9 \frac{N_1 K_{N1}}{p} \dot{I}_2' = \frac{m_2}{2} \times 0.9 \frac{N_2 K_{N2}}{p} \dot{I}_2$$

故得

$$\dot{I}_2' = \frac{m_2 N_2 K_{N2}}{m_1 N_1 K_{N1}} \dot{I}_2 = \frac{\dot{I}_2}{k_i} \tag{10-14}$$

（2）转子电动势的折算

由于折算前后定、转子磁动势不变，故主磁通 $\dot{\Phi}$ 也不变。于是，由主磁通 $\dot{\Phi}$ 感应的转子电动势应为

$$\dot{E}_2 = -j4.44 f N_2 K_{N2} \dot{\Phi}$$
$$\dot{E}_2' = -j4.44 f N_1 K_{N1} \dot{\Phi}$$
$$\frac{\dot{E}_2'}{\dot{E}_2} = \frac{N_1 K_{N1}}{N_2 K_{N2}} = k_e$$

则

$$\dot{E}_2' = k_e \dot{E}_2 \tag{10-15}$$

（3）转子每相阻抗的折算

折算前后转子上各种功率和损耗也保持不变，则有

$$m_1 I_2'^2 r_2' = m_2 I_2^2 r_2$$

$$r_2' = \frac{m_2 I_2^2 r_2}{m_1 I_2'^2} = \frac{m_2}{m_1} \left(\frac{m_1 N_1 K_{N1}}{m_2 N_2 K_{N2}} \right)^2 r_2$$

$$r_2' = k_e k_i r_2 \tag{10-16}$$

同样
$$m_1 I_2'^2 x_2' = m_2 I_2^2 x_2$$
$$x_2' = k_e k_i x_2 \tag{10-17}$$

同时可推得
$$\varphi_2' = \arctan \frac{x_2'}{r_2'} = \arctan \frac{x_2}{r_2} = \varphi_2$$
$$Z_2' = k_e k_i Z_2 \tag{10-18}$$

10.2　转子旋转时三相异步电动机的运行

10.2.1　转子旋转时的物理情况

当转子旋转时，由于转子绕组的电动势、电流的频率与转子的转速有关，因此，其物理情况与转子不转时发生了一些变化。其具体情况如下：

三相异步电动机定子绕组接到三相对称电源上时，定子绕组三相电流 $\dot{I}_1$ 将产生基波旋转磁动势 $\dot{F}_1$，从而在转子绕组感应电动势，并产生对称的三相电流（笼型转子为多相）$\dot{I}_{2s}$。该电流流过对称三相绕组（笼型转子为多相）也会产生基波旋转磁动势 $\dot{F}_2$，这两个旋转磁动势共同作用于气隙中，而且两者同速、同向旋转，处于相对静止状态，因此形成合成磁动势（$\dot{F}_1 + \dot{F}_2 = \dot{F}_m$），电机就在这合成磁动势作用下产生交链于定、转子绕组的主磁通 $\dot{\Phi}$，并分别在定、转

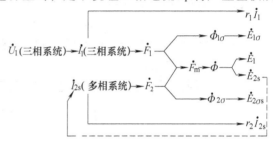

图 10-4　三相异步电动机转子旋转时的电磁关系示意图

子绕组中感应电动势 $\dot{E}_1$ 和 $\dot{E}_{2s}$。同时定、转子磁动势 $\dot{F}_1$ 和 $\dot{F}_2$ 分别产生漏磁通 $\dot{\Phi}_{1\sigma}$ 和 $\dot{\Phi}_{2\sigma}$，感应出相应的漏电动势 $\dot{E}_{1\sigma}$ 和 $\dot{E}_{2\sigma s}$。电磁关系如图 10-4 所示。

其中，$\dot{I}_{2s}$ 为转子旋转时，转子绕组的相电流；$\dot{E}_{2s}$ 为转子旋转时，转子绕组的相电动势；$\dot{E}_{2\sigma s}$ 为转子旋转时，转子绕组的漏电动势。

10.2.2　转子绕组的各电磁量

转子不转时，气隙旋转磁场是以 n_1 的同步转速切割转子绕组，当转子旋转（转速为 n）后，旋转磁场就以 $(n_1 - n)$ 的相对速度切割转子绕组，即相对切割速度随转子转速而变，故其结果必将导致转子绕组各电磁量发生变化。

1. 转子绕组电动势频率

感应电动势的频率正比于导体与磁场的相对切割速度，故转子电动势的频率为
$$f_2 = \frac{p n_2}{60} = \frac{p(n_1 - n)}{60} = \frac{n_1 - n}{n_1} \frac{p n_1}{60} = s f_1 \tag{10-19}$$

由于定子感应电动势频率即电网频率 f_1 是个恒值，故转子绕组感应电动势的频率 f_2 与转差率 s 成正比。

当转子不转时（如起动瞬间），$n = 0$，$s = 1$，则 $f_2 = f_1$，即转子不转时转子感应电动势

频率与定子感应电动势频率相等；当转子接近同步速（如空载运行）时，$n \approx n_1$，$s \approx 0$，则 $f_2 \approx 0$。异步电动机在额定情况运行时，转差率 s 很小，通常在 $0.01 \sim 0.06$ 之间，若电网频率为 50Hz，则转子感应电动势频率仅在 $0.5 \sim 3$Hz 之间，所以异步电动机在正常运行时，转子绕组感应电动势的频率很低。

2. 转子绕组感应电动势

转子绕组感应电动势为

$$E_{2s} = 4.44 f_2 N_2 K_{N2} \Phi_m = 4.44 (sf_1) N_2 K_{N2} \Phi_m = sE_2 \tag{10-20}$$

式中，E_2 为转子不转时的转子每相电动势。

由式（10-20）知，转子绕组感应电动势 E_{2s} 与转差率 s 成正比。正常运行时异步电动机的转差率很小，故其转子绕组感应电动势也就很小。

3. 转子绕组的电阻和漏抗

由于转子电动势频率很低，普通异步电动机（双笼型和深槽型异步电动机除外）的转子电阻在不计趋肤效应和温度影响时，可视为常数。

电抗与频率成正比，故转子旋转时，转子绕组漏抗 x_{2s} 为

$$x_{2s} = 2\pi f_2 L_{2\sigma} = 2\pi s f_1 L_{2\sigma} = sx_2 \tag{10-21}$$

式中，$L_{2\sigma}$ 为转子漏电感，x_2 为转子不转时的漏电抗，$x_2 = 2\pi f_1 L_{2\sigma}$。

4. 转子绕组的电流

转子绕组电流 $\dot{I}_{2s}$ 是由转子绕组感应电动势 $\dot{E}_{2s}$ 作用于转子回路产生的，所以

$$\dot{I}_{2s} = \frac{\dot{E}_{2s}}{Z_{2s}} = \frac{\dot{E}_{2s}}{r_2 + jx_{2s}} = \frac{s\dot{E}_2}{r_2 + jsx_2} \tag{10-22}$$

有效值为

$$I_{2s} = \frac{sE_2}{\sqrt{r_2^2 + (sx_2)^2}} \tag{10-23}$$

5. 转子绕组功率因数

$$\varphi_2 = \arctan \frac{sx_2}{r_2} \quad 或 \quad \cos\varphi_2 = \frac{r_2}{\sqrt{r_2^2 + (sx_2)^2}} \tag{10-24}$$

式中，φ_2 为 $\dot{I}_{2s}$ 滞后于 $\dot{E}_{2s}$ 的时间相位角（即转子功率因数角）。

10.2.3 磁动势平衡关系

下面对转子旋转时定、转子绕组电流产生的空间合成磁动势进行分析。

1. 定子磁动势 $\dot{F}_1$

当异步电动机旋转起来后，定子绕组里流过的电流为 $\dot{I}_1$，产生旋转磁动势为 $\dot{F}_1$。它的特点在前面已经分析过了。它相对于定子绕组仍以同步转速 n_1 旋转。

2. 转子磁动势 $\dot{F}_2$

绕线式异步电动机的转子为三相对称绕组（笼型为多相），它通过三相对称电流也产生旋转磁动势。其性质如下。

（1）幅值

幅值计算公式为

$$F_2 = \frac{m_2}{2} \times 0.9 \frac{N_2 K_{N2}}{p} I_{2s} \tag{10-25}$$

（2）转向

与转子电流相序一致。对电动机而言，转子电流相序与定子旋转磁动势方向一致，由此可知，转子旋转磁动势转向与定子旋转磁动势转向一致。

（3）转速

转子磁动势相对转子的转速为

$$n_2 = \frac{60f_2}{p} = \frac{60sf_1}{p} = sn_1 \tag{10-26}$$

（4）瞬间位置

当转子绕组哪相电流达到最大值时，$\dot{F}_2$ 正好位于该相绕组的轴线上。

定子旋转磁动势 $\dot{F}_1$ 相对于定子绕组的转速为 n_1，转子旋转磁动势 $\dot{F}_2$ 相对于转子绕组的转速为 n_2。由于转子本身相对于定子绕组有一转速 n，站在定子绕组上看转子旋转磁动势 $\dot{F}_2$ 的转速为 $n_2 + n$。

于是可知转子磁动势 $\dot{F}_2$ 相对定子的转速为

$$n_2 + n = sn_1 + (1 - s)n_1 = n_1 \tag{10-27}$$

即转子磁动势 $\dot{F}_2$ 与定子磁动势 $\dot{F}_1$ 同速、同向旋转，故相对静止。

定、转子磁动势的相对静止是一切电机正常运行的必要条件，只有这样异步电动机在任何转速下才能产生恒定的电磁转矩，从而实现机电能量转换。

3. 磁动势平衡方程式

异步电动机旋转时，作用在气隙磁路里不仅有定子旋转磁动势 $\dot{F}_1$，而且还有转子旋转磁动势 $\dot{F}_2$，它们在空间又相对静止，那么产生既与定子绕组交链又与转子绕组交链的主磁通 $\dot{\Phi}$ 的磁动势 $\dot{F}_m$ 是 $\dot{F}_1$ 与 $\dot{F}_2$ 的合成磁动势，即

$$\dot{F}_1 + \dot{F}_2 = \dot{F}_m \tag{10-28}$$

式（10-28）即为磁动势平衡方程式，改写成

$$\dot{F}_1 = \dot{F}_m + (-\dot{F}_2) = \dot{F}_m + \dot{F}_{1L} \tag{10-29}$$

式中，$\dot{F}_{1L}$ 为定子负载分量磁动势，$\dot{F}_{1L} = -\dot{F}_2$。

可见定子旋转磁动势包含有两个分量：一个是励磁磁动势 $\dot{F}_m$，用来产生主磁通 $\dot{\Phi}$；另一个是负载分量磁动势 $\dot{F}_{1L}$，用来平衡转子旋转磁动势 $\dot{F}_2$，即用来抵消转子旋转磁动势对主磁通的影响。

值得注意的是此时 $\dot{F}_m$ 与转子绕组开路时 $\dot{F}_0$ 幅值近似相等，由此对应 $I_0 \approx I_m$。

异步电动机的能量传递过程可解释为，当异步电动机转子轴上的机械负载增大时，其转速减慢，转差率 s 增大，转子电流 $\dot{I}_{2s}$ 随之增大，转子磁动势 $\dot{F}_2$ 增大。由于电源电压一定，励磁磁动势 $\dot{F}_m \approx \dot{F}_0$ 基本不变，所以用来平衡转子磁动势的定子负载分量磁动势 $\dot{F}_{1L}$ 必对等地增大。故此时 $\dot{F}_1$ 增加，定子电流增大。由此可知，当电动机转轴上机械负载增加时，从电网输入的电功率（定子电流）就随之增大。

例 10-1　有一台三相 4 极异步电动机，接到频率为 50Hz 的电源上，若转子的转差率 $s =$

0.0387，试求：（1）转子电流的频率；（2）转子磁动势相对于转子的转速；（3）转子磁动势在空间的转速。

解 （1）转子电流的频率 f_2 为

$$f_2 = sf_1 = 0.0387 \times 50\text{Hz} = 1.935\text{Hz}$$

（2）转子磁动势相对于转子的转速 n_2 为

$$n_2 = \frac{60f_2}{p} = \frac{60 \times 1.935}{2}\text{r/min} = 58\text{r/min}$$

（3）转子转速 n 为

$$n = (1 - s)n_1 = (1 - 0.0387) \times 1500\text{r/min} = 1442\text{r/min}$$

转子磁动势在空间的转速为 $n_2 + n$，即

$$n_2 + n = (58 + 1442)\text{r/min} = 1500\text{r/min}$$

即为同步转速。

10.2.4 电压平衡方程式

根据规定的正方向，可写出定、转子电路的电压平衡方程式为

$$\left.\begin{aligned} \dot{U}_1 &= -\dot{E}_1 + \dot{I}_1 r_1 + \text{j}\dot{I}_1 x_1 \\ \dot{E}_{2s} &= \dot{I}_{2s} r_2 + \text{j}\dot{I}_{2s} x_{2s} \end{aligned}\right\} \tag{10-30}$$

10.2.5 频率的折算

频率折算——把旋转的异步电动机等效成转子不转的异步电动机。

由于异步电动机定、转子绕组间无电的直接联系，转子只是通过其磁动势 $\dot{F}_2$ 对定子作用，因此只要保证 $\dot{F}_2$ 不变，就可以用一个静止的转子来代替旋转的转子，而定子侧各物理量不发生任何变化，即对电网等效。据此

$$\dot{I}_{2s} = \frac{\dot{E}_{2s}}{r_2 + \text{j}x_{2s}} = \frac{s\dot{E}_2}{r_2 + \text{j}sx_2} \quad （频率为 f_2） \tag{10-31}$$

将式（10-31）右边分子分母同除以 s，得

$$\dot{I}_2 = \frac{\dot{E}_2}{\dfrac{r_2}{s} + \text{j}x_2} \quad （频率为 f_1） \tag{10-32}$$

为了保证 $\dot{F}_2$ 不变，则要保证

$$\dot{I}_2 = \dot{I}_{2s}$$

设等效不转时的转子电动势为 $\dot{E}_2$，电阻为 R，漏电抗为 X，则转子不转时的电流

$$\dot{I}_2 = \frac{\dot{E}_2}{R + \text{j}X} \quad （频率为 f_1） \tag{10-33}$$

则有

$$\left.\begin{aligned} R &= \frac{r_2}{s} = r_2 + \frac{1-s}{s}r_2 \\ X &= x_2 \end{aligned}\right\} \tag{10-34}$$

由上述推导可见，频率折算方法即在原转子旋转的电路中串入一个附加电阻 $\dfrac{1-s}{s}r_2$，如图 10-5b 所示。

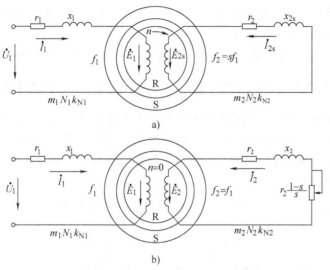

图 10-5　频率折算前后异步电动机等效电路

a) 频率折算前　b) 频率折算后

比较图 10-5a 和 b 可知，变换后转子电路中多了一个附加电阻 $\dfrac{1-s}{s}r_2$。实际旋转的转子在转轴上有机械功率输出以及转子机械损耗。而经频率折算后，转子就不再有机械功率输出及机械损耗（因转子不转），但它却在电路中多了一个附加电阻 $\dfrac{1-s}{s}r_2$。根据能量守恒及总功率不变的原则，显然此附加电阻所消耗的功率就应等于转轴的总机械功率。因此，$\dfrac{1-s}{s}r_2$ 被称为模拟总的机械功率的等效电阻。

经过频率折算后，再进行转子绕组的折算。其折算原则和方法与 10.1 节的绕组折算相同，故不再另作推导。

10.2.6　异步电动机的等效电路

1. T 形等效电路

折算后异步电动机方程式

$$
\left.
\begin{aligned}
\dot{U}_1 &= -\dot{E}_1 + \dot{I}_1(r_1 + jx_1) \\
\dot{E}_2' &= \dot{I}_2'\left(\frac{r_2'}{s} + jx_2'\right) \\
\dot{I}_1 + \dot{I}_2' &= \dot{I}_0 \\
\dot{E}_1 &= \dot{E}_2' \\
-\dot{E}_1 &= \dot{I}_0(r_m + jx_m)
\end{aligned}
\right\}
\tag{10-35}
$$

由此画出异步电动机 T 形等效电路，如图 10-6 所示。

由等效电路可得：

1）异步电动机的定子电流总是滞后于定子电压，即功率因数总是滞后的，因异步电动机需从电网吸取感性无功电流来激励主磁通和漏磁通。如励磁电流及漏抗越大，则需感性无功就越多，功率因数 $\cos\varphi_1$ 就越低。

2）机械负载的变化在等效电路中由转差率的变化来体现。当机械负载增大时，转速减慢，s 增大，模拟总机械功率的等效电阻 $\frac{1-s}{s}r_2$ 减小，因此转子电流增大，以产生较大的电磁转矩与负载转矩相平衡。按磁动势平衡关系，定子电流也增大，电动机便从电源吸取更多的电功率来供给电机本身的损耗和轴上的输出功率，从而达到功率平衡。

需要说明的是：异步电动机与变压器有相同形式的等效电路，但它们的参数相差较大。它们参数范围的比较见表 10-1。

表 10-1　变压器与异步电动机参数比较

	r_m^*	x_m^*	x_1^* 、x_2^*
变压器	1 ~ 5	10 ~ 50	0.04 ~ 0.08
异步电动机	0.08 ~ 0.35	2 ~ 5	0.07 ~ 0.15

2. Γ 形等效电路

和变压器一样，也可以将 T 形等效电路中间的励磁支路移至电源端，使之变为 Γ 形等效电路以简化计算。但在变压器等效电路中，由于 Z_m 很大，I_0 很小，Z_1 很小，因此将励磁支路直接移到电源端不致引起较大的误差。而在异步电动机中，Z_m 比变压器小得多，I_0 比变压器大得多，Z_1 也比变压器大，故直接将励磁支路移至电源端会引起较大的误差。因此，必须引入一个校正系数，对等效电路进行必要的修正，才能使 Γ 形等效电路和 T 形等效电路等效。推导过程如下。

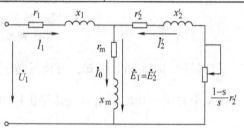

图 10-6　异步电动机 T 形等效电路

在图 10-6 中

$$Z_{2s}' = Z_2' + \frac{1-s}{s}r_2' = \frac{r_2'}{s} + jx_2'$$

励磁电流为

$$\dot{I}_0 = \frac{-\dot{E}_1}{Z_m} \tag{10-36}$$

转子电流为

$$\dot{I}_2' = \frac{\dot{E}_1}{Z_{2s}'} \tag{10-37}$$

定子电流为

$$\dot{I}_1 = \dot{I}_0 - \dot{I}_2' = \frac{-\dot{E}_1}{Z_m'} - \frac{\dot{E}_1}{Z_{2s}'}$$

$$\dot{U}_1 = -\dot{E}_1 + \dot{I}_1 Z_1 = -\dot{E}_1 \left(1 + \frac{Z_1}{Z_m} + \frac{Z_1}{Z_{2s}'}\right) = -\dot{E}_1 \left(\dot{c}_1 + \frac{Z_1}{Z_{2s}'}\right)$$

$$-\dot{E}_1 = \frac{\dot{U}_1}{\dot{c}_1 + \dfrac{Z_1}{Z'_{2s}}} \tag{10-38}$$

式中，$\dot{c}_1 = 1 + \dfrac{Z_1}{Z_m}$ 是一个复系数，称为校正系数。

将式（10-38）代入式（10-37）可得转子电流为

$$\dot{I}'_2 = -\frac{\dot{U}_1}{Z_1 + \dot{c}_1 Z'_{2s}} \tag{10-39}$$

由于励磁电流可表示为

$$\dot{I}_0 = \frac{\dot{U}_1 - \dot{I}_1 Z_1}{Z_m}$$

故定子电流又可表示为

$$\dot{I}_1 = \dot{I}_0 - \dot{I}'_2 = \frac{\dot{U}_1 - \dot{I}_1 Z_1}{Z_m} + \frac{\dot{U}_1}{Z_1 + \dot{c}_1 Z'_{2s}} = \frac{\dot{U}_1}{Z_m} - \frac{\dot{I}_1 Z_1}{Z_m} + \frac{\dot{U}_1}{Z_1 + \dot{c}_1 Z'_{2s}} \tag{10-40}$$

从式（10-40）可解出

$$\dot{I}_1 = \frac{\dot{U}_1}{\dot{c}_1 Z_m} + \frac{\dot{U}_1}{\dot{c}_1 Z_1 + \dot{c}_1^2 Z'_{2s}} = \dot{I}'_0 - \frac{\dot{I}'_2}{\dot{c}_1} \tag{10-41}$$

其中

$$\dot{I}'_0 = \frac{\dot{U}_1}{\dot{c}_1 Z_m} = \frac{\dot{U}_1}{Z_1 + Z_m}$$

$$-\frac{\dot{I}'_2}{\dot{c}_1} = \frac{\dot{U}_1}{\dot{c}_1 Z_1 + \dot{c}_1^2 Z'_{2s}}$$

于是得到异步电动机 Γ 形等效电路，如图 10-7 所示。它在工程中应用得较多。值得指出的是：由于 $\dot{c}_1$ 的模仅略大于1，幅角很小，且 x_m 远大于 r_m，x_1 比 r_1 大得多，可以近似地认为 $\dot{c}_1 \approx c_1 \approx 1 + \dfrac{x_1}{x_m}$，将复系数化成实系数。

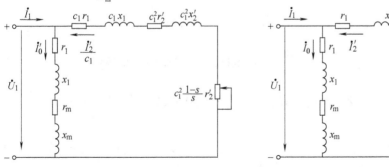

图 10-7　异步电动机的 Γ 形等效电路

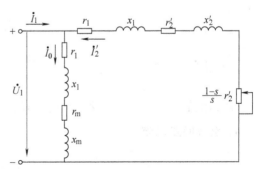

图 10-8　异步电动机的简化等效电路

3. 简化等效电路

对于容量大于 100kW 的异步电动机，$c_1 \approx 1$，则可得到图 10-8 的简化等效电路。

基本方程式、相量图和等效电路也是描述异步电动机运行时内部电磁关系的三种不同方式，它们之间是一致的。在进行定量计算时，一般采用等效电路；在讨论各物理量之间关系时，用相量图较方便；在进行理论分析、推导时，往往用方程式较为方便。

10.2.7　异步电动机的相量图

已知：U_1、I_1、$\cos\varphi_1$、r_1、x_1、r_2、x_2、k_e、k_i、s。相量图作图过程如下：

1）根据 U_1，I_1，$\cos\varphi_1$ 画出 $\dot{U}_1$，$\dot{I}_1$；再根据方程式 $-\dot{E}_1 = \dot{U}_1 - \dot{I}_1(r_1 + jx_1)$ 求出定子电动势相量 $-\dot{E}_1$。

2）在滞后于 $-\dot{E}_1$ 90°位置画出 $\dot{\Phi}$。

3）画出 $\dot{E}_1$，$\dot{E}'_2$。

4）计算 $r'_2 = k_e k_i r_2$；$x'_2 = k_e k_i x_2$。

5）根据方程式 $\dot{E}'_2 = \dot{I}'_2\left(\dfrac{r'_2}{s} + jx'_2\right)$，考虑到 $\dot{I}'_2\dfrac{r'_2}{s}$ 与 $\dot{I}'_2$ 同方向，$j\dot{I}'_2 x'_2$ 与 $\dot{I}'_2$ 垂直，从而求出 $\dot{I}'_2$。

6）根据 $\dot{I}_0 = \dot{I}_1 + \dot{I}'_2$，得到 $\dot{I}_0$。

于是得到异步电动机的相量图，如图 10-9 所示。

例 10-2　一台三相异步电动机，额定功率 $P_N = 4\text{kW}$，额定电压 $U_N = 380\text{V}$，定子绕组△形接法，额定转速 $n_N = 1442\text{r/min}$。定、转子边参数如下：

$$r_1 = 4.47\Omega；\quad r'_2 = 3.18\Omega；\quad r_m = 11.9\Omega$$
$$x_1 = 6.7\Omega；\quad x'_2 = 9.85\Omega；\quad x_m = 188\Omega$$

试求额定运行时的定子电流及功率因数。

解　根据简化等效电路来求解。

根据旋转磁场同步转速 n_1 与转子转速 n 十分接近这一概念可以推出，这是一台 4 极电机，同步转速 $n_1 = 1500\text{r/min}$，因此

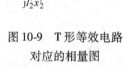

图 10-9　T 形等效电路
对应的相量图

转差率
$$s = \frac{n_1 - n}{n_1} = \frac{1500 - 1442}{1500} = 0.0387$$

定子阻抗
$$Z_1 = r_1 + jx_1 = (4.47 + j6.7)\Omega$$

转子阻抗
$$Z'_{2s} = \frac{r'_2}{s} + jx'_2 = \left(\frac{3.18}{0.0387} + j9.85\right)\Omega = (82.2 + j9.85)\Omega$$

励磁阻抗
$$Z_m = r_m + jx_m = (11.9 + j188)\Omega$$

1. 负载回路电流

$$-\dot{I}'_2 = \frac{\dot{U}_1}{Z_1 + Z'_{2s}}$$

$$-\dot{I}'_2 = \frac{380}{(4.47 + j6.7) + (82.2 + j9.85)}\text{A} = 4.32\angle -10.17°\text{A}$$

2. 励磁回路电流

$$\dot{I}_0 = \frac{\dot{U}_1}{Z_1 + Z_m}$$

$$\dot{I}_0 = \frac{380}{(4.47 + j6.7) + (11.9 + j188)}\text{A} = 1.945\angle -85.19°\text{A}$$

3. 定子绕组电流

$$\dot{I}_1 = \dot{I}_0 + (-\dot{I}'_2)$$

$$\dot{I}_1 = (1.945\angle -85.19° + 4.32\angle -10.17°)\text{A} = 5.17\angle -31.47°\text{A}$$

4. 功率因数

$$\cos\varphi_1 = \cos 31.47° = 0.853$$

例 10-3　一台三相 6 极绕线式异步电动机，定子电源频率为 50Hz，在额定负载时的转速为 980r/min，折算为定子频率的转子每相感应电动势 $E_2 = 110\text{V}$。问此时的转子电动势 E_{2s} 和它的频率 f_2 为何值？若转子不动，定子绕组上施加某一低电压使电流在额定值左右，假设转子绕组每相感应电动势为 10.2V，转子相电流为 20A，转子每相的电阻为 0.1Ω，忽略集肤效应的影响，试求额定运行时的转子电流 I_2 和转子铜耗 p_{Cu2}。

解　同步转速

$$n_1 = \frac{60f_1}{p} = \frac{60 \times 50}{3}\text{r/min} = 1000\text{r/min}$$

额定转差率

$$s_N = \frac{n_1 - n_N}{n_1} = \frac{1000 - 980}{1000} = 0.02$$

转子相电动势

$$E_{2s} = sE_2 = 0.02 \times 110\text{V} = 2.2\text{V}$$

转子频率

$$f_2 = sf_1 = 0.02 \times 50\text{Hz} = 1\text{Hz}$$

低压不转时转子每相漏阻抗

$$Z_2 = \frac{E_2}{I_2} = \frac{10.2}{20}\Omega = 0.51\Omega$$

已知

$$r_2 = 0.1\Omega$$

$$x_2 = \sqrt{Z_2^2 - r_2^2} = \sqrt{0.51^2 - 0.1^2}\Omega = 0.5\Omega$$

转子相电流

$$I_{2s} = \frac{E_{2s}}{\sqrt{r_2^2 + (sx_2)^2}} = \frac{2.2}{\sqrt{0.1^2 + (0.02 \times 0.5)^2}}\text{A} = 21.9\text{A}$$

或

$$I_2 = \frac{E_2}{\sqrt{\left(\dfrac{r_2}{s}\right)^2 + x_2^2}} = \frac{110}{\sqrt{\left(\dfrac{0.1}{0.02}\right)^2 + 0.5^2}} = \frac{110}{\sqrt{25.25}}\text{A} = 21.9\text{A}$$

转子铜耗

$$p_{\text{Cu2}} = 3I_2^2 r_2 = 3 \times 21.9^2 \times 0.1\text{W} = 144\text{W}$$

10.3　三相异步电动机参数的实验测定

利用基本方程式、等效电路和相量图来分析异步电动机的特性和性能时，必须先知道异步电机的参数 r_1、x_1、r_2'、x_2'、r_{m} 和 x_{m}。其中定子绕组电阻 r_1 可用电桥等表计直接测量。其他参数可通过做空载和短路（堵转）两个实验来测定。

10.3.1　空载实验

空载实验的目的是为了测励磁阻抗 r_{m}、x_{m}、机械损耗 p_{mec} 和铁耗 p_{Fe}。实验时，电动机的转轴上不加任何负载，即电动机处于空载运行状态，把定子绕组接到频率为额定的三相对称电源上，当电源电压为额定值时，让电动机运行一段时间，使其机械损耗达到稳定值。用调压器改变加在电动机定子绕组上的电压，使其从 $(1.1 \sim 1.3)U_{\text{N}}$ 开始，逐渐降低，直到电动机的转速发生明显变化为止。记录电动机的端电压 U_1、空载电流 I_0、空载功率 P_0 和转速 n，画出异步电动机的空载特性曲线，如图 10-10 所示。

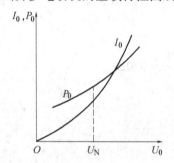

图 10-10　异步电动机的空载特性曲线

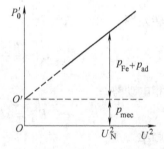

图 10-11　$P_0' = f(U_1^2)$ 曲线

由于异步电动机处于空载状态，转子电流很小，转子里的铜耗可忽略不计。在这种情况下，定子输入的功率 P_0 消耗在定子铜耗 $3I_0^2 r_1$、铁耗 p_{Fe}、机械损耗 p_{mec} 和附加损耗 p_{ad} 中，即

$$P_0 = 3I_0^2 r_1 + p_{\text{Fe}} + p_{\text{mec}} + p_{\text{ad}} \tag{10-42}$$

从输入功率 P_0 中减去定子铜耗 $3I_0^2 r_1$ 并用 P_0' 表示，得

$$P_0' = P_0 - 3I_0^2 r_1 = p_{\text{Fe}} + p_{\text{mec}} + p_{\text{ad}} \tag{10-43}$$

上述损耗中，p_{Fe} 和 p_{ad} 随着定子端电压 U_1 的改变而发生变化；而 p_{mec} 的大小与电压 U_1 无关，只要电动机的转速变化不大时，就认为是个常数。由于铁耗 p_{Fe} 和空载附加损耗 p_{ad} 可

近似认为与磁密的二次方成正比，因而可近似地看作与电动机的端电压 U_1^2 成正比。这样，可以画出 P_0' 对 U_1^2 的关系曲线，如图 10-11 所示。把图 10-11 中曲线延长与纵坐标轴交于点 O'，过 O' 做一水平虚线，把曲线的纵坐标分成两部分。由于机械损耗 p_{mec} 与转速有关，电动机空载时，转速接近于同步转速，对应的机械损耗是个不变的数值。可由虚线与横坐标轴之间的部分来表示这个损耗，其余部分当然就是铁耗 p_{Fe} 和附加损耗 p_{ad} 了。

定子加额定电压时，根据空载实验测得的数据 I_0 和 P_0，可以算出

$$\left.\begin{array}{l} Z_0 = \dfrac{U_0}{I_0} \\[3mm] r_0 = \dfrac{P_0 - p_{mec}}{3I_0^2} \\[3mm] x_0 = \sqrt{Z_0^2 - r_0^2} \end{array}\right\} \tag{10-44}$$

式中，P_0 是测得的三相功率；I_0、U_0 分别是相电流和相电压。

电动机空载时，$s \approx 0$，从图 10-6 所示 T 形等效电路可看出，这时

$$\frac{1-s}{s} r_2' \approx \infty$$

可见

$$x_0 = x_m + x_1$$

式中，x_1 可从短路（堵转）实验中测出，于是励磁电抗为

$$x_m = x_0 - x_1 \tag{10-45}$$

附加损耗 p_{ad} 很小，常可忽略，因此，铁耗 $p_{Fe} \approx P_0' - p_{mec}$（也可以通过其他实验测取 p_{ad}，从而得到 p_{Fe}）。则励磁电阻为

$$r_m = \frac{p_{Fe}}{3I_{0ph}^2} \tag{10-46}$$

10.3.2 短路（堵转）实验

短路实验的目的是测定短路电阻 r_k 和短路电抗 x_k，转子电阻 r_2'，定、转子漏电抗 x_1、x_2'。短路实验又叫堵转实验，即把绕线式异步电动机的转子绕组短路，并把转子卡住，不使其旋转。为了在做短路实验时不出现过电流，要把加在异步电动机定子上的电压降低。一般从 $U_k = 0.4U_N$ 开始，然后逐渐降低电压。实验时，记录定子绕组加的端电压 U_k、定子电流 I_k 和定子输入功率 P_k。根据实验的数据，画出异步电动机的短路特性 $I_k = f(U_k)$，$P_k = f(U_k)$，如图 10-12 所示。

短路实验时因外加电压较低，铁耗可忽略，即认为 $r_m \approx 0$。为了简单起见，可认为 $I_0 \approx 0$，即由图 10-6 等效电路的励磁支路相当于开路。同时，由于实验时，转速 $n = 0$，$s = 1$，$\dfrac{1-s}{s} r_2' = 0$ 相当于短路。因为 $n = 0$，机械损耗 $p_{mec} = 0$，定子全部输入功率 P_k 都消耗在定、转子的电阻上。

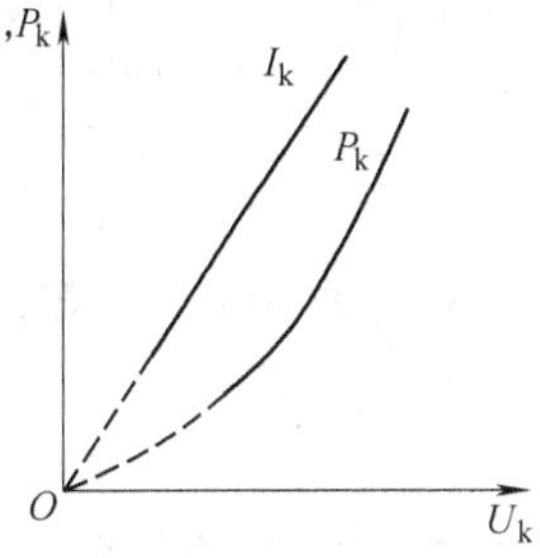

根据短路实验 $I_k = I_N$ 时测得的数据，可以算出短路阻抗

图 10-12 异步电动机的短路特性

Z_k、短路电阻 r_k 和短路电抗 x_k，即

$$\left.\begin{array}{l} Z_k = \dfrac{U_{kph}}{I_{kph}} \\[3mm] r_k = \dfrac{p_k}{3I_{kph}^2} \\[3mm] x_k = \sqrt{Z_k^2 - r_k^2} \end{array}\right\} \quad (10\text{-}47)$$

式中，$r_k = r_1 + r_2'$；$x_k = x_1 + x_2'$。

从 r_k 减去定子电阻 r_1，即得 r_2'。对于 x_1 和 x_2'，在大、中型异步电动机中，可认为

$$x_1 \approx x_2' \approx \frac{x_k}{2}$$

10.4 笼型转子参数

在前几节中，虽均从绕线式异步电动机入手进行分析，但所得结论完全适用于笼型异步电动机。然而，由于笼型异步电动机结构上的特点，其转子极数、转子相数、每相匝数以及转子绕组参数有其特殊性，本节将予以讨论。

10.4.1 转子的极数

如图 10-13 所示，定子旋转磁场相对应的转子绕组，分析中假定导条中的电流与电动势同相，从图中可见，对应旋转磁场的两对磁极，笼型转子的感应电流也形成转子的两对磁极，即笼型转子的极对数和定子的磁极对数相等。

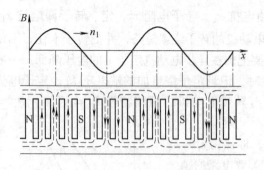

图 10-13 笼型转子磁极对数

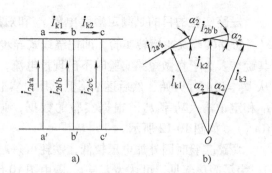

图 10-14 转子导条和端环中的电流
a）电流示意图 b）电流相量图

10.4.2 转子的相数

交流电机的相数是按绕组中的电流相位不同加以区分的，在三相异步电动机定子绕组

中，只具有三个不同相位的电流，即分为 A 相、B 相、C 相。对于笼型转子，如果转子导条数 N_2 不能被极对数 p 整除，则转子相数 $m_2 = N_2$（N_2 与转子槽数 Z_2 相等）。

如果转子导条数 N_2 能被极对数 p 整除，由于各对磁极下对应相同的转子导条数，而且一对极下各转子导体的几何位置与另一对极下各转子导体的几何位置相同，这种情况下转子的相数为 $m_2 = \dfrac{N_2}{p}$。

10.4.3　转子每相匝数及绕组系数

当 $m_2 = N_2$，每相只有一根导体，相当于半匝，所以每相匝数 $N_2 = \dfrac{1}{2}$，绕组系数 $k_{N2} = 1$。

当 $m_2 = \dfrac{N_2}{p}$，每相在各对极下的半匝线圈处于并联状态，因此，每相匝数仍然为 $N_2 = \dfrac{1}{2}$，绕组系数 $k_{N2} = 1$。

10.4.4　导条及端环中电流

如图 10-14a 所示，$\dot{I}_{2a'a}$、$\dot{I}_{2b'b}$、$\dot{I}_{2c'c}$ 为转子导条中电流，$\dot{I}_{k1}$、$\dot{I}_{k2}$ 为端环中电流，其中转子各导条中电流大小相等，相位依次相差 α_2 角，由于转子结构的对称性，相邻端环中电流也是大小相等依次相差 α_2 电角度，如图 10-14b 所示。

任取笼型转子绕组的一个节点，如图 10-14a 的 b 点，则有

$$\dot{I}_{2b'b} = \dot{I}_{k2} - \dot{I}_{k1} \tag{10-48}$$

即导条中电流实际为与它连接的两端环电流的几何差。又因为 $I_{k1} = I_{k2}$，所以可得

$$I_{2b'b} = 2I_{k1}\sin\frac{\alpha_2}{2} \tag{10-49}$$

$$I_{k1} = \frac{I_{2b'b}}{2\sin\dfrac{\alpha_2}{2}} \tag{10-50}$$

写式一般形式为

$$I_k = \frac{I_2}{2\sin\dfrac{\alpha_2}{2}}$$

其中 I_k 为端环中电流，I_2 为导条中电流。

10.4.5　转子参数

转子参数是指转子绕组的阻抗 Z_2 常常折算到定子侧为 Z_2'。以 $m_2 = Z_2$ 为例来分析转子参数（$m_2 = \dfrac{Z_2}{p}$ 与本情况所得 Z_2' 相同）。每相阻抗实际包括导条本身阻抗 $Z_c = r_c + jx_c$ 以及和它连接的两段端环阻抗 $2Z_k = 2r_k + j2x_k$。但应注意，由于导条中电流和端环中电流并不一

样，因此，对应转子相电流 I_2 的转子绕组每相阻抗应为

$$Z_2 = Z_c + 2Z'_k = (r_c + 2r'_k) + \mathrm{j}(x_c + 2x'_k) = r_2 + \mathrm{j}x_2 \tag{10-51}$$

式中，$r_2 = r_c + 2r'_k$；$x_2 = x_c + 2x'_k$；r'_k，x'_k 分别为折算到导条中的端环电阻和电抗，按折算的概念应当是

$$I_k^2 r_k = I_2^2 r'_k$$

$$r'_k = \frac{I_k^2}{I_2^2} r_k = \frac{r_k}{4\sin^2 \dfrac{\alpha_2}{2}} \tag{10-52}$$

同理可得

$$x'_k = \frac{x_k}{4\sin^2 \dfrac{\alpha_2}{2}} \tag{10-53}$$

把转子参数再折算到定子侧即

$$k_e k_i = \frac{N_1 k_{N1}}{N_2 k_{N2}} \frac{m_1 N_1 k_{N1}}{m_2 N_2 k_{N2}} \tag{10-54}$$

$$\left. \begin{array}{l} Z'_2 = k_e k_i Z_2 \\ r'_2 = k_e k_i r_2 \\ x'_2 = k_e k_i x_2 \end{array} \right\} \tag{10-55}$$

小　结

　　本章分析了异步电动机的电磁关系，推导出了异步电动机的基本方程式、等效电路和相量图，它们是进一步研究异步电动机各种运行性能的重要基础。

　　在异步电动机中不论转速、转向如何，转子电流产生的基波磁动势在空间总是以同步转速旋转，并与定子基波磁动势总是相对静止的。这是异步电动机在任何转速下都能产生平均电磁转矩、实现机电能量转换的必要条件。

　　异步电动机转子的折算包括频率折算和绕组折算，这些折算都是对定子侧等效的。折算的原则都是保持转子基波磁动势 $\dot{F}_2$ 不变。采用频率折算，把旋转的转子用静止的转子等效替代，可使转子与定子电动势和电流的频率相同，因而，定、转子各电磁量可以表示在同一个相-矢量图中。采用绕组折算，可将静止的转子侧各电磁量折算到定子侧，从而得到异步电动机的等效电路。

　　绕线式异步电动机，转子和定子绕组需绕成相同的磁极对数。而笼型异步电动机，转子的极数是由定子感应的，所以，转子的极对数总是自动地与定子绕组磁极对数相同，与导条的数量无关。笼型异步电动机的相数可以认为等于转子导条数或每对极下的导条数，两种情况下折算到定子的转子绕组参数是相同的。在进行笼型转子参数计算时，要把端环参数先折算到导条中，再折算到定子侧，从而得到等效电路。

思 考 题

10-1　三相异步电动机的主磁通指的是什么磁通？它是由各相电流分别产生的各相磁通，还是由三相电流共同产生的？等效电路中的哪个电抗参数与之对应？该参数本身是一相的还是三相的值？

10-2　试比较异步电动机和变压器的异同。

10-3　正常运转的异步电动机，其主磁通的大小与哪些因素有关？

10-4　三相异步电动机转子绕组开路时，其电磁关系与变压器空载运行的电磁关系有何异同？等效电路各参量有何异同？

10-5　异步电动机的气隙为什么要很小？它与同容量的变压器比较，空载电流为什么较大？

10-6　异步电动机运行时，为什么总是从电源吸收滞后的无功电流？

10-7　三相异步电动机接到三相电源上，并将转子堵转，转子电流的相序如何确定？频率是多少？转子电流产生磁动势的性质怎样？转向和转速如何？

10-8　异步电动机等效不动的条件是什么？等效电路中的电阻 $\dfrac{1-s}{s}r_2'$ 的物理意义是什么？$\dfrac{r_2'}{s}$ 的物理意义是什么？

10-9　绕线转子异步电动机，如果定子绕组短路，在转子边接上电源，如图 10-15 所示旋转磁场相对转子顺时针方向旋转。问此时转子会旋转吗？转向又如何？

10-10　绕线式异步电动机转子绕组的相数、极对数总是设计得与定子相同，笼型异步电动机的转子相数、极对数又是如何确定的？与笼型导条的数量有关吗？

10-11　异步电动机正常运行时，其气隙磁场转速为 n_1，转子转速为 n。定子电流所产生的旋转磁场以什么速度切割定子？以什么速度切割转子？转子电流所产生的磁场以什么速度切割转子？以什么速度切割定子？

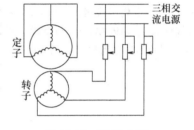

图 10-15　题 10-9 图

10-12　三相异步电动机的极对数为 p、同步转速 n_1、转子转速 n、定子频率 f_1、转子频率 f_2、转差率 s 及转子磁动势 $\dot{F}_2$ 相对于转子的转速为 n_2。试填写下表中的空格。

p	$n_1/$ (r·min^{-1})	$n/$ (r·min^{-1})	f_1/Hz	f_2/Hz	s	$n_2/$ (r·min^{-1})
1			50		0.03	
2		1000	50			
	1800		60	3		
5	600	−500				
3	1000				−0.2	
4			50		1	

10-13　试说明什么是转子绕组折算和频率折算，折算是在什么条件下进行的。

10-14　为什么异步电动机机械负载增大时，定子电流和输入功率会相应增加？异步电动机从空载到额定负载时主磁通和励磁电流有无变化？为什么？

10-15　试绘制异步电动机的 T 形等效电路，并说明电路上各参数的物理意义。

10-16　对比三相异步电动机和变压器的 T 形等效电路有何异同。等效电路中的 $\dfrac{1-s}{s}r_2'$ 能否用电容或电感来代替？

10-17　空载实验是如何做的？实验过程中为什么当转速发生明显变化时就要停止？

10-18 试说明异步电动机在做空载实验时如何分解机械损耗和铁耗。

习 题

10-1 一台三相异步电动机,定子绕组接到频率为 $f_1 = 50Hz$ 的三相对称电源上,其额定转速 $n_N = 960r/min$,试求:(1)该电动机的极对数 p;(2)额定转差率 s_N;(3)额定转速运行时转子电动势的频率 f_2。

10-2 有一台三相绕线式异步电动机,定、转子绕组均为 $\curlyvee$ 形联结,$2p = 4$,$f = 50Hz$,转速 $n_N = 1450r/min$,$U_N = 380V$,$r_1 = 0.45\Omega$,$x_1 = 2.45\Omega$,$N_1 = 200$ 匝,$K_{N1} = 0.94$,$r_2 = 0.02\Omega$,$x_2 = 0.09\Omega$,$N_2 = 38$ 匝,$K_{N2} = 0.96$,$r_m = 4\Omega$,$x_m = 24\Omega$。试求:(1)电动势比 k_e;(2)电流比 k_i;(3)计算等效电路各参数并绘出 T 形等效电路。

10-3 某三相绕线式异步电动机,定、转子绕组均为 $\curlyvee$ 形联结,$U_N = 380V$,$n_N = 1444r/min$,$r_1 = 0.4\Omega$,$r_2' = 0.4\Omega$,$x_1 = 1.0\Omega$,$x_2' = 1.0\Omega$,$x_m = 40\Omega$,$r_m = 4\Omega$。电动势比 $k_e = 4$。试求额定运行时:(1)转差率 s_N;(2)电流 $\dot{I}_1$、$\dot{I}_2'$ 和 $\dot{I}_0$;(3)转子每相电动势 E_{2s};(4)转子电动势频率 f_2。

10-4 一台绕线式三相异步电动机,转子绕组为 $\curlyvee$ 形联结,当定子加额定电压而转子绕组开路时,滑环上电压为 260V,转子静止时每相漏阻抗为 $(0.06 + j0.2)\Omega$(设定子每相漏阻抗 $Z_1 = Z_2'$)。试求:(1)定子加额定电压,转子不转时转子相电流是多大?(2)当在转子回路串入三相对称电阻,每相阻值 $R = 0.2\Omega$,转子堵转时转子每相电流是多大?

10-5 有一台 50Hz 的三相 4 极异步电动机,$P_N = 10kW$,$U_N = 380V$,$I_N = 19.8A$,$\curlyvee$ 形联结,$r_1 = 0.5\Omega$。由空载实验测出:$U_0 = 380V$,$I_0 = 5.4A$,$P_0 = 425W$,$p_{mec} = 170W$。由堵转实验测出:$U_k = 130V$(线值),$I_k = 19.8A$,$P_k = 1050W$。试求:(1)T 形等效电路中的参数 r_2'、x_2'(认为 $x_2' = x_1$)、r_m、x_m;(2)该电动机的功率因数 $\cos\varphi_N$ 和效率 η_N。

第11章 三相异步电动机的功率、转矩及特性

11.1 三相异步电动机的功率与转矩

11.1.1 功率平衡

由于 T 形等效电路能够全面地反映异步电动机内部的电流、功率、转矩以及它们间的关系，故用该等效电路来分析异步电动机的功率平衡关系。

异步电机作电动机运行时，是从电网输入电功率，从电机轴上输出机械功率，若用 P_1 表示电动机的三相输入功率，则

$$P_1 = m_1 U_1 I_1 \cos\varphi_1 \tag{11-1}$$

当电机定子输入电流 I_1 时，将在定子绕组电阻 r_1 上产生铜耗，即

$$p_{\text{Cu1}} = m_1 I_1^2 r_1 \tag{11-2}$$

三相电流在定子绕组产生旋转磁场并切割定子铁心引起铁耗 p_{Fe}（因转子频率甚低，故转子铁耗忽略不计），其值可看作励磁电流 I_0 流经励磁电阻所消耗的功率

$$p_{\text{Fe}} = m_1 I_0^2 r_m \tag{11-3}$$

因此从电动机输入功率 P_1 中扣除定子铜耗 p_{Cu1} 和定子铁耗 p_{Fe}，剩余的功率便是由气隙磁场通过电磁感应关系由定子侧传递到转子侧的电磁功率 P_{em}，即

$$P_{\text{em}} = P_1 - (p_{\text{Cu1}} + p_{\text{Fe}}) \tag{11-4}$$

所谓电磁功率，是指借助于气隙中的旋转磁场，通过电磁感应传递到转子侧的功率，由等效电路可得

$$P_{\text{em}} = m_1 E_2' I_2' \cos\varphi_2 = m_1 I_2'^2 \frac{r_2'}{s} \tag{11-5}$$

转子电流 I_2' 流过转子绕组 r_2 产生电阻损耗，即转子铜耗为

$$p_{\text{Cu2}} = m_1 I_2'^2 r_2' \tag{11-6}$$

传递到转子侧的电磁功率扣除转子铜耗就变为电动机轴上的总机械功率 P_{mec}，即

$$P_{\text{mec}} = P_{\text{em}} - p_{\text{Cu2}} \tag{11-7}$$

将式（11-5）和式（11-6）代入式（11-7）中可推得

$$P_{\text{mec}} = P_{\text{em}} - p_{\text{Cu2}} = m_1 I_2'^2 \frac{r_2'}{s} - m_1 I_2'^2 r_2' = m_1 I_2'^2 \frac{1-s}{s} r_2' \tag{11-8}$$

由上式可表明总机械功率 P_{mec} 即为电动机等效电路中附加电阻 $\dfrac{1-s}{s} r_2'$ 流过电流 I_2' 时消耗的功率，这也说明，为什么说 $\dfrac{1-s}{s} r_2'$ 是表示总机械功率的等效电阻了。

由式（11-5）、式（11-6）、式（11-8）可得

$$p_{Cu2} = sP_{em} \tag{11-9}$$
$$P_{mec} = (1 - s)P_{em} \tag{11-10}$$

可见，从气隙传递到转子的电磁功率 P_{em} 分为两部分：一部分转变为转子铜耗 sP_{em}，其余绝大部分转变为总机械功率 $(1-s)P_{em}$。又由式（11-9）知，转差率为转子铜耗与电磁功率之比，s 越大，电磁功率消耗在转子上的铜耗越大，电动机的效率也就越低，因此异步电动机在正常运行时的转差率应很小。

电动机运行时，还有机械损耗 p_{mec} 和附加损耗 p_{ad}，前者是电动机转轴和轴承之间，以及转子和冷却介质之间的摩擦产生的损耗，同时包括转子风扇排风消耗的功率，后者主要是定、转子齿槽在转子旋转时由于气隙磁通发生脉动产生的附加损耗，这种损耗在转子上产生附加制动转矩，因而消耗电动机转子一部分机械功率。

最后由总机械功率中扣掉此两项损耗，才是电动机转轴上输出的机械功率 P_2，故

$$P_2 = P_{mec} - (p_{mec} + p_{ad}) \tag{11-11}$$

异步电动机的功率流程如图 11-1 所示，上述各式经整理，或由图 11-1 可得

$$P_2 = P_1 - \sum p \tag{11-12}$$

式中，$\sum p$ 为电动机的总损耗

$$\sum p = p_{Cu1} + p_{Fe} + p_{Cu2} + p_{mec} + p_{ad} \tag{11-13}$$

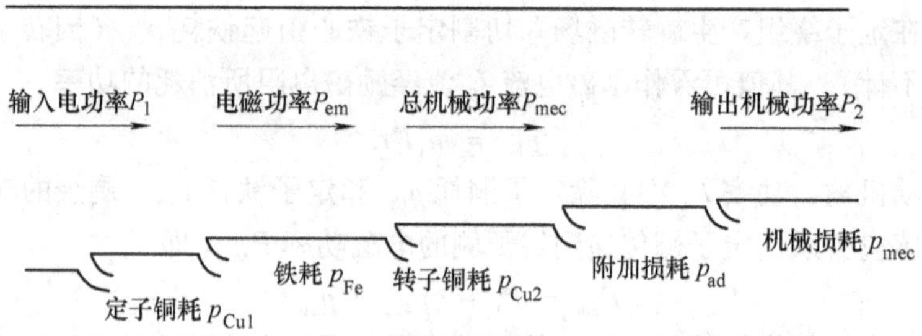

图 11-1 异步电动机功率流程图

电动机的附加损耗很小，一般铜条笼型转子异步电动机约为 $0.5\% P_N$，铸铝转子为 $(1\% \sim 3\%) P_N$。

效率定义为

$$\eta = \frac{P_2}{P_1} \times 100\% = \frac{P_1 - \sum p}{P_1} \times 100\% \tag{11-14}$$

11.1.2 转矩平衡

由动力学知，旋转体的机械功率 P 等于作用在旋转体上的转矩 T 与它的机械角速度 Ω 的乘积，$\Omega = 2\pi \frac{n}{60}$。

式（11-11）两边同除以 Ω，得

$$\frac{P_2}{\Omega} = \frac{P_{mec}}{\Omega} - \frac{p_{mec} + p_{ad}}{\Omega}$$

则

$$T_2 = T_{em} - T_0 \tag{11-15}$$

式中，T_{em} 为电磁转矩，$T_{em} = \dfrac{P_{mec}}{\Omega}$；$T_2$ 为输出转矩，$T_2 = \dfrac{P_2}{\Omega}$；$T_0$ 为空载转矩，$T_0 = \dfrac{p_{mec} + p_{ad}}{\Omega}$。
其中转矩的单位是 N·m，功率的单位是 W，机械角速度 Ω 的单位是 rad/s。还可推得

$$T_{em} = \frac{P_{mec}}{\Omega} = \frac{(1-s)P_{em}}{2\pi\dfrac{(1-s)n_1}{60}} = \frac{P_{em}}{\Omega_1} \tag{11-16}$$

式 (11-16) 称为电磁转矩的定义式，式中，Ω_1 为同步机械角速度，$\Omega_1 = 2\pi\dfrac{n_1}{60}$。

由式 (11-16) 可知，电磁转矩可从两方面看：从转子方面看，它等于总机械功率除以转子机械角速度；从定子方面看，它又等于定子的电磁功率除以定子旋转磁场的同步机械角速度。

例 11-1 一台 JO2-61-4 三相异步电动机，$P_N = 13\text{kW}$，$U_N = 380\text{V}$，$I_N = 14.7\text{A}$，$f_1 = 50\text{Hz}$，$p_{Cu2} = 363\text{W}$，$p_{Fe} = 346\text{W}$，$p_{mec} = 150\text{W}$，$p_{ad} = 65\text{W}$。试计算该电机额定负载时 n_N、T_{2N}、T_0 及 T_{em} 各为多少？

解 同步转速为

$$n_1 = \frac{60f_1}{p} = \frac{60 \times 50}{2}\text{r/min} = 1500\text{r/min}$$

总机械功率为

$$P_{mec} = P_N + p_{mec} + p_{ad} = (13 + 0.15 + 0.065)\text{kW} = 13.215\text{kW}$$

电磁功率为

$$P_{em} = P_{mec} + p_{Cu2} = (13.215 + 0.363)\text{kW} = 13.578\text{kW}$$

额定负载的转差率为

$$s_N = \frac{p_{Cu2}}{P_{em}} = \frac{0.363}{13.578} = 0.0267$$

$$n_N = (1 - s_N)n_1 = (1 - 0.0267) \times 1500\text{r/min} = 1460\text{r/min}$$

输出机械转矩

$$T_{2N} = \frac{P_N}{\Omega_N} = \frac{P_N}{\dfrac{2\pi n_N}{60}} = \frac{13 \times 10^3 \times 60}{2\pi \times 1460}\text{N·m} = 85\text{N·m}$$

空载转矩

$$T_0 = \frac{p_{mec} + p_{ad}}{\Omega_N} = \frac{p_{mec} + p_{ad}}{\dfrac{2\pi n_N}{60}} = \frac{(150 + 65) \times 60}{2\pi \times 1460}\text{N·m} = 1.4\text{N·m}$$

电磁转矩为

$$T_{em} = T_{2N} + T_0 = (85 + 1.4)\text{N·m} = 86.4\text{N·m}$$

或
$$T_{em} = \frac{P_{mec}}{\Omega} = \frac{P_{mec}}{\frac{2\pi n_N}{60}} = \frac{13215 \times 60}{2\pi \times 1460} N \cdot m = 86.4 N \cdot m$$

或
$$T_{em} = \frac{P_{em}}{\Omega_1} = \frac{P_{em}}{\frac{2\pi n_1}{60}} = \frac{13578 \times 60}{2\pi \times 1500} N \cdot m = 86.4 N \cdot m$$

可见用三种方法计算结果一样。

例 11-2 三相异步电动机 $P_N = 17kW$，$U_N = 380V$，$n_N = 725r/min$，$\cos\varphi_N = 0.82$，$p_{Cu1} = 856W$，$p_{Fe} = 455W$，$p_{mec} = 150W$，$p_{ad} = 95W$，定子绕组△形联结。试计算额定运行时：（1）转差率；（2）电磁转矩；（3）效率；（4）定子电流。

解 （1）根据一般电机的转差范围，$n_N = 725r/min$，可知 $n_1 = 750r/min$，$p = 4$，则

$$s_N = \frac{n_1 - n_N}{n_1} = \frac{750 - 725}{750} = 0.033$$

（2）总机械功率为 $P_{mec} = P_N + p_{mec} + p_{ad} = (17 + 0.15 + 0.095)kW = 17.25kW$

电磁转矩为 $T_{emN} = \frac{P_{mec}}{\Omega} = \frac{P_{mec}}{\frac{2\pi n_N}{60}} = \frac{17250 \times 60}{2\pi \times 725} N \cdot m = 227.3 N \cdot m$

（3）电磁功率为 $P_{em} = \frac{P_{mec}}{1 - s} = \frac{17.25}{1 - 0.033}kW = 17.84kW$

则输入功率为 $P_1 = P_{em} + p_{Fe} + p_{Cu1} = (17.84 + 0.455 + 0.856)kW = 19.15kW$

则
$$\eta = \frac{P_2}{P_1} \times 100\% = \frac{17}{19.15} \times 100\% = 88.77\%$$

（4）定子电流为

$$I_1 = \frac{P_1}{\sqrt{3}U_1\cos\varphi_N} = \frac{19150}{\sqrt{3} \times 380 \times 0.82} A = 35.48A$$

11.2 三相异步电动机的电磁转矩与机械特性

三相异步电动机的机械特性是指在定子电压、频率和参数固定的条件下，转速 n（或转差率 s）与电磁转矩 T_{em} 之间的函数关系，它是异步电动机最主要的特性。现从电磁转矩与参数关系入手，分析电磁转矩与转差率的关系，进而推导出机械特性。

11.2.1 电磁转矩的物理表达式

电磁转矩的物理表达式为

$$T_{em} = \frac{P_{em}}{\Omega_1} = \frac{m_1 E_2' I_2' \cos\varphi_2}{\frac{2\pi n_1}{60}}$$

$$= \frac{m_1 4.44 f_1 N_1 K_{N1} \Phi \cdot I_2' \cos\varphi_2}{\dfrac{2\pi f_1}{p}} = \frac{4.44 m_1 p N_1 K_{N1}}{2\pi} \Phi I_2' \cos\varphi_2$$

$$= C_T \Phi I_2' \cos\varphi_2 \tag{11-17}$$

式中，C_T 为转矩常数，$C_T = \dfrac{4.44}{2\pi} m_1 p N_1 K_{N1}$，对于已制成的电动机，$C_T$ 为一常数。

上式表明，异步电动机电磁转矩的大小与主磁通 Φ 和转子电流有功分量 $I_2' \cos\varphi_2$（注意不是转子电流）成正比。这也说明异步电动机的电磁转矩是由主磁通与转子电流有功分量相互作用产生的。它可用来分析异步电动机在各种运行状态下的物理过程，但很少用它来定量计算电磁转矩，因其涉及了磁场问题。

11.2.2　电磁转矩的参数表达式

式（11-17）说明了产生电磁转矩的条件，具有明显的物理意义。然而，在对电机进行具体分析时通常希望表达式能反映在不同转差率时转矩的变化规律，由此导出参数表达式。

1. 参数表达式

因为

$$T_{em} = \frac{P_{em}}{\Omega_1} = \frac{m_1 I_2'^2 r_2' / s}{\dfrac{2\pi n_1}{60}}$$

根据简化等效电路可推得转子电流

$$I_2' = \frac{U_1}{\sqrt{\left(r_1 + \dfrac{r_2'}{s}\right)^2 + (x_1 + x_2')^2}} \tag{11-18}$$

可得电磁转矩的参数表达式

$$T_{em} = \frac{m_1 p U_1^2 \dfrac{r_2'}{s}}{2\pi f_1 \left[\left(r_1 + \dfrac{r_2'}{s} \right)^2 + (x_1 + x_2')^2 \right]} \tag{11-19}$$

式中，U_1 为加在定子绕组上的相电压，单位为 V；电阻、漏抗单位为 Ω；转矩单位为 N·m。

上式表明：电动机电磁转矩 T_{em} 与电源参数 U_1、f_1，电机参数 m_1、p、r_1、r_2'、x_1 和 x_2'，运行参数 s 等有关。特别是电源参数的变化对异步电动机的电磁转矩影响较大。

2. 电磁转矩与转差率的关系曲线

当式（11-19）中的电源参数和电机参数一定时，异步电机的电磁转矩仅与转差率 s 有关，这种电磁转矩与转差率的关系曲线称为 $T_{em} - s$ 曲线，如图 11-2 所示。当 $0 < s < 1$ 为电动机运行状态，当 $s > 1$ 为电磁制动运行状态，当 $s < 0$ 为发电机运行状态。

$T_{em} - s$ 曲线上的几个特殊点为

（1）同步点 同步点如图 11-2 中 O 点所示，该点 $T_{em} = 0$，$s = 0$，$n = n_1$。

（2）额定运行点

额定运行点如图 11-2 中 C 点所示，该点 $T_{em} = T_{emN}$，$s = s_N$，$n = n_N$。其中，$T_{emN} = T_{2N} + T_0$，而 T_0 很小常常可忽略，近似认为 $T_{emN} \approx T_{2N}$。

T_{2N} 是电动机在额定运行时轴上输出的机械转矩，与它对应的转速为额定转速 n_N，转差率为额定转差率 s_N。电动机的额定转矩可由铭牌上的额定功率和额定转速求取，得

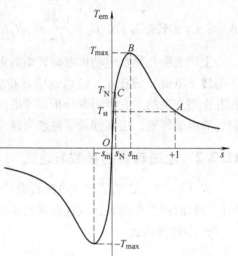

图 11-2 异步电机的 T_{em}-s 曲线

$$T_{2N} = \frac{P_N}{\Omega_N} = \frac{P_N}{2\pi \dfrac{n_N}{60}} = 9550 \frac{P_N}{n_N} \quad (11\text{-}20)$$

式中，P_N 单位为 kW；n_N 单位为 r/min；T_{2N} 单位为 N·m。

（3）临界点

临界点如图 11-2 中 "B" 点所示，该点 $T_{em} = T_{max}$，$s = s_m$。

由图 11-2 可见，电磁转矩有一最大值，此即为最大电磁转矩。欲求最大电磁转矩，只需将式（11-19）对 s 求导数，并令它等于零，即 $\dfrac{dT_{em}}{ds} = 0$，就可求得产生最大电磁转矩的临界转差率 s_m 为

$$s_m = \pm \frac{r_2'}{\sqrt{r_1^2 + (x_1 + x_2')^2}} \quad (11\text{-}21)$$

普通笼型异步电动机 $s_m = 0.08 \sim 0.2$。

把式（11-21）代入式（11-19），得

$$T_{max} = \pm \frac{m_1 p U_1^2}{4\pi f_1 \left[\pm r_1 + \sqrt{r_1^2 + (x_1 + x_2')^2} \right]} \quad (11\text{-}22)$$

式中，"+" 号对应电动机状态；"−" 号对应发电机状态。

一般情况下，r_1^2 值不超过 $(x_1 + x_2')^2$ 的 5%，可以忽略其影响。则

$$T_{max} = \pm \frac{m_1 p U_1^2}{4\pi f_1 (x_1 + x_2')} \quad (11\text{-}23)$$

$$s_m = \pm \frac{r_2'}{x_1 + x_2'} \quad (11\text{-}24)$$

也就是说，可以认为异步发电机状态和电动机状态的最大电磁转矩绝对值近似相等，临界转差率也近似相等，T_{em}-s 曲线对纵轴具有对称性。

由式（11-23）和式（11-24）可得结论如下：

1）当电源频率 f_1 及电机参数一定时，最大电磁转矩 T_{max} 与电源电压的二次方 U_1^2 成正

比。

2）最大电磁转矩 $T_{\max}$ 与转子回路电阻 r_2' 无关，但发生最大电磁转矩的临界转差率 s_m 却与转子回路电阻 r_2' 近似成正比。图 11-3 说明了转子回路串电阻时的 $T_{em}-s$ 特性曲线。

3）在频率 f_1 一定时，最大电磁转矩 $T_{\max}$ 近似与漏抗 $x_1 + x_2'$ 之和成反比。

用电动机的最大电磁转矩与额定电磁转矩的比值衡量异步电动机的过载能力，该比值称作过载倍数，用 k_m 表示为

$$k_m = \frac{T_{\max}}{T_{emN}} \qquad (11\text{-}25)$$

过载倍数是异步电动机的重要性能指标之一，它反映了电动机短时能够承受的过载能力，一般异步电动机 $k_m = 1.6 \sim 2.2$，起重、冶金用的异步电动机 $k_m = 2.2 \sim 2.8$。值得注意的是：绝不能让电动机长期工作在

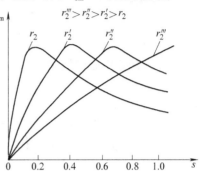

图 11-3 转子回路串电阻时的 $T_{em}-s$ 曲线

最大转矩处，这样电流过大，温升超过允许值，将会烧毁电机，另外，在最大转矩处运行也不稳定。

（4）起动点

起动点如图 11-2 中 A 点所示，该点 $T_{em} = T_{st}$，$s = 1$，$n = 0$。

起动转矩是指电动机接入电网，而转子尚未转动瞬间，电动机轴上的电磁转矩，又称为堵转转矩。只有当起动转矩大于负载起动时所要求的转矩时，电动机才能起动。

把 $s = 1$ 代入式（11-19）可得起动转矩

$$T_{st} = \frac{m_1 p U_1^2 r_2'}{2\pi f_1 \left[(r_1 + r_2')^2 + (x_1 + x_2')^2 \right]} \qquad (11\text{-}26)$$

由此得出如下结论：

1）当电源频率和电机参数一定时，起动转矩与电源电压的二次方成正比。

2）当电源电压和电机参数一定时，电源频率越高，起动转矩就越小。

3）当电源电压、频率一定时，定、转子漏抗越大，起动转矩就越小。

4）对于绕线式异步电动机，在转子回路串入适当电阻，就可增大起动转矩。

起动转矩与额定电磁转矩的比值称作起动转矩倍数，用 k_{st} 表示，即

$$k_{st} = \frac{T_{st}}{T_{emN}} \qquad (11\text{-}27)$$

k_{st} 的大小反映电动机起动负载的能力，电动机起动时，k_{st} 大于 $1.1 \sim 1.2$ 倍的负载转矩，即可顺利起动。一般笼型异步电动机，$k_{st} = 1.0 \sim 2.2$，特殊用电动机 k_{st} 可达 4.0。

例 11-3 一台三相 6 极笼型异步电动机，定子绕组 Y 形联结，额定电压 $U_N = 380V$，额定转速 $n_N = 957r/min$，电源频率 $f_1 = 50Hz$，定子电阻 $r_1 = 2.08\Omega$，定子漏电抗 $x_1 = 3.12\Omega$，转子电阻折合值 $r_2' = 1.53\Omega$，转子漏电抗折合值 $x_2' = 4.25\Omega$。计算：（1）额定电磁转矩；（2）最大电磁转矩及过载倍数；（3）临界转差率；（4）起动转矩及起动转矩倍数。

解 先求同步转速 n_1

$$n_1 = \frac{60f_1}{p} = \frac{60 \times 50}{3}\text{r/min} = 1000\text{r/min}$$

额定转差率 s_N

$$s_N = \frac{n_1 - n_N}{n_1} = \frac{1000 - 957}{1000} = 0.043$$

（1）额定电磁转矩 T_{emN}

$$T_{emN} = \frac{m_1 p U_1^2 \dfrac{r_2'}{s_N}}{2\pi f_1\left[\left(r_1 + \dfrac{r_2'}{s_N}\right)^2 + (x_1 + x_2')^2\right]}$$

$$= \frac{3 \times 3 \times \left(\dfrac{380}{\sqrt{3}}\right)^2 \times \dfrac{1.53}{0.043}}{2\pi \times 50\left[\left(2.08 + \dfrac{1.53}{0.043}\right)^2 + (3.12 + 4.25)^2\right]}\text{N} \cdot \text{m}$$

$$= 32.09\text{N} \cdot \text{m}$$

（2）最大电磁转矩 T_{max}

$$T_{max} = \frac{m_1 p U_1^2}{4\pi f_1(x_1 + x_2')} = \frac{3 \times 3 \times 220^2}{4\pi \times 50(3.12 + 4.25)}\text{N} \cdot \text{m} = 94.07\text{N} \cdot \text{m}$$

过载倍数 k_m

$$k_m = \frac{T_{max}}{T_{emN}} = \frac{94.07}{32.09} = 2.93$$

（3）临界转差率 s_m

$$s_m = \frac{r_2'}{x_1 + x_2'} = \frac{1.53}{(3.12 + 4.25)} = 0.21$$

（4）起动转矩 T_{st}

$$T_{st} = \frac{m_1 p U_1^2 r_2'}{2\pi f_1\left[(r_1 + r_2')^2 + (x_1 + x_2')^2\right]}$$

$$= \frac{3 \times 3 \times 220^2 \times 1.53}{2\pi \times 50\left[(2.08 + 1.53)^2 + (3.12 + 4.25)^2\right]}\text{N} \cdot \text{m} = 31.51\text{N} \cdot \text{m}$$

起动转矩倍数 k_{st}

$$k_{st} = \frac{T_{st}}{T_{emN}} = \frac{31.51}{32.09} = 0.98$$

11.2.3　电磁转矩的实用表达式

在实际应用时，常常希望不用电机参数而只用产品铭牌中提供的数据（P_N，n_N，k_m）来获得电磁转矩与转差率之间的关系，现推导如下。

从式 (11-24) 得

$$(x_1 + x_2') = \frac{r_2'}{s_m} \tag{11-28}$$

将式 (11-28) 代入式 (11-19)，并忽略 r_1，得

$$T_{em} = \frac{m_1 p U_1^2 \dfrac{r_2'}{s}}{2\pi f_1 \left[\left(\dfrac{r_2'}{s} \right)^2 + \left(\dfrac{r_2'}{s_m} \right)^2 \right]} \tag{11-29}$$

将式 (11-28) 代入式 (11-23)，得

$$T_{max} = \frac{m_1 p U_1^2}{4\pi f_1 \dfrac{r_2'}{s_m}} \tag{11-30}$$

将式 (11-29) 除以式 (11-30)，得

$$\frac{T_{em}}{T_{max}} = \frac{2}{\dfrac{s}{s_m} + \dfrac{s_m}{s}} \tag{11-31}$$

这就是电磁转矩的实用表达式。

11.2.4 异步电动机的机械特性

异步电动机的机械特性指的是转速 n 与电磁转矩 T_{em} 之间的关系，即 $n = f(T_{em})$。该曲线是分析异步电动机起动、制动以及调速过程中最重要的一个特性。现由 $T_{em} = f(s)$ 曲线推导机械特性曲线。先将 $T_{em} = f(s)$ 的纵、横坐标对调，然后利用 $n = (1-s)n_1$ 把转差率 s 转换成对应的转速 n，就可以得到机械特性，这里仅绘出最为常用的作为电动机运行时的机械特性，如图 11-4 所示。

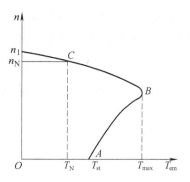

图 11-4 三相异步电动机的
机械特性曲线

异步电动机输出的量是转矩和转速，要知道电动机在不同负载下工作的转矩与转速，只要把电动机的机械特性 $n = f(T_{em})$ 与负载的机械特性 $n = f(T_L)$ 画在一起，两条特性曲线交点即为电机运行点。

例 11-4 一台三相异步电动机，额定功率 $P_N = 70\mathrm{kW}$ 额定电压 $U_N = 380\mathrm{V}$，定子丫型联接额定转速 $n_N = 725\mathrm{r/min}$ 过载倍数 $k_m = 2.4$（不计 T_0）。

试求：（1）转矩的实用公式；（2）转差率 $s = 0.02$ 时的电磁转矩 T_{em}。

解 （1）$T_{2N} = 9.55 \dfrac{P_N}{n_N} = 9.55 \dfrac{70 \times 10^3}{725} \mathrm{N \cdot m} = 922 \mathrm{N \cdot m}$

$$T_{emmax} = k_m T_{2N} = 2.4 \times 922 \mathrm{N \cdot m} = 2212.9 \mathrm{N \cdot m}$$

$$s_N = \frac{n_1 - n_N}{n_1} = \frac{750 - 725}{750} = 0.033$$

$$s_m = s_N \ (k_m + \sqrt{k_m^2 - 1}) \ = 0.033 \ (2.4 + \sqrt{2.4^2 - 1}) \ = 0.15$$

$$T_{em} = \frac{2T_{emmax}}{\dfrac{s}{s_m} + \dfrac{s_m}{s}} = \frac{4425.8}{\dfrac{s}{0.15} + \dfrac{0.15}{s}}$$

(2) $T = \dfrac{4425.8}{\dfrac{0.02}{0.15} + \dfrac{0.15}{0.02}} N \cdot m = 579.8 N \cdot m$

11.3　三相异步电动机的工作特性

三相异步电动机工作特性是指在额定电压和额定频率下，电动机的转速 n（转差率 s）、输出转矩 T_2、定子电流 I_1、功率因数 $\cos\varphi_1$ 及效率 η 与输出功率 P_2 之间的关系曲线。这些特性曲线可用等效电路求得，也可用实验方法测出。应用这些曲线，可以了解异步电动机的运行性能。

11.3.1　转速（转差率）特性 $n = f(P_2)$ 或 $s = f(P_2)$

空载运行时，转速 n 略低于同步转速 n_1。随着负载的增加 n 略有降低，使 E_{2s} 和 I_{2s} 增大，以产生更大的电磁转矩与负载转矩相平衡。因此，转速 n 随 P_2 增加而略有降低，转速特性 $n = f(P_2)$ 是一条由 n_1 处开始稍下倾的曲线。一般用途的三相异步电动机其工作区域在 $0 < s < s_m$，其机械特性较硬，即电磁转矩变化时，转速变化很小。

11.3.2　转矩特性 $T_2 = f(P_2)$

转矩公式为

$$T_2 = \frac{P_2}{\Omega} = \frac{P_2}{2\pi \dfrac{n}{60}}$$

由于异步电动机从空载到满载，n 变化甚小，若认为 $n = c$，则 $T_2 \propto P_2$，故 $T_2 = f(P_2)$ 近似为一条直线。但实际上 n 稍有下降，故 $T_2 = f(P_2)$ 实为一条过零点稍向上翘的曲线。

11.3.3　定子电流特性 $I_1 = f(P_2)$

由于异步电动机定子电流 $\dot{I}_1 = \dot{I}_0 + (-\dot{I}_2')$ 可知，空载时 $I_2' \approx 0$，$I_1 = I_0$，定子电流几乎全为励磁电流。当负载 P_2 增大时，转子电流 I_2 随之增大，为抵偿转子磁动势的增大，定子负载分量电流（磁动势）也增大，故 I_1 在 $P_2 = 0$ 时，$I_1 = I_0$，然后随 P_2 的增加而增大。

11.3.4　定子功率因数特性 $\cos\varphi_1 = f(P_2)$

异步电动机需从电网吸取感性无功电流供电机励磁用。空载时，定子电流 $\dot{I}_1 = \dot{I}_0 = \dot{I}_{0a} + \dot{I}_{0r}$，而 $\dot{I}_{0a} \ll \dot{I}_{0r}$，也就是空载时电动机只需从电网吸取很小的有功电流供空载损耗用，而绝大部分电流用来励磁，因此电动机空载时功率因数很低，通常不超过 0.2。

随着负载 P_2 增加，I_2' 增大，定子电流有功分量增大，$\cos\varphi_1$ 很快上升，在额定负载附近，功率因数最高。当超过额定负载后，由于转差率 s 迅速增大，转子漏抗迅速增大，则 $\varphi_2 = \arctan \dfrac{sx_2'}{r_2'}$ 增大较快，故转子电路 $\cos\varphi_2$ 下降，于是转子无功分量电流增大，相应的定子无功电流也增大，因此定子功率因数 $\cos\varphi_1$ 却反而下降。

额定负载时的功率因数：Y 系列小型电动机，2 极电动机约为 0.84 ~ 0.89，4 极约为 0.76 ~ 0.89。

11.3.5　效率特性 $\eta = f(P_2)$

由效率公式

$$\eta = \frac{P_2}{P_1} \times 100\% = \frac{P_1 - \sum p}{P_1} \times 100\% \tag{11-32}$$

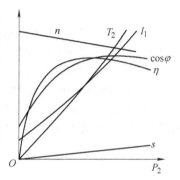

可知，从空载到额定负载，主磁通和转速变化很小，故铁耗 p_{Fe} 及机械损耗 p_{mec} 可认为是不变损耗。而定、转子铜耗 p_{Cu1} 和 p_{Cu2}、附加损耗 p_{ad} 随负载而变。空载时，$P_2 = 0$，$\eta = 0$。负载由零开始增加时，开始由于定、转子电流很小，故总损耗 $\sum p$ 增加极慢，则效率上升较快。当负载增大到使可变损耗等于不变损耗时，效率达最高。若负载继续增大，则与电流二次方成正比的定、转子铜耗增加很快，故效率反而下降。对于中、小型异步电动机大约 $P_2 = (0.75 \sim 1.0) P_{\mathrm{N}}$ 时效率最高。我国生产的 Y 系列三相异步电动机额定效率 η_{N}，中、小型的一般为 73% ~ 95%，中、大型的一般为 91.4% ~ 96.9%。

图 11-5　三相异步电动机的工作特性

各条特性曲线如图 11-5 所示。由于额定负载附近的功率因数及效率均较高，因此总希望电动机在额定负载附近运行。若电动机长期轻载运行，效率及功率因数均低，很不经济。因此在选用电动机时，应注意其容量与负载相匹配。

小　结

本章分析了异步电动机的功率平衡关系、转矩平衡关系、功率和转矩间的关系。这些关系是三相异步电动机机电能量转换过程中的基本关系，需要深入理解和牢固掌握。

异步电机的电磁转矩有多种表达形式：根据电磁转矩产生的物理内涵得出电磁转矩的物理表达式。根据电磁转矩与电机参数的关系得出电磁转矩的参数表达式及异步电机的电磁转矩与转差率之间的关系曲线，分析出最大电磁转矩以及起动转矩与电机参数的具体关系。根据电机的铭牌数据推出电磁转矩的实用表达式，它主要用于电机拖动系统的设计。根据电磁转矩与功率的关系，也可以计算电机的电磁转矩，这种方式计算最为简便。掌握电磁转矩的各种表达形式对分析电机的运行情况具有重要的意义。

异步电动机的机械特性指的是转速 n 与电磁转矩 T_{em} 之间的关系，即 $n = f(T_{\mathrm{em}})$。该曲线是分析异步电动机起动、制动以及调速过程中最重要的一个特性。

异步电动机的工作特性是指当电机负载变化时,转速、转矩、定子电流、功率因数、效率随输出功率而变化的曲线关系,应了解它的主要性能指标。

思 考 题

11-1 三相异步电动机运行时内部有哪些损耗?当电动机从空载到额定负载运行时,这些损耗中哪些基本不变?哪些是随负载变化的?

11-2 试绘出异步电动机的功率流程图,并说明各功率的意义。

11-3 三相异步电动机产生电磁转矩的原因是什么?从转子侧看,电磁转矩与电机内部的哪些量有关?当外加电压及转差率不变时,电机的电磁转矩是否也不会改变?

11-4 异步电动机带额定负载运行时,若电源电压下降,对异步电动机的 T_{max}、T_{st}、Φ_m、I_2、s 有何影响?

11-5 试绘制三相异步电动机的 $T_{em} = f(s)$ 特性曲线,说明特性曲线上各转矩和转差率的意义。

11-6 漏电抗大小对异步电动机的运行性能,包括起动电流、起动转矩、最大转矩、功率因数等有何影响?

11-7 某绕线转子异步电动机,如果:(1) 转子电阻增加一倍;(2) 转子漏电抗增加一倍;(3) 定子电压的大小不变,而频率由 50Hz 变为 60Hz,各对最大转矩和起动转矩有什么影响?

11-8 一台笼型异步电动机,原来转子是插铜条的,后因损坏改为铸铝的。如果在额定电压下,仍旧拖动原来额定转矩大小的恒转矩负载运行,那么与原来额定值比较,下列物理量将如何变化:(1) 转速 n;(2) 转子电流 I_2;(3) 定子电流 I_1;(4) 定子功率因数 $\cos\varphi_1$;(5) 输入功率 P_1;(6) 输出功率 P_2;(7) 效率 η;(8) 起动转矩 T_{st};(9) 最大电磁转矩 T_{max}。

习 题

11-1 已知一台三相 50Hz 绕线式异步电动机,额定电压 $U_N = 380V$,额定功率 $P_N = 100kW$,额定转速 $n_N = 950r/min$,在额定转速下运行时,机械摩擦损耗 $p_{mec} = 1kW$,忽略附加损耗。求额定运行时:(1) 额定转差率 s_N;(2) 电磁功率 P_{em};(3) 转子铜耗 p_{Cu2};(4) 在额定运行时的电磁转矩、输出转矩及空载转矩。

11-2 某三相异步电动机,$P_N = 10kW$,$U_N = 380V$,$n_N = 1455r/min$,$r_1 = 1.375\Omega$,$r_2' = 1.047\Omega$,$r_m = 8.34\Omega$,$x_1 = 2.43\Omega$,$x_2' = 4.4\Omega$,$x_m = 82.6\Omega$。定子三相绕组 △ 形联结,额定时 $p_{mec} + p_{ad} = 205W$。试求:(1) 绘出 T 形等效电路;(2) 额定运行时的定子电流 I_1、功率因数 $\cos\varphi_1$、输入功率 P_1 和效率 η;(3) 额定负载时的电磁转矩;(4) 转速 n 为多少时电磁转矩有最大值。

11-3 某三相 6 极笼型异步电动机的数据为:额定电压 $U_N = 380V$,额定转速 $n_N = 957r/min$,额定频率 $f = 50Hz$,定子绕组 Y 形联结,定子电阻 $r_1 = 2.08\Omega$,转子电阻折算值 $r_2' = 1.53\Omega$,定子漏电抗 $x_1 = 3.12\Omega$,转子漏电抗折算值 $x_2' = 4.25\Omega$,试用参数公式计算:(1) 额定电磁转矩 T_{emN};(2) 最大转矩 T_{max};(3) 过载倍数 k_m;(4) 最大转矩所对应的转差率 s_m。

11-4 某三相 4 极定子绕组 Y 形联结绕线式异步电动机的数据为:额定功率 $P_N = 150kW$,额定电压 $U_N = 380V$,额定转速 $n_N = 1460r/min$,过载倍数 $k_m = 3.1$,忽略空载转矩 T_0。试求:(1) 额定转差率 s_N;(2) 最大转矩所对应的转差率 s_m;(3) 额定输出转矩 T_{2N};(4) 最大电磁转矩 T_{max}。

11-5 某三相异步电动机,输入功率 $P_1 = 8.6kW$,$p_{Cu1} = 425W$,$p_{Fe} = 210W$,转差率 $s = 0.034$。试求:(1) 电磁功率 P_{em};(2) 转子铜耗 p_{Cu2};(3) 总机械功率 P_{mec}。

11-6 某三相绕线式异步电动机,$P_N = 17.2kW$,$f = 50Hz$,定子绕组 4 极 Y 联结,$U_N = 380V$,$I_N = 33.8A$;额定负载时的各项损耗分别为:$p_{Cu1} = 784W$,$p_{Fe} = 350W$,$p_{Cu2} = 880W$,$p_{mec} + p_{ad} = 280W$;各参数分别为:$r_1 = 0.228\Omega$,$r_2' = 0.224\Omega$,$x_1 = 0.55\Omega$,$x_2' = 0.75\Omega$。试求:(1) 额定运行时的电磁转矩 T_{em};

（2）额定运行时的输出转矩 T_{2N}；（3）最大转矩 T_{max} 和过载倍数 k_m；（4）起动转矩 T_{st}。

11-7 某台 8 极三相异步电动机，$P_N = 60kW$，$U_N = 380V$，$f = 50Hz$，$n_N = 730r/min$，额定负载时 $\cos\varphi_N = 0.83$，定子铜耗和铁耗之和 $p_{Cu1} + p_{Fe} = 4.488kW$，机械损耗 $p_{mec} = 1.25kW$，略去附加损耗。在额定负载时，试求：（1）转差率 s_N；（2）转子铜耗 p_{Cu2}；（3）效率 η；（4）定子电流 I_N；（5）转子绕组感应电动势的频率 f_2。

11-8 某台 $P_N = 5.5kW$，$U_N = 380V$，$f_1 = 50Hz$ 的三相 4 极异步电动机。在某运行情况下，$P_1 = 6.25kW$，$p_{Cu1} = 341W$，$p_{Cu2} = 237.5W$，$p_{Fe} = 167.5W$，$p_{mec} = 45W$，$p_{ad} = 29W$，试求：（1）η；（2）s；（3）n；（4）T_0；（5）T_2；（6）T_{em}。

11-9 一台三相绕线式异步电动机，已知额定功率 $P_N = 150kW$，额定电压 $U_N = 380V$，额定频率 $f_1 = 50Hz$，额定转速 $n_N = 1460r/min$，过载倍数 $k_m = 2.3$。试求：（1）转差率 $s = 0.02$ 时的电磁转矩；（2）负载转矩为 $860N \cdot m$ 时电机的转速。

第12章　三相异步电动机的起动、调速与制动

电动机实际运行中经常会有起动、调速和制动方面的要求。本章主要介绍三相异步电动机起动、调速和制动的基本原理和实现的基本方法。

12.1　三相笼型异步电动机的起动

异步电动机的起动是指电机从静止状态加速到稳态转速的整个过程。标志异步电动机起动性能的两个主要指标是起动电流和起动转矩。

12.1.1　对起动性能的要求

1）起动电流要小，以尽量减少由起动电流引起的电网上的电压降，从而直接影响接在同一电网上的其他电气设备的正常运行。

2）起动转矩要大，大于负载转矩，确保能够起动，并使起动过程加快。

但实际的异步电动机却是最初起动电流较大，而最初起动转矩并不大。一般笼型异步电动机的最初起动电流为 $(5 \sim 7)I_N$，最初起动转矩 $(1.5 \sim 2)T_N$。主要是因为起动初瞬，转子处于静止状态，$n=0$，$s=1$，定子旋转磁场以较大速度切割转子绕组，在短接的转子绕组感应最大的电动势和电流，致使与它平衡的定子磁动势也最大，此时的定子电流（即起动电流）就很大。但是，起动时转子频率 $f_2 = sf_1 = f_1$ 较高，转子电抗值较大，转子侧的功率因数较低，从电磁转矩公式 $T_{em} = C_T \Phi I_2' \cos\varphi_2$ 知，最初起动时，转子电流 I_2' 尽管较大，但由于转子侧的功率因数较低，同时气隙主磁通也只有正常运行时的一半左右，所以电磁转矩仍然不大。

12.1.2　笼型异步电动机起动

笼型异步电动机有两种起动方法：直接起动（全压起动）和降压起动。

1. 直接起动

直接起动是利用刀开关或交流接触器把电动机定子绕组直接接到额定电压的电源上，所以也称为全压起动。其优点是设备简单，操作方便，但缺点是起动电流较大。

目前设计的笼型异步电动机，从电机本身来说都允许采用直接起动。不过，过大的起动电流将在输电线路上产生阻抗压降，从而使电网电压降低，影响到接在同一电网上其他电气设备的正常工作。

一般规定，额定功率低于 10kW 的异步电动机允许直接起动。对于额定功率超过 10kW 的异步电动机，可以根据式（12-1）来判断电动机是否可以直接起动。若下列条件满足，即

$$\frac{I_{st}}{I_N} \leqslant \frac{1}{4}\left[3 + \frac{电源总容量(kV \cdot A)}{起动电动机容量(kW)}\right] \tag{12-1}$$

则电动机可以采用直接起动；否则，必须采取其他措施。

根据异步电动机简化等效电路并考虑励磁电流相对起动电流较小，忽略励磁电流，可得起动电流为

$$I_{st} = \frac{U_1}{\sqrt{(r_1 + r_2')^2 + (x_1 + x_2')^2}} \qquad (12\text{-}2)$$

可见，起动电流 I_{st} 与 U_1 成正比。因此为了限制起动电流，可采用降低电源电压的方法。

2. 降压起动

所谓降压起动就是在起动时，降低加在电动机定子绕组上的电压，以减小起动电流，待电机转速趋向于稳定后，再将定子绕组上电压恢复到正常值。由于起动转矩与外加电压平方成正比，故降压起动在限制起动电流的同时也限制了起动转矩，因此它只适用于对起动转矩要求不大，而又需限制起动电流的场合。为了更好地掌握降压起动，我们将降压起动与直接起动进行对比分析。

常用的降压起动方法有定子回路串电抗器起动、丫-△换接起动和自耦变压器起动。

（1）定子回路串电抗器起动

定子回路串接电抗器的降压起动方法，起动时电抗器接入定子电路，起动后，切除电抗器，进入正常运行。原理接线如图 12-1 所示。

起动时，将 S_2 合向"起动"位置，然后合上电源开关 S_1 起动，此时在电抗器上产生较大压降，从而降低了加在定子绕组上的电压，起到了限制起动电流的作用。当转速接近于稳定转速时，把 S_2 切换到"运行"位置，将电抗器切除，电动机便在全压下稳定运行。

三相异步电动机直接起动和定子串电抗器起动时，等效电路如图 12-2 所示。其中 x_Ω 为每相串入的电抗；r_k、x_k 分别为异步电机堵转时的等效电阻、等效电抗；U_N、U_1' 分别为串电抗器前后定子一相绕组上的电压。两者的关系为

$$\frac{U_1'}{U_N} = \frac{\sqrt{r_k^2 + x_k^2}}{\sqrt{r_k^2 + (x_\Omega + x_k)^2}} = k \qquad (12\text{-}3)$$

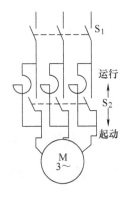

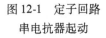

图 12-1 定子回路
串电抗器起动

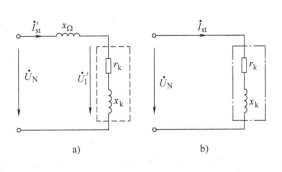

图 12-2 电抗器起动与直接起动时等效电路
a）串电抗器起动 b）直接起动

则依据起动电流与电压成正比，起动转矩与电压二次方成正比，可知：

$$I_{st}' = kI_{st} \tag{12-4}$$

$$T_{st}' = k^2 T_{st} \tag{12-5}$$

式中，I_{st}、T_{st} 为全压起动时的电流和转矩；I_{st}'、T_{st}' 为降压起动时的电流和转矩。

显然，定子串电抗器起动，降低了起动电流，但与此同时，起动转矩降低很多。因此，定子串电抗器起动，只能用于空载和轻载起动。

工程实际中，往往先给定线路允许的起动电流的大小 I_{st}'，再计算电抗 x_Ω 的大小。当然，从式（12-3）可得

$$x_\Omega = \frac{\sqrt{(1-k^2)r_k^2 + x_k^2}}{k} - x_k \tag{12-6}$$

定子回路串电阻起动，也属于降压起动。但由于外串电阻上有较大的有功功率损耗，不经济，所以很少采用。

（2）丫-△换接起动

对于正常运行时定子绕组接成△形的三相笼型异步电动机，为了减小起动电流，可以采用丫-△换接起动，即起动时，定子绕组星接，起动后换成角接，其接线图如图12-3 所示。起动前先将 S_2 合向起动位置（定子绕组先作星接），然后合电源开关 S_1，待转速接近稳定转速时，把 S_2 由起动（星接）位置迅速切换到运行（角接）位置，电动机便在角接线的情况下稳定运行。

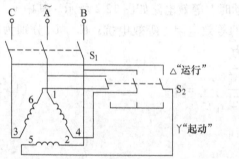

图 12-3　丫-△换接起动线路

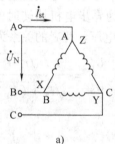
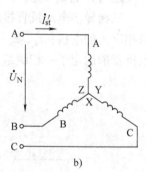

图 12-4　丫-△起动的起动电流
a）直接起动　b）丫-△起动

电动机直接起动时，定子绕组角接，如图 12-4a 所示，电动机一相绕组的电压为 U_N。采用丫-△起动时，定子绕组星接，如图 12-4b 所示，电动机一相绕组的电压下降为 $U' = \frac{U_N}{\sqrt{3}}$。二者的关系为

$$\frac{U_1'}{U_N} = \frac{\frac{U_N}{\sqrt{3}}}{U_N} = \frac{1}{\sqrt{3}} \tag{12-7}$$

电动机直接起动时，起动电流为 $I_{st} = \dfrac{\sqrt{3}\,U_N}{Z_k}$。采用 Y-△ 起动，起动电流为 $I'_{st} = \dfrac{U_N}{\sqrt{3}\,Z_k}$。二者的关系为

$$\frac{I'_{st}}{I_{st}} = \frac{\dfrac{U_N}{\sqrt{3}\,Z_k}}{\dfrac{\sqrt{3}\,U_N}{Z_k}} = \frac{1}{3} \tag{12-8}$$

若直接起动时起动转矩为 T_{st}，Y-△ 降压起动时起动转矩为 T'_{st}，则

$$\frac{T'_{st}}{T_{st}} = \left(\frac{U'_1}{U_N}\right)^2 = \frac{1}{3} \tag{12-9}$$

式（12-8）与式（12-9）表明，起动转矩与起动电流降低的倍数一样，都是直接起动的 1/3。显然，当需要限制起动电流不得超过直接起动电流的 1/3 时，Y-△ 起动的起动转矩是定子串电抗起动的起动转矩的 3 倍。

Y-△ 降压起动方法简单，只需一个 Y-△ 转换开关（做成 Y-△ 起动器），价格便宜，在轻载条件下应该优先采用。

（3）自耦变压器降压起动

自耦变压器降压起动原理及接线如图 12-5 所示，其一次侧接电源，二次侧降低的电压接电动机定子绕组，起动前先将 S 合向起动位置（此时电动机定子绕组接在自耦变压器二次侧），待电动机转速接近额定转速时，迅速把 S 切换到运行位置，此时自耦变压器被切除（脱离电源），电动机直接与电网相连。

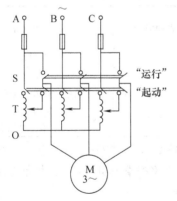
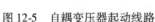
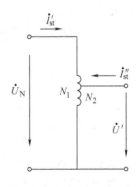

　　　图 12-5　自耦变压器起动线路　　　　　图 12-6　自耦变压器降压起动时的一相电路

自耦变压器降压起动时，一相电路如图 12-6 所示，电动机起动电压下降为 U'，与直接起动时电压 U_N 的关系为

$$\frac{U'}{U_N} = \frac{N_2}{N_1} = k$$

电动机降压起动每相电流 I''_{st} 与直接起动时的起动电流 I_{st} 之间关系是

$$\frac{I''_{st}}{I_{st}} = \frac{U'}{U_N} = k$$

自耦变压器一次的起动电流 I'_{st} 与 I''_{st} 之间关系为

$$\frac{I'_{st}}{I''_{st}} = \frac{N_2}{N_1} = k$$

因此，降压起动与直接起动相比，供电变压器提供起动电流的关系为

$$\frac{I'_{st}}{I_{st}} = k^2 \qquad (12\text{-}10)$$

自耦变压器降压起动时的起动转矩 T'_{st} 与直接起动时起动转矩 T_{st} 之间的关系为

$$\frac{T'_{st}}{T_{st}} = \left(\frac{U'}{U_N}\right)^2 = k^2 \qquad (12\text{-}11)$$

式（12-10）和式（12-11）表明，采用自耦变压器降压起动时，与直接起动相比较，电压降低到原来的 k 倍（$k<1$），起动电流与起动转矩降低到原来的 k^2 倍。

自耦变压器通常有三个抽头，QJ2 系列有 73%（出厂时接在 73% 抽头上）、64%、55% 三个抽头，QJ3 系列有 80%、60%、40%（出厂时接在 60% 抽头上）三个抽头，它可按供电电源容量，实际电压水平和负载转矩而灵活选择。

它与定子回路串电抗器相比，当限定的起动电流相同时，起动转矩损失得较少。与 Y-△起动相比，它不受电动机定子绕组接线方式的限制，且还可按允许的起动电流和所需的起动转矩来灵活选择不同的抽头，可以拖动较大的负载起动。但自耦变压器体积大，价格高，也不能带重负载起动。自耦变压器降压起动在较大容量笼型异步电动机上被广泛应用。三相笼型异步电动机起动方法的比较见表 12-1。

表 12-1　三相笼型异步电动机起动方法的比较

起动方法	起动电压相对值（电动机相电压）	起动电流相对值（供电变压器线电流）	起动转矩相对值	起动设备
直接起动	1	1	1	最简单
串电抗起动	k	k	k^2	一般
星-角起动	$\frac{1}{\sqrt{3}}$	$\frac{1}{3}$	$\frac{1}{3}$	简单，只用于定子绕组△接 380V 电机
自耦变压器	k	k^2	k^2	较复杂，有三种抽头可选

例 12-1　一台 $P_N = 1000\text{kW}$，$U_N = 3000\text{V}$，$I_N = 235\text{A}$，$n_N = 593\text{r/min}$，定子绕组△形联结的三相笼型异步电动机，$I_{st}/I_N = 6$，$T_{st}/T_{emN} = 1.0$，忽略空载转矩 T_0，最大允许冲击电流为 950A，负载要求的起动转矩不小于 7500N·m，试求：

（1）直接起动的起动电流和起动转矩，并判断能否满足起动要求？

（2）定子串电抗起动能否满足要求？

（3）Y-△换接起动的起动电流和起动转矩，并判断能否满足起动要求？

（4）如果用自耦变压器起动，起动电流是多少？并确定电压抽头。

解　额定转矩

$$T_{2N} = 9550\frac{P_N}{n_N} = 9550\frac{1000}{593} = 16105\text{N·m}$$

$$T_{emN} = T_{2N} + T_0 \approx T_{2N} = 16105 \text{N} \cdot \text{m}$$

（1）直接起动

$$I_{st} = 6I_N = 6 \times 235\text{A} = 1410\text{A} > 950\text{A}$$

$$T_{st} = 1.0 T_{\acute{e}mN} = 1.0 \times 16105\text{N} \cdot \text{m} = 16105\text{N} \cdot \text{m} > 7500\text{N} \cdot \text{m}$$

起动电流过大，不能满足起动要求。

（2）定子串电抗起动。设起动电流 $I'_{st} = 950\text{A}$

$$k = \frac{I'_{st}}{I_{st}} = \frac{950}{1410} = 0.674$$

$$T'_{st} = k^2 T_{st} = 0.674^2 \times 16105\text{N} \cdot \text{m} = 7316\text{N} \cdot \text{m} < 7500\text{N} \cdot \text{m}$$

起动转矩小于负载转矩，不能满足起动要求。

（3）丫-△换接起动

$$I'_{st} = \frac{1}{3} I_{st} = \frac{1}{3} \times 1410\text{A} = 470\text{A} < 950\text{A}$$

$$T'_{st} = \frac{1}{3} T_{st} = \frac{1}{3} \times 16105\text{N} \cdot \text{m} = 5368\text{N} \cdot \text{m} < 7500\text{N} \cdot \text{m}$$

起动转矩小于负载转矩，不能满足起动要求。

（4）自耦变压器起动

$$T'_{st} = k^2 T_{st} \qquad T'_{st} = 7500\text{N} \cdot \text{m}$$

$$T_{st} = 16105\text{N} \cdot \text{m} \qquad k^2 = 0.466 \qquad k = 0.682$$

$$I'_{st} = k^2 I_{st} = 0.466 \times 1410\text{A} = 657\text{A}$$

$$U'_1 = kU_N = 0.682 \times 3000\text{V} = 2046\text{V}$$

在电压等于 2046V 处抽头。

12.2　深槽型和双笼型三相异步电动机

前面所介绍的几种笼型异步电动机降压起动方法，主要目的都是减小起动电流，但同时又都程度不同地降低起动转矩，因此，只适合空载或轻载起动。对于重载起动，尤其要求起动过程很快的情况下，则经常需要起动转矩较大的异步电动机。由起动转矩计算公式表明，加大起动转矩的方法是增大转子电阻。对于笼型异步电动机，由于其结构约束，无法在转子绕组上串接附加电阻，只有设法加大笼型绕组本身的电阻值。但是，为使电动机运行性能好，又希望在正常运行时转子电阻变小（降低转子铜耗，效率高）。双笼型和深槽型异步电动机具有随起动过程自动改变转子电阻阻值的性能，既可以获得较好的起动性能又可以获得较好的运行性能，在需要较大起动转矩的大容量电动机中得到广泛的应用。

12.2.1　深槽型三相异步电动机

就定子而言，深槽式异步电动机与普通笼型电动机完全一样，但它的转子槽深而窄，槽深 h 和槽宽 b 之比 $h/b = 10 \sim 12$，如图 12-7a 所示。

电流通过转子导条时，漏磁通分布情况如图 12-7a 所示。槽底部分导体所围漏磁通多，其漏抗就大，越接近槽口部分，它所围的漏磁通越少，漏抗就越小。

起动时，$s=1$，转子频率最高，则漏抗最大，与电阻相比，它起主要作用，这时影响转子电流分布的主要因素是漏抗，因槽底部分漏抗较槽口部分大，因此起动时，转子导体的电流就被"挤"到了槽口部分（即趋肤效应），其电流密度分布如图 12-7b 所示。其效果就相当于转子导体的有效截面减小，电阻增大，从而增加了起动转矩又限制了起动电流。深槽电机与普通电机 $T_{em}=f(s)$ 的比较见图 12-8。

电机正常运行时，s 很小，转子频率很低，转子漏抗大为减小，甚至比转子电阻还小，此时转子电流的分布主要取决于电阻，故转子导条电流近于均匀分布（趋肤效应消失），相当于使转子绕组电阻自动减小，改善了运行性能。

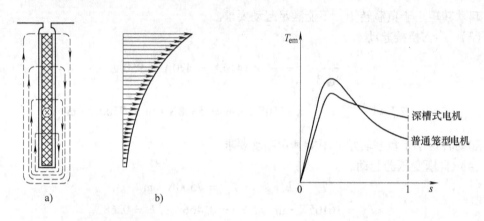

图 12-7 深槽转子中漏磁通的分布
和起动时电流密度分布

a）漏磁通的分布 b）起动时电流密度分布

图 12-8 深槽式电机的 $T_{em}=f(s)$ 曲线

它与同容量普通笼型电动机相比，有较大起动转矩和较小起动电流。但由于槽深、漏磁通多、漏抗大，故功率因数和过载能力较普通笼型电动机低。

12.2.2 双笼型三相异步电动机

就定子而言，双笼型电动机与普通笼型电动机完全一样，但其转子有两套笼，靠近转子表面的笼（上层笼）用电阻率较大的黄铜制成，且截面较小，故其电阻 $r_{2上}$ 较大；靠近轴的笼（下层笼）用电阻率较小的紫铜制成，且截面较大，故其电阻 $r_{2下}$ 较小，上、下笼间有缝隙，两笼导条有各自的端环短接。也有两笼的导条均用铸铝铸成，此时的上、下笼端环是公共的，两笼的截面仍是上笼小，下笼大，如图 12-9 所示。

两笼漏磁通的分布情况如图 12-9a 所示。可见，由于缝隙的存在，使包围下笼的漏磁通比上笼多，因此下笼有较大的漏抗，即 $x_{2下}>x_{2上}$，又由于下笼截面大，材料电阻率小（铸铝转子除外），故 $r_{2下}<r_{2上}$。

起动时，$s=1$，转子频率较高，转子漏抗远较电阻大，此时影响转子绕组电流分布的主要因素是漏抗，因 $x_{2下}>x_{2上}$，故起动时转子电流主要集中于上笼（即趋肤效应），因此，起动时上笼起主要作用。又由于上笼的结构特点是电阻大，功率因数高，故有较大起动转矩，因此，上笼亦称起动笼。

正常运行时，转子频率很低，漏抗就很小，此时影响转子绕组电流分布的主要因素是电阻，因下笼电阻小，故大部分电流从下笼流过，此时漏抗又较小，功率因数就较高，故有较大转矩，因此运行时主要靠下笼，故下笼亦称运行笼。双笼电机的 $T_{em} = f(s)$ 曲线如图 12-10 所示。

双笼型电动机与普通笼型电动机相比，有较小起动电流和较大起动转矩。但由于漏抗较大，故正常运行时，功率因数及过载能力较普通笼型电动机为低。

双笼型电动机与深槽式电动机相比，起动性能较深槽式好，但在制造上较深槽式复杂，价格也较贵。我国生产的 100kW 以上的笼型电机均为双笼型或深槽型电机。

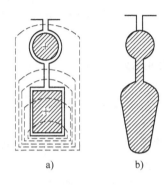

图 12-9　双笼型转子绕组中漏磁通的分布和铸铝转子
a）漏磁通的分布　b）铸铝转子

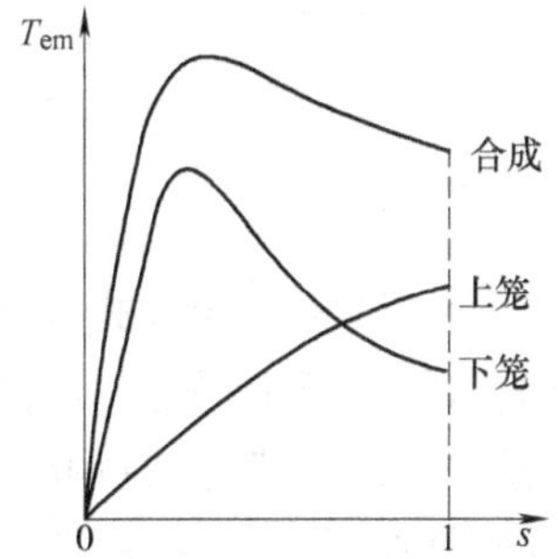

图 12-10　双笼型电机的 $T_{em} = f(s)$ 曲线

12.3　三相绕线式异步电动机的起动

绕线式异步电动机转子三相绕组一般均接成丫形。正常运行时，三相绕组通过集电环彼此短接，如在转子绕组直接短接情况下起动，与笼型异步电动机一样，起动电流会很大，而起动转矩却不大。为改善起动性能，可在转子回路串电阻，它一方面增大了转子回路电阻，减小转子和定子的起动电流，另一方面提高了转子回路功率因数，致使转子电流有功分量增大，从而增大了起动转矩。若适当选择外接起动电阻 r_{st} 的阻值，由式（11-24）可知，当

$$s = s_m \approx \frac{r_2' + r_{st}'}{x_1 + x_2'} = 1 \tag{12-12}$$

则

$$r_{st}' = x_1 + x_2' - r_2' \tag{12-13}$$

此时起动转矩恰等于最大转矩，大大提高了起动性能，因此它适用于重载下的起动场合。绕线式异步电动机主要起动方法有转子串接电阻起动和转子串接频敏变阻器起动两种。

12.3.1　转子串电阻起动

接线如图 12-11a 所示。接成丫形的三相起动电阻经电刷、集电环引入到绕线转子回路。为减少起动时间，保持在整个起动过程中都有较大的转矩，随着转速的升高，应逐级切除起动电阻，以获得不同机械特性曲线粗线段连接而成的一条起动特性曲线，如图 12-11b 所示。一般起动电阻的热容量是按短期运行设计的，故起动完毕应予全部切除。

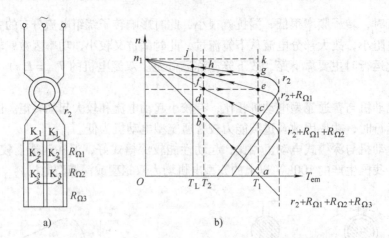

图 12-11 绕线式异步电动机转子串电阻分级起动

a) 接线图 b) 机械特性

　　对装有提刷装置的绕线式异步电动机，起动完毕后，转子绕组靠离心式开关被自动短接，将电刷从集电环上提起，以减小摩擦损耗。

　　小容量绕线式异步电动机起动变阻器由金属电阻丝绕制，将它浸在油内以助散热，中、大容量电动机的变阻器有的用铸铁电阻片，有的用水电阻。

　　若要求起动过程中起动转矩尽量大，则起动级数就要多，特别是容量大的电动机，这就将需要较多的设备，使得设备投资大，维修不便，而且起动过程中能量损耗大，经济性较差。

12.3.2 转子串频敏变阻器起动

　　转子回路串电阻要逐级切除，控制较复杂，而且在切除过程中会产生冲击电流和冲击转矩，对电动机和生产机械不利。为克服这一缺点，可在转子回路中串频敏变阻器起动。

　　频敏变阻器是一种无触点的电磁器件，它相当于一个铁耗很大的三相电抗器，结构如图 12-12a 所示。它实际上是一个三相铁心绕组，其铁心由几片到十几片较厚钢板或铁板叠成，三个铁心柱套有三相线圈，等效电路如图 12-12b 所示。r_m 为反映铁耗的等效电阻，r_1 为绕组电阻，x_m 为线圈电抗。因线圈匝数少，故 r_1 较小。另在设计时，将铁心磁通密度取得很高，铁心极为饱和，匝数又少，故线圈电抗 x_m 较小，等效电路中主要靠 r_m 起作用。

　　频敏变阻器的变阻是利用涡流原理。因铁心用厚钢板叠成，涡流损耗较大，由于涡流损耗与电流频率的平方成正比，因此在电动机起动瞬间（$s=1$），转子电流频率最高，故频敏变阻器的铁耗及反映铁耗大小的等效电阻 r_m 最大，这相当于转子回路串入一个较大电阻，而使转子回路功率因数大为提高，从而既限制了起动电流，又增大了起动转矩。随着转速的升高，转子频率的下降，

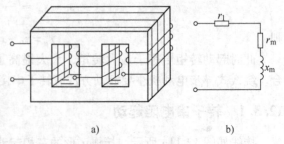

图 12-12 频敏变阻器

a) 结构示意图 b) 等效电路

频敏变阻器的铁耗逐渐减小，r_m 也随之减小，这相当于在起动过程中逐渐减小转子回路串

入的电阻，从而保证整个起动过程中有较大的转矩。当起动结束时，转子频率很低，则 r_m 就很小（近乎零），频敏变阻器就自动失去作用。因为频敏变阻器的等效电阻 r_m 是随转子频率的变化而自动变化，因此称为"频敏"变阻器。在起动过程中，它能自动、无级地减小电阻，故电动机能平滑地起动。

例12-2　一台三相绕线式异步电动机，定子绕组为△形联结，有关数据如下：$U_N = 380V$，$n_N = 722r/min$，$r_1 = 0.142\Omega$，$x_1 = 0.262\Omega$，$r_2' = 0.134\Omega$，$x_2' = 0.328\Omega$，$k_e = k_i = 1.342$。要求在最初起动时 $T_{st}' = T_{max}$，问在转子回路中串入多大的起动电阻？此时起动转矩和起动线电流的数值又是多少？

解　（1）起动电阻

由于要求在最初起动时的转矩为最大，根据式（12-13），转子回路应串入的电阻为

$$r_{st}' = x_1 + x_2' - r_2' = 0.262 + 0.328 - 0.134 = 0.456\Omega$$

r_{st}' 是折算到定子边的电阻，故转子回路中每相实际应该串入的电阻为

$$r_{st} = \frac{r_{st}'}{k_e k_i} = \frac{0.456}{1.342^2}\Omega = 0.253\Omega$$

（2）起动转矩

由于定子绕组为△形联结，所以相电压为380V。根据 $n_N = 722r/min$，可以推论这是一台8极电机，同步速 $n_1 = 750r/min$。故起动转矩为

$$
\begin{aligned}
T_{st}' &= \frac{m_1 p U_1^2 (r_2' + r_{st}')}{2\pi f_1 [(r_1 + r_2' + r_{st}')^2 + (x_1 + x_2')^2]} \\
&= \frac{3 \times 4 \times 380^2 (0.134 + 0.456)}{2\pi \times 50 [(0.142 + 0.134 + 0.456)^2 + (0.262 + 0.328)^2]} N \cdot m \\
&= 3681.59 N \cdot m
\end{aligned}
$$

（3）起动电流

$$
\begin{aligned}
\text{相电流 } I_{stp}' &= \frac{U_1}{\sqrt{(r_1 + r_2' + r_{st}')^2 + (x_1 + x_2')^2}} \\
&= \frac{380}{\sqrt{(0.142 + 0.134 + 0.456)^2 + (0.262 + 0.328)^2}} A \\
&= 404.2 A
\end{aligned}
$$

$$\text{线电流 } I_{stl}' = \sqrt{3} I_{stp}' = \sqrt{3} \times 404.2A = 700.06A$$

如果不串电阻起动，其起动转矩与起动电流分别如下

$$
\begin{aligned}
T_{st} &= \frac{m_1 p U_1^2 r_2'}{2\pi f_1 [(r_1 + r_2')^2 + (x_1 + x_2')^2]} \\
&= \frac{3 \times 4 \times 380^2 \times 0.134}{2\pi \times 50 [(0.142 + 0.134)^2 + (0.262 + 0.328)^2]} N \cdot m \\
&= 1742.03 N \cdot m
\end{aligned}
$$

$$\frac{T_{st}'}{T_{st}} = \frac{3681.59}{1742.03} = 2.11$$

$$\text{相电流 } I_{\text{stp}} = \frac{U_1}{\sqrt{(r_1 + r_2{}')^2 + (x_1 + x_2{}')^2}}$$

$$= \frac{380}{\sqrt{(0.142 + 0.134)^2 + (0.262 + 0.328)^2}} \text{A}$$

$$= 583.4 \text{A}$$

$$\text{线电流 } I_{\text{stl}} = \sqrt{3} I_{\text{stp}} = \sqrt{3} \times 583.4 \text{A} = 1010.46 \text{A}$$

$$\frac{I_{\text{stl}}'}{I_{\text{stl}}} = \frac{700.06}{1010.46} = 0.693$$

从中可以看出通过转子串入电阻使起动电流减小，同时，使起动转矩增加很多。电机的起动性能大为改善。

12.4　三相异步电动机的调速

电动机的转速应满足它所驱动的机械负载的要求，总的说来，要求调速范围宽广并能连续平滑地调节转速，操作方便，具有较好的经济性，即机组能有较高的效率和简单可靠、价格合理的调速设备。

三相异步电动机的转速可由下式给出

$$n = (1 - s)n_1 = (1 - s)\frac{60 f_1}{p} \tag{12-14}$$

根据上式，三相异步电动机的调速方法大致分为如下几种：

1）变极调速。

2）变频调速。

3）改变转差率调速。

其中，改变转差率的调速方法又可以进一步采取如下几种措施：

1）改变定子电压调速。

2）绕线式异步电动机转子回路串电阻调速。

3）电磁滑差离合器调速。

4）绕线式异步电动机的串级调速。

下面就上述各种调速方法分别进行介绍。

12.4.1　变极调速

变极调速是一种通过改变定子绕组极对数来实现转子转速调节的调速方式。在一定电源频率下，由于同步转速与极对数成反比，因此，改变定子绕组极对数便可以改变转子转速。

图 12-13 为三相异步电动机变极前定子绕组的接线图。其中，A_1X_1 代表 A 相的半相绕组，A_2X_2 代表 A 相的另一半相绕组。当将这两个半相绕组顺向串联（即首尾相接）时，根据瞬时电流的方向和右手螺旋定则可知，此时定子绕组具有 2 对极（即 4 极电机）；

图 12-14 为三相异步电动机变极后定子绕组的接线图。将两个半相绕组反向串联（即尾

尾相接）时（见图 12-14b），或将两个半相绕组反向并联（即头尾相联后并联）时（见图 12-14c），定子绕组变为 1 对极（即 2 极电机）。与图 12-13 相比，由于这两种方法中半相绕组 A_2X_2 的电流方向均发生改变，因此，定子绕组的极对数为原来的一半。

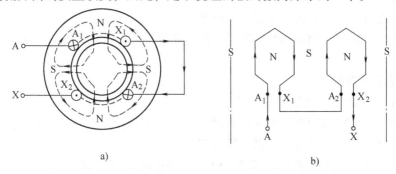

a)　　　　　　　　　　　　b)

图 12-13　$2p = 4$ 时一相绕组的连接

a）连接图　b）展开图

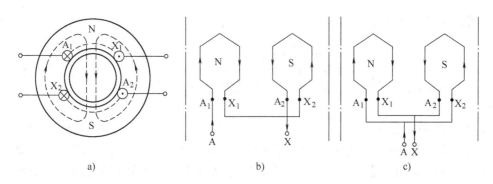

a)　　　　　　　　　　b)　　　　　　　　　　c)

图 12-14　$2p = 2$ 时一相绕组的两种连接法

a）把每相绕组分成两组　b）两组线圈反向串联　c）两组线圈反向并联

　　由此可见，要想实现极对数的改变，只要改变定子半相绕组的电流方向即可。

　　对于实际电机，要产生有效的电磁转矩，定、转子绕组的极对数就必须相等，这就要求在定子绕组极对数改变的同时，转子绕组的极对数必须做出相应的改变。考虑到实现的方便性，一般情况下，变极调速仅用于笼型异步电动机。另外，考虑到变极调速靠改变极对数改变转子转速，因此，变极调速属于有级调速。

　　需要说明的是，就三相异步电动机而言，为了确保变极前后转子的转向不变，变极的同时必须改变三相绕组的相序。这是因为，对 p 对极的电机，其电角度是机械角度的 p 倍。变极前，若极对数为 p 的三相绕组空间互差为 120°电角度即 A、B、C 三相依次为 0°、120°、240°电角度，则变极后，极对数为 $2p$ 的三相绕组空间互差 240°电角度即 A、B、C 三相依次为 0°、240°、120°电角度。显然，变极前后相序发生改变。为确保转子转向不变，在改变定子每相绕组接线的同时，必须改变三相绕组的电流相序，即首先将 B、C 绕组对调，然后再将三相绕组接至三相电源上。

12.4.2 变频调速

当转差率 s 不变时，电动机的转速 n 与电源的频率 f_1 成正比。改变电源频率时，电动机转子转速将随之而变化，这种方法称为变频调速。

把异步电动机的额定频率称为基频，变频调速时，可以从基频向下调节，也可以从基频向上调节。

1. 从基频向下调节

变频调速时，希望主磁通 Φ 基本保持不变。这样，一方面磁路的饱和程度、励磁电流和电动机的功率因数可以基本保持不变；另一方面，电动机的最大转矩亦可以保持不变。

如果忽略定子的漏阻抗压降，则 $U_1 \approx E_1 = 4.44 f_1 N_1 K_{N1} \Phi$，故要保持 Φ 不变，应使定子端电压与频率成比例地调节，即

$$\frac{U_1}{f_1} = 常值 \tag{12-15}$$

另外，最大转矩近似等于

$$T_{max} = \frac{m_1 p U_1^2}{4\pi f_1 (x_1 + x_2')} \tag{12-16}$$

故若能使 $U_1/f_1 =$ 常值，则最大转矩亦将保持不变，如图 12-15 所示。

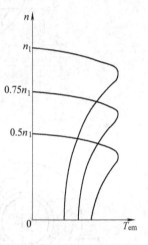

图 12-15　保持 $U_1/f_1 =$ 常值的变频调速

2. 从基频向上调节

由于电源电压不能高于电动机的额定电压，因此当频率从基频向上调节时，电动机端电压只能保持为额定值。这样，频率 f_1 越高，磁通 Φ 越低，最大转矩 T_{max} 越小。因此，从基频向上调节不适合拖动恒转矩负载，而适合于拖动恒功率负载。

异步电动机的变频调速从调速范围、平滑性、调速前后电机的性能等方面来看都很好，但需要专门的变频电源。近年来，由于变频技术的发展，变频装置的价格不断降低，性能不断提高，促进了变频调速的应用，目前已经得到日益广泛的应用。

12.4.3 改变转差率调速

1. 改变电动机的端电压来调速

电动机的电磁转矩与端电压的平方成正比，因此改变电动机的端电压就可以达到调速的目的。例如在图 12-16 中，若电动机的端电压从 U_{1N} 降到 $0.7U_{1N}$，则电动机的转速将从 n_1 降到 n_2。这种方法的调速范围很小，主要用于拖动风扇负载的小型笼型异步电动机上。使用此方法调速时，必须注意转速下降时转子的发热情况。

2. 绕线式异步电动机转子回路串电阻调速

绕线式异步电动机在电压 U_1 和频率 f_1 不变的情况下，转子串接电阻调速时的机械特性如图 12-17 所示。下面分

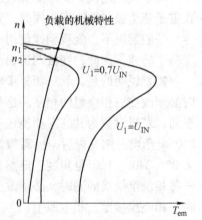

图 12-16　改变定子端电压调速

析其拖动恒转矩负载调速时的情况。

负载转矩 T_L 不变，稳态时电磁转矩 T_{em} 等于负载转矩 T_L，所以电磁转矩 T_{em} 不变。当转子中加入调速电阻时，电动机的机械特性曲线将从曲线 1 变成曲线 2，由于 T_{em} 不变，转子的转差率将从 s 增大到 s'，即转速将下降。

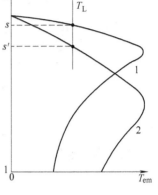

图 12-17　转子回路中串电阻调速

从式 (11-19) 可见，电磁转矩 T_{em} 是 $\dfrac{r_2'}{s}$ 的函数，当负载转矩不变时，实际转子回路中电阻和转差率的比值 $\dfrac{r_2'}{s}$ 不变，即转子电阻增大，转差率成正比例增大，则有

$$\frac{r_2'}{s} = \frac{r_2' + r_\Omega'}{s'} = 常数 \tag{12-17}$$

$$r_\Omega' = \left(\frac{s'}{s} - 1\right)r_2' \quad 或 \quad r_\Omega = \left(\frac{s'}{s} - 1\right)r_2$$

式中，r_Ω' 为串入转子回路电阻的折算值；s' 为串入电阻后的转差率。

此外，从公式 $T_{em} = C_T \Phi I_2' \cos\varphi_2$，还可以看出，由于 C_T 为常数，当电源电压 U_1 不变，Φ 不变时，在负载转矩不变的情况下，$I_2'\cos\varphi_2 = 常数$，而且 $\dfrac{r_2'}{s} = 常数$，必然有 $\varphi_2 = 常数$，$\cos\varphi_2 = 常数$。这说明转子串入电阻后，稳态时的转子电流 I_2' 将保持不变。

这种方法的优点是方法简单、调速范围广；缺点是调速电阻中要消耗一定的能量，由于转子回路的铜耗 $p_{Cu2} = sP_{em}$，故转速调得越低，转差率越大，铜耗就越大，效率就越低。例如，把转差率调到 0.5，则电磁功率中的 50% 将变为转子回路铜耗。另一缺点是，转子加入电阻后，电动机的机械特性变软，于是负载变化时电动机的转速将发生显著变化。这种调速方法主要用在中、小容量的绕线式异步电动机中，例如交流供电的桥式起重机，目前大部分采用此法调速。

例 12-3　某三相六极绕线式异步电动机，$P_N = 130\text{kW}$，$n_N = 980\text{r/min}$，$p_{mec} + p_{ad} = 3.07\text{kW}$，转子每相电阻 $r_2 = 0.06\Omega$。当负载转矩不变时，转子串入电阻把转速降到 750r/min，试求：(1) 转子每相串入的电阻值；(2) 转子损耗增加值。

解　(1) $n_1 = \dfrac{60f_1}{p} = \dfrac{60 \times 50}{3}\text{r/min} = 1000\text{r/min}$

$$s_N = \frac{n_1 - n_N}{n_1} = \frac{1000 - 980}{1000} = 0.02$$

转子串入电阻后，负载转矩不变则电磁转矩 T_{em} 不变、电磁功率 P_{em} 不变，则有 $\dfrac{r_2}{s_N} = \dfrac{r_2 + r_\Omega}{s'}$，其中转差率 s' 为

$$s' = \frac{1000 - 750}{1000} = 0.25$$

则转子每相串入的电阻值为

$$r_\Omega = \frac{s' - s_N}{s_N} r_2 = \frac{0.25 - 0.02}{0.02} \times 0.06\Omega = 0.69\Omega$$

（2）转子串入电阻前

$$P_{mec} = P_N + p_{mec} + p_{ad} = 133.07kW$$

$$P_{em} = \frac{P_{mec}}{1 - s_N} = \frac{133.07}{1 - 0.02}kW = 135.79kW$$

$$p_{Cu2} = s_N P_{em} = 0.02 \times 135.79kW = 2.72kW$$

转子串入电阻后

$$p'_{Cu2} = s' P_{em} = 0.25 \times 135.79kW = 33.95kW$$

故转子铜耗增加值为

$$p'_{Cu2} - p_{Cu2} = 33.95kW - 2.72kW = 31.23kW$$

调速后输出功率为

$$P_2 = 130 \times \frac{750}{980}kW = 99.49kW$$

可见增加的转子铜耗 p'_{Cu2} 占输出功率 P_2 的 34%，说明这种调速方法是不经济的。

3. 串级调速

转子加入电阻来调速的主要缺点是损耗较大。为利用这部分电能，可在转子回路中接入一个转差频率的功率变换装置，使这部分电能送回给电网，既达到调速目的、又获得较高的效率。

如图 12-18 表示一台转子绕线式异步电动机，其转子回路的转差频率交流电流由半导体整流器整流为直流，再经逆变器把直流变为工频交流，把能量送回到交流电网中去。此时整流器和逆变

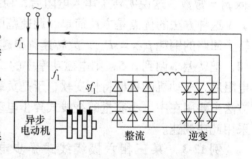

图 12-18　转子带变频器的调速系统

器两者组成了一个从转差频率转换为工频交流的变频装置。控制逆变器的逆变角，就可以改变逆变器的电压，从而达到调速的目的。

4. 双馈电机

双馈电机亦是改变转差率的调速方式之一。在双馈调速方式中，转子外接电源为频率、幅值、相位和相序均可调节的三相交流电源。

图 12-19 表示一台绕线型异步电动机，定子由三相交流电源供电，转子由三相交流电源经变压器降压、再经交—交变频器把工频变为转差频率，然后接到转子。这种定、转子两边均由交流电源供电的电机，称为双馈电机。

由于转子接入的交流电压和电流为转差频率，所以转子磁动势波在气隙中的转速恒为同步转速，从而可以产生恒定的电磁转矩并实现机电能量转换。

当转子转速低于同步转速时，双馈电机的工作情况与普通感应电动机相似，只是转子的

转差功率将由变频器回馈给电源。调节变频器的输出频率，电动机的转速就会改变；调节输

出电压的幅值和相位，就可以调节定子边的功率因数（可达到 1 或超前）。当变频器的输出频率调到 0 时，变频器将向转子输出直流，此时电动机将在同步转速下运行。改变变频器输出的相序，并将频率由 0 继续上调，则电机将在超同步转速下运行。

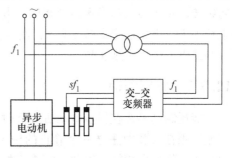

图 12-19　双馈电机示意图

　　双馈电机的优点是调速范围广、性能好，但转子若采用频率独立控制的控制方式，则运行情况突变时，保持稳定和防止振荡的问题较复杂，因而这种控制方式适合于负载平稳、对调速的快速性要求不高的场合，如风机、泵类的调速。

　　双馈调速的另一种控制方式是自控方式。此时需在转轴上安装转子位置检测器以检测转差率，同时采用自动控制系统来实现转子电源频率对转差率的自动跟踪，因此无论转子转速是多少，定、转子磁动势总能保持相对静止。自控式的稳定性较好，适用于带有冲击性负载的场合。

12.5　三相异步电动机的制动

　　异步电动机在拖动生产机械时，有时要求制动，使电机处于制动状态运行，如起重机在重物放下时，电气机车下坡时电机均可能在制动状态下运行。所谓制动是指电机产生的电磁转矩与转子旋转方向相反的一种运行状态，转矩对旋转的转子起制动作用。

12.5.1　反接制动

　　电机转子的实际转向与定子旋转磁场的旋转方向相反，电机运行在制动状态，这种制动称为反接制动。反接制动可有下述两种方法。

　　1. 改变电源相序的反接制动（正转反接）

　　将电动运行状态下的三相异步电动机定子任两根电源线对调，则定子电流相序改变，气隙磁场的转向发生了改变，但转子转向因机械惯性而不能突变，于是电机进入制动状态，这时的电磁转矩对旋转的转子产生制动作用。为了反接时电流不致过大，应适当降低电压，或者对于绕线式电动机，反接时在转子回路中串入适当的电阻。当电机转速接近零时，应及时切断电源，否则电机可能反转。该制动方法的优点是制动速度快，设备简单；缺点是制动电流较大，需要采取限流措施，并且制动时的能耗较大。

　　2. 转速反向的反接制动（正接反转）

　　例如：起重机下放重物时，电机运行状态便是正接反转的制动状态，这时电机定子接线按原电动机状态不变（即所谓正接），而转子反转，使电动机的转子转向与气隙磁场的转向相反，使电机运行在制动状态。如图 12-20 所示，在转子回路中串入足够大

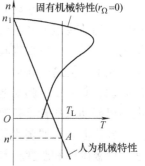

图 12-20　绕线式异步电动机转速反向的反接制动图

的电阻，使电动机的堵转转矩小于重物产生的负载转矩 T_L，于是重物拖动电动机转子反方向旋转，转子转向与磁场转向相反，电动机运行于反接制动状态。当电磁转矩重新与负载转矩相平衡，电机稳定运行于点 A，则以转速 n' 下放重物。为了调节下放的速度，可以改变转子回路串入的电阻来实现。

12.5.2　能耗制动

能耗制动是指在异步电动机运行时，将定子绕组从电网断开，接到一个直流电源上，由直流励磁在气隙中建立一个静止的磁场，于是对旋转的转子来说，相当于磁场反向旋转。因此，它感应的转子电流生成对转子起到制动作用的电磁转矩。如图 12-21 所示，能耗制动开始时，接触器 KM 断开，接触器 KMA 闭合，经变压器 TR 和二极管整流器 VC 向异步电动机提供直流电流。能耗制动时，转子的动能转变成电能，全部消耗在转子回路电阻上和铁心上，故称能耗制动。

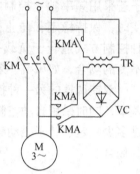

图 12-21　能耗制动原理接线图

12.5.3　回馈制动

异步电机运行时，若使转子转速 n 超过磁场的转速 n_1，则电磁转矩 T_{em} 和转子转速 n 方向相反，电机运行于发电机状态，称为回馈制动。实质上，此时电机运行于发电机状态，将转子轴上的机械能转换成电能并回馈电网。

工程实践中出现回馈制动情况主要有两种。一种是在电动机改变极对数或改变电网电源频率进行降速调节。另一种是在带位能性负载下放重物。前者，由于极对数增加或频率降低，导致磁场转速 n_1 立即下降，而转子转速 n 由于机械惯性不能立即下降，出现 $n>n_1$ 情况，从而电机运行于回馈制动状态。后者，在下放重物时，可以调节转子回路的外串电阻，从而使重物下放的速度 n 升高，超过磁场转速 n_1，出现回馈制动。

小　结

本章讨论了异步电动机的起动、调速和制动问题。

异步电动机的起动方法是实际应用中的重要问题。异步电动机起动时，希望起动的电流小些而起动转矩大些。对于笼型异步电动机，为了获得较大的起动转矩，在电网容量允许的情况下，尽量采用直接起动。当电网容量较小时，为降低电动机起动电流，可采用降低电源电压起动，但这时起动转矩随电压平方降低。绕线式电动机，用转子回路串接起动电阻的方法起动，既减小了起动电流又增大了起动转矩。深槽型和双笼型异步电动机利用趋肤效应使电动机起动时的转子有效电阻增大，从而改善了起动性能。

异步电动机的调速是电机发展的重要内容之一。异步电动机的调速方法主要包括变频调速、变极调速和改变转差率调速。对于笼型异步电动机应用较多的是变频调速、变极调速和降压调速。对于绕线式异步电动机应用较多的是转子回路串电阻调速和串级调速。异步电动机的调速比较复杂，一般需要配置专门的调速装置，它同电力电子技术的发展密不可分。目前，变频调速和串级调速等在工业中的应用日益广泛。

异步电动机的制动方法有多种，本书只介绍了电磁制动方法，这种制动的核心是电磁转矩方向与电机转向相反，其具体方法包括反接制动、能耗制动和回馈制动。

本章学习重点是掌握常用起动方法、调速方法和制动方法的原理和特点，了解各种方法的优缺点和应用。

思 考 题

12-1 为什么直接起动的笼型异步电动机的最初起动电流很大，而最初起动转矩却不大？但深槽式或双笼型异步电动机在直接起动时，起动电流较小而起动转矩却较大，这又是为什么？

12-2 在应用降压起动来限制异步电动机起动电流时，起动转矩受到什么影响？试比较各种降压的起动方法，着重指出起动电流倍数和起动转矩倍数间的关系。

12-3 试说明普通笼型电动机起动方法及各种起动方法的优缺点。

12-4 绕线式异步电动机在转子回路中串电阻起动时，为什么既能降低起动电流，又能增大起动转矩？

12-5 频敏变阻器是电感线圈，那么若在绕线式三相异步电动机转子回路中串入一个普通三相电力变压器的一次绕组（二次绕组开路），能否增大起动转矩？能否降低起动电流？有使用价值吗？为什么？

12-6 绕线式异步电动机转子回路中串接电阻能够改善起动性能，是否串接的电阻越大越好？为什么？在起动过程中为什么要逐级切除起动电阻？如一次性切除起动电阻有何不良后果？

12-7 双笼型异步电动机两笼之间为什么一定要有缝隙？深槽式异步电动机转子槽为什么要做得深而窄？

12-8 变频调速中，当变频器输出频率从额定频率降低时，其输出电压应如何变化？为什么？

12-9 变极调速的基本原理是什么？一台 4 极异步电动机，变为 2 极电机时，若外加电源电压的相序不变，电动机的转向将会怎样？

12-10 试画 T_{em}—s 特性曲线分析三相绕线式异步电动机转子回路串电阻调速的物理过程。

12-11 试说明三相异步电动机调速方法及各种调速方法的优缺点。

12-12 试说明三相异步电动机制动方法及各种制动方法的优缺点。

习 题

12-1 有一台三相四极绕线式异步电动机，定子、转子绕组均为Y联结。$U_N = 380V$，$n_N = 1460r/min$；已知各参数为：$r_1 = r_2' = 0.02\Omega$，$x_1 = x_2' = 0.06\Omega$。电动势比及电流比 $k_e = k_i = 1.1$，略去励磁电流。起动时，在转子回路串入电阻 r_Ω，当 $I_{st} = 3.5I_N$ 时，试求：外串电阻 r_Ω 和起动转矩 T_{st}。

12-2 有一台三相四极绕线转子异步电动机，$P_N = 155kW$，转子每相电阻 $r_2 = 0.012\Omega$，额定运行时的 $p_{Cu2} = 2.21kW$，$p_{mec} = 2.64kW$，$p_{ad} = 0.31kW$，试求：（1）额定运行时的 n_N 和电磁转矩 T_{em}；（2）若电磁转矩保持不变，而将转速下降到 1300r/min，应该在转子每相绕组中串入多大电阻 r_Ω？此时的转子铜耗 p_{Cu2} 为多少？

12-3 有一台三相笼型异步电动机，定子绕组△形联结。$U_N = 380V$，$r_m = 1\Omega$，$x_m = 6\Omega$，$r_1 = r_2' = 0.075\Omega$，$x_1 = x_2' = 0.3\Omega$，$n_N = 1480r/min$，现采用自耦变压器降压起动，降压比为 $k = 0.64$，试求：（1）电动机本身的每相起动电流 I_{st}''；（2）电网供给的起动电流 I_{st}'；（3）起动转矩 T_{st}'。

12-4 有一台绕线式三相异步电动机，$f = 50Hz$，$2p = 4$，$n_N = 1450r/min$，$r_2 = 0.02\Omega$。若维持电机转轴上的负载转矩为额定转矩，使转速下降到 $n = 1000r/min$ 时，试求：（1）转子回路中要串入的电阻 r_Ω；（2）此时转子电流是原来数值的多少倍？（3）此时转子功率因数是原来数值的多少倍？

12-5 某台三相笼型异步电动机，$P_N = 55kW$，定子绕组为△联结，起动电流倍数 $\dfrac{I_{st}}{I_N} = 6$，起动转矩倍数 $k_{st} = 2$。若采用自耦变压器或串电抗器起动时的降压起动倍数 $k = 0.8$，电源容许的起动电流为额定电流的 4.2 倍，若带额定负载起动，试问能否采用（1）串电抗器起动；（2）丫-△换接起动；（3）自耦变压器起动？

12-6　一台三相笼型异步电动机，$P_N = 10$kW，$n_N = 1460$r/min，定子绕组丫形联结，$U_N = 380$V，$\eta_N = 86.8\%$，$\cos\varphi_N = 0.88$，$T_{st}/T_N = 1.5$，$I_{st}/I_N = 6.5$，试求：（1）额定电流 I_N；（2）用自耦变压器降压起动，使电动机起动转矩为 T_N 的 80%，试确定自耦变压器的抽头属哪一种（$80\% U_N$、$60\% U_N$ 和 $40\% U_N$）？（3）电网供给的起动电流 I'_{st}。

12-7　一台三相绕线式异步电动机，$P_N = 7.5$kW，$n_N = 1430$r/min，$R_2 = 0.06\Omega$。今将此电机用在起重设备上，加在电机轴上的负载转矩 $T_L = 39.24$N·m，要求电机以 500r/min 的转速将重物降落。问此时在转子回路中每相应串入多大电阻（忽略机械损耗和附加损耗）？

第13章　三相异步电动机在不对称电压下运行及单相异步电动机

在实际运行中，三相电源电压一般是对称的，但当电网接有较大单相负载或电网发生不对称故障时，电源电压就可能不对称，它将对接在该电网上运行的三相异步电动机产生影响。

单相异步电动机在小型电动工具及家用电器上用得较多，其原理与三相异步电动机在不对称电压下运行相类似，故把这两部分内容置于同一章内介绍。

13.1　三相异步电动机在不对称电压下运行

分析三相异步电动机在不对称电压下运行，可采用对称分量法。由于电动机定子绕组是 $\curlyvee$ 形或 $\triangle$ 形联结，无中性线，故在电机内不存在零序电流、零序电压和零序磁场。因此只需分析正序和负序两个对称系统，然后叠加即可。

异步电动机在正序电压 $\dot{U}_1^+$ 作用下，定、转子绕组便流有正序分量电流 $\dot{I}_1^+$ 和 $\dot{I}_2^+$，它们共同作用产生一个以同步速 n_1 旋转的正序气隙旋转磁场 $\dot{\Phi}^+$ 和正序电磁转矩 T_{em}^+。对应的等效电路如图 13-1a 所示。

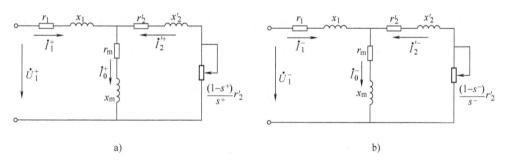

a)　　　　　　　　　　　　　　b)

图 13-1　三相异步电机在不对称电压下运行

a）正序等效电路　b）负序等效电路

若忽略励磁电流，可得

$$I_1^+ = I_2'^+ = \frac{U_1^+}{\sqrt{\left(r_1 + \dfrac{r_2'}{s^+}\right)^2 + (x_1 + x_2')^2}} \tag{13-1}$$

$$T_{em}^+ = \frac{m_1 p (U_1^+)^2 \dfrac{r_2'}{s^+}}{2\pi f_1 \left[\left(r_1 + \dfrac{r_2'}{s^+}\right)^2 + (x_1 + x_2')^2\right]} = \frac{m_1 p}{2\pi f_1}(I_2'^+)^2 \frac{r_2'}{s^+} \tag{13-2}$$

式中，$s^+ = \dfrac{n_1 - n}{n_1} = s$。

异步电动机在负序电压$\dot{U}_1^-$作用下，定、转子绕组流有负序分量电流$\dot{I}_1^-$和$\dot{I}_2^-$，它们共同作用产生一个以同步速与$\dot{\Phi}$反向旋转的负序旋转磁场$\dot{\Phi}$和负序电磁转矩T_{em}^-，对应的等效电路如图 13-1b 所示。

若忽略励磁电流，同理可得

$$I_1^- = I_2^{'-} = \frac{U_1^-}{\sqrt{\left(r_1 + \dfrac{r_2'}{s^-} \right)^2 + (x_1 + x_2')^2}} = \frac{U_1^-}{\sqrt{\left(r_1 + \dfrac{r_2'}{2-s} \right)^2 + (x_1 + x_2')^2}} \tag{13-3}$$

$$T_{em}^- = \frac{m_1 p (U_1^-)^2 \dfrac{r_2'}{s^-}}{2\pi f_1 \left[\left(r_1 + \dfrac{r_2'}{s^-} \right)^2 + (x_1 + x_2')^2 \right]} = \frac{m_1 p (U_1^-)^2 \dfrac{r_2'}{2-s}}{2\pi f_1 \left[\left(r_1 + \dfrac{r_2'}{2-s} \right)^2 + (x_1 + x_2')^2 \right]}$$

$$= \frac{m_1 p}{2\pi f_1} (I_2^{'-})^2 \frac{r_2'}{2-s} \tag{13-4}$$

式中，$s^- = \dfrac{-n_1 - n}{-n_1} = 2 - s$。

由于正常运行的电机转差率s很小，$s^- = 2 - s \approx 2$，因此负序阻抗比短路阻抗还要略小，因而不大的负序电压就会产生较大的负序电流，引起电机的过热，甚至烧毁电机绕组。另外，由于正常运行时$\dfrac{r_2'}{s} \gg \dfrac{r_2'}{2-s}$，即负序等效电路中转子回路电阻很小，所以负序磁场产生的电磁转矩（制动性质）相对来说并不大，电磁转矩的减小并不是主要问题。

如：$U_1^- = 5\% U_N$，$s = 0.02$，$\dfrac{I_{st}}{I_N} = 6$ 则有

$$I_1^- \approx \frac{U_1^-}{Z_k} = \frac{U_1^-}{U_{1Nph}} \frac{U_{1Nph}}{Z_k} = 0.05 \times 6 I_N = 0.3 I_N$$

由式（13-1）~式（13-4）可得

$$\frac{T_{em}^-}{T_{em}^+} = \frac{(I_2^{'-})^2 \dfrac{r_2'}{2-s}}{(I_2^{'+})^2 \dfrac{r_2'}{s}} = \frac{(0.3 I_N)^2 \dfrac{r_2'}{2-0.02}}{(I_N)^2 \dfrac{r_2'}{0.02}} = 0.0009$$

可见 5% 的负序电压就会产生 30% I_N 的负序电流，而负序电磁转矩却只有正序电磁转矩的 0.09%。

由于三相电流不对称，电动机内部产生椭圆形旋转磁场，因此其电磁转矩也不是一个恒值，从而引起电机振动、转速不均匀和电磁噪声。

综上所述，可以看出三相异步电动机是不适合在三相电压严重不对称情况下运行的。

13.2　单相异步电动机

从结构上看，单相异步电动机和三相笼型异步电动机相似，其转子也为笼型的，定子绕

组嵌放在定子槽内，其结构如图 13-2 所示，所不同的是单相异步电动机定子绕组有两个，一个为工作绕组，用以产生磁场和从电源输入电功率，它在运行中接入电网；另一个为起动绕组，它的作用是产生起动转矩，一般只在起动时接入，当转速达到 70% ~ 85% 的同步速时，由离心开关或继电器将它切除，所以正常工作时只有工作绕组在电网上运行。

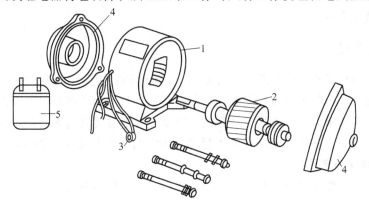

图 13-2　单相异步电动机结构

1—定子　2—转子　3—电源接线　4—端盖　5—电容器

13. 2. 1　基本工作原理

单相交流绕组通入单相交流电流产生脉振磁动势，它可分解为大小相等、转向相反而转速相同的两个旋转磁动势 $\dot{F}_1^+$ 和 $\dot{F}_1^-$，从这点看，单相异步电动机运行时的物理情况类同于三相异步电动机在不对称电压下运行时的物理情况。

如转子转向与正向旋转磁动势 $\dot{F}_1^+$ 方向相同，则对正向旋转磁动势 $\dot{F}_1^+$ 的转差率 s^+ 为

$$s^+ = \frac{n_1 - n}{n_1} \tag{13-5}$$

对反向旋转磁动势 $\dot{F}_1^-$ 的转差率 s^- 为

$$s^- = \frac{-n_1 - n}{-n_1} = 2 - s \tag{13-6}$$

它们分别产生电磁转矩 T_{em}^+ 和 T_{em}^-，如图 13-3 所示。图中 $T_{em}^+ = f(s^+)$ 曲线由正向旋转磁动势产生，$T_{em}^- = f(s^-)$ 曲线由反向旋转磁动势产生，T_{em} 为合成电磁转矩，由图可见：

1）当 $s = 1$ 时，$T_{em} = 0$，故单相异步电动机无起动转矩。

2）当 $s \neq 1$ 时，$T_{em} \neq 0$，且 T_{em} 无固定方向，它取决于 n 的正负。假定用外力使转子顺正向旋转磁场方向旋转，那么，转子和正转磁场的相对速度减

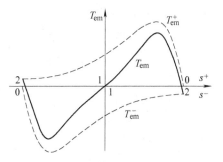

图 13-3　单相异步电动机 $T_{em} - s$ 曲线

小，转差率 s^+ 小于 1，而和反向磁场的相对速度增大，转差率 s^- 大于 1，于是两转矩就不等，且 $T_{em}^+ > T_{em}^-$，因而合成转矩 $T_{em} > 0$，转子就顺着正向旋转磁场方向继续旋转下去（假如此转矩大于制动转矩）；反之，当外力使转子逆正向旋转磁场方向旋转，那么 s^+ 大于 1，而

s^- 小于 1，此时 $T_{em}^- > T_{em}^+$，即 $T_{em} < 0$，于是转子就逆正向旋转磁场方向继续旋转下去（假如此转矩大于制动转矩）。因此定子只有一个绕组的单相异步电动机是没有固定转向的，它取决于起动瞬间外力矩作用于转子的方向。

3）由于 T_{em}^- 与 T_{em}^+ 方向相反，T_{em}^- 与 T_{em}^+ 互起制动作用，使总转矩减小，故单相异步电动机的容量及过载能力较小。

13.2.2 起动方法

单相异步电动机只有一个绕组（工作绕组），无起动转矩，不能自起动。为解决这个问题，在空间不同于工作绕组的位置安装一个起动绕组，且使起动绕组中电流在时间相位上不同于工作绕组中的电流，从而产生旋转磁场，电动机就能够起动起来。基于这种考虑，单相异步电动机根据起动方法的不同分为分相起动异步电动机和罩极异步电动机。

1. 分相起动异步电动机

分相起动的异步电动机有单相电容起动异步电动机、单相电容运转异步电动机和单相电阻起动异步电动机。

（1）单相电容起动异步电动机

定子上有两套绕组，一套主绕组为工作绕组 1，另一套辅助绕组为起动绕组 2，它与工作绕组在空间互差 90°电角度。在起动绕组回路中串接起动电容 C，作电流分相用，并通过离心开关或继电器触点 S 与工作绕组并联在单相电源上，如图 13-4a 所示。因工作绕组呈阻感性，$\dot{I}_1$ 滞后于 $\dot{U}$；若适当选择电容 C，使流过起动绕组的电流 $\dot{I}_{st}$ 超前 $\dot{I}_1$ 90°，这就相当于在时间相位上互差 90°的两相电流流入在空间互差 90°电角度的两相绕组，便在气隙中产生接近于圆形的旋转磁场，并在该磁场作用下产生电磁转矩使电动机转动。这种电动机的起动绕组是按短时间运行方式设计的，所以当电动机转速达 70%～80% 同步速时，起动绕组和起动电容器 C 就在离心开关 S 作用下自动退出工作，这时电动机就只有工作绕组单独运行。

（2）单相电容起动运转异步电动机

对于单相电容起动的异步电动机，起动完毕后其串联了电容的起动绕组自行断开，其气隙磁场很差。为了改善气隙磁场的椭圆度，使之接近圆形旋转磁场，而采用如图 13-5 所示单相电容起动运转电动机。

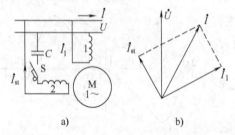

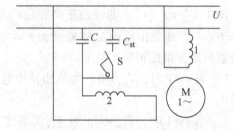

图 13-4　单相电容起动电动机　　　　　　　　图 13-5　单相电容起动运转电动机
　　　　a）电路图　b）相量图

单相电容运转电动机一般在起动绕组回路里有两个电容，一个为起动电容 C_{st} 与离心开关串联，另一个为工作电容 C，且 $C_{st} > C$，如图 13-5 所示。起动时，两个电容同时接入，此时电容较大，满足起动的要求，起动完毕后，由离心开关 S 将起动电容 C_{st} 切除，工作电容

C 便与工作绕组及起动绕组一起参与运行。

电容起动运转电动机实为一台两相异步电动机，若适当选择电容器电容，使流入两绕组电流对称，以产生圆形旋转磁动势，故其运行性能、起动特性、过载能力及功率因数等均较电容起动电动机好。

（3）电阻起动异步电动机

这种电动机起动绕组电流不是靠串联电容的方法来分相，而是用串联电阻的方法来分相，更多的是利用将两绕组本身的参数设计得不一样来分相。但由于此时两个绕组电流之间的相位差较小，因此其起动转矩较小，只适用于容量较小且比较容易起动的场合。

2. 罩极起动异步电动机

罩极电动机一般都采用凸极定子，工作绕组是集中绕组，套在定子磁极上；在极靴表面的 $1/3 \sim 1/4$ 处开有一个小槽，将磁极分成大小不等的两部分，在磁极小的部分嵌有短路环（罩极绕组），如图 13-6a 所示，其转子仍为笼型的。

当工作绕组接到单相电源上，有单相电流通过时，产生脉振磁通 $\varPhi$，根据其磁路的不同可分为：一部分不穿过短路环的磁通 $\dot{\varPhi}_1$，另一部分穿过短路环的磁通 $\dot{\varPhi}_2$。显然：①$\varPhi_1 > \varPhi_2$；②$\dot{\varPhi}_1$ 与 $\dot{\varPhi}_2$ 同相。由于 $\dot{\varPhi}_2$ 脉振的结果，在短路环中感应电动势 $\dot{E}_2$，它滞后 $\dot{\varPhi}_2$90°。由于短路环闭合，因此在短路环中就流有滞后于 $\dot{E}_2$ 为 φ 角的电流 $\dot{I}_2$，它又产生与 $\dot{I}_2$ 同相的磁通 $\dot{\varPhi}_2'$，它也穿

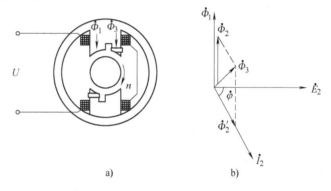

图 13-6　单相罩极电动机
a）绕组接线图　b）相量图

链于短路环，因此被短路环所围绕的罩极部分的合成磁通 $\dot{\varPhi}_3 = \dot{\varPhi}_2 + \dot{\varPhi}_2'$，见图 13-6b 所示，由此可见，未罩部分 $\dot{\varPhi}_1$ 与被罩部分磁通 $\dot{\varPhi}_3$ 不仅在空间，而且在时间上均有相位差，因此它们的合成磁场将是一个由超前相转向滞后相的旋转磁场（即由未罩极转向罩极），由此产生电磁转矩，其方向也为由未罩极转向罩极。

小　结

三相异步电动机在不对称电压下运行，主要问题是负序分量的影响，它产生反向的旋转磁场及反向电磁转矩，其结果使损耗增大、效率下降、转矩减小、定子个别相绕组过热、过载能力下降、电机振动、转速不匀，还产生电磁噪声等，故三相异步电动机不允许在严重不对称的电压下运行。

单相异步电动机从原理上看，是特殊不对称情况下的三相异步电动机。单相异步电动机关键问题是如何获得起动转矩，最有效的办法是在起动时产生旋转磁场，于是出现了分相起动和罩极起动的两种电动机。这两种电动机均有两个绕组，不过由于它们的电源是取自于单相电源而称之为单相异步电动机。

思 考 题

13-1 如果电源电压显著不对称，三相异步电动机能否带额定负载长期运行？为什么？

13-2 正序电流所产生的旋转磁场以什么速度切割转子？负序电流所产生的旋转磁场以什么速度切割转子？当三相异步电动机在不对称电压下运行时，转子电流会有哪几种频率？

13-3 当电源电压不对称时，三相异步电动机定子绕组产生的磁动势是什么性质？当三相丫形联结或△形联结异步电动机缺相运行时，定子绕组产生的磁动势又是什么性质？

13-4 有一台三相丫形联结的异步电动机，起动时发现电源一相断线，这时电动机能否起动？如果运行中电源一相断线，问定子电流、转速和最大电磁转矩有何变化？断线后电机能否继续长期带额定负载运行？

13-5 怎样改变单相电容起动电动机的旋转方向？对罩极式电动机不改变其内部结构，它的旋转方向能改变吗？

第14章　特种异步电机

异步电机除了作为电动机运行外，也可以作为发电机运行。根据异步电机的作用原理还可以把静止不转的绕线转子异步电机作为调压器使用。将旋转的磁场改为直线行进，从而推动动子的直线运动，出现了直线感应电动机。上述这些运行方式虽不如三相电动机那样普遍，但在实际应用中也会遇到。在本章中将对这些特种异步电机进行介绍。

14.1　异步发电机

异步电机和其他电机一样具有可逆性，既可作为电动机运行，也可作为发电机运行。虽然目前的交流发电机绝大多数是同步发电机，但是由于异步发电机具有一定的特点，在某些特殊场所也有它的实用意义。

14.1.1　异步电机当发电机与电网并联运行

将一台异步电机定子三相绕组接入到电压、频率恒定的电网时，若用原动机拖动异步电机，使转子的转速 n 高于旋转磁场的同步速 n_1，即转差率 $s = (n_1 - n)/n_1$ 为负值，便成为异步发电机运行。来自原动机的机械功率在扣除各种损耗之后，转换成电功率送给电网，将机械能转换成电能。

并网运行的三相异步发电机，其电压和频率取决于电网，而与其转速无关。其励磁所需的滞后性的无功功率需要电网供给，因此异步发电机与电网并联运行后，将使电网的功率因数变坏。但是，异步发电机并网极为简单，运行中也不会发生振荡与失步。所以，它在小容量的水电厂还有应用。

14.1.2　异步发电机单机运行

异步发电机单机运行时，必须解决励磁问题。通常在异步发电机定子绕组端点上并联适当的电容器，如图 14-1 所示。利用电容来供给异步发电机的励磁电流，使它建立电压，称为异步发电机的自励。

异步发电机利用电容励磁的作用原理如下：首先异步发电机的转子要有剩磁，原动机带动转子旋转后，转子的剩磁磁通 Φ_s 将切割定子绕组，并在定子绕组中感应出剩磁电动势 $\dot{E}_s$，$\dot{E}_s$ 的相位落后于 $\dot{\Phi}_s$ 90°，如图 14-2 所示，电动势 $\dot{E}_s$ 加在电容器上，使定子绕组中流过超前 $\dot{E}_s$ 90°的容性电流 $\dot{I}_{c0}$，$\dot{I}_{c0}$ 通过定子绕组产生的磁动势和剩磁磁动势方向相同，使剩磁得到加强，这样便使发

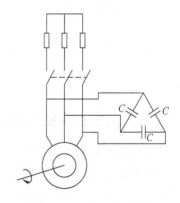

图 14-1　自励异步发电机

机电压逐渐升高。图 14-3 表示了异步发电机的自励过程。

异步发电机自励的另一个条件，是应有足够的电容量 C，以使电容线与异步发电机的空载特性曲线交于稳定的运行点 A，产生额定的空载电压 $\dot{E}_0$。（见图 14-3）。

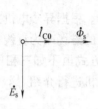

图 14-2 异步发电机的自励相量图

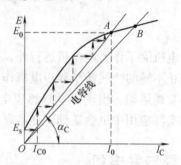

图 14-3 异步发电机的自励过程

当发电机的转速固定时，空载特性曲线是已知的。电容线的斜率 $\tan a_C$ 则与电容的数值有关，即

$$\tan a_C = \frac{E_0}{I_0} = \frac{1}{\omega_1 C}$$

亦即异步发电机自励时的稳定空载电动势 E_0 与电容 C 的大小有关。如果电容器的电容增大，则电容线的斜率就变小，a_C 角减小，电容线与空载特性的交点就上升到 B 点，发电机电压升高。

单机运行的异步发电机的频率 $f_1 = \dfrac{pn}{60（1-s）}$，在空载时，$s \approx 0$，$f_1 = \dfrac{pn}{60}$，取决于转子的转速。在负载时，随着负载的增加，转差率 $|s|$ 将增大。为要保持发电机输出电压的频率 f_1 不变，就必须相应地提高转子的转速 n，否则负载增加后频率 f_1 及发电机的端电压下降，而端电压下降又导致励磁的电容电流减小，进一步使端电压下降。为了保持频率和端电压不变，必须在负载变化时调节电容量和原动机的拖动转矩，这些都限制了它的应用，因此它只用于供电系统无法达到的，供电质量要求不高的边远地区。

14.2 感应调压器

感应调压器实质上就是静止的三相绕线式异步电机，利用定、转子电动势的相位差随定、转子相对位置而变化的关系来调节输出电压。三相感应调压器分为单式和双式两种，分述如下。

14.2.1 单式三相感应调压器

单式三相感应调压器接线图如图 14-4 所示，其定、转子绕组间的联结与自耦变压器相似，二者不仅有磁的联系，而且有电路上的直接联系。为了接线方便，通常把转子绕组作为一次绕组接至电源。定子绕组与转子绕组串联作为二次绕组。

当转子绕组接通电源后，在三相转子绕组中流过三相电流，于是在气隙中便产生以同步

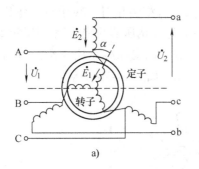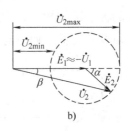

图 14-4　单式感应调压器

a）绕组联结图　b）相量图

速 n_1 旋转的磁场，它在转子绕组及定子绕组中分别感应出电动势 $\dot{E}_1$、$\dot{E}_2$。两电动势之间的相位则由定子绕组和转子绕组之间的空间位置来决定。例如，当转子 A 相绕组与定子 a 相绕组相重合时，令 $\alpha = 0$，此时旋转磁场在同一时刻切割定、转子绕组，因而定、转子绕组中的感应电动势是同相位的。如果转子逆着旋转磁场方向移过 α 电角度，此时旋转磁场将先切割转子 A 相绕组，经过 α 电角度后才切割定子 a 相绕组，所以定子绕组中的感应电动势 $\dot{E}_2$ 便滞后于转子电动势 $\dot{E}_1$ α 电角度，其相量关系如图 14-4b 所示。如果忽略定、转子绕组的阻抗压降，输出电压 $\dot{U}_2$ 为定、转子绕组电动势之和，即

$$\dot{U}_2 \approx \dot{E}_1 + \dot{E}_2 \tag{14-1}$$

从图 14-4b 可以看出，$\dot{U}_2$ 随 α 角而变化。因此，调节转子的位置 α 角，就可平滑地调节输出电压 U_2 的大小。

$$U_2 = \sqrt{U_1^2 + E_2^2 + 2U_1 E_2 \cos\alpha} = U_1 \sqrt{1 + \frac{1}{k_e^2} + \frac{2}{k_e}\cos\alpha} \tag{14-2}$$

式中，$U_1 \approx E_1$，k_e 为电动势比，$k_e = \dfrac{E_1}{E_2}$。

当定子及转子绕组的匝数相等时，即 $k_e = 1$。感应调压器的输出电压便可在 $0 \sim 2U_1$ 的范围内调节。但应注意，在调节输出电压大小的同时，输出电压在相位上也发生了变化，如图 14-4b 中所示的 β 角。

值得注意的是，单式三相感应调压器的转子在工作时必须堵住，调压可借蜗轮、蜗杆来改变其位置。因为调压器向外输出电流时，转子将受到电磁力矩的作用，该转矩试图使转子沿旋转磁场的方向旋转，因此感应调压器总是处于转子回路串阻抗起动状态，蜗轮、蜗杆也起着堵住转子作用。

14.2.2　双式三相感应调压器

在单式三相感应调压器中，二次电压随着大小的改变，其相位也同时发生变化，在某些场合这是不允许的。为了克服这个缺点，可把两台单式三相感应调压器共轴，组成一台双式三相感应调压器，如图 14-5a 所示。在组成三相双式调压器时，两转子绕组并联在同一电源上，但相序相反，于是在两台单式调压器中气隙旋转磁场转向相反。不论转子向哪个方向移

动 α 角，两台感应调压器的定子电动势 $\dot{E}_{2I}$、$\dot{E}_{2II}$ 都会相对于转子电动势 $\dot{E}_1$ 向相反方向转过同样的角度，如图 14-5b 所示。由于两台单式感应调压器的定子绕组串联起来，再与其中一台单式感应调压器的转子绕组相联，因此二次输出电压 $\dot{U}_2 \approx \dot{E}_1 + \dot{E}_{2I} + \dot{E}_{2II}$。这样，$\dot{U}_2$ 的相位就与转子转过的角度 α 无关，而总与 $\dot{E}_1$ 同相，如图 14-5b 所示。

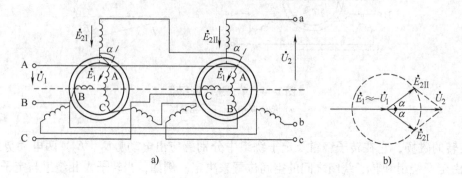

图 14-5 双式感应调压器
a) 绕组联结图 b) 相量图

在双式调压器中，由于两台调压器的电磁转矩大小相等、方向相反，因而相互抵消，公共转轴上总转矩等于零。感应调压器的功率传递关系与自耦变压器相同，其额定容量等于传导容量与电磁容量之和，调压器的尺寸仅决定于电磁感应容量。与同容量的自耦变压器相比，其重量较大，空载电流和损耗也较大，价格较贵。但是，感应调压器无滑动触头，运行比较安全可靠，所以广泛用于实验室和特殊需要的场合。

14.3 直线感应电动机

传统的异步电动机都是利用旋转磁场，产生电磁力而做旋转运动。直线感应电动机则是将交流电能转换成直线运动机械能的一种电机。

14.3.1 直线感应电动机的基本结构

如图 14-6 所示将一台多相笼型异步电动机从径向剖开，并将定、转子铁心沿圆周展开成直线状，从而得到直线感应电动机。在直线感应电动机中，装有三相绕组并与电源相接的一侧称为初级，另一侧称为次级。初级既可作为定子，亦可以作为运动的动子。实际电机的初级和次级长度常做成不等，从降低成本出发，通常采用短初级的形式。

图 14-7a 所示结构称为单边型，这种结构的初、次级之间具有很大的法向磁拉力。而对于图 14-7b 所示的双边型，两边的法向磁拉力将互相抵消。

直线感应电机初级包括初级铁心和绕组。初级的铁心由硅钢片叠成，表面开槽，三相绕组嵌在槽内。

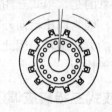

图 14-6 由旋转电机演变成直线电机

初级绕组也分为单层和双层两种。需要说明的是，直线感应电机初级为有限长，两端断开，从而影响了电机的磁场分布。

次级有多种形式，一种是在钢板上开槽，槽内嵌入铜条或铝条，两侧用铜带或铝带连接起来，形成类似笼型转子的短路绕组。这种结构性能较好，但制造复杂，因此较少采用。当次级较长时，通常采用整块钢板或在钢板上复合铜或铝等金属作为次级。此外，也有仅用铜或铝构成的非磁性次级。为保证长距离运动中定子和动子不致相擦，直线电机的气隙一般要比普通感应电机大得多。

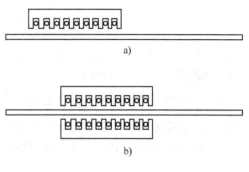

图 14-7　单边和双边型直线电机

a）单边型　b）双边型

14.3.2　直线感应电动机的工作原理

当直线感应电机的初级接到三相交流电源时，与普通感应电机相似，气隙内将形成一个直线行进的行波，且行波磁场的行进方向由初级绕组中的电流相序决定，从电流超前相的轴线移向电流滞后相轴线。行波磁场的推移速度是同步速度 $v_s = 2f\tau$。行波磁场将在次级感应电动势和电流，此电流与行波磁场相互作用产生切向电磁力，使动子做直线运动。设动子的运动速度为 v，则转差率 $s = (v_s - v)/v_s$。直线感应电机通常作为电动机使用，故 $0 < s < 1$。应当说明的是，直线电机若初级固定则次级做直线运动；也可以次级固定，而初级做直线运动。

直线感应电机与旋转电机相比较，主要优点在于省去了把旋转运动转换为直线运动的传动机构。另外，直线电机还可以做到与运动件之间无接触，从而大大减少机械损耗。直线电机的缺点是，由于气隙较大，初级铁心两端断开，故电机的功率因数和效率较低，此外，由于三相阻抗不对称，所以即使在三相对称电压下运行，三相电流也不对称。

目前，直线感应电机在工业直线传动系统以及高速地面运输系统等领域得到应用。

小　　结

本章主要介绍了异步发电机、感应调压器及直线感应电动机的基本工作原理。

异步发电机其基本方程式和等效电路与异步电动机完全相同，只是在发电机运行状态，转差率 s 为负值，因此，转子电动势、电流以及磁通相位关系与异步电动机不同，功率平衡关系与电动机时相反。异步发电机并网运行时，要从电网吸取无功的励磁电流来建立气隙旋转磁场；异步发电机单独运行时，必须在定子绕组端点并联电容器，利用电机的剩磁自励而产生气隙磁场，建立端电压。

感应调压器实质上是一台静止的绕线转子异步电动机，但接线和运行方式不同。通过改变定、转子绕组间感应电动势的相位差，可实现对输出电压的调节。其中单式感应调压器电压的大小和相位同时变化，而双式感应调压器可以保证调压过程中相位不变。

直线感应电动机工作原理与普通的异步电动机相似，只是其磁场是做直线运动，其运动方向变为了直线运动，从而省去了把旋转运动转换为直线运动的传动机构。但由于气隙较大，初级铁心两端断开，故电机的功率因数和效率较低。

思 考 题

14-1 是否可以应用一台绕线式异步电动机来获得电压大小不变而相位能任意调节的三相电源？如可以，请说明定、转子接线及运行情况。

14-2 异步电机在发电运行时，等效电路中的$\frac{1-s}{s}r'_2$为负值，请解释其物理意义。

14-3 试说明异步发电机单机运行时的自励过程。如何调节异步发电机的电压？

14-4 简述直线感应电动机的工作原理和优缺点。

第四篇　同　步　电　机

同步电机是一种常用的交流电机，与异步电机相比，同步电机的转子装有磁极并通入直流电流励磁，且转子的转速 n 与电网频率 f 之间具有固定不变的关系，即 $n = n_1 = 60f/p$（r/min），转速 n_1 称为同步转速。若电网的频率不变，则同步电机的转速恒为常值而与负载的大小无关。

从原理上看，同步电机主要用作发电机，世界上的电能绝大部分由同步发电机发出。同步电机也可用作电动机运行，其特点是可以通过调节励磁电流来改变功率因数，正因为如此，同步电机有一种特殊的运行方式，即接于电网作空载运行，称之为同步补偿机或同步调相机，专门用于电网的无功补偿，以提高电网的功率因数，改善电能质量。

第 15 章　同步电机概述

15.1　同步电机的基本结构

15.1.1　同步电机的基本结构型式

1. 按结构形式分类

同步电机按结构形式不同可以分为旋转电枢式和旋转磁极式两类。前者的电枢装设在转子上，主磁极装设在定子上，这种结构在小容量同步电机中得到一定的应用。对于高电压、大容量的同步电机，多半采用旋转磁极式结构。因为励磁部分的容量和电压常较电枢小得多，把电枢装设在定子上，主磁极装设在转子上，电刷和集电环的负载就大为减轻，工作条件得以改善。所以旋转磁极式结构已成为中、大型同步电机的基本结构型式。

2. 按转子主极的形状分类

同步电机按转子主极的形状不同又分成隐极式和凸极式两种基本型式，如图 15-1 所示。隐极式转子做成圆柱形状，气隙均匀；凸极式转子有明显凸出的磁极，气隙不均匀。对于高速的同步电机（3000r/min），从转子机械强度和妥善地固定励磁绕组考虑，采用励磁绕组分布于转子表面槽内的隐极式结构较为可靠。对于低速同步电机（1000r/min 及以下），由于转子的圆周速度较低、离心力较小，故采用制造简单、励磁绕组集中安放的凸极式结构较为合

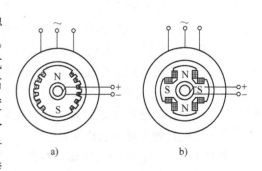

图 15-1　旋转磁极式同步电机的基本类型
a）隐极式　b）凸极式

理。

3. 按原动机的类别分类

大型同步发电机通常用汽轮机或水轮机作为原动机来拖动，前者称为汽轮发电机，后者称为水轮发电机。由于汽轮发电机是一种高速原动机，所以一般采用隐极式结构；水轮发电机则是一种低速原动机，所以一般都采用凸极式结构。同步电动机、由内燃机拖动的同步发电机以及同步补偿机，大多做成凸极式，少数两极的高速同步电动机也有做成隐极式的。

4. 按运行方式和功率转换方向分类

同步电机按运行方式和功率转换方向不同可分为同步发电机（机械能转换成电能）、同步电动机（电能转换成机械能）和同步补偿机（不进行有功功率的转换，专门用来调节电网的无功功率，改善电网的功率因数的无功发电机）三类。

5. 按冷却介质和冷却方式分类

同步电机按冷却介质和冷却方式不同可分为空气冷却、氢气冷却和水冷却等。容量为50MW 以下的同步发电机多采用空气冷却，大容量发电机常采用氢气冷却或水冷却，如定子绕组水冷却，转子绕组和铁心采用氢冷却、双水内冷等。

15.1.2　隐极同步电机

现代的汽轮发电机一般都是两极的，同步转速为 3000 或 3600r/min（对 60Hz 的电机）。这是因为提高转速可以提高汽轮机的运行效率，减小整个机组的尺寸，降低机组的造价。由于转速高，所以汽轮发电机的直径较小，轴向长度较长。现代汽轮发电机的转子本体长度与直径之比 $l_2/D_2 = 2 \sim 6$，容量越大，此比值也越大。汽轮发电机均为卧式结构，图 15-2 表示一台汽轮发电机的定子和转子的外形图。

汽轮发电机的定子由定子铁心、定子绕组、机座、端盖等部件组成。定子铁心一般用厚 0.5mm 的硅钢片叠成，每叠厚度为 $3 \sim 6$cm，叠与叠之间留有宽 $0.8 \sim 1$cm 的通风槽。整个铁心用非磁性压板压紧，固定在定子机座上。

从机械应力和发热这两方面来看，汽轮发电机中最吃紧的部件是转子。大容量汽轮发电机的转子转速可达 $170 \sim 180$m/s。由于转速高，转子的某些部件将受到极大的机械应力。因此现代汽轮发电机的转子一般都用整块的具有良好导磁性的高强度合金钢锻造而成。沿转子表面约 2/3 部分铣有轴向凹槽，励磁绕组就分布、嵌放在这些槽里。不开槽的部分组成一个"大齿"，大齿的中心线即为转子主磁极的中心线。嵌线部分和大齿一起构成了发电机的主磁极，如图 15-1a 所示。为把励磁绕组可靠地固定在转子上，转子槽楔采用非磁性的金属槽楔，端部套上用高强度非磁性钢锻成的护环。

图 15-3 表示一台直径 1200mm 的汽轮发电机的转子。由于汽轮发电机的机身比较细长，转子和电机中部的通风比较困难，所以良好的通风、冷却系统对汽轮发电机特别重要。通常，汽轮发电机的冷却系统比较复杂。

图 15-4 是一台两极空气冷却（简称空冷）汽轮发电机转子结构的散件示意图（含同轴的励磁发电机电枢等）。转子的主要部件有铁心、励磁绕组、护环、中心环和滑环等。由于受离心力限制，转子直径最大为 1.5m，但最大线速度却已高达 236m/s。

图 15-2　汽轮同步发电机的外形图

a）汽轮同步发电机的定子　b）汽轮同步发电机的转子

15.1.3　凸极同步电机

凸极同步电机通常分为卧式和立式两种结构。绝大部分同步电动机、同步补偿机和用内燃机或冲击式水轮机拖动的同步发电机都采用卧式结构。低速、大容量的水轮发电机和大型水泵用同步电动机则采用立式结构。卧式同步电机的定子结构与异步电机基本相同，定子也是由机座、铁心和定子绕组等部件组成；转子则由主磁极、磁轭、励磁绕组、集电环和转轴等部件组成。图 15-5 表示一台已经装配好的凸极同步发电机的转子。

大型水轮同步发电机通常都是立式结构。与隐极式同步电机相比，由于它的转速低、极数多，要求转动惯量大，故其特点是直径大、长度短。在低速水轮发电机中，定子铁心的外径和长度之比 D_a/l 可达 5~7 或更大。

在立式水轮发电机中，整个机组转动部分的重量以及作用在水轮机转子上的水推力均由

图 15-3 汽轮发电机的转子

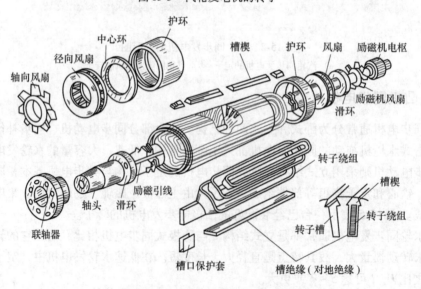

图 15-4 典型汽轮同步发电机转子结构的散件示意图

推力轴承支承，并通过机架传递到地基上。按照推力轴承的位置，发电机又有悬式和伞式两种结构，如图 15-6 所示。悬式的推力轴承装在转子上面，整个转子悬吊；伞式的推力轴装在转子下面，状如伞形。伞式结构可以减少电机的轴向高度和厂房高度，从而可以节约电站建设投资，但机组的机械稳定性稍差，故主要用于低速水轮发电机中。当转速较高时，从减小振动和增加机械稳定性出发，以采用悬式为宜。

图 15-7 表示一台 700MW 水轮发电机的定子，图 15-8 表示一台 700MW 水轮发电机的转子。

图 15-5　凸极同步电机的转子

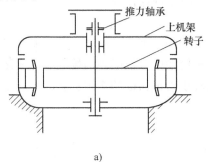

a)

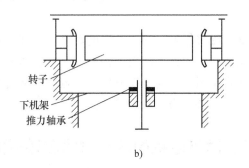

b)

图 15-6　悬式和伞式结构示意图

a) 悬式　b) 伞式

图 15-7　一台 700MW 水轮发电机定子

图 15-8 一台 700MW 水轮发电机的转子

除励磁绕组外,同步电机的转子上还常装有阻尼绕组(见图 15-5)。阻尼绕组与笼型异步电动机转子的笼型绕组结构相似,它由插入主极极靴槽中的铜条和两端的端环焊接而成的一个闭合绕组。在同步发电机中,阻尼绕组起抑制转子机械振荡的作用;在同步电动机和补偿机中,主要作为起动绕组用。

15.2 同步电机的冷却方式和励磁方式

15.2.1 同步电机的冷却方式

随着单机容量的不断提高,大型同步电机的发热和冷却问题日趋严重,冷却方式也不断改进。同步电机的冷却方式主要有以下几种。

1. 空气冷却

空气冷却主要采用内扇式轴向和径向混合通风系统,适用于容量为 50MW 以下的汽轮发电机。为确保运行安全,要求整个空气系统应是封闭的。

2. 氢气冷却

氢气冷却的效果明显优于空气冷却,在汽轮发电机中被广泛应用,并从外冷式发展为内冷式,即定、转子导线做成空心的,直接将氢气压缩进导体带走热量。应用中要注意解决的是防漏和防爆问题。

3. 水冷却

水冷却的效果又优于氢气。主要方式为内冷式,并且以定子绕组内冷的应用为多,但面临泄漏和积垢堵塞问题。虽然全氢冷有很理想的冷却效果,但定子绕组用水内冷,定、转子铁心氢外冷,转子励磁绕组用氢内冷的混合冷却方式"水氢氢"更为经济,应用也较多。

4. 超导发电机

这是彻底解决电机发热和冷却问题的必经之路。其进展很快,关键技术问题如强磁场、高电密、高温交流超导线材的制备等,有望在近年内取得突破。

15.2.2　同步电机的励磁方式

供给同步电机励磁的装置称为励磁系统。为保证同步电机的正常运行，励磁系统应满足以下要求。

1）能够稳定地提供同步电机从空载到满载以及过载时所需的励磁电流。

2）当电力系统发生故障而使电网电压下降时，励磁系统应能快速强行励磁，以提高系统的稳定性。

3）当同步电机内部发生短路故障时，为迅速排除故障并使故障局限在最小范围内，应能快速灭磁。

4）励磁系统应能长期可靠地运行，维护要方便，且力求简单、经济。

目前采用的励磁系统可分为两类：一类是用直流发电机作为励磁电源的直流励磁机励磁系统；另一类是利用可控硅整流装置将交流变成直流后供给励磁的整流器励磁系统。现分述如下。

1. 直流励磁机励磁系统

直流励磁机通常与同步发电机同轴，并采用并励接法。有时为了提高励磁系统的反应速度，并使励磁机在较低电压下也能稳定运行，直流励磁机也有采用他励的，如图15-9 所示。此时励磁机的励磁由另一台与主励磁机同轴的副励磁机供

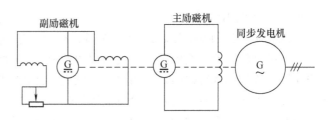

图 15-9　带副励磁机的励磁系统

给。为使同步发电机的输出电压保持恒定，常在励磁电流中加进一个反映发电机负载电流的反馈分量；当负载增加时，使励磁电流相应地增大，以补偿电枢反应和漏抗压降的作用。这样的系统称为复式励磁系统。

2. 静止整流器励磁

静止整流器励磁又分为他励式和自励式两种。

（1）他励式静止整流器励磁系统

他励式静止整流器励磁系统的工作原理如图 15-10 所示。图中交流主励磁机是一台与主同步发电机同轴连接的三相同步发电机（其频率通常为 100Hz），主励磁机的交流输出经静

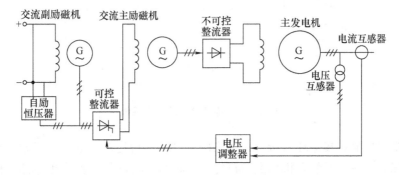

图 15-10　他励式静止整流器励磁系统

止的三相桥式不可控整流器整流后，通过集电环接到主发电机的励磁绕组，以供给其直流励磁，而主励磁机的励磁电流则由交流副励磁机发出的交流电经静止的可控整流器整流后供给。交流副励磁机也与主同步发电机同轴连接，它是一台中频三相同步发电机（有时采用永磁发电机）。副励磁机的励磁，开始时由外部直流电源供给，待电压建立起后再转为自励。自动电压调整器是根据主发电机端电压的偏差，对交流主励磁机的励磁进行调节，从而实现对主发电机励磁的自动调节。

这种励磁系统运行和维护方便，由于取消了直流励磁机，使励磁容量得以提高，因而在大容量汽轮发电机中获得广泛的应用。

（2）自励式系统

自励式系统没有旋转的励磁机，励磁功率是从主发电机发出的功率中取得。空载时，同步发电机的励磁由输出的交流电压经励磁变压器和三相桥式半控整流装置整流后供给；负载时，发电机的励磁除由半控桥供给外，还由复励变流器经三相桥式硅整流装置整流后共同供给。这种励磁系统便于维护，电压稳定性较高，动态特性较好，目前在中、小型同步发电机中已经被采用。

3. 旋转整流器励磁

实践表明，当励磁电流超过 2000A 时，可引起集电环的严重过热；此时可采用取消集电环装置的旋转整流器励磁系统，其原理图如图 15-11 所示。系统中的交流主励磁机是与主发电机同轴连接的旋转电枢式三相同步发电机，旋转电枢的交流输出经与主轴一起旋转的不可控整流器整流后，直接送到汽轮发电机的转子励磁绕组，以供给其励磁。因为交流主励磁机的电枢、整流装置与主发电机的励磁绕组均装设在同一旋转体上（图 15-11 中用点划线框出），不再需要集电环和电刷装置，所以这种系统又称为无刷励磁系统。交流主励磁机的励磁由同轴的交流副励磁机经静止的可控整流器整流后供给。发电机的励磁由电压调整器自动调节。

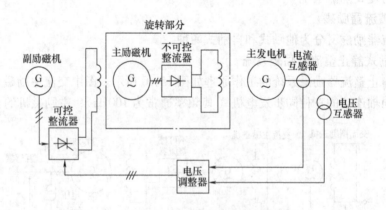

图 15-11　旋转整流器励磁系统

由于取消了电刷和集电环，所以这种励磁方式的运行比较可靠，尤其适合于要求防燃、防爆的特殊场合。缺点是发电机励磁回路的灭磁时间常数较大，这对迅速消除主发电机的内部故障是不利的。这种励磁系统大多用于大、中容量的汽轮发电机、补偿机以及在特殊环境中工作的同步电动机中。

在小型同步发电机中还经常采用具有结构简单和自励恒压等特点的三次谐波励磁、电抗移相励磁或感应励磁等励磁方式。

15.3　同步电机的额定值

1. 额定容量 S_N（或额定功率 P_N）

额定容量是指额定运行时电机的输出功率。同步电机的额定容量既可用视在功率表示（单位 MV·A 或 kV·A），也可用有功功率表示（单位 MW 或 kW）；同步发电机的额定功率是指电枢输出的电功率；同步电动机的额定功率是指轴上输出的机械功率；而补偿机则用无功功率表示，单位是 Mvar 或 kvar。

2. 额定电压 U_N

额定电压 U_N 是指额定运行时定子的线电压。单位用 kV 或 V 表示。

3. 额定电流 I_N

额定电流 I_N 是指额定运行时定子的线电流，单位用 kA 或 A 表示。

三相同步发电机的额定电流　　$I_N = \dfrac{S_N}{\sqrt{3}U_N} = \dfrac{P_N}{\sqrt{3}U_N\cos\varphi_N}$

三相同步电动机的额定电流　　　$I_N = \dfrac{P_N}{\sqrt{3}U_N\eta_N\cos\varphi_N}$

4. 额定功率因数 $\cos\varphi_N$

额定功率因数 $\cos\varphi_N$ 是指额定运行时电机的功率因数。$\cos\varphi_N$ 一般为 $0.8 \sim 0.85$。

5. 额定频率 f_N

额定频率 f_N 是指额定运行时电枢电动势或电流的频率。我国标准工频规定为 50Hz。

6. 额定转速 n_N

额定转速 n_N 是指额定运行时电机的转速，对同步电机而言，即为同步转速 $n_1 = \dfrac{60f}{p}$（r/min）。

除上述额定值以外，铭牌上还常常列出一些其他的运行数据，例如额定负载时的温升 θ_N，额定励磁电流和电压 I_{fN}、U_{fN}，额定效率 η_N 等。

小　　结

同步电机的一个基本特点是电枢电流频率与转速之间保持严格同步关系，而直流电机和异步电机的转速是可以变动的。同步电机与异步电机相比，另一个结构特点是同步机是双边励磁，定子侧是交流励磁而转子侧是直流励磁。同步发电机按转子结构可分为隐极机即汽轮发电机和凸极机即水轮发电机。

同步发电机的冷却方式有空气冷却、氢气冷却和水冷却。励磁方式分为直流励磁机励磁、静止整流器励磁、无刷励磁和高次谐波励磁等。

思　考　题

15-1　水轮发电机和汽轮发电机结构上有什么不同？各有什么特点？

15-2 同步电机和异步电机在结构上有哪些异同之处？

15-3 为什么现代的大容量同步电机都做成旋转磁极式？

15-4 伞式和悬式水轮发电机的特点和优缺点如何？

15-5 为什么水轮发电机要用阻尼绕组，而汽轮发电机却可以不用？

15-6 试说明同步发电机都有哪些励磁方式。它们各有什么特点？

15-7 同步发电机的冷却方式有哪些？

15-8 同步发电机的额定功率和同步电动机的额定功率有什么不同？

习 题

15-1 同步发电机的转速为什么必须是常数？接在频率是50Hz电网上，转速为150r/min的水轮发电机的极数为多少？

15-2 一台三相同步发电机 $S_N = 10\text{kV} \cdot \text{A}$，$\cos\varphi_N = 0.8$（滞后），$U_N = 400\text{V}$，试求其额定电流 I_N 以及额定运行时发出的有功功率 P_N 和无功功率 Q_N。

15-3 一台三相同步电动机 $S_N = 2\text{kV} \cdot \text{A}$，$\cos\varphi_N = 0.8$（滞后），效率 $\eta = 92\%$，$U_N = 380\text{V}$，试求其额定运行时的电流 I_N 和输出的机械功率 P_N。

15-4 什么叫同步电机？怎样由其极数决定它的转速？试问75r/min、50Hz的电机是几极的？一台20个磁极的同步发电机，频率为50Hz，其同步转速是多少？该机应是隐极式结构，还是凸极式结构？

第16章 同步发电机的运行原理

16.1 同步发电机的空载运行

16.1.1 空载运行时的物理情况

同步发电机被原动机拖动到同步转速，转子励磁绕组通入直流励磁电流而定子绕组开路时的运行工况称为空载运行。此时，定子电流为零，电机内的磁场仅由转子励磁电流 I_f 及相应的励磁磁动势 F_f 单独建立，称为励磁磁场。图16-1 为一台四极凸极同步发电机空载运行时励磁磁场分布示意图。图中既交链转子又经过气隙交链定子的磁通，称为主磁通。该磁场是一个被原动机拖动到同步转速的机械旋转磁场，其磁密波形沿气隙圆周近似作正弦分布，基波分量的每极磁通量用 Φ_0 表示。Φ_0 将参与电机的机电能量转换过程。

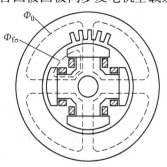

图16-1 凸极发电机
空载磁场示意图

除基波主磁通 Φ_0 之外的所有谐波成分（称为谐波漏磁通）和励磁磁场中仅与转子励磁绕组交链而不与定子交链的磁通（见图16-1）均不参与机电能量转换过程，故该磁通称为漏磁通，用符号 $\Phi_{f\sigma}$ 表示。下标 f 表示由励磁磁场产生的漏磁通。

设转子的同步转速为 n_1，则基波主磁通切割定子绕组感应出频率 $f = \dfrac{pn_1}{60}$ 的对称三相基波电动势，其有效值为

$$E_0 = 4.44 f N K_{N1} \Phi_0 \tag{16-1}$$

16.1.2 空载磁化曲线和磁饱和系数

1. 空载磁化曲线

改变励磁电流 I_f（即改变励磁磁动势 F_f）可得到不同的 Φ_0 和 E_0。由此可得空载特性曲线（称磁化曲线）$E_0 = f(I_f)$ 或 $\Phi_0 = f(I_f)$，如图16-2 所示，空载特性曲线起始段为直线，其延长线为气隙线。

2. 磁饱和系数

取 $\overline{oa}$ 代表额定电压 U_N，则电机磁路饱和系数

$$k_\mu = \frac{\overline{ac}}{\overline{ab}} = \frac{I_{f0}}{I_{fg}} = \frac{F_{f0}}{F_{fg}} \tag{16-2}$$

式中，I_{f0} 代表考虑磁路饱和时空载产生额定电压 U_N 对应的励磁电流。I_{fg} 代表不考虑磁路饱

和时空载产生额定电压 U_N 对应的励磁电流。普通同步电机 k_μ 的取值范围一般为 1.1 ~ 1.25，表明磁路饱和后，由励磁磁动势 F_{f0} 建立的基波主磁通和感应的基波电动势都降低为未饱和值的 $1/k_\mu$，或者说所需磁动势是未饱和时的 k_μ 倍，如图 16-2 所示。

16.1.3　气隙谐波磁场的影响

实际电机中，由于气隙磁密波形不可能为理想正弦波，定子绕组电动势中势必会存在一系列谐波，各次谐波电压有效值的计算公式为

$$U_v = 4.44 f_v N K_{Nv} \Phi_v \quad (v = 2, 3, \cdots) \qquad (16\text{-}3)$$

并采用电压波形正弦性畸变率

$$k_M = \frac{\sqrt{\sum_{v=2}^{\infty} U_v^2}}{U_1} \times 100\% \qquad (16\text{-}4)$$

和电话谐波系数

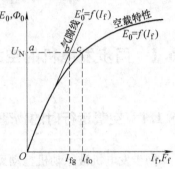

图 16-2　同步发电机空载特性（磁化曲线）

$$\text{THF}\% = \frac{\sqrt{\sum_{v=1}^{5000} (\lambda_v U_v)^2}}{U} \times 100\% \qquad (16\text{-}5)$$

来衡量波形的质量及其对通信的影响。式（16-4）和式（16-5）中，U_1 为基波电压有效值，U 为实际电压波形的有效值（包含所有谐波成分），λ_v 为加权系数。对于中等容量以上（$P_N > 5000\text{kW}$）的同步发电机，要求 $k_M < 5\%$，THF $< 1.5\%$。

16.2　对称三相负载时同步发电机的电枢反应

同步发电机空载运行时气隙仅存在由主磁极磁动势产生的磁场，该磁场是机械旋转磁场。当负载电流流过同步电机的定子绕组时，将产生另一磁场，即定子磁场或电枢反应磁场。这一磁场将和原有的空载磁场相加而得到气隙中的合成磁场。所谓电枢反应是指电枢磁动势基波对主极磁动势基波的影响。

同步发电机带不同性质的负载，就有不同性质的电枢反应。在此定义同步电机输出的负载电流 $\dot{I}$ 和励磁电动势 $\dot{E}_0$ 之间的夹角称为内功率因数角 ψ，$\psi = 0$ 为 $\dot{I}$ 与 $\dot{E}_0$ 同相，$\psi > 0$ 表示电流 $\dot{I}$ 滞后于 $\dot{E}_0$，$\psi < 0$ 表示 $\dot{I}$ 超前于 $\dot{E}_0$。ψ 角与电机本身的参数和负载的性质有关。为了说明电枢反应还定义：直轴（纵轴、d 轴）即主磁极轴线；交轴（横轴、q 轴）与直轴正交，在与直轴成 90°电角度的位置，如图 16-3 所示。本节分析电枢反应的作用时忽略电枢电阻的影响。下面具体分析不同性质负载时电枢反应的作用。

16.2.1　内功率因数角 $\psi = 0°$ 时的电枢反应

此时同步发电机输出的负载电流和励磁电动势同相位，有功功率将从发电机输送至电网。由于内功率因数为 1，该发电机并不发出无功功率。如图 16-4a 表示同步发电机的电动势相量图。按图中所示瞬间，转子磁场的磁轴正好切割 A 相绕组，此时 A 相电动势有最大值，其方

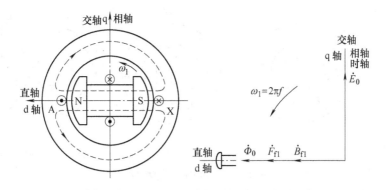

图 16-3　同步发电机空载运行时的时空向量图

向可按右手定则确定。因为 $\psi = 0°$，所以这时 A 相的电流也是最大值。图 16-4b 标出了 A 相绕组中电流最大值的方向。为清晰起见，各相的电动势及 B、C 相的电流不予画出，以下类同。根据三相合成旋转磁动势的性质，可以确定此瞬间定子旋转磁动势的振幅正好出现在 A 相的轴线上。可见定子磁动势 $\dot{F}_a$ 滞后转子磁动势 $\dot{F}_f$ 90°，图 16-4c 为同步发电机的展开图。故当 $\psi = 0°$ 时，电枢旋转磁动势的轴线作用在 q 轴，称为交轴电枢反应。

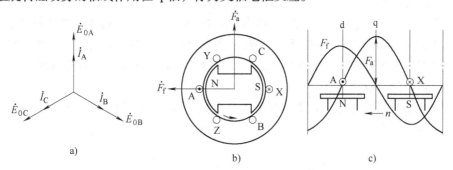

图 16-4　$\psi = 0°$ 的电枢反应

a）电动势相量图　b）A 相电动势和电流为最大时的转子位置　c）电枢反应磁动势波形图

16.2.2　内功率因数角 $\psi = 90°$ 时的电枢反应

此时同步发电机带纯感性负载，输出滞后于励磁电动势 90° 的电流，图 16-5a 为电动势相量图，因三相对称故只画一相。此时发电机发出的有功功率为零，仅输送感性无功功率至电网。或者说，发电机将从电网吸取电容性无功功率。图 16-5b 为 A 相电动势为最大，因 $\psi = 90°$，此时电流却等于零。只有当转子逆时针转过 90°，那时 A 相电流才达到最大值，此刻转子的相对位置将如图 16-5c 所示。因此电枢磁动势 $\dot{F}_a$ 与转子磁动势 $\dot{F}_f$ 两个轴线重合而方向相反。$\dot{F}_a$ 的轴线出现在 d 轴，故称直轴电枢反应，二者方向相反，图 16-5d 为电枢反应磁动势的波形图。电枢反应为纯粹的直轴去磁电枢反应。

当发电机的端电压即电网电压保持不变时，合成的气隙磁场也近似不变。故当电枢反应呈去磁作用时，如要激励所需的气隙磁场，原有的（相当于 $\psi = 0°$ 时的）直流励磁就不够了，必须增大，即此时的同步发电机处于过励磁状态。

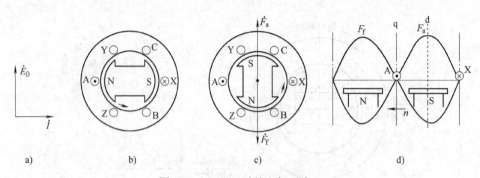

图 16-5　$\psi = 90°$ 时的电枢反应

a）电动势相量图　b）A相电动势为最大时的转子位置　c）A相电流为最大时的转子位置

d）电枢反应磁动势波形图

16.2.3　内功率因数角 $\psi = -90°$ 时的电枢反应

此时同步发电机带纯电容负载，输出超前于励磁电动势 90° 的电流，图 16-6a 为电动势相量图。此时发电机发出的有功功率为零，仅输送容性无功功率至电网。或者说，发电机将从电网吸取感性无功功率。图 16-6b 为 A 相电动势为最大的情况，因 $\psi = -90°$ 此时电流却等于零。只有当转子倒退 90°，那时 A 相电流才达到最大值，此刻转子的相对位置如图 16-6c 所示。因此电枢磁动势 $\dot{F}_a$ 与转子磁动势 $\dot{F}_f$ 两个轴线重合而方向相同。$\dot{F}_a$ 的轴线出现在 d 轴，故称为直轴电枢反应，二者方向相同，图 16-6d 是电枢反应磁动势的波形图。电枢反应为纯粹的直轴加磁电枢反应。

当电网电压保持不变时，如要激励所需的合成气隙磁场，原有的（相当于 $\psi = 0°$ 时的）直流励磁就多了，必须减少，我们便说此时的同步发电机处于欠励磁状态。

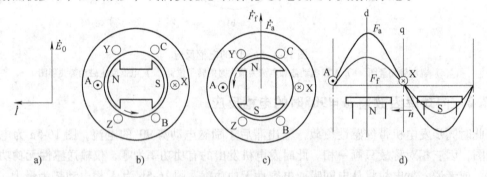

图 16-6　$\psi = -90°$ 时的电枢反应

a）电动势相量图　b）A相电动势为最大时的转子位置　c）A相电流为最大时的转子位置

d）电枢反应磁动势波形图

16.2.4　一般情况 $0 < \psi < 90°$ 时的电枢反应

图 16-7 表示了同步发电机最常见的运行情况 $0 < \psi < 90°$ 时的电枢反应，此时 $\dot{F}_a$ 滞后 $\dot{F}_f$ 一个 $90° + \psi$ 角。该电枢磁动势可分解为直轴分量 $\dot{F}_{ad}$ 和交轴分量 $\dot{F}_{aq}$。$\dot{F}_{aq}$ 产生交轴电枢反应，$\dot{F}_{ad}$ 产生直轴去磁电枢反应。此时的电枢反应也可以这样说明，如将电枢负载电流 $\dot{I}$ 分

解为两个分量：一个是和励磁电动势 $\dot{E}_0$ 同相的分量 $\dot{I}_q$，称为交轴分量，显然 $\dot{I}_q = \dot{I}\cos\psi$，它所产生的电枢反应与图 16-4 一样，为交轴电枢反应；另一个是和励磁电动势 $\dot{E}_0$ 成 90°的分量 $\dot{I}_d$，称为直轴分量，$\dot{I}_d = \dot{I}\sin\psi$，它产生的电枢反应与图 16-5 一样，为直轴去磁电枢反应。故此 $0 < \psi < 90°$时的电枢反应为直轴去磁兼交轴电枢反应。

同理可以证明 $-90° < \psi < 0$ 时的电枢反应是直轴加磁兼交轴电枢反应。

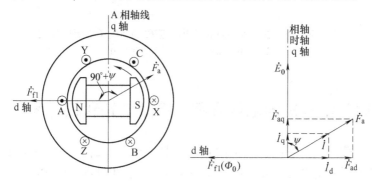

图 16-7　$0 < \psi < 90°$时的电枢反应

16. 2. 5　电枢反应在能量转换中的作用

电枢反应的存在是电机实现能量传递的关键，当同步发电机空载运行时，定子绕组开路，没有负载电流，不存在电枢反应，因此也不存在由转子到定子的能量传递。当同步发电机带有负载后，就产生了电枢反应。图 16-8 表示了不同性质负载时，电枢磁场与转子电流产生电磁力的情况。图 16-8a 为交轴电枢磁场对转子电流产生电磁转矩的情况，由左手定则可见，这时的电磁力将构成一个电磁转矩，它的方向正好和转子的旋转方向相反，企图阻止转子旋转。交轴电枢磁场是由与励磁电动势同相的电流分量，即由电流的有功分量 $\dot{I}_q$ 产生的。这就是说，发电机要输出有功功率，原动机就必须克服由于有功电流分量 $\dot{I}_q$ 引起的交轴电枢反应对转子的阻力转矩。输出的有功功率越大，有功电流分量 $\dot{I}_q$ 越大，交轴电枢反应磁场就越强，所产生的阻力转矩也就越大，这就需要汽轮机进更多的蒸汽（或水轮机进更多的水），才能克服电磁阻力矩，以维持发电机的转速不变。

由图 16-8b 和 c 可见，电枢电流的无功分量 $\dot{I}_d = \dot{I}\sin\psi$ 所产生的直轴电枢反应磁场与转子电流相互作用所产生的电磁力，不形成转矩，不妨碍转子的旋转。这就表明了，当发电机供给纯感性（$\psi = 90°$）或纯容性（$\psi = -90°$）无功功率负载时，并不需要原动机付出功率。但直轴电枢磁场对转子磁场起去磁作用或加磁作用，为维持一定电压所需的转子直流励磁电流也就应增加或减少。

综上所述，为了维持发电机的转速不变，必须随着有功负载的变化调节原动机的输入功率；为了维持发电机的端电压不变，必须随着无功负载的变化，调节转子的直流励磁电流。发电机定子方面的负载变化，就是这样通过电枢反应作用到转子上来的。同理也可说明同步电动机的电磁转矩，有功电流所产生的电磁转矩，其作用方向与转子旋转方向为同一方向；无功电流也不产生电磁转矩。

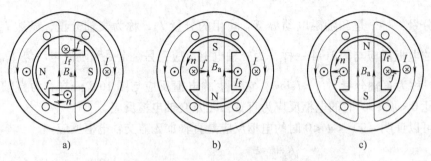

图 16-8　不同性质负载时的电枢反应磁场与转子电流的作用

a) $\psi = 0°$　b) $\psi = 90°$　c) $\psi = -90°$

16.3　隐极同步发电机的电压方程、等效电路和相量图

上面分析了负载时同步发电机内部的磁场情况。在此基础上，利用 KVL 定律，即可列写同步发电机的电压平衡方程，并画出相应的等效电路和相量图。由于隐极同步电机和凸极同步电机的磁路结构有明显区别，因此它们的分析方法也有所不同，本节先分析隐极同步电机的情况。

16.3.1　不考虑磁饱和时的情况

1. 方程式

同步发电机负载运行时，除了主极磁动势 $\dot{F}_f$ 之外，还有电枢反应磁动势 $\dot{F}_a$。如果不计磁饱和（即认为磁路为线性），则可应用叠加原理，把主极磁动势和电枢反应磁动势的作用分别考虑，再把它们的效果叠加起来。设 $\dot{F}_f$ 和 $\dot{F}_a$ 各自产生主磁通 $\dot{\Phi}_0$ 和电枢反应磁通 $\dot{\Phi}_a$，并在定子绕组内感应出相应的励磁电动势 $\dot{E}_0$ 和电枢反应电动势 $\dot{E}_a$，把 $\dot{E}_0$ 和 $\dot{E}_a$ 相量相加，可得电枢一相绕组的合成电动势 $\dot{E}'$（也称为气隙电动势）。上述关系可表示为

$$\text{转子励磁电流}\quad I_f \longrightarrow \dot{F}_n \longrightarrow \dot{\Phi}_0 \longrightarrow \dot{E}_0$$
$$\searrow \dot{\Phi}' \searrow \dot{E}'$$
$$\text{定子三相电流}\quad \dot{I} \longrightarrow \dot{F}_a \longrightarrow \dot{\Phi}_a \longrightarrow \dot{E}_a \nearrow$$
$$\longrightarrow \dot{\Phi}_\sigma \longrightarrow \dot{E}_\sigma$$

以输出电流作为电枢电流的正方向时，可得电枢的电压平衡方程为

$$\dot{E}_0 + \dot{E}_a + \dot{E}_\sigma = \dot{U} + \dot{I}r_a \tag{16-6}$$

式中各项均为每相值。

因为电枢反应电动势 E_a 正比于电枢反应磁通 Φ_a，不计磁饱和时，Φ_a 又正比于电枢磁动势 F_a 和电枢电流 I，即

$$E_a \propto \Phi_a \propto F_a \propto I$$

因此 E_a 正比于 I，在时间相位上，$\dot{E}_a$ 滞后于 $\dot{\Phi}_a$ 90°电角度；若不计定子铁耗，$\dot{\Phi}_a$ 与 $\dot{I}$ 同相位，所以 $\dot{E}_a$ 将滞后于 $\dot{I}$ 90°电角度。于是 $\dot{E}_a$ 也可近似地写成电抗压降的形式，即

$$\dot{E}_a \approx -j\dot{I}x_a \qquad (16\text{-}7)$$

式中，x_a 是与电枢反应磁通相对应的电抗，称为电枢反应电抗，x_a 的值为 $x_a = E_a/I$，即等于单位电枢电流所产生的电枢反应电动势。将式（16-7）代入式（16-6），得

$$\dot{E}_0 = \dot{U} + \dot{I}r_a + j\dot{I}x_\sigma + j\dot{I}x_a = \dot{U} + \dot{I}r_a + j\dot{I}x_s \qquad (16\text{-}8)$$

式中，x_s 称为隐极同步电机的同步电抗。

$$x_s = x_\sigma + x_a \qquad (16\text{-}9)$$

同步电抗是表征对称稳态运行时电枢反应磁场和电枢漏磁场这两个效应的一个综合参数，不计饱和时，它是一个常值。

在大型同步发电机中常常忽略电阻压降 $\dot{I}r_a$，仅考虑同步电抗的影响，则式（16-8）简化为

$$\dot{E}_0 \approx \dot{U} + j\dot{I}x_\sigma + j\dot{I}x_a = \dot{U} + j\dot{I}x_s \qquad (16\text{-}10)$$

2. 等效电路

图 16-9a 是考虑电枢电阻的等效电路，图 16-9b 是不考虑电枢电阻的等效电路。

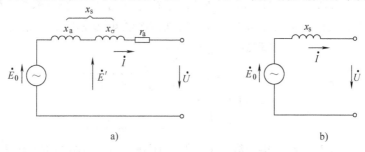

a)　　　　　　　　　　　　　　　b)

图 16-9　隐极同步发电机的等效电路图

a）考虑电枢电阻时的等效电路　b）不考虑电枢电阻时的等效电路

隐极同步发电机的等效电路是一个由励磁电动势 $\dot{E}_0$ 和同步阻抗 $r_a + jx_s$ 相串联所组成的电路，其中 $\dot{E}_0$ 表示主极磁场的作用，x_s 表示电枢反应磁场和电枢漏磁场的作用，r_a 表示电枢绕组电阻的作用。

3. 相量图

图 16-10a 表示与式（16-6）相对应的相量图，图 16-10b 表示和式（16-8）相对应的相量图，图 16-10c 表示和式（16-10）相对应的相量图。此时发电机带感性负载（φ 角滞后时的情况），根据图 16-10c 相量图的几何关系还可以得到

$$E_0 = \sqrt{(U\cos\varphi)^2 + (U\sin\varphi + Ix_s)^2} \qquad (16\text{-}11)$$

$$\psi = \arctan \frac{U\sin\varphi + Ix_s}{U\cos\varphi} \qquad (16\text{-}12)$$

$$\theta = \psi - \varphi \qquad (16\text{-}13)$$

可以利用式（16-11）、式（16-12）和式（16-13）计算 E_0、ψ、θ（θ 表示同步发电机的功率角）。

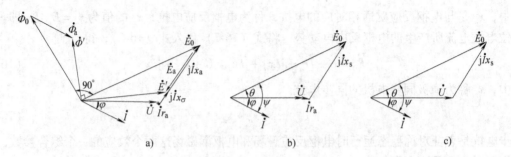

图 16-10 不考虑磁路饱和时隐极同步发电机的相量图

a) 式（16-6）的电动势相量图　b) 式（16-8）的电动势相量图　c) 式（16-10）的电动势相量图

16.3.2 考虑磁饱和时的情况

实际的同步电机常常运行在接近于磁饱和的区域。考虑到磁饱和时，由于磁路的非线性，叠加原理便不再适用。此时，应先求出作用在主磁路上的合成磁动势 $\dot{F}'$，然后利用电机的磁化曲线（空载特性曲线）求出负载时的气隙磁通 $\dot{\Phi}'$ 及相应的气隙电动势 $\dot{E}'$，即

$$转子励磁电流\ I_f \longrightarrow \dot{F}_{f1}$$
$$\longrightarrow \dot{F}' \longrightarrow \dot{\Phi}' \longrightarrow \dot{E}'$$
$$定子三相电流\ \dot{I} \longrightarrow \dot{F}_a$$
$$\longrightarrow \dot{\Phi}_\sigma \longrightarrow \dot{E}_\sigma$$

再从气隙电动势 $\dot{E}'$ 中减去电枢绕组的漏阻抗压降，便得电枢的端电压 $\dot{U}$，即

$$\dot{E}' + \dot{E}_\sigma = \dot{U} + \dot{I}r_a$$

$$\dot{E}' = \dot{U} + \dot{I}r_a + j\dot{I}x_\sigma \tag{16-14}$$

$$\dot{F}' = \dot{F}_f + \dot{F}'_a \tag{16-15}$$

上式中的 $\dot{F}'_a = k_a \dot{F}_a$ 为折算后的电枢反应磁动势。

式（16-14）和式（16-15）的相量图如图 16-11 所示。图 16-11 中既有电动势相量，又有磁动势相量，故称为磁动势—电动势相量图。

这里有一点需要注意，通常的磁化曲线习惯上都用励磁磁动势的幅值（对隐极同步电机，励磁磁动势为一阶梯形波，如图 16-12 所示）或励磁电流值作为横坐标，而电枢磁动势 $\dot{F}_a$ 的幅值则是基波的幅值，这样在作磁动势—电动势向量图时，为了利用通常的磁化曲线，需要把基波电枢磁动势 $\dot{F}_a$ 换算为等效梯形波的磁动势。所以在上面的表述和图 16-11a 中，$\dot{F}_a$ 都需乘上一个电枢磁动势的换算系数 k_a。k_a 的意义为，产生同样大小的基波气隙磁场时，一安匝的电枢磁动势相当于多少安匝的阶梯形波主极磁动势。这样，把电枢磁动势 $\dot{F}_a$ 乘上换算系数 k_a，就可得到换算为主极磁动势时电枢的等效磁动势 $\dot{F}'_a$。一般大型的汽轮发电机，通常可以忽视两者波形的差别，即认为 $k_a \approx 1$，则 $\dot{F}_a = \dot{F}'_a$。

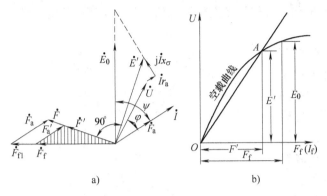

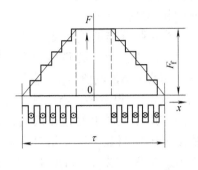

图 16-11　考虑磁饱和时隐极同步发电机的相量图
a）磁动势—电动势相量图　b）由合成磁动势 F' 确定气隙电动势 E'

图 16-12　汽轮发电机主极磁动势的分布

例 16-1　有一台 $P_N = 25000\text{kW}$，$U_N = 10.5\text{kV}$，$\curlyvee$ 形联结，$\cos\varphi = 0.8$（滞后）的汽轮发电机，$x_s^* = 2.13$，电枢电阻略去不计。试求额定负载下励磁电动势 E_0 及夹角 ψ。

解　设 $U_N^* = 1.0$，$I_N^* = 1.0$，$E_0^* = \sqrt{(U_N^*\cos\varphi)^2 + (U_N^*\sin\varphi + I_N^* x_s^*)^2}$

$$= \sqrt{0.8^2 + (0.6 + 1\times2.13)^2} = 2.845$$

$$E_0 = E_0^* \frac{10.5}{\sqrt{3}} = 2.845 \times \frac{10.5}{\sqrt{3}}\text{kV} = 17.25\text{kV}$$

$$\tan\psi = \frac{I_N^* x_s^* + U_N^*\sin\varphi_N}{U_N^*\cos\varphi_N} = \frac{1\times2.13 + 1\times\sin36.87°}{\cos36.87°} = 3.4125$$

$$\psi = \arctan3.4125 = 73.67°$$

16.4　凸极同步发电机的电压方程和相量图

凸极同步电机的气隙沿电枢圆周是不均匀的，因此在定量分析电枢反应的作用时，需要应用到双反应理论。

16.4.1　双反应理论

凸极同步电机的气隙是不均匀的，极面下气隙较小，两极之间气隙较大，因而沿电枢圆周各点单位面积的气隙磁导 λ（$\lambda = \mu_0/\delta$）各不相同。由于 λ 的变化与主极轴线对称，并以 $180°$ 电角度为周期，因此可用仅含偶次谐波的余弦级数表示，即

$$\lambda \approx \lambda_0 + \lambda_2\cos2\alpha + \lambda_4\cos4\alpha\cdots \tag{16-16}$$

式（16-16）的坐标原点取在主极轴线处，为由原点量起的电角度值。忽略 λ 中的 4 次及以上的谐波项，可得

$$\lambda \approx \lambda_0 + \lambda_2\cos2\alpha$$

图 16-13a 表示 λ 的近似分布图。由图可见，因直轴处的气隙比交轴处小，故直轴磁导

比交轴磁导大。这样，同样大小的电枢磁动势作用在直轴和交轴上时，所产生的电枢磁场将有明显差别。

当正弦分布的电枢磁动势作用在直轴上时，由于极面下的磁导较大，故相对来说，基波磁场的幅值 B_{ad1} 比直轴电枢磁场的幅值 B_{ad} 减小得不多。当正弦分布的电枢磁动势作用在交轴上时，在极间区域，交轴磁场将出现明显下凹，相对来讲，基波幅值 B_{aq1} 将显著减小，如图16-13c 所示。一般情况下，若电枢磁动势既不作用在直轴，也不作用在交轴而是作用在空间任意位置时，可把电枢磁动势分解成直轴和交轴两个分量，如图 16-13b 所示，再用对应的直轴磁导和交轴磁导分别计算出直轴和交轴电枢反应，最后再把它们叠加起来。

这种考虑到凸极电机气隙的不均匀性，把电枢反应分成直轴和交轴电枢反应来分别处理的方法，就称为双反应理论。实践证明，不计磁饱和时，采用这种方法来分析凸极同步电机，其效果是令人满意的。

在凸极电机中，直轴电枢磁动势 F_{ad} 换算到励磁磁动势时应乘以直轴换算系数 k_{ad}，交轴电枢磁动势换算到励磁磁动势时也应乘以交轴换算系数 k_{aq}。k_{ad} 和 k_{aq} 的意义是，产生同样大小的基波气隙磁场时，一安匝的直轴或交轴磁动势所相当的主极磁动势值。k_{ad}、k_{aq} 均小于1。

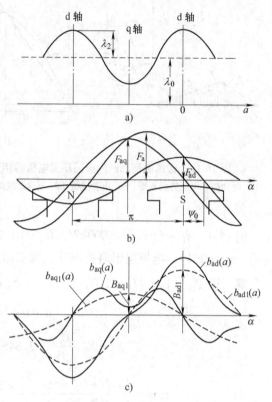

图 16-13　凸极同步电机的气隙磁导和双反应理论
a) 磁导 λ 的近似分布图　b) 电枢反应磁动势作用在
空间任意位置时的情况　c) 合成的磁密分布波形图

16.4.2　凸极同步发电机的电压方程和参数

不计磁饱和时，根据双反应理论，把电枢磁动势 $\dot{F}_a$ 分解成直轴和交轴磁动势 $\dot{F}_{ad}$、$\dot{F}_{aq}$，分别求出其所产生的直轴、交轴电枢磁通 $\dot{\Phi}_{ad}$、$\dot{\Phi}_{aq}$ 和电枢绕组中相应的电动势 $\dot{E}_{ad}$、$\dot{E}_{aq}$，再与主磁场 $\dot{\Phi}_0$ 所产生的励磁电动势 $\dot{E}_0$ 相量相加，便得一相绕组的合成电动势 $\dot{E}'$（通常称为气隙电动势）。上述关系可表示如下：

转子励磁电流　$I_f \longrightarrow F_f \longrightarrow \dot{\Phi}_0 \longrightarrow \dot{E}_0$

定子三相电流　I
$\dot{I}_d \longrightarrow \dot{F}_{ad} \longrightarrow \dot{\Phi}_{ad} \longrightarrow \dot{E}_{ad}$　$\dot{E}'$
$\dot{I}_q \longrightarrow \dot{F}_{aq} \longrightarrow \dot{\Phi}_{aq} \longrightarrow \dot{E}_{aq}$
$\dot{\Phi}_\sigma \longrightarrow \dot{E}_\sigma$

按基尔霍夫电压定律可以列写电压平衡方程式：

$$\dot{E}_0 + \dot{E}_{ad} + \dot{E}_{aq} + \dot{E}_\sigma = \dot{U} + \dot{I}r_a \tag{16-17}$$

与隐极电机相类似，由于 E_{ad} 和 E_{aq} 分别正比于相应的 Φ_{ad}、Φ_{aq}，不计磁饱和时，Φ_{ad} 和 Φ_{aq} 又分别正比于 F_{ad}、F_{aq}，而 F_{ad}、F_{aq} 又正比于电枢电流的直轴和交轴分量 I_d、I_q，于是可得

$$E_{ad} \propto I_d, \quad E_{aq} \propto I_q$$

这里

$$I_d = I\sin\psi, \quad I_q = I\cos\psi$$
$$\dot{I} = \dot{I}_d + \dot{I}_q \tag{16-18}$$

在时间上，不计定子铁耗时，$\dot{E}_{ad}$ 和 $\dot{E}_{aq}$ 分别滞后于 $\dot{I}_d$ 和 $\dot{I}_q$ 90° 电角度，所以 $\dot{E}_{ad}$ 和 $\dot{E}_{aq}$ 可以用相应的电抗压降来表示，同样 $\dot{E}_\sigma$ 也可以用漏抗压降来表示

$$\dot{E}_{ad} = -j\dot{I}_d x_{ad}$$
$$\dot{E}_{aq} = -j\dot{I}_q x_{aq} \tag{16-19}$$
$$\dot{E}_\sigma = -j\dot{I} x_\sigma$$

式（16-19）中，x_{ad} 又称为直轴电枢反应电抗，$x_{ad} = E_{ad}/I_d$，即等于单位直轴电流产生的直轴电枢反应电动势；x_{aq} 称为交轴电枢反应电抗，$x_{aq} = E_{aq}/I_q$，即等于单位交轴电流产生的交轴电枢反应电动势。

将式（16-19）代入式（16-17），并考虑到 $\dot{I} = \dot{I}_d + \dot{I}_q$，可得

$$\begin{aligned}
\dot{E}_0 &= \dot{U} + \dot{I}r_a + j\dot{I}x_\sigma + j\dot{I}_d x_{ad} + j\dot{I}_q x_{aq} \\
&= \dot{U} + \dot{I}r_a + j\dot{I}_d\ (x_\sigma + x_{ad})\ + j\dot{I}_q\ (x_\sigma + x_{aq}) \\
&= \dot{U} + \dot{I}r_a + j\dot{I}_d x_d + j\dot{I}_q x_q
\end{aligned} \tag{16-20}$$

忽略电枢电阻，则

$$\dot{E}_0 = \dot{U} + j\dot{I}_d x_d + j\dot{I}_q x_q \tag{16-21}$$

式（16-21）中，x_d 和 x_q 分别称为凸极同步电机的直轴同步电抗和交轴同步电抗，则

$$x_d = x_\sigma + x_{ad}, \quad x_q = x_\sigma + x_{aq}$$

它们是表征对称稳态运行时电枢漏磁和直轴或交轴电枢反应的一个综合参数。

16.4.3　凸极同步发电机的相量图

设已知发电机的励磁电动势 $\dot{E}_0$、电枢电流 $\dot{I}$、内功率因数角 ψ 以及电机的参数 x_d 和 x_q。画相量图求电压 $\dot{U}$。

1）以电动势 $\dot{E}_0$ 为参考相量，按 ψ 角画出 $\dot{I}$。

2）将电枢电流分解成直轴和交轴两个分量，$I_d = I\sin\psi$，$I_q = I\cos\psi$。

3）按方程式 $\dot{U} = \dot{E}_0 - j\dot{I}_d x_d - j\dot{I}_q x_q$ 画出 $\dot{U}$。

图 16-14 表示的凸极同步发电机的相量图与式（16-21）相对应。

16.4.4　凸极同步发电机的实用相量图和虚构等效电路

实际发电机运行时已知的是端电压 $\dot{U}$、电流 $\dot{I}$、负载的功率因数角 φ 以及电机的参数 x_d

和 x_q，而需要求的是 $\dot{E}_0$。因需要先把电枢电流分解成直轴和交轴两个分量，为此须先确定 ψ 角，故无法直接画出图 16-14，为此将式（16-21）的两边都减去 $j\dot{I}_d$ $(x_d - x_q)$，并设 $\dot{E}_0 - j\dot{I}_d$ $(x_d - x_q) = \dot{E}_Q$，可得

$$\dot{E}_Q = \dot{E}_0 - j\dot{I}_d(x_d - x_q) = \dot{U} + j\dot{I}_d x_d + j\dot{I}_q x_q - j\dot{I}_d(x_d - x_q) = \dot{U} + j\dot{I}x_q \quad (16-22)$$

式（16-22）中，$\dot{E}_Q$ 为一虚构电动势。因为相量 $\dot{I}_d$ 与 $\dot{E}_0$ 相垂直，故 $j\dot{I}_d$ $(x_d - x_q)$ 必与 $\dot{E}_0$ 同相位，因此 $\dot{E}_Q$ 与 $\dot{E}_0$ 同相位，如图 16-15 所示。由此利用式（16-22），即可确定 ψ 角。

根据图 16-14 和图 16-15 相量图的几何关系，可得

$$\psi = \arctan \frac{U\sin\varphi + Ix_q}{U\cos\varphi} \quad (16-23)$$

$$E_0 = U\cos\theta + I_d x_d \quad (16-24)$$

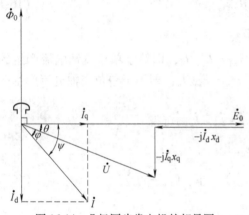
图 16-14 凸极同步发电机的相量图

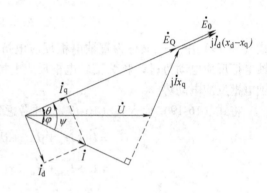
图 16-15 ψ 角的确定

引入虚构电动势 $\dot{E}_Q$ 后，由式（16-22）可得凸极同步发电机的等效电路，如图 16-16 所示，此电路在计算凸极同步发电机在电网中的运行性能和功角时常常用到。

根据以上的分析，实用相量图的画法和求解 $\dot{E}_0$ 的步骤总结如下。

1）以 $\dot{U}$ 为参考相量，根据 φ 角画电流 $\dot{I}$。

2）求虚构电动势 $\dot{E}_Q$，决定功角 θ

$$\dot{E}_Q = \dot{U} + j\dot{I}x_q = E_Q \angle \theta$$

3）因 $\psi = \varphi + \theta$，可以决定 ψ 角。

4）将电流 $\dot{I}$ 分解，$I_d = I\sin\psi$ 和 $I_q = I\cos\psi$。

5）$\dot{E}_0 = \dot{E}_Q + j\dot{I}_d$ $(x_d - x_q)$。

对于实际的同步电机，由于交轴磁路的气隙较大，如图 16-17b 所示，可以近似认为交轴磁路不饱和，直轴磁路则将受到饱和的影响。近似认为直轴和交轴磁场相互没有影响，则可应用双反应理论分别求出直轴和交轴上的合成磁动势，再利用电机的磁化曲线来计及直轴磁路饱和的影响。

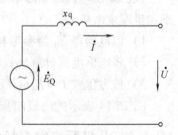
图 16-16 凸极同步发电机的虚构等效电路

16.4.5　直轴和交轴同步电抗的意义

在凸极同步电机中，由于直轴和交轴下的气隙不等，所以有直轴同步电抗 x_d 和交轴同步电抗 x_q 之分。由于电抗与绕组匝数的平方和所经磁路的磁导成正比，所以

$$x_d \propto N_1^2 \Lambda_d \propto N_1^2 \left(\Lambda_\sigma + \Lambda_{ad} \right)$$
$$x_q \propto N_1^2 \Lambda_q \propto N_1^2 \left(\Lambda_\sigma + \Lambda_{aq} \right)$$

式中，N_1 为电枢每相的串联匝数；Λ_{ad}、Λ_{aq} 分别为直轴和交轴电枢反应磁通所经磁路的等效磁导；Λ_σ 为电枢漏磁通所经磁路的等效磁导；Λ_d、Λ_q 为稳态运行时直轴和交轴的电枢等效磁导。如图 16-17 所示为直轴和交轴电枢反应磁通及电枢漏磁通所经磁路及其磁导的示意图。

对于凸极同步电机，由于直轴下的气隙较交轴下的小，则 $\Lambda_{ad} > \Lambda_{aq}$，所以 $x_{ad} > x_{aq}$，因此在凸极同步电机中，$x_d > x_q$。对于隐极电机，由于气隙是均匀的，直轴和交轴磁路基本没有什么差别，故 $\Lambda_{ad} \approx \Lambda_{aq}$，所以 $x_d \approx x_q = x_s$。

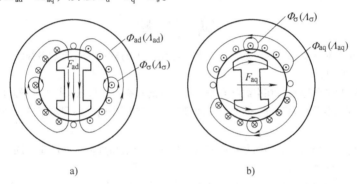

a)　　　　　　　　　　　　　　　　　b)

图 16-17　凸极同步电机电枢反应磁通及漏磁通所经磁路及其等效磁导

a）直轴电枢磁导　b）交轴电枢磁导

例 16-2　一台凸极同步发电机，其直轴和交轴同步电抗的标幺值为 $x_d^* = 1.0$，$x_q^* = 0.6$，电枢电阻略去不计，试计算该机在额定电压、额定电流、$\cos\varphi = 0.8$（滞后）时的励磁电动势 E_0^*。

解　以端电压 $\dot{U}^*$ 作为参考相量

$$\dot{U}^* = 1 \angle 0°, \quad \dot{I}^* = 1 \angle -36.87°$$

虚构电动势 $\dot{E}_Q^* = \dot{U}^* + j\dot{I}^* x_q^* = 1.0 + j0.6 \angle -36.87° = 1.442 \angle 19.44°$

即 θ 角为 $19.44°$，于是 $\psi = \theta + \varphi = 19.44° + 36.87° = 56.31°$

电枢电流的直轴和交轴分量分别为

$$I_d^* = I^* \sin\psi = 0.8321$$

$$I_q^* = I^* \cos\psi = 0.5547$$

于是　　$E_0^* = E_Q^* + I_d^* \left(x_d^* - x_q^* \right) = 1.442 + 0.8321 \times \left(1.0 - 0.6 \right) = 1.775$

即　　　　　　　　　　　　$\dot{E}_0^* = 1.775 \angle 19.44°$

小　结

对称负载时的电枢反应与负载的性质有关，电枢反应的强弱和电枢电流的大小有关。电枢电流 I 与励磁电动势 E_0 间的夹角称为内功率因数角 ψ，通过内功率因数角 ψ 可以判断电枢反应的性质。电枢反应是同步电机实现机电能量转换的关键，同步发电机通过电枢反应的作用来体现有功功率和无功功率的转换。

同步发电机按结构分为隐极式和凸极式，其方程、等效电路、参数和相量图都不相同，在不考虑磁路饱和时可以应用叠加原理，认为各磁动势分别产生磁通和感应电动势，对于电枢反应磁场和漏磁场的作用可以用同步电抗来表示，对隐极同步发电机用同步电抗 x_s 来表示，电动势方程式 $\dot{E}_0 = \dot{U} + \mathrm{j}\dot{I}x_s$；对凸极同步发电机分别用电抗 x_d 和 x_q 表示，电动势方程式为 $\dot{E}_0 = \dot{U} + \mathrm{j}\dot{I}_d x_d + \mathrm{j}\dot{I}_q x_q$。根据电动势平衡方程式就可以绘出相量图。实际的凸极同步电机常用实用相量图和虚构等效电路来表示。

思 考 题

16-1　同步电机在对称负载下稳定运行时，电枢电流产生的磁场是否与励磁绕组有相对运动？它会在励磁绕组中感应电动势吗？

16-2　同步发电机的气隙磁场在空载状态是如何激励的？在负载状态又是如何激励的？

16-3　试比较变压器的励磁阻抗、异步电机的励磁阻抗和同步电机的同步阻抗，说明为什么有这些差别。

16-4　同步发电机电枢反应的强弱和性质取决于什么？交轴和直轴电枢反应对同步发电机的磁场有何影响？如何按 ψ 角区分电枢反应？

16-5　同步电抗的物理意义是什么？为什么说同步电抗是与三相有关的电抗，而它的值又是每相的值？

16-6　分析下面几种情况对同步电抗有何影响：（1）铁心饱和程度增加；（2）气隙增大；（3）电枢绕组匝数增加；（4）励磁绕组匝数增加；（5）频率增加。

16-7　试画出隐极同步发电机当功率因数角分别为 $\varphi < 0°$，$\varphi = 0°$，$\varphi > 0°$ 时的电动势相量图，并说明各种情况下电枢反应的性质。

16-8　试画出凸极同步发电机当功率因数角分别为 $\varphi < 0°$，$\varphi = 0°$，$\varphi > 0°$ 时的电动势相量图，并说明各种情况下电枢反应的性质。

16-9　何谓同步发电机的电枢反应？电枢反应与机—电能量转换有何关系？

16-10　为什么要把同步发电机的电枢电流分解为它的直轴分量和交轴分量？如何分解？

16-11　凸极同步电机中，为什么直轴电枢反应电抗 x_{ad} 大于交轴电枢反应电抗 x_{aq}？

16-12　试述直轴和交轴同步电抗的意义。

16-13　同步发电机的电枢反应与负载性质有何关系？下列情况下的电枢反应如何？（1）三相对称纯电阻负载；（2）三相对称电阻—电感负载；（3）三相对称负载，容抗 $x_c^* = 1.0$，同步电抗 $x_s^* = 0.6$。

16-14　保持转子励磁电流不变，定子电流 $I = I_N$，发电机转速一定，根据电枢反应的概念，试比较：（1）空载；（2）带纯电阻负载；（3）带纯电感负载；（4）带纯电容负载时发电机端电压的大小，为保持端电压为额定值，应如何调节？

习 题

16-1　一台隐极同步发电机，在额定电压下运行，$x_s^* = 2$，$r_a^* = 0$，试求：（1）额定电流且 $\cos\varphi = 1$ 时，

励磁电动势 E_0^* 是多少；（2）保持上述励磁电动势不变，当 $\cos\varphi = 0.866$（滞后）时，I^* 是多少？

16-2　一台水轮发电机，$P_N = 72500\text{kW}$，$U_N = 10.5\text{kV}$，Y形联结，$\cos\varphi = 0.8$（滞后），$r_a^* = 0$，$x_q^* = 0.554$，$x_d^* = 1$。试求在额定负载下励磁电动势 E_0 及功角 θ，并做出相量图。

16-3　有一台汽轮同步发电机，$P_N = 100\text{MW}$，$U_N = 10.5\text{kV}$，Y形联结，$\cos\varphi = 0.8$（滞后），$r_a^* = 0$，$x_s^* = 1.54$，试求在额定负载下励磁电动势 E_0 及功角 θ，并做出相量图。

16-4　有一台凸极同步发电机，定子绕组Y形联结，$U_{Nph} = 6350\text{V}$，$I_N = 460\text{A}$，$\cos\varphi = 0.8$（滞后），$x_q = 9\Omega$，$x_d = 17\Omega$，$r_a = 0$，试求在额定负载下运行时的励磁电动势 E_0、内功率因数角 ψ、直轴电流 I_d 和交轴电流 I_q，并做出相应的相量图。

16-5　有一台三相汽轮发电机，每相端电压是 3000V，转子磁场振幅和定子磁场振幅相等，忽略绕组电阻和漏电抗，试求：内功率因数角 $\psi = 30°$ 和 $\psi = 60°$ 时的励磁电动势 E_0。

16-6　有一台三相汽轮发电机，$P_N = 25000\text{kW}$，$U_N = 10.5\text{kV}$，Y形联结，$\cos\varphi_N = 0.8$（滞后），作单机运行。由试验测得它的同步电抗标幺值为 $x_s^* = 2.13$。电枢电阻忽略不计。每相励磁电动势为 7520V。试求：下列几种情况接上三相对称负载时的电枢电流值，并说明其电枢反应的性质。（1）每相是 7.52Ω 纯电阻；（2）每相是 7.52Ω 纯电感；（3）每相是（$7.52 - j7.52$）Ω 电阻—电容性负载。

第 17 章　同步发电机的运行特性

为了计算同步电机的参数，除了需要知道同步发电机的工况如电压、电枢电流和功率因数等之外，还应给出同步发电机的试验曲线，以下说明利用试验曲线求取同步电抗非饱和值、短路比、电枢漏电抗和电枢反应等效去磁电流的方法。

同步发电机对称负载下的运行特性曲线是确定电机主要参数、评价电机性能的基本依据。和其他电机一样，同步电机在分析中习惯上也采用标幺值系统，其基值选定原则如下：

1）容量基值为 S_N，单位为 kV·A 或 MV·A。

2）电压基值为 U_N，单位为 V 或 kV。

3）电流基值为 I_N，$I_N = \dfrac{S_N}{\sqrt{3}U_N}$，单位为 A。

4）阻抗基值为 $Z_N = \dfrac{U_{Nph}}{I_{Nph}}$，单位为 Ω。

5）励磁电流基值为 I_{f0}，为发电机空载 $U_0 = U_N$ 时所对应的转子励磁电流，单位为 A。其中，下标 "N" 代表额定，"ph" 表示是一相的量，"0" 表示空载。

17.1　同步发电机的空载和短路特性

17.1.1　空载特性

空载特性可以利用空载试验测出。试验时，电枢绕组开路（空载），用原动机把被试同步发电机拖动到同步转速，改变励磁电流 I_f，并记录相应的电枢端电压 U_0（空载时与 E_0 相等），直到 $U_0 \approx 1.25 U_N$ 左右，就可得到空载特性曲线 $E_0 = U_0 = f(I_f)$。在用标幺值绘制空载特性曲线时，应注意取 I_{f0} 作为励磁电流的基准值。

用试验测定空载特性时，由于磁滞现象，上升和下降的磁化曲线不会重合，因此，一般约定采用自 $U_0 \approx 1.25 U_N$ 开始至 $I_f = 0$ 的下降曲线，结果如图 17-1 中上部的曲线所示。图中 $I_f = 0$ 时有剩磁电动势，将曲线由此延长与横轴相交（虚线所示），取交点与原点距离 Δi_{f0} 为校正值，再将原实测曲线整体右移才能得到工程中实用的校正曲线，即如图 17-1 中过原点的曲线所示。

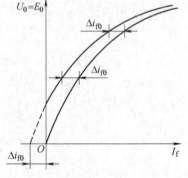

图 17-1　空载特性的试验曲线

17.1.2　短路特性

短路特性可由三相稳态短路试验测得，试验线路如图 17-2a 所示。将被试同步发电机的电枢端点三相短路，用原动机拖动被试发电机到同步转速，调节励磁电流 I_f，使电枢电流 I_k 从零起一直增加到 $1.2I_N$ 左右，便可得到短路特性曲线 $I_k = f(I_f)$，如图 17-2b 所示。

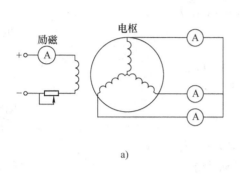 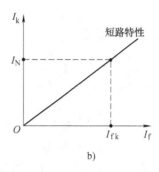

a)　　　　　　　　　　　b)

图 17-2　三相短路试验和短路特性

a）短路试验接线图　b）短路特性

从图 17-2b 可见，短路特性是一条直线，原因是：短路时，端电压 $U = 0$，短路电流仅受电机本身阻抗的限制。通常电枢电阻远小于同步电抗，由前述的等效电路知，短路时电动势和同步电抗相串联，因此短路电流可认为是纯感性，$\psi \approx 90°$；于是有 $\dot{I}_q = 0$，$\dot{I} = \dot{I}_d$，而

$$\dot{E}_0 = \dot{U} + \dot{I}r_a + \mathrm{j}\dot{I}_d x_d + \mathrm{j}\dot{I}_q x_q \approx \mathrm{j}\dot{I}x_d \tag{17-1}$$

短路时，同步发电机的时—空相量图如图 17-3 所示。由于 $\psi \approx 90°$，电枢磁动势近于纯去磁的直轴电枢反应磁动势，故电机的合成磁动势 F' 很小，气隙电动势 E' 也很小，仅需要用以克服电枢的漏抗压降，即

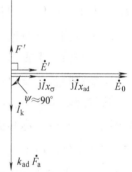

$$\dot{E}' = \dot{U} + \dot{I}r_a + \mathrm{j}\dot{I}x_\sigma \approx \mathrm{j}\dot{I}x_\sigma = -\dot{E}_\sigma \tag{17-2}$$

一般同步电机的电枢漏抗其标幺值约为 $0.15 \sim 0.2$，故短路电流为额定电流（即 $I^* = 1$）时，气隙电动势的标幺值大约为 0.15 左右，所以短路时电机的磁路处于不饱和状态。在磁路不饱和的情况下，$E'_0 \propto I_f$，而短路电流 $I_k = E'_0 / x_d$ 故 $I_k \propto I_f$，所以短路特性是一条直线。

图 17-3　三相短路时同步发电机的相量图

17.1.3　利用空载特性、短路特性确定 x_d 和短路比 K_c

1. 利用空载短路特性求 $x_{d(非饱和)}$

上已分析，短路试验时磁路不饱和，从式（17-3）可见，同步电抗为某一励磁电流 I_f 对应的气隙线电动势 E'_0 与相应的短路电流 I_k 之比，即

$$x_{d(非)} = \frac{E'_0}{I_k} = \frac{E_{0k}}{I_N} = \frac{E_{0N}}{I_{k0}} \tag{17-3}$$

如图 17-4 所示，故所求出的 x_d 值为非饱和值，以后所述电抗均指非饱和值。

2. 求短路比 K_c

短路比是同步电机设计中的一个重要数据。短路比 K_c 是指空载产生额定电压所需的励

磁电流 I_{f0} 与短路产生额定电流所需励磁电流 I_{fk} 之比，即

$$K_c = \frac{I_{f0(U=U_{Nph})}}{I_{fk(I=I_N)}} = \frac{I_{k0}}{I_N} \tag{17-4}$$

短路比也可以写成

$$K_c = \frac{I_{f0(U=U_{Nph})} I_{fg(U=U_N)}}{I_{fk(I=I_N)} I_{fg(U=U_N)}} = k_\mu \frac{U_N}{E_{0k(I_f=I_{fk})}} = k_\mu \frac{1}{x_{d(非)}^*} \tag{17-5}$$

式中，$x_{d(非)}^* = \dfrac{x_{d(非)}}{Z_N}$，$Z_N = \dfrac{U_{Nph}}{I_{Nph}}$，$k_\mu = \dfrac{I_{f0}}{I_{fg}}$。

式（17-5）表示，短路比是直轴同步电抗非饱和值标幺值的倒数乘以饱和系数，因此短路比也可认为是一个计及饱和的参数。后面将会看到，短路比的大小影响发电机的电压变化，影响并联运行时发电机的稳定度、转子励磁安匝和用铜量的多少及电机的造价。所以正确地选择短路比是同步电机设计中的一个重要问题。

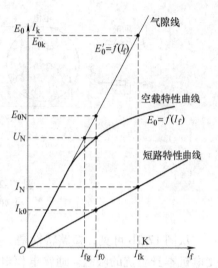

图 17-4 用空载和短路特性来确定 $x_{d(非)}$ 和短路比 K_c

例 17-1 有一台 25000kW，10.5kV，丫形联结，$\cos\varphi_N = 0.8$（滞后）的汽轮同步发电机，从空载和短路试验中得到如下数据。

从空载特性上查得：线电压 $U = U_N = 10.5$kV 时，$I_{f0} = 155$A；

从短路特性上查得：$I_k = I_N = 1718$A 时，$I_{fk} = 280$A；

从气隙线上查得：$I_f = 280$A 时，$E_{0k} = 22.4$kV 线值；

试求同步电抗的非饱和值和短路比。

解 从气隙线上查出，$I_f = 280$A 时，励磁电动势 $E_{0kph} = 22400/\sqrt{3}$V $= 12930$V。在同一励磁电流下，由短路特性查出，短路电流 $I_k = 1718$A。所以同步电抗为

$$x_{d(非)} = \frac{E'_0}{I_k} = \frac{E_{0kph}}{I_N} = \frac{12930}{1718}\Omega = 7.526\Omega$$

用标幺值计算时，$E_0^* = \dfrac{E_{0k}}{U_N} = \dfrac{22.4}{10.5} = 2.133$，$I_N^* = 1$，故

$$x_{d(非)}^* = \frac{E_{0k}^*}{I_N^*} = \frac{2.133}{1} = 2.133$$

或 $Z_N = \dfrac{U_{Nph}}{I_{Nph}} = \dfrac{10500/\sqrt{3}}{1718}\Omega = 3.528\Omega$

$$x_{d(非)}^* = x_d / Z_N = 7.526/3.528 = 2.133$$

与上面的结果相同。

从空载和短路特性可知 $I_{f0} = 155$A，$I_{fk} = 280$A，于是短路比为

$$K_e = \frac{I_{f0}}{I_{fk}} = \frac{155}{280} = 0.5536$$

17.2 零功率因数负载特性

17.2.1 零功率因数负载特性

同步发电机负载试验的接线图如图 17-5 所示。试验时用原动机把同步发电机拖动到同步转速，电枢接到一个可调的三相对称负载，使负载的功率因数 $\cos\varphi \approx$ 常数。改变发电机的励磁电流，同时调节负载阻抗的大小，使电枢电流保持为常值（使 $I = I_N$）；然后记录不同励磁下发电机的端电压，可得负载特性，即 $I =$ 常值，$\cos\varphi \approx$ 常数时的 $U = f(I_f)$ 特性曲线，如图 17-6 所示。

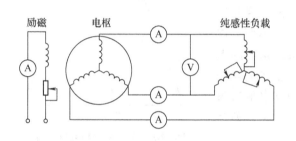

图 17-5 零功率因数负载试验时的接线图   图 17-6 同步发电机的负载特性曲线

在图 17-6 所示的特性曲线中，$\cos\varphi \approx 0$ 的特性曲线最具有意义，它被称为零功率因数负载特性曲线，是同步发电机带纯电感负载所测的曲线，实际工程中很难做到 $\cos\varphi \approx 0$，一般认为当 $\cos\varphi < 0.2$ 就可以近似认为是纯电感负载。

图 17-7a 为零功率因数负载时发电机的相量图。由于负载接近于纯感性，电机本身的阻抗也接近于纯感性，所以电机的内功率因数角 $\psi = 90°$。换言之，零功率因数负载时电枢反

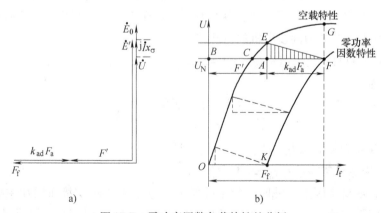

图 17-7 零功率因数负载特性的分析
a) 零功率因数负载时的相量图   b) 零功率因数负载特性与空载特性之间的联系

应是直轴去磁电枢反应。于是，励磁磁动势 $\dot{F}_{\mathrm{f}}$、电枢等效磁动势 $k_{\mathrm{ad}}\dot{F}_{\mathrm{a}}$ 和合成磁动势 $\dot{F}'$ 之间的向量关系将简化为代数加减关系。在图 17-7a 中它们都在一条水平线上。相应地，气隙电动势 $\dot{E}'$、电枢漏抗压降 $j\dot{I}x_{\sigma}$ 和端电压 $\dot{U}$ 之间的相量关系亦简化为代数加减关系（忽略电枢电阻），它们都在铅垂线上。即

$$\left.\begin{array}{l} F_{\mathrm{f}} = F' + k_{\mathrm{ad}}F_{\mathrm{a}} \\ E' \approx U + Ix_{\sigma} \end{array}\right\} \tag{17-6}$$

这样，在图 17-7b 中，若 $\overline{BC}$ 表示空载时产生额定电压所需的励磁电流，则在零功率因数负载时，为保持端电压为额定值，所需励磁电流 $\overline{BF}$ 应大于 $\overline{BC}$。所需增加的励磁电流有两面部分：其中一部分 $\overline{CA}$ 用以克服电枢漏抗压降 Ix_{σ} 的作用；另一部分 $\overline{AF}$ 用以抵消电枢等效磁动势 $k_{\mathrm{ad}}F_{\mathrm{a}}$ 的去磁作用。这样，零功率因数负载特性和空载特性之间将相差一个由电枢漏抗压降 Ix_{σ}（铅垂边）和用转子励磁电流 I_{fa} 表示的电枢反应的等效磁动势 $k_{\mathrm{ad}}F_{\mathrm{a}}$（水平边）所组成的直角三角形 $\triangle AEF$，此三角形称为特性三角形。由于零功率因数特性是在电枢电流保持不变的条件下做出的，因此当 Ix_{σ} 和 I_{fa} 均保持不变时，特性三角形的大小也不变。这样，若使特性三角形的底边保持为水平，将三角形的上顶点 E 沿空载特性移动，则不难看出，右顶点 F 的轨迹即为零功率因数特性。把三角形下移，直到其水平边与横坐标重合，此时右顶点 K 的端电压为零，故 K 点即为短路点，如图 17-8 所示。

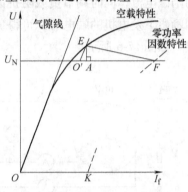

图 17-8 电枢漏抗和电枢反应等效去磁电流的确定

17.2.2 利用特性曲线确定 x_{σ} 和 I_{fa}

上面说明了零功率因数特性的做法。实际上，如果零功率因数特性和空载特性已由实验测出，可反过来用以确定同步发电机的特性三角形，最终求出 x_{σ} 和 I_{fa}。具体步骤如下。

1）在零功率因数特性上取两点，一点在额定电压附近（一般取额定电压），如图 17-8 中的 F 点，另一点为短路点 K。

2）通过 F 点作平行于横坐标的水平线，并截取线段 $\overline{O'F}$，使 $\overline{O'F} = \overline{OK}$。

3）再从 O' 点作气隙线的平行线，并与空载特性交于 E 点。然后从 E 点作铅垂线，并交 $\overline{O'F}$ 于 A 点。则 $\triangle AEF$ 即为同步电机的特性三角形。

4）由 $\triangle AEF$ 的两条边可以量得：$\overline{EA} = Ix_{\sigma}$，$\overline{AF} = I_{\mathrm{fa}}$，则电枢漏抗为

$$x_{\sigma} = \frac{\overline{EA} \text{（相电压值）}}{I} \quad (\Omega) \tag{17-7}$$

直轴电枢反应等效去磁电流 I_{fa} 为 $\qquad I_{\mathrm{fa}} = \overline{AF} \tag{17-8}$

当 $I = I_{\mathrm{N}}$，用标幺值表示：$x_{\sigma}^{*} = \overline{EA}$，$I_{\mathrm{fa}}^{*} = \overline{AF}$

研究表明，零功率因数负载时，为了补偿电枢直轴去磁磁动势而增加主极磁动势的同时，转子漏磁将随之增加，使得转子磁路的饱和程度增加、磁阻变大，因而需要额外再增加一些主极磁动势。这样，用实测的零功率因数特性和空载特性所确定的漏抗将比实际的电枢

漏抗略大。为了加以区别，通常把由零功率因数特性所确定的漏抗称为保梯电抗，并用 x_p 表示。对于凸极机，$x_p = (1.1 \sim 1.3) x_\sigma$。对于隐极机可以近似认为 $x_p \approx x_\sigma$。

17.2.3　利用空载特性和零功率因数负载特性曲线确定 $x_{d(饱和)}$

当电机在额定电压下运行时，磁路处于饱和状态，在求 $x_{d(饱和)}$ 前，首先要确定磁路的饱和程度，由于同步发电机主要在额定电压下运行，且在不同负载电流和不同功率因数时 E' 的变化不大（因为 $r_a + jx_\sigma$ 上的压降远小于 U_N），因此，为简化分析，可以近似地取零功率因数特性上额定点 A 对应的 $E' = \overline{EB}$ 作为考虑饱和程度的依据（见图 17-9）。连接 $\overline{OE}$ 并将之延长作为相应的线性化空载特性 $\overline{CF}$ 的延长线于 D 点，则 $\overline{CD}$ 为励磁电动势 $E_0 \approx U_N + I_N x_{d(饱和)} = \overline{CF} + \overline{FD}$，其中 $\overline{FD} = I_N x_{d(饱和)}$，故有

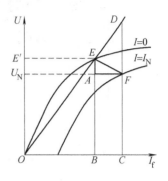

图 17-9　由空载和零功率因数负载特性确定 $x_{d(饱和)}$

$$x_{d(饱和)}^* = \frac{x_{d(饱和)}}{Z_N} = \frac{\overline{DF}}{I_N} \frac{I_N}{\overline{CF}} = \frac{\overline{DF}}{\overline{FC}} \qquad (17\text{-}9)$$

对于隐极同步电机，可仿图 16-11b 由空载特性确定 x_s 和 x_a 的饱和值，但 E_0 要在 E' 处的线性化磁化曲线（即 $\overline{OA}$ 延长线）上取值。

17.3　同步发电机的外特性和调整特性

同步发电机的稳态运行特性包括外特性和调整特性。从这些特性中可以确定发电机的电压调整率和额定励磁电流，这些都是标志同步发电机性能的基本数据。

17.3.1　外特性

外特性表示发电机的转速为同步转速、励磁电流和负载功率因数不变时，发电机的端电压与电枢电流之间的关系。即 $n = n_1$，$I_f = $ 常值，$\cos\varphi = $ 常值时，测定 $U = f(I)$ 的关系曲线。外特性既可以用直接负载法测取，也可用作图法求出。

图 17-10 表示带有不同功率因数负载时，同步发电机的外特性。从图可见，在感性负载和纯电阻负载时，外特性是下降的，这是由于电枢反应的去磁作用和漏阻抗压降所引起的。在容性负载且功率因数角为超前时，由于电枢反应的加磁作用和容性电流的漏抗电压上升，外特性亦可能是上升的。

从外特性曲线上可以求出发电机的电压调整率。调节发电机的励磁电流，使电枢电流为额定电流、功率因数为额定功率因数、端电压为额定电压，此励磁电流 I_{fN} 就称为发电机的额定（满载）励磁电流。然后保持励磁电流为 I_{fN}、转速为同步转速，卸去负载（即 $I = 0$），此时端电压升高的百分值称为同步发电机的电压调整率（见图 17-11），用 $\Delta u\%$ 表示。即

$$\Delta u = \frac{E_0 - U_{Nph}}{U_{Nph(I_f = I_{fN})}} \times 100\% \qquad (17\text{-}10)$$

电压调整率是同步发电机的性能指标之一。对于凸极同步发电机，Δu 最好控制在 18%

~30%以内；对于隐极同步发电机，由于电枢反应较强，Δu 最好控制在 30% ~50% 这一范围内。

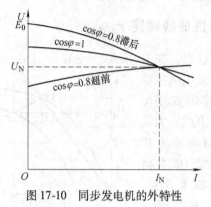

图 17-10　同步发电机的外特性

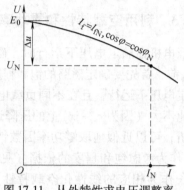

图 17-11　从外特性求电压调整率

17.3.2　调整特性

调整特性表示发电机的转速为同步转速、端电压为额定电压、负载的功率因数不变时，励磁电流与电枢电流之间的关系。即 $n = n_1$，$U = U_N$，$\cos\varphi$ = 常值时，测定 $I_f = f(I)$ 的关系曲线。

图 17-12 表示带有不同功率因数的负载时，同步发电机的调整特性。由图可见，在感性负载和纯电阻负载时，为补偿电枢电流所产生的去磁性电枢反应和漏阻抗压降，随着电枢电流的增加，必须相应地增加励磁电流，故此时的调整特性是上升的。在容性负载时，调整特性也可能是下降的。

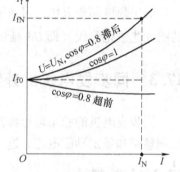

从调整特性可以确定同步发电机的额定励磁电流 I_{fN}，它是对应于额定电压、额定电流和额定功率因数时的励磁电流（见 17-12）。

图 17-12　同步发电机的调整特性

17.3.3　利用磁动势—电动势相量图求取额定励磁电流和电压调整率

计算电压调整率时，可以采用电动势相量图进行分析计算，但由于没有考虑到磁路饱和的影响，计算的电压调整率与实际值出入较大，所以实际工程中常采用直接负载测定法和利用考虑饱和时的磁动势—电动势相量图去求，后者用得较多。以下具体说明利用磁动势—电动势相量图求取额定励磁电流和电压调整率的方法。

设已知发电机的空载特性 $E_0 = f(I_f)$、电枢电阻 r_a、电枢漏抗（保梯电抗）x_p、额定电流时的电枢反应等效去磁电流 I_{fa}，则额定励磁电流和电压调整率可确定如下。

1）先求出额定情况下发电机的气隙电动势 $\dot{E}'$

$$\dot{E}' = \dot{U} + \dot{I}r_a + j\dot{I}x_\sigma \tag{17-11}$$

相应的相量图如图 17-13 所示，图中相量 $\dot{U}$ 画在纵坐标上。

2）在空载特性曲线上查取产生 E' 所需的合成磁动势 F'，并在超前于 $\dot{E}'90°$ 处作向量 F'，再根据 $F' = F_f + k_a F_a$ 即可求出励磁磁动势 F_f

$$\dot{F}_{fN} = \dot{F}' + (-k_a\dot{F}_a) \tag{17-12}$$

式中，$k_a\dot{F}_a$ 与 $\dot{I}$ 同相，相应的相量图亦画在图 17-13 中。把额定励磁磁动势除以励磁绕组的匝数，即可得到额定励磁电流 I_{fN}。

3）把 I_{fN} 值转投到空载特性曲线上，即求出该励磁下的励磁电动势 E_0，然后按式（17-10）即可算出发电机的电压调整率 $\Delta u\%$。

实际求取时常用转子电流来表示各对应的磁动势。即

$$\dot{I}_{fN} = \dot{I}'_f + (-\dot{I}_{fa}) \tag{17-13}$$

式中，$I_{fN} \rightarrow F_{fN}$，$I'_f \rightarrow F'$，$I_{fa} \rightarrow k_a F_a$。

图 17-13 所示磁动势—电动势相量图，通常亦称为保梯图。

从理论上讲，这种方法仅适用于隐极发电机，但是实践表明，对于凸极同步发电机，若以 $k_{ad}F_a$ 代替 k_aF_a，所得结果误差很小，因此工程上亦用此法来确定凸极发电机的 I_{fN} 和 $\Delta u\%$。

例 17-2　有一台两极汽轮同步发电机，其额定容量 $S_N = 31250 kV \cdot A$，额定电压 $U_N = 10.5 kV$，丫形联结，额定功率因数 $\cos\varphi_N = 0.8$（滞后），额定转速 $n_N = 3000 r/min$，保梯电抗的标幺值 $x_p^* = 0.24$，忽略电枢电阻。发电机的短路特

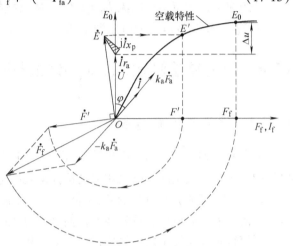

图 17-13　用磁动势—电动势相量图（保梯图）
确定同步发电机的 I_{fN} 和 Δu

性为一直线，当短路电流等于额定电流时，励磁电流 $I_{fk}^* = 0.868$，用标幺值表示的空载特性数据如下：

E_0^*	0.25	0.45	0.79	1.00	1.14	1.20	1.25
I_f^*	0.22	0.41	0.73	1.00	1.22	1.46	1.71

试用保梯图法确定该发电机的额定励磁电流和电压调整率。

解　先画出空载特性曲线，并根据 I_{fk} 值（0.868）确定短路点 K，如图 17-14 所示。

在空载特性曲线上取 R 点，使 $\overline{RT} = I_N^* x_p^* = 0.24$，于是可查得与 $I_N^* x_p^*$ 对应的励磁电流 $I_{f\sigma}^* = \overline{OT} = 0.21$。因为短路时主极的励磁电流 $\overline{OK}$ 包括两部分，$I_{fk} = I_{f\sigma} + I_{fa}$，一部分用以克服漏抗压降，另一部分用以克服电枢去磁磁动势，由此可得额定电流时

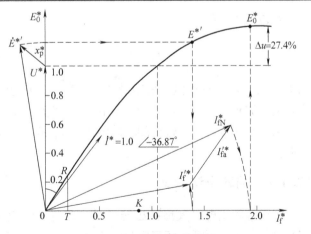

图 17-14　例 17-2 的电动势—磁动势图

电枢的等效去磁电流 $I_{fa}^* = \overline{OK} - \overline{OT} = 0.868 - 0.21 = 0.658$。

然后作磁动势—电动势相量图。在图 17-14 的纵坐标上取电压相量 $\dot{U}_N = 1$，并画出漏抗压降，$j\dot{I}_N^* x_p^*$（$I_N^* x_p^* = 1 \times 0.24 = 0.24$），二者相量相加，可得额定情况下的气隙电动势 $\dot{E}'^*$，$E'^* = 1.16$。再由空载特性曲线查得产生 $E'^* = 1.16$ 时的 $I_f'^* = 1.34$。方向超前于 $\dot{E}'^*$ 90°；再作电枢反应等效去磁电流 I_{fa}^*，其大小为 0.658，方向与 $\dot{I}^*$ 同向；把 $I_f'^*$ 与 $-I_{fa}^*$ 相量相加，即得额定励磁电流 I_{fN}^*。

从图中量得额定励磁电流 $I_{fN}^* = 1.95$。从空载特性曲线上查出与 I_{fN}^* 相对应的励磁电动势 $E_0^* = 1.274$，于是发电机的电压调整率为 27.4%。

17.4 用滑差法测定 x_d、x_q 和抽转子法测定 x_σ

17.4.1 滑差法测定 x_d 和 x_q

如需同时测定凸极同步电机的 x_d 和 x_q，可以采用滑差法。在以下的分析中将忽略电枢电阻的影响。将被试同步电机用原动机拖动到接近同步转速，励磁绕组开路，再在定子绕组上施加（2% ~5%）U_N 的三相对称低电压，外施电压的相序必须使定子旋转磁场的转向与转子转向一致。调节原动机的转速，使被试电机的转差率小于 1%，但不能被牵入同步，这时定子旋转磁场与转子之间将保持一个低速相对运动，使定子旋转磁场的轴线交替地与转子直轴和交轴相重合。

当定子旋转磁场与直轴重合时，此时反映的磁路的磁阻最小，定子所表现的电抗为 x_d 最大、定子电流最小，线路压降最小，端电压则为最大，故

$$x_d = \frac{U_{max}}{I_{min}} \qquad (17-14)$$

当定子旋转磁场与交轴重合时，此时反映的磁路的磁阻最大，定子所表现的电抗为 x_q 最小、定子电流最大，端电压则为最小，故

$$x_q = \frac{U_{min}}{I_{max}} \qquad (17-15)$$

式中，U、I 均为每相值。采用录波器录取转差试验中的电流和电压波形，如图 17-15 所示，由此即可算出 x_d 和 x_q。由于试验是在低电压下进行的，故测出的 x_d 和 x_q 均是不饱和值。

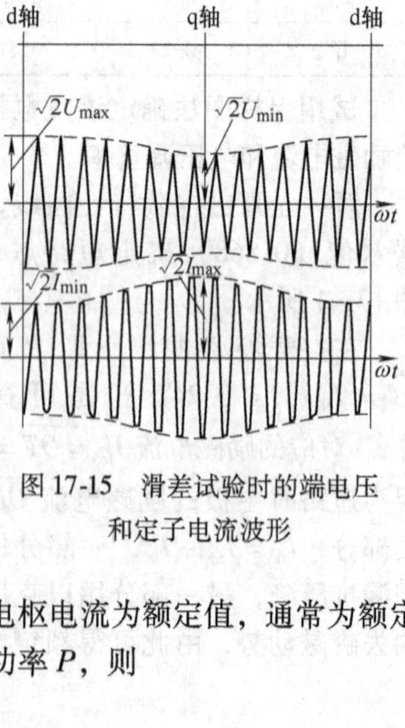

图 17-15　滑差试验时的端电压和定子电流波形

17.4.2 抽转子法测 x_σ

现场常利用电机大修抽出转子时，在定子绕组上外加三相对称电源。电源的频率应为额定值，电压应使流入定子电枢电流为额定值，通常为额定电压的 15% ~25%。若测出定子线电压 U、线电流 I 和输入功率 P，则

定子每相阻抗

$$Z = \frac{U}{\sqrt{3}I} \tag{17-16}$$

定子每相电阻

$$r = \frac{P}{3I^2} \tag{17-17}$$

定子每相电抗

$$x = \sqrt{Z^2 - r^2} \tag{17-18}$$

但测出的电抗 x 比定子的实际漏电抗大，原因是抽出转子后，定子电压产生的磁通有槽漏磁、端部漏磁、谐波漏磁和定子基波磁动势在定子内膛产生的磁通，前三项基本不变，而定子内膛磁通是定子漏磁中没有的，设内膛磁通所对应的等值电抗为 x_b，故实际漏电抗为

$$x_\sigma = x - x_b \tag{17-19}$$

小　结

本章讲述了同步发电机的特性曲线和参数的测定方法。通过空载、三相短路和零功率因数负载特性试验，可以确定同步电抗的非饱和值 x_d^*、短路比 K_c、保梯电抗 x_p、$x_{d(饱和)}$ 和用转子电流表示的电枢反应等效去磁电流 I_{fa} 等参数。在空载、短路特性曲线上同步电抗的非饱和值 $x_d^* = \dfrac{E_{0k}^*}{I_N^*} = E_{0k}^*$，$E_{0k}^*$ 是不饱和电动势，对应 I_{fk}^*（$I_k = I_N$ 时的励磁电流）在气隙线上的电动势。短路比 K_c 是对应 I_{f0}^*（产生空载额定电压的励磁电流，$I_{f0}^* = 1$）比上 I_{fk}^*（$I_k = I_N$ 时的励磁电流）或在短路曲线上查出的对应 I_{f0}^* 的 I_{k0}^* 与额定电流 I_N^*（实为 1）之比。

发电机的外特性和调节特性，可用来了解一定励磁时，负载电流变化时发电机端电压的变化情况和一定电压时负载电流和励磁电流的变化情况。但是对于电力系统中的大型同步发电机作外特性和调节特性是非常困难的，甚至是不可能的，所以常常通过做保梯图即磁动势—电动势相量图法间接求出发电机额定状态时的励磁电流 I_{fN} 和电压调整率 $\Delta u\%$。

思 考 题

17-1　为什么同步发电机的稳态短路电流不大？短路特性为何是一直线？如果将电机的转速降到 $0.5n_1$，则短路特性的测量结果有何变化？

17-2　什么叫短路比？它与什么因素有关？

17-3　已知同步发电机的空载和短路特性，试画图说明求取 $x_{d(非)}$ 和 K_c 的方法。

17-4　试用标幺值画出同步发电机空载及零功率因数负载特性曲线，并说明求取 I_{fa} 的方法。

17-5　通过同步发电机的空载、短路和零功率因数负载试验可以求出什么参数？

17-6　低转差法测量 x_d 和 x_q 的原理是什么？如果在试验时转差太大，对测量结果会造成什么影响？

17-7　为什么利用空载特性和短路特性不能测定交轴同步电抗？

17-8　同步发电机供给一对称电阻负载，当负载电流上升时，怎样才能保持端电压不变？

17-9　一台同步发电机的气隙比正常气隙的长度偏大，x_d 和 ΔU 将如何变化？

17-10 为什么 x_d 在正常运行时应采用饱和值，而在短路时却采用不饱和值？为什么 x_q 一般总是采用不饱和值？

17-11 试说明用特性曲线求取 $x_{d(饱和)}$ 的方法。

习 题

17-1 有一台两极三相汽轮同步发电机，电枢绕组丫形联结，额定容量 $S_N = 7500 kV \cdot A$，额定电压 $U_N = 6300V$，额定功率因数 $\cos\varphi_N = 0.8$（滞后），频率 $f = 50Hz$。由试验测得如下数据。

空载试验数据

I_f（A）	103	200	272	360	464
E_0（V）线值	3460	6300	7250	7870	8370

短路试验测得 $I_k = I_N$ 时，$I_{fk} = 208A$，零功率因数试验 $I = I_N$，$U = U_N$ 时测得 $I_{fN(0)} = 433A$。试求：（1）通过空载特性和短路特性求出 $x_{d非}$ 和短路比；（2）通过空载特性和零功率因数特性求出 x_σ 和 I_{fa}；（3）额定运行情况下的 I_{fN} 和 ΔU。

17-2 一台 $15000 kV \cdot A$ 的两极三相汽轮发电机，丫形联结，$U_N = 10.5kV$，$\cos\varphi_N = 0.8$（滞后），$x_d^* = 2.09$（不计饱和），$x_\sigma^* \approx x_p^* = 0.132$，$r_a$ 忽略不计，空载特性数据如下：

空载特性数据

U_0^*	0.57	1.00	1.15	1.23	1.30	1.35
I_f^*	0.50	1.00	1.50	2.00	2.50	3.00

试求：（1）短路电流为额定值时的励磁电流标幺值。

（2）额定负载时的励磁电流标幺值。

17-3 某汽轮发电机 $S_N = 15000 kV \cdot A$，$U_N = 6.3kV$，$I_N = 1375A$，丫形联结，$\cos\varphi_N = 0.8$（滞后），由空载试验求得对应额定线电压 $6300V$ 下的励磁电流为 $102A$，由短路试验求得对应 $I_k = I_N = 1375A$ 下的气隙线上的 $E_{0k} = 12390V$，此时 $I_{fk} = 158A$。试求 $x_{d非}^*$ 和 K_c。

17-4 三相汽轮同步发电机，已知空载特性数据如下。

空载特性数据

E_0^*	0	0.60	1.00	1.16	1.32	1.37
I_f^*	0	0.50	1.00	1.50	2.50	3.00

短路特性 $I_k^* = 1.0$，$I_{fk}^* = 1.43$ 及零功率因数负载点 $I = I_N$，$U = U_N$，$\cos\varphi = 0$ 时 $I_{fN(0)}^* = 2.8$，试求：（1）该电机的保梯电抗 x_p^*；（2）x_d^* 的非饱和值；（3）短路比 K_c。

17-5 一台三相凸极同步发电机，额定功率 $125000kW$，丫形联结，$50Hz$，$U_N = 10.5kV$，额定功率因数为 0.8（滞后），极对数 $p = 16$，空载额定电压时的励磁电流为 $252A$，电枢电阻略去不计，$x_p = 1.2x_\sigma$，空载特性数据如下。

U_0^*	0	0.55	1.00	1.21	1.27	1.33	1.35
I_f^*	0	0.52	1.00	1.56	1.76	2.10	2.80

短路特性为通过原点的直线，当 $I_k^* = 1.0$ 时 $I_{fk}^* = 0.965$，由额定电流时的零功率因数试验得知，当 $U_N^* = 1.0$ 时，$I_{fN(0)}^* = 2.115$。试求：（1）x_p、x_σ、$x_{d(非)}$ 及短路比。（2）用磁动势—电动势相量图法求电压调整率和额定负载时的励磁电流 I_{fN}。

17-6 某三相隐极同步发电机，额定容量 $25MV \cdot A$，丫形联结，$50Hz$，$U_N = 6.3kV$，额定功率因数为 0.8（滞后），空载特性数据如下。

U_0^*	0.57	1.00	1.15	1.23	1.30	1.35
I_f^*	0.50	1.00	1.50	2.00	2.50	3.00

三相短路特性当 $I_k = I_N$ 时 $I_{fk}^* = 1.65$，试求：（1）$I_{fa}^* = 1.475$，x_p^* 为多少？（2）该电机额定运行时的励磁电流 I_{fN}^* 和电压调整率 $\Delta U\%$。

17-7　有一台两极三相汽轮同步发电机，电枢绕组丫形联结，额定容量 $P_N = 100\mathrm{MW}$，额定电压 $U_N = 10.5\mathrm{kV}$，额定功率因数 $\cos\varphi_N = 0.8$（滞后），频率 $f = 50\mathrm{Hz}$。已知该电机的 $x_p^* = 0.18$，短路比为 0.83，由空载实验测得如下数据。

U_0^*	0.57	1.00	1.15	1.23	1.30	1.35
I_f^*	0.50	1.00	1.50	2.00	2.50	3.00

试求该电机额定运行时的励磁电流 I_{fN}^* 和电压调整率 $\Delta U\%$。

第 18 章　同步发电机的并联运行

在现代发电站中，总是采用几台同步发电机接在共同的汇流排（母线）上并联运行；而一个电力系统（或称电网）中又有许多发电厂并联运行，向用户供电。这样做，可以更合理地利用动力资源和发电设备。例如，水电厂和火电厂并联后，在枯水期主要由火电站供电，水电厂用于调峰期负荷或只作同步调相机运行；而在旺水期，则主要依靠水电厂满载运行发出大量廉价的电力，而火电站可以只供给每天的高峰期负荷或只作同步调相机运行，使总的电能成本降低。连接成大电网后，可以统一调度，定期轮流检修、维护发电设备，增加了供电的可靠性，也节约了备用机组的容量，并且负载变化对电压和频率的扰动影响将减少，从而提高电能的质量。

同步发电机要并联运行时，必须满足一定的条件才许合闸，否则可能造成严重事故。并联运行要研究的问题是：并联运行的条件，并联投入的方法，并联运行时的功角特性，并联运行时的静稳定性及并联运行时的有、无功调节等。

以下讨论单机对无穷大电网并联运行的问题。所谓无穷大电网是指电网容量远远超过待并发电机组的容量，当发电机单机功率调节时，对电网的电压和频率影响极微，即认为该电网为无穷大电网，无穷大电网的电压 U 和频率 f 都认为是常数。

18.1　并联投入的条件和方法

18.1.1　同步发电机并联投入条件

设有同步发电机打算并联投入一个已经对用户供电的电网，为了避免在投入时发生电流的冲击和转轴突然受到扭矩，应使发电机每相电动势瞬时值 e_0 与电网电压瞬时值 u 一直保持相等，这样首先调节原动机将待并发电机组转速调到 $n \approx n_1$，调节发电机转子励磁电流使 $E_0 \approx U_1$。要达到理想并联，应满足如下条件。

1）发电机的电压和电网电压大小要相等，即 $U_2 = U_1$。

2）发电机的频率和电网频率要相同，即 $f_2 = f_1$。

3）发电机电压的相位和电网电压的相位要相同。

4）发电机的相序和电网的相序要一致。

5）发电机的电压波形和电网电压的波形要一致。

若满足理想并联条件则

$$\dot{I}_h = \frac{\Delta \dot{U}}{jx} = \frac{\dot{U}_2 - \dot{U}_1}{jx} = 0$$

上面所述的 U_2 和 f_2 分别是发电机电压和发电机频率，U_1 和 f_1 分别是电网电压和电网频率，x 是发电机的电抗，I_h 是并联时的冲击电流，若满足理想条件并联，冲击电流为 0。另外，发电机并网前 $U_2 = E_0$，且 U_2 和 f_2 不受系统的影响。

18.1.2　并联条件的讨论

下面以隐极同步发电机为例，说明不满足某个并联条件可能引起的后果。

1）如果 $f_2 \neq f_1$，相量 $\dot{U}_2 = \dot{E}_0$ 和 $\dot{U}_1$ 之间有相对运动，将产生数值一直变化的环流，引起电机内的功率振荡。

2）如果波形不同，例如 u 为正弦波，而 e_0 中除了基波电压外还含有高次谐波分量，则将在电机和电网内产生一高次谐波环流，如图 18-1 所示，就会增加运行时的损耗，使运行温度增高，效率降低，显然对电机和线路都很不利。

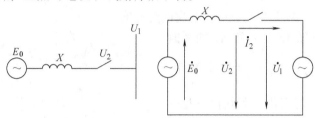

图 18-1　发电机和电网并联运行时的示意图

3）如果频率和波形都一致，但两个电压却在大小和相位上不一致，即 $\dot{E}_0 \neq \dot{U}_1$，则在发电机和电网间产生一个环流 $\dot{I}_h$。在极性相反的情况下误投入合闸时，I_h 的数值可以高达 $(20 \sim 30) I_N$，此时由于电磁力的冲击，定子绕组端部可能受到极大的损伤。

4）如果前面三个条件都符合了，但相序不同，那是绝不允许投入的，因为某相虽满足了三个条件，另外两相在电网和投入的发电机之间存在的电位差而产生无法消除的环流，危害电机的安全运行。

综合上述，可知五个条件都应满足。一般情况下，条件（5）可认为由设计、制造自动满足。而条件（4）即发电机的转向和相序在出厂前也都标定，只要接线时不搞错，这一条也自动满足。于是在投入并联时只需校验条件(1)~(3)即可。

18.1.3　并联投入方法

1. 准同期法

这是靠操作人员将发电机调整到符合并联条件后才进行合闸并网的操作。为了判断这些条件，必须采用检查并联条件的装置，最简单的检查同步的方法有同期表法、零值电压表法和灯光指示法。以下主要介绍用于低压 380V 三相交流发电机的灯光指示法。所谓灯光指示法是指利用三组同步指示灯来检验合闸的条件。同步指示灯有两种接法：一种为直接接法，又叫灯光明灭法，如图 18-2 所示；另一种为交叉接法，又叫灯光旋转法，如图 18-6a 所示。

采用直接接法并设发电机和电网电压相序相同，由于是对称运行，电网和发电机的中点是等电位点，而流过同步指示灯的电流很小，发电机中的电流可忽略不计，因此仍认为发电机的电压 $U_2 = E_0$ 就是它的励磁电动势，

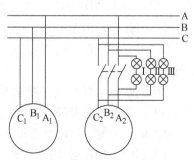

图 18-2　直接接法时的接线图

而作用在每一组同步指示灯上的电压就等于电网的相电压和发电机的相电压之差。

当发电机的频率 f_2 与电网频率 f_1 不相等，假使 $f_1 > f_2$，而电压值已相等，即 $E_0 = U_2 = U_1$ 时，此时 u_2 与 u_1 的电位差 Δu（即加在每组同步指示灯上的电压）为

$$\Delta u = u_2 - u_1 = \sqrt{2} U_1 (\sin 2\pi f_1 t - \sin 2\pi f_2 t)$$

$$= 2\sqrt{2} U_1 \sin 2\pi \left[\frac{1}{2}(f_1 - f_2)\right] t \cos 2\pi \left[\frac{1}{2}(f_1 + f_2)\right] t$$

$$= 2\sqrt{2} U_1 \sin \frac{1}{2}(\omega_1 - \omega_2) t \cos \frac{1}{2}(\omega_1 + \omega_2) t \tag{18-1}$$

式中，$\omega_1 = 2\pi f_1$，$\omega_2 = 2\pi f_2$ 为与频率相对应的角速度。

由式（18-1）及图 18-3 可见 Δu 的瞬时值的幅值以 $\frac{1}{2}(f_1 - f_2)$ 的频率（称作差频）在 $0 \sim 2\sqrt{2} U_1$ 之间往复变化，而其自身是一个 $\frac{1}{2}(f_1 + f_2)$ 频率的交流电势。例如，当 $f_2 = $

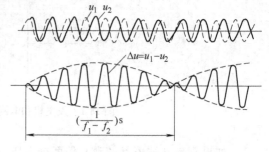

图 18-3 Δu 的变化（$U_2 = U_1$，$f_1 > f_2$）

48Hz 而 $f_1 = 50$Hz 时，Δu 的频率为 $\frac{1}{2}$（50 + 48）= 49Hz，其幅值以 1Hz 的差频频率来变化。由于每一个灯上的电压均为 $\frac{1}{2}\Delta u$，故每个灯的端电压有效值的绝对值在 $0 \sim U_1$ 之间往复变动，其变动频率为 $f_1 - f_2 = 50 - 48 = 2$Hz，是差频的两倍，它每秒两次过零值、两次为最大值，使得灯光闪烁的频率也为 2Hz，每秒中亮、暗两次。图 18-3 所示的 $\left(\frac{1}{f_1 - f_2}\right)$ 秒是 0.5 秒，对应于一个周期，因为在这期间灯光亮、暗一次。

采用上面方法分析比较细致但不直观。如果我们把发电机 2 和电网 1 的电压相量画在同一张图中（见图 18-4）并同时画出各相的相量 $\Delta \dot{U} = \dot{U}_2 - \dot{U}_1$，显然可见 $\dot{U}_{A1}$ 对 $\dot{U}_{A2}$ 的相对角速度为 $(\omega_1 - \omega_2)$，在前面的例子中 $\omega_1 - \omega_2 = 2\pi$ $(f_1 - f_2) = 2\pi \times 2$，即 $\dot{U}_{A1}$ 围绕 $\dot{U}_{A2}$ 每秒钟转二圈，故所得 $\Delta \dot{U}_A$ 相量每秒钟两次为零，两次为最大值，这和上面的分析一致，因此可以用图 18-4 中的 $\Delta \dot{U}$ 相量的变化规律来代表图 18-3 中 Δu 波形中包络线的变化规律，以获得更直观、简明的效果。

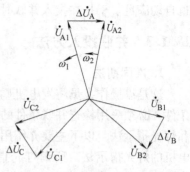

图 18-4 用相量图来表示 Δu 的变化（$U_2 = U_1$，$f_1 > f_2$）

利用同步指示灯的直接接法检查并联合闸条件的具体方法如下：把要投入并联运行的发电机带动到接近同步转速，加上励磁并调节到发电机的电压与电网电压相等。这时注意同步指示灯的情况。如果相序正确，则在发电机的频率与电网频率有差别时，加在各相同步指示灯的电压 ΔU 忽大忽小，而使三组灯同时忽亮忽暗，其亮、暗变化的频率就是发电机与电网相差的频率。当调节发电机原动机的转速使灯亮、暗的

频率已经很低时，就可以准备合闸。这时应掌握时机，在三组灯全暗，说明刀闸两侧电位差已很小，即发电机与电网回路电压瞬时值 Δu 接近于零时，可迅速合上开关，而完成并联合闸的操作。

若 $f_2 > f_1$，则合闸后 $\dot{U}_{A2} = \dot{E}_{0A2}$ 将逐渐超前于 $\dot{U}_{A1}$，于是由图 18-5a 可得出 ΔU 相量，它要在发电机和电网之间产生环流，由于同步电机的同步电抗远大于电阻，故环流 $\dot{I}_h$ 滞后 $\Delta\dot{U}$ 约为 $90°$，故由图 18-5a 可见 $\dot{I}_h$ 和 $\dot{U}_{A2}$ 的相位差不大，对于电机来说，此时电流 $\dot{I}_h$ 产生发电机作用而输出电功率，因此电机轴上承受一个制动性质的电磁转矩，使电机的速度 n_2 和频率 f_2 减低。另外，对电网来说，电流 $\dot{I}_h$ 产生电动机作用，使其加速和升高频率，但由于电网容量远远大于电机的容量，所以实际上其频率 f_1 是不变的。最后结果是电机的频率很快减到与 f_1 相等，而实现同步运转。同理，如果 $f_1 > f_2$，合闸后 $\dot{U}_{A2}$ 将逐渐滞后于 $\dot{U}_{A1}$，见图 18-5b，所产生的环流对电机来说是电动机作用，促使其加速而升高频率，而电网频率仍不变，最后结果是电机的频率很快升高到等于 f_1，而实现同步运转。

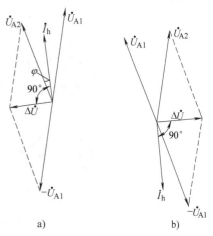

图 18-5 电机投入并联后的整步作用
a) $f_2 > f_1$ 并联时产生发电机作用的情况
b) $f_1 > f_2$ 并联时产生电动机作用的情况

指示灯采用交叉接法的接线图如图 18-6 所示。这时同步指示灯第 I 组接于开关某相（例如 A 相）的两端，另两组灯则交叉连接。由图 18-6b 可见，加于三组同步指示灯的电压 ΔU_{I}、ΔU_{II} 和 ΔU_{III} 各不相等，因此它们的亮度就不一样。

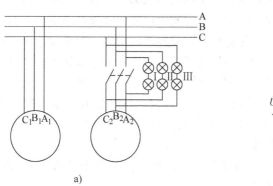

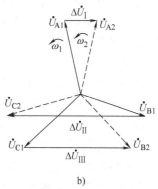

图 18-6 交叉接法的接线图和各组同步指示灯的电压
a) 交叉接法时的接线图 b) 三相同步指示灯的电压变化情况

如果假定 $\omega_2 > \omega_1$，分析时取电网电压为基准，认为它的相量不动，则发电机相量以 $(\omega_2 - \omega_1)$ 的相对角速度逆时针旋转。由图 18-7 可见，先是第 I 组灯最亮，接着轮到第 II 组灯最亮，然后是第 III 组灯最亮，好像灯光按逆时针方向旋转。如果 ω_2 对应的频率 f_2 比电网频率多 1Hz，则每秒钟 $\dot{U}_{A2}$ 围绕 $\dot{U}_{A1}$ 转一圈，由图可见灯光也将旋转一圈。反之，如果发电机的频率低于电网频率，则灯光将按顺时针方向旋转。根据灯光旋转的方向，适当调节发电机转速，使灯光旋转速度变得很低，就可准备合闸。应当掌握时机，在直接跨接开关的同相两端的同步指示灯（图 18-6a 的第 I 组灯）熄灭而另外两组灯亮度相同的时刻（这时开关两端的电压差 $\Delta u = 0$），迅速合上开关，即完成投入并联运行（简称并车）的操作。

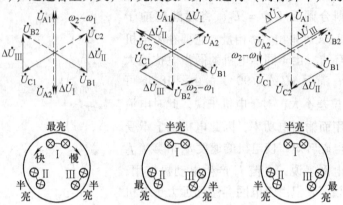

图 18-7　旋转灯光法并车的分析

以上两种接线方式显然后者较好，因为从灯光的转向可明确指示操作者应将转速调高还是调低。

采用同步指示灯进行合闸操作时，还有一个问题需要解决，就是一般灯泡在 1/3 额定电压时就不亮了。为了使合闸的瞬间更准确，就在开关的两端接上电压表，当其指示为零时就合闸。此外也可以用"同步指示器"来正确找出合闸瞬间。

2. 自同期法

准同期法进行并车的优点是能使新投入的发电机和电网不受或仅受极轻微冲击，但由于是手工操作，要求技术熟练而且比较费时间。现代发电厂的同步发电机都采用自动同期装置并车。但当电网出现事故时，例如，大容量机组因故障突然退出运行而要求新起动一台机组代替它投入电网时，由于这时电网还处在不稳定状态，电压和频率都在不断变动，要按准同期条件并联比较困难，所以又提出"自同期"的并车方法，其步骤如下：先将发电机的励磁绕组经过约等于励磁绕组电阻 10 倍的电阻短路，当发电机转速升到接近同步转速时（电机和电网的频率差在 ±5% 以下），先合上并车开关，接着加上励磁，即可利用电机的"自整步作用"使同步电机迅速被牵入同步。

此法优点是操作简单迅速，不需增添复杂设备。但缺点是合闸及投入励磁时有电流冲击。但它已普遍用于事故状态下的并车。

18.2　同步发电机与大电网并联运行时的功角特性

在许多场合下，常常用发电机的 $\dot{E}_0$ 和 $\dot{U}$ 之间的相位差 θ（称为功率角）以及电机的参数来表示电磁功率。当 E_0 和 U 保持不变时，发电机发出的电磁功率与功率角之间的关系 $P_{em} = f(\theta)$，称为同步发电机的功角特性。

功角特性是同步电机的基本特性之一。通过它可以研究同步电机接在电网上运行时发出的有功功率，并进一步揭示机组的稳定性；利用功角特性还可以说明发电机与电动机之间的联系和转化。以下讨论同步发电机与无穷大电网并联时的功角特性。

18.2.1　同步发电机的功率平衡关系

关于同步发电机的能量平衡关系，可以很清楚地从图 18-8 中看出，P_1 代表发电机从原动机吸收的机械功率，从 P_1 里减掉空载损耗 p_0（p_0 包括铁耗 p_{Fe}、机械损耗 p_{mec} 和励磁损耗 p_{cuf}）后，转变为电磁功率 P_{em}

$$P_{em} = P_1 - p_{Fe} - p_{mec} - p_{cuf} = P_1 - p_0 \qquad (18\text{-}2)$$

电磁功率表示从转子吸收的机械能通过电磁感应穿过气隙到达电枢侧的电功率。从电磁功率中再减去电枢绕组铜耗 p_{Cua} 后，就转变为电机输出的电功率 P

$$P = P_{em} - p_{Cua} \qquad (18\text{-}3)$$

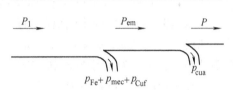

图 18-8　同步发电机的功率流程图

对中、大型同步发电机，电枢电阻远小于同步电抗，因此可以认为 $r_a \approx 0$ 则 $p_{Cua} \approx 0$，不计电枢电阻时，$P = P_{em}$，即电磁功率将与电枢端点输出的电功率相等，以后如不加说明总是认为

$$P_{em} \approx P = mUI\cos\varphi \qquad (18\text{-}4)$$

18.2.2　同步发电机的功角特性

1. 凸极同步发电机的功角特性

相应的相量图如图 18-9 所示。由图可见，$\varphi = \psi - \theta$，将其代入式 18-4，可得

$$P_{em} \approx mUI\cos(\psi - \theta) = mUI(\cos\psi\cos\theta + \sin\psi\sin\theta) = mU(I_q\cos\theta + I_d\sin\theta) \qquad (18\text{-}5)$$

从图 18-9 可知，

$$I_q x_q = U\sin\theta$$
$$I_d x_d = E_0 - U\cos\theta$$

或

$$I_q = \frac{U\sin\theta}{x_q}, I_d = \frac{E_0 - U\cos\theta}{x_d} \qquad (18\text{-}6)$$

将式（18-6）代入式（18-5），并加以整理，最后可得

$$P_{em} = m\frac{E_0 U}{x_d}\sin\theta + m\frac{U^2}{2}\left(\frac{1}{x_q} - \frac{1}{x_d}\right)\sin2\theta = P'_{em} + P''_{em} \qquad (18\text{-}7)$$

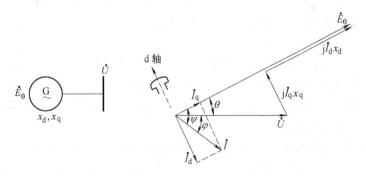

图 18-9　不计电枢电阻时凸极同步发电机的相量图

式中, 第一项
$$P'_{em} = m \frac{E_0 U}{x_d} \sin\theta \tag{18-8}$$

称为电磁功率的基本分量。

第二项
$$P''_{em} = m \frac{U^2}{2} \left(\frac{1}{x_q} - \frac{1}{x_d} \right) \sin 2\theta \tag{18-9}$$

称为电磁功率的附加分量。电磁功率的附加分量与励磁电动势 E_0 的大小无关,且仅当 $x_d \neq x_q$ 时才存在,它是由凸极效应(即交、直轴磁阻互不相等)所引起,故也称为磁阻功率。式(18-7)就是凸极同步电机的功角特性表达式。

图 18-10 表示凸极同步电机的功角特性曲线。由图可见,$0° \leqslant \theta \leqslant 180°$ 时,电磁功率为正值,对应于发电机状态;$-180° \leqslant \theta \leqslant 0°$ 时,电磁功率为负值,对应于电动机状态。

从式(18-7)可知,对于基本电磁功率,当 $\theta = 90°$ 时,达到其最大值 $P'_{max} = m \frac{E_0 U}{x_d}$。对于附加电磁功率,$\theta = 45°$ 时达到其最大值 $P''_{max} = m \frac{U^2}{2}\left(\frac{1}{x_q} - \frac{1}{x_d} \right)$;总的电磁功率在 θ 为 45° ~ 90° 之间达到最大值 P_{max}。

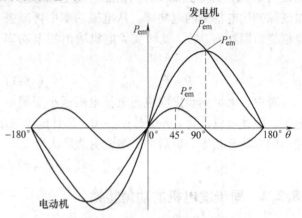

图 18-10 同步电机的功角特性

2. 隐极同步电机的功角特性

对于隐极电机,由于 $x_d = x_q = x_s$,附加电磁功率为零,故 P_{em} 就等于基本电磁功率。

$$P_{em} = m \frac{E_0 U}{x_d} \sin\theta \tag{18-10}$$

3. 功率角的物理意义

前面已经提到,功率角 θ 是时间相量 $\dot{E}_0$ 与 $\dot{U}$ 之间的夹角。因为励磁电动势 $\dot{E}_0$ 由主极磁场 $\dot{B}_0$ 感应产生,电枢端电压 $\dot{U}$(即电网电压)可认为由电枢的合成磁场 $\dot{B}_u$(包括主极磁场、电枢反应磁场和电枢漏磁场)感应产生,在相量图中,$\dot{B}_0$ 和 $\dot{B}_u$ 分别超前于 $\dot{E}_0$ 和 $\dot{U}$ 以 90° 电角度,于是亦可以近似地认为,功率角 θ 是主极磁场 $\dot{B}_0$ 与气隙合成磁场 $\dot{B}_u$ 之间的空间夹角,也可认为是主极磁场轴线与气隙合成磁场轴线间的夹角,如图 18-11 所示。对于同步发电机,$\dot{B}_0$ 总是领先于 $\dot{B}_u$,若采用发电机惯例,这时 θ 角定为正值,电磁功率也是正值,表示发电机运行状态;当 θ 角为负值,电磁功率也为负值,表示发电机发出负的有功,或者说吸收正的有功,为电动机运行状态;当 θ 角为零,表示电机有功为零,或者说是调相运行。所以说功角决定了同步发电机的运行状态。

功率角 θ 是同步电机的基本变量之一,近似地赋予功率角以空间含义,这对掌握负载变化时主极磁场和气隙合成磁场之间的相对位移,以及理解负载时同步电机内部所发生的物理过程,是很有帮助的。

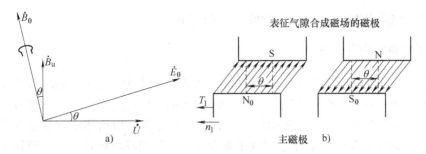

图 18-11 功率角的空间含义

a）时—空统一相量图 b）功率角的近似空间表达

18.2.3 同步发电机的转矩平衡关系

同步发电机的转矩平衡方程可直接由式（18-2）两侧同除同步发电机转子机械角速度 $\Omega_1 = \dfrac{2\pi n_1}{60}$ 得出，即

$$T_1 - T_0 = T_1 - (T_{mec} + T_{Fe} + T_{cuf}) = T_{em} = \frac{mE_0 U}{\Omega_1 x_s}\sin\theta \tag{18-11}$$

式中，T_1 为原动机作用于转子的驱动转矩，而 $T_0 = T_{mec} + T_{Fe} + T_{cuf}$ 是电机空载阻转矩、T_{em} 是同步发电机的电磁转矩。它们与功率平衡方程中的各部分损耗和电磁功率一一对应。

例 18-1 有一台 70MV·A，13.8kV（丫形联结）、$\cos\varphi_N = 0.85$（滞后）的三相水轮发电机与电网并联，已知电机的参数为：$x_d = 2.72\Omega$，$x_q = 1.90\Omega$，电枢电阻忽略不计，试写出该发电机的功角特性方程式。

解 先按式（16-23）算出额定负载时的 ψ 角。由于

额定相电压
$$U = \frac{13.8}{\sqrt{3}}\text{kV} = 7.968\text{kV}$$

额定相电流
$$I = \frac{70 \times 10^3}{\sqrt{3} \times 13.8 \times 10^3}\text{kV} = 2.929\text{kA}$$

$$\varphi = \arccos 0.85 = 31.79°, \quad \sin\varphi = 0.5268$$

于是
$$\psi = \arctan\frac{U\sin\varphi + Ix_q}{U\cos\varphi} = \arctan\frac{7.968 \times 0.5268 + 2.929 \times 1.9}{7.968 \times 0.85} = 55.25°$$

功率角则为
$$\theta = \psi - \varphi = 55.25° - 31.79° = 23.46°$$

励磁电动势为

$$E_0 = U\cos\theta + I_d x_d = [7.968\cos 23.46° + (2.929\sin 55.25°) \times 2.72]\text{kV} = 13.855\text{kV}$$

$$P_{em} = m\frac{E_0 U}{x_d}\sin\theta + m\frac{U^2}{2}\left(\frac{1}{x_q} - \frac{1}{x_d}\right)\sin 2\theta = \left[3\frac{13.855 \times 7.968}{2.72}\sin\theta + 3 \times \frac{7.968^2}{2}\left(\frac{1}{1.90} - \frac{1}{2.72}\right)\sin 2\theta\right]\text{MV}$$

$$= (121.76\sin\theta + 15.11\sin 2\theta)\text{MW}$$

18.3 同步发电机与大电网并联运行时有功功率的调节和静态稳定

为简单起见，以下分析都以隐极电机为例，并忽略磁路饱和及电枢绕组电阻的影响，电

网则看作"无穷大电网",于是 U = 常值,且 f = 常值。

18.3.1　有功功率的调节

当发电机不输出有功功率时,由原动机输入的功率恰好补偿各种损耗,没有多余的部分可以转化为电磁功率(忽略定子铜耗时),因此 $\theta = 0$,$P_1 = p_0$,$P_{em} = 0$,如图 18-12a 所示,此时,虽然可以有 $E_0 > U$ 且有电流输出,但它是无功电流。当增加来自原动机的输入功率 P_1,使 $P_1 - p_0 > 0$,这时电机轴上便出现了剩余功率,作用在机组转轴上,使转子得到瞬间加速,发电机的转子磁动势 $\dot{F}_f(\dot{B}_0)$ 和 d 轴便开始超前于气隙磁通密度 $\dot{B}_u$(此磁通密度受到频率不变的限制,转速保持不变),相应的电动势相量 $\dot{E}_0$ 也就超前于端电压相量 $\dot{U}$ 一个相角,于是 $\theta > 0$ 使 $P_{em} > 0$,发电机开始向外输出有功电流,并同时出现与电磁功率 P_{em} 相对应的制动电磁转矩 T_{em};当 θ 增加到某一数值使对应的电磁功率 $P_{em} = P_1 - p_0 = P_T$ 时,发电机转子就不再加速,最后就平衡在这个 θ 值处,如图 18-12b、c。发电机究竟在多大的功率角下运行,就由 $P_T = P_{em}$ 的条件来确定,对于隐极同步电机有

$$P_{em} = P_T = \frac{mE_0 U}{x_s}\sin\theta$$

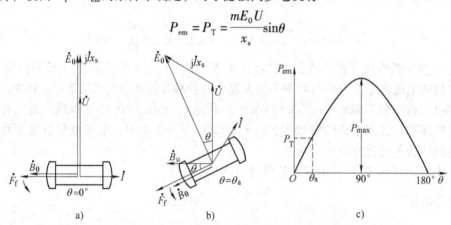

图 18-12　与无穷大电网并联时同步发电机有功功率的调节

a) 功率角 $\theta = 0°$ 时的情况　b) 功率角 $\theta = \theta_a$ 时的情况　c) 功角特性曲线

以上分析表明,对于一个并联在无穷大电网上的同步发电机,要想增加发电机的输出功率,就必须增加来自原动机的输入功率,而随着输出功率的增大,当励磁不做调节时,电机的功率角 θ 就必然增大。

但并不是可以无限制地增加来自原动机的输入功率以增大发电机输出的电磁功率。当功率角 θ 达到 90° 即达到电磁功率的极限值 P_{max} 时,原动机供给的有效功率如果再增加,则无法建立新的平衡,而电机转速将连续上升而失步,故把 P_{max} 称为电机的极限功率。由此得知:调有功即是调原动机的动力输出。

18.3.2　静态稳定

1. 静稳定的概念

在电网或原动机方面偶然发生微小的扰动时,当扰动消失以后,发电机能否恢复到原先状态继续同步运行的问题就称为同步发电机的静态稳定问题。如果能恢复到原先的状态,发

电机就是"静态稳定"的；反之，就是静态不稳定的。

2. 发电机在不同工作点的静稳定性

以图 18-13 为例，设最初原动机的有功功率为 P_T，这时似乎有两个功率平衡点：A 点和 C 点，在两个点都能满足 $P_T = P_{em}$，但是实际上只有 A 点是稳定的，而 C 点则不可能稳定运行。因为如果在 A 点运行，当由于某种短暂的微小扰动使原动机的有功功率增加了 ΔP_T，则由图可见，功角将由 θ 逐步增大到 $\theta + \Delta\theta$ 而平衡于 B 点，相应地电磁功率也增加了 ΔP，且 $\Delta P = \Delta P_T$，但一旦扰动消失，发电机发出的电磁功率 $P_{em} + \Delta P$ 便将大于输入的有功功率 P_T，因此转子立即减速到 A 点稳定运行。

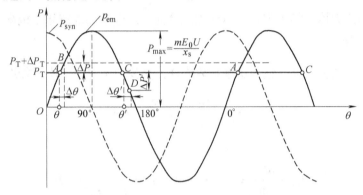

图 18-13　与无穷大电网并联运行时同步发电机的整步功率系数和静态稳定

反之，如果最初电机在 C 点运行，其功率角为 θ'，且 $P_T = P_{em}$，则当扰动使原动机的有功增加了 ΔP_T 时功率角也将增加，但由图可见当功率角增加到某一数值 $\theta' + \Delta\theta$（图中 D 点）时，输入有功功率将更加大于输出的电磁功率，而无法达到新的平衡，假定此时扰动突然消失，尽管输入的有功已恢复到原来的数值 P_T，但因 D 点的电磁功率已变为 $P_T - \Delta P'$，仍小于发电机输入的有功而使 θ 角继续增大。当 $\theta = 180°$ 以后，电磁功率为负值，就意味着电机向电网输出负功率或输入正功率，因此电机在电动状态下运行，此时电磁转矩和原动机转矩都是驱动转矩，将使电机产生更大的加速度，于是 θ 角很快冲到 $360°$（即 $0°$）处，电机重新进入发电机状态。当 θ 角第二次来到 A 点位置时，虽然再次出现了功率平衡，但是由于前面累计的加速度使转子的瞬时速度已显著高于同步转速，因此 θ 角仍将继续增大，又冲到 C 点。由 A 到 C 的过程虽是减速的过程，但是它并不足以使 A 点所得的高转速下降到同步转速，所以 θ 还要增大，……。可见电机始终达不到平衡，转速将一直增高下去，直到电机失去同步，由机组的超速保护动作把原动机关掉。

由此可以判断 A 点是静态稳定工作点，C 点是静态不稳定工作点。

3. 静态稳定判据

上面分析还说明发电机稳定运行的判据是：当外界的扰动使得电机的功率角增大时，电磁功率的增量也大于零，即

$$\lim_{\Delta\theta \to 0} \frac{\Delta P_{em}}{\Delta\theta} > 0 \text{ 或 } \frac{dP_{em}}{d\theta} > 0 \tag{18-12}$$

这样一旦扰动消失，ΔP_{em} 起减速作用使功率角返回到扰动前的数值，而使电机运行稳定。

由此可见当 $\dfrac{\mathrm{d}P_{\mathrm{em}}}{\mathrm{d}\theta}$ 愈大，保持同步的能力就愈强，发电机的稳定性也就愈高。反之，如果

$$\frac{\mathrm{d}P_{\mathrm{em}}}{\mathrm{d}\theta} < 0 \tag{18-13}$$

则功率角增大时，电磁功率和相应的制动电磁转矩反将减小，因此发电机的转速和功率角将继续增加而更偏离原先的数值，发电机就不能稳定。在

$$\frac{\mathrm{d}P_{\mathrm{em}}}{\mathrm{d}\theta} = 0 \tag{18-14}$$

处，保持同步的能力恰好等于零，所以该点就是同步发电机的静态稳定极限。

4. 比整步功率

导数 $\dfrac{\mathrm{d}P_{\mathrm{em}}}{\mathrm{d}\theta}$ 称为同步电机的整步功率系数或称比整步功率 P_{syn}。对于隐极同步电机

$$P_{\mathrm{syn}} = \frac{\mathrm{d}P_{\mathrm{em}}}{\mathrm{d}\theta} = m\,\frac{E_0 U}{x_{\mathrm{s}}}\cos\theta \tag{18-15}$$

而对于凸极电机为

$$P_{\mathrm{syn}} = \frac{\mathrm{d}P_{\mathrm{em}}}{\mathrm{d}\theta} = m\,\frac{E_0 U}{x_{\mathrm{d}}}\cos\theta + mU^2\left(\frac{1}{x_{\mathrm{q}}} - \frac{1}{x_{\mathrm{d}}}\right)\cos 2\theta \tag{18-16}$$

隐极电机的整步功率曲线 $P_{\mathrm{syn}} = f(\theta)$ 如图 18-13 所示，由此曲线结合静态稳定的判据式 (18-12) 可见，隐极同步发电机的静稳定运行区是 $0 \le \theta \le 90°$，而 $\theta = 90°$ 是它的静态稳定极限，这时的电磁功率也正好是极限功率。此外由曲线可见，在稳定运行区当 θ 值愈小，则 P_{syn} 的数值愈大，电机的稳定性愈好。

于是当 $\dfrac{\mathrm{d}P_{\mathrm{em}}}{\mathrm{d}\theta} > 0$ 时，电机是静态稳定的，而当 $\dfrac{\mathrm{d}P_{\mathrm{em}}}{\mathrm{d}\theta} < 0$ 则是静态不稳定的，因此导数 $\dfrac{\mathrm{d}P_{\mathrm{em}}}{\mathrm{d}\theta} = 0$ 是静态稳定极限。

5. 静态过载能力

在实际运行中，为了供电的可靠性，发电机的额定运行点应当离稳定极限有一定的距离，使发电机的极限功率保持比额定功率大一定的倍数，称为静态过载倍数 k_{M}，当电枢电阻忽略不计时，$P_{\mathrm{emN}} = P_{\mathrm{N}}$，于是

$$k_{\mathrm{M}} = \frac{P_{\mathrm{max}}}{P_{\mathrm{emN}}} = \frac{P_{\mathrm{max}}}{P_{\mathrm{N}}} \tag{18-17}$$

对于隐极电机则有

$$k_{\mathrm{M}} = \frac{m\,\dfrac{E_0 U}{x_{\mathrm{s}}}}{m\,\dfrac{E_0 U}{x_{\mathrm{s}}}\sin\theta_{\mathrm{N}}} = \frac{1}{\sin\theta_{\mathrm{N}}} \tag{18-18}$$

式中，θ_{N} 为额定运行时的功率角。一般要求 $k_{\mathrm{M}} > 1.7$，因此最大允许的功率角约在 35° 左右，所以同步电机一般设计功率角 $\theta_{\mathrm{N}} = 25° \sim 35°$。

最后应该指出：考虑到系统电抗的影响，静态稳定性会相应降低，但可以通过增大励磁电动势 E_0 来提高最大电磁功率，从而提高静态过载倍数 k_M，提高静态稳定性。

例 18-2 一台 $x_d^* = 0.8$，$x_q^* = 0.5$ 的凸极同步发电机，接在 $U^* = 1$ 的电网上，运行于 $I^* = 1$，$\cos\varphi = 0.8$。略去定子电阻，试求：

（1）E_0^* 与 ψ；

（2）P_{em}^* 与 P_{max}^*；

（3）静态过载倍数 k_M。

解　（1）由图 18-14 知

$$\psi = \arctan \frac{I^* x_q^* + U^* \sin\varphi}{U^* \cos\varphi}$$

因 $\cos\varphi = 0.8$，故 $\sin\varphi = 0.6$，代入上式得

$$\psi = \arctan \frac{1 \times 0.5 + 1 \times 0.6}{1 \times 0.8} = 54°$$

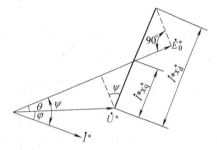

图 18-14　例 18-2 的相量图

因此，$E_0^* = U^* \cos(\psi - \varphi) + I^* x_d^* \sin\psi = 1 \times \cos(54° - 37°) + 1 \times 0.8\sin54° = 1.602$

（2）电磁功率为

$$P_{em}^* = \frac{E_0^* U^*}{x_d^*} \sin\theta + \frac{U^{*2}}{2}\left(\frac{1}{x_q^*} - \frac{1}{x_d^*}\right)\sin2\theta$$

以 $\theta = \psi - \varphi = 54° - 37° = 17°$ 代入得

$$P_{emN}^* = \frac{1.602 \times 1}{0.8}\sin17° + \frac{1^2}{2} \times \left(\frac{1}{0.5} - \frac{1}{0.8}\right)\sin(2 \times 17°) = 0.8$$

为求得 P_{max}，令 $\dfrac{dP_{em}}{d\theta} = 0$ 以求取 $P_{em} = P_{max}$ 时的 θ 角，即

$$\frac{dP_{em}}{d\theta} = \frac{E_0^* U^*}{x_d^*}\cos\theta + U^{*2}\left(\frac{1}{x_q^*} - \frac{1}{x_d^*}\right)\cos2\theta = 0$$

设 $A = \dfrac{E_0^* U^*}{x_d^*}$，$B = U^{*2}\left(\dfrac{1}{x_q^*} - \dfrac{1}{x_d^*}\right)$，则得

$$A\cos\theta + B\cos2\theta = 0$$

由于 $\cos2\theta = 2\cos^2\theta - 1$，故得

$$\cos^2\theta + \frac{A}{2B}\cos\theta - \frac{1}{2} = 0$$

解得 $\cos\theta = \dfrac{-\dfrac{A}{2B} \pm \sqrt{\left(\dfrac{A}{2B}\right)^2 + 2}}{2}$

将各值代入求得 $\cos\theta = 0.305$

故 $\theta = \arccos 0.305 = 72.2°$

代入 P_{em}^* 式中，得

$$P_{max}^* = \frac{1.602 \times 1}{0.8}\sin72.2° + \frac{1^2}{2} \times \left(\frac{1}{0.5} - \frac{1}{0.8}\right)\sin(2 \times 72.2°) = 2.129$$

（3）$k_M = \dfrac{P_{max}^*}{P_{emN}^*} = \dfrac{2.129}{0.8} = 2.66$（倍）

18.4 同步发电机与大电网并联运行时无功功率的调节和 U 形曲线

电网的负荷既包含有功负荷也包含无功负荷。因此，同步发电机与电网并联后，不仅要向电网输送有功功率，而且还要向电网输送无功功率。

18.4.1 无功功率的功角特性

为了简单起见，仍以隐极式同步发电机为对象，并忽略电枢电阻，来分析无功功率和功率角的关系，也就是无功功率的功角特性。

同步发电机输出的无功功率为

$$Q = mUI\sin\varphi \tag{18-19}$$

并按照一般习惯设发电机输出感应性无功功率时 Q 取正值。图 18-15 是不计电枢电阻时隐极同步发电机的相量图，由图可见

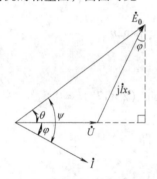

图 18-15　不计电阻时的隐极发电机相量图

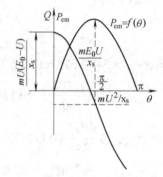

图 18-16　有功功率和无功功率的功角特性

$$E_0\cos\theta = U + Ix_s\sin\varphi \tag{18-20}$$

可改写为

$$I\sin\varphi = \frac{E_0\cos\theta - U}{x_s} \tag{18-21}$$

将式（18-21）代入式（18-19）得

$$Q = \frac{mE_0U}{x_s}\cos\theta - m\frac{U^2}{x_s} \tag{18-22}$$

式（18-22）即为无功功率的功角特性。当励磁电流不变时，Q 与 θ 的关系为余弦函数，如图 18-16 所示。

从能量守恒的观点看，同步发电机与电网并联后，如仅仅调节无功功率，是不需要改变原动机的输入功率的。由 16.2 节可知，只要调节同步发电机的励磁电流，就能改变同步发电机发出的无功功率的大小和无功功率的性质，故调无功即是调节同步发电机的转子励磁电流。

18.4.2 无功功率的调节

设一同步发电机原来输出一定有功功率，这时应如何来调节它的无功功率呢？由于调节无功功率不改变原动机的输入，故有功功率将保持不变，即有

$$
\left.
\begin{aligned}
P &= mUI\cos\varphi = 常数 \\
P_{\text{em}} &= \frac{mE_0 U}{x_s}\sin\theta = 常数
\end{aligned}
\right\}
\tag{18-23}
$$

当 U、m 和 x_s 均不变时，由式（18-23）可改写成

$$
\left.
\begin{aligned}
I\cos\varphi &= 常数 \\
E_0\sin\theta &= 常数
\end{aligned}
\right\}
\tag{18-24}
$$

式（18-24）称为功率约束条件，以下在画相量图时常用它来画功率约束线。在有功功率不变，调节同步发电机的励磁电流时，电机必然会保持式（18-24）所表述的关系。图 18-17a 是发电机供给某一有功功率的相量图。如若调节励磁电流，由式（18-24）可见，$\dot{E}_0$ 相量的端点必须落在 mm' 线上，该线与横坐标的距离为 $E_0\sin\theta$。相量 $\dot{I}$ 的端点必须落在 nn' 线上，该线与纵坐标的距离为 $I\cos\varphi$。图 18-17b 画出了不同励磁时的情况。

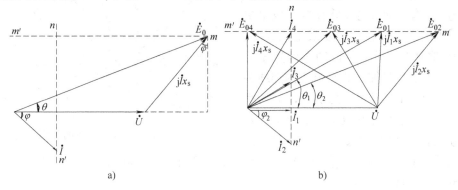

图 18-17 P_{em} = 常数时，调节励磁电流的相量图

a）发电机供给某一有功功率负载时的相量图 b）P_{em} = 常数时，不同励磁电流时的相量图

当励磁电流为 I_{fl} 时，励磁电动势为 E_{01}，称为常励磁，相应的电枢电流为 I_1，$\cos\varphi = 1$，此时发电机只输出有功功率，与电网没有无功功率的交换。

E_{02} 为励磁增大后的情况，相应的电枢电流 I_2 滞后于端电压 U。发电机除输出有功功率外，还供给电网一个感性无功功率。此时发电机处于过励状态。如果继续增大励磁，电枢电流和滞后的 φ 角将同时增大，发电机将输出更多的感性无功功率。由于功率角 θ 随励磁增大而减小，提高了发电机运行的稳定度。但增加感性无功功率的输出，将受到励磁电流和电枢电流的限制。

E_{03} 为励磁减小后的情况，相应的电枢电流 I_3 较 U 为超前。发电机除输出有功功率外，还供给电网一个容性无功功率，此时发电机处于欠励状态。由于功率角 θ 随励磁减小而增大，降低了发电机运行的稳定度。

如果继续减小励磁，电枢电流和超前的 φ 角将同时增大，发电机将输出更多的容性无功功率。此时，由于功率角随励磁减小而逐步增大，当 θ 达到 90°后将失去稳定。所以增加

容性无功功率的输出，不仅要受到电枢电流的限制，还要受到静稳定的限制。如图 18-17b 中 E_{04} 的情况，功率角 θ 已达到 90°，发电机已处于静态稳定的极限状态。

综上所述，当发电机与无穷大电网并联时，调节励磁电流，不仅能改变无功功率的大小，而且还能改变无功功率的性质。当过励磁运行时，电枢电流是滞后电流，发电机发出感性无功功率，相当于吸收电容性无功功率，起到电容器的作用；当欠励磁运行时，电枢电流是超前电流，发电机发出电容性无功功率，相当于吸收电感性无功功率，起到电抗器的作用。最终可以总结为：调无功即调节同步发电机的励磁电流，调无功对有功无影响。

18.4.3　同步发电机的 U 形曲线

在有功功率保持不变时，表示电枢电流和励磁电流的关系曲线 $I = f(I_{\mathrm{f}})$，由于其形状像字母 "U"，故常称为 U 形曲线。对应于不同的有功功率，有不同的 U 形曲线。当输出的功率值愈大时，曲线愈向上移。同步发电机的 U 形曲线如图 18-18 所示。当励磁电流调节至某一数值时，电枢电流为最小，该点即 U 形曲线上的最低点，此时同步发电机的功率因数便为 1。增加励磁电流将使同步发电机过励，减小励磁电流将使同步发电机欠励。在 U 形曲线图中，尚可以按功率因数来分区。图 18-18 中 U 形曲线族最低点的连线为 $\cos\varphi = 1$；该线的右面为过励状态，为功率因数滞后的区域，发出感性无功；该线的左侧为欠励状态，为功率因数超前的区域，发

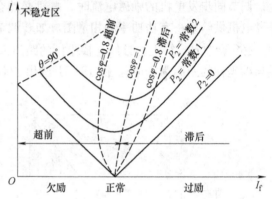

图 18-18　同步发电机的 U 形曲线

出容性无功。如前所述，对于每一给定的有功功率都有一最小可能的励磁，进一步减小励磁将使发电机不稳定。

必须注意，对于与电网并联运行的发电机，当改变原动机方面的功率输入时，发电机的功率角 θ 将相应地跟着变化，起着调节有功功率的作用，但此时如使励磁保持不变，则由图 18-16 可见，输出的无功功率也会发生变化。如只要求改变有功功率，我们应在调节原动机方面输入功率的同时，还应适当地改变同步发电机的励磁。如不调节原动机方面的功率输入而仅只调节同步发电机的励磁，则只能改变它的无功功率，并不会引起有功功率的改变。虽然此时空载电动势 E_0 和功率角 θ 都随着励磁的改变而发生了变化。

例 18-3　有一台汽轮发电机数据如下：$S_{\mathrm{N}} = 31250\mathrm{kV \cdot A}$，$U_{\mathrm{N}} = 10.5\mathrm{kV}$（丫形联结），$\cos\varphi_{\mathrm{N}} = 0.8$（滞后），定子每相同步电抗 $x_{\mathrm{s}} = 7.0\Omega$，定子电阻忽略不计，此发电机并联运行于无穷大电网。试求：（1）当发电机在额定状态下运行时，励磁电动势 E_0、功率角 θ、电磁功率 P_{em} 和静态过载倍数 k_{M}；（2）若维持上述励磁电流不变，但输入有功功率减半时，励磁电动势 E_0'、功角 θ'、电磁功率 P_{em}' 和 $\cos\varphi'$ 将变为多少？（3）发电机原来在额定状态下运行时，现仅将其励磁电流加大 10%，此时的励磁电动势 E_0''、功率角 θ''、电磁功率 P_{em}''、功率因数 $\cos\varphi''$ 和电枢电流 I'' 将变为多少？（4）画出调节前后的相量图。

解　（1）$I_{\mathrm{N}} = \dfrac{S_{\mathrm{N}}}{\sqrt{3}\,U_{\mathrm{N}}} = \dfrac{31250000}{\sqrt{3} \times 10500}\mathrm{kA} = 1.718\mathrm{kA}$

由于不计 r_a ，所以 $P_{em} = S_N \cos\varphi_N$

$$P_{em} = 31250 \times 0.8 \text{kW} = 25000 \text{kW}$$

由 $\cos\varphi_N = 0.8$ 滞后可得 $\varphi_N = 36.87°$

因为 $\dot{E}_0 = \dot{U}_N + j\dot{I}_N x_s$

则
$$\dot{E}_0 = \left(\frac{10.5}{\sqrt{3}} + j7.0 \times 1.718\angle -36.87°\right) \text{kV}$$
$$= 16.40\angle 35.9° \text{kV}$$

故 $\theta_N = 35.9°$ ； $k_M = \dfrac{1}{\sin\theta_N} = 1.704$ 倍

（2）因 I_f 不变，则电势 $E_0' = E_0$ 不变，输入有功功率减半时， $P_{em}' = 0.5P_{emN} = 12500 \text{kW}$

根据
$$\frac{P_{em}'}{P_{emN}} = \frac{\sin\theta'}{\sin\theta_N}$$

解得
$$\theta' = \arcsin\frac{P_{em}'\sin\theta_N}{P_{emN}} = \arcsin\frac{\sin 35.9°}{2} = 17.05°$$

因为
$$Q' = \frac{mE_0 U}{x_s}\cos\theta' - m\frac{U^2}{x_s}$$
$$= \left(\frac{3 \times 16.4 \times 6.062}{7}\cos 17.05° - 3\frac{6.062^2}{7}\right) \text{Mvar} = 25000 \text{kvar}$$

所以
$$\tan\varphi' = \frac{Q'}{P_{em}'} = \frac{25000}{12500} = 2, \quad \varphi' = 63.1°$$

故
$$\cos\varphi' = \cos 63.1° = 0.447 \text{（滞后）}$$

（3）仅将 I_f 加大 10% 时， $P_{em}'' = P_{emN} = 25000 \text{kW}$

不考虑饱和影响时
$$E_0'' = (1 + 10\%) E_0 = 18.04 \text{kV}$$

因为
$$\frac{P_{em}''}{P_{emN}} = \frac{E_0''\sin\theta''}{E_{0N}\sin\theta_N} = 1$$

所以
$$\theta'' = \arcsin\frac{E_0\sin\theta_N}{E_0''} = \arcsin\frac{\sin 35.9°}{1.1} = 32.21°$$

$$Q'' = \frac{mE_0''U}{x_s}\cos\theta'' - m\frac{U^2}{x_s} = \left(\frac{3 \times 18.04 \times 10.5/\sqrt{3}}{7}\cos 32.21° - 3\frac{(10.5/\sqrt{3})^2}{7}\right) \text{Mvar} = 24000 \text{kvar}$$

因为
$$\tan\varphi'' = \frac{Q''}{P_{em}''} = \frac{24000}{25000} = 0.96$$

所以
$$\varphi'' = 43.8° \quad \cos\varphi'' = \cos 43.8° = 0.722$$

$$I'' = \frac{P_{em}''}{\sqrt{3}U\cos\varphi''} = \frac{25000 \times 10^3}{\sqrt{3} \times 10.5 \times 10^3 \times 0.722} \text{A} = 1.904 \text{kA}$$

（4）调节前后的相量图，如图 18-19 所示。

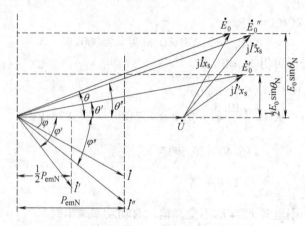

图 18-19 例题 18-3 调节前后的相量图

18.5 大容量同步发电机并网的特点

以上介绍了发电机与大容量电网并联运行的情况，实际的电网容量比发电机容量大得多，而认为电网容量为无穷大，因而才有 U = 常数，f = 常数。随着国民经济的发展，电网容量日益增大，但是同步发电机单机容量也在不断增大。当前国内 60 万千瓦和 100 万千瓦机组相继投入运行，以后还会有更大的机组投入运行。像这样的大型机组并网时，如果电网容量不是足够大，有功功率和无功功率调节时，将会引起电网电压和频率的变化。因为在有限容量的电网上，总的负载也是有限的，当增加并网电机的有功功率时，如不相应减小电网其他发电机的有功功率，则多余的有功功率使整个电网中电机转子加速，随之电网的频率和电压增高，使电机总的输入和总的输出在新的电压和频率下重新平衡。或者在改变无功功率时，电网总的无功功率的输入和输出也将有相应的变化，总的无功功率的输入和输出，也将在一个新的电网电压下得到新的平衡。因此，为了保持电网的频率和电压不变，而在负载不变的情况下，大容量机组并网运行时，当增加并网电机有功或无功输出时，必须相应减小电网其他发电机的输出，反之亦然。

为了便于分析和了解，下面以两台相同容量、相同参数的发电机并联为例来说明其有功和无功调节的特点。

如图 18-20a 所示为两台发电机并联未带任何负载的情况下，图中注脚为 1 的表示第一台发电机的量，注脚为 2 的表示第二台发电机的量。现在增加第一台发电机的励磁电流，E_{01} 增大，$\dot{E}_{01}$ 与 $\dot{E}_{02}$ 之间的电动势 $\Delta\dot{E}$ 将在两台电机之间产生环流，将使第一台电机电压降低，第二台电机电压升高，结果使平衡后的电网电压增高，如图 18-20a 所示。反之，若将第一台电机激磁电流减小，则 E_{01} 减小，平衡后电网电压将降低。

而当增加一台电机原动机转矩时，由于转速的增加，不仅使其他电动势增大，且使其电动势相位相对于另一台电机移前，如图 18-20b 所示。图中 $\dot{E}_{01}$ 与 $\dot{E}_{02}$，如从两电机回路内部看，当 $\dot{E}_{01}$ 为正时，$\dot{E}_{02}$ 为负，这时 $\Delta\dot{E}$ 产生的电流 I 对电机 1 为发电机电流，此电流在电机轴上产生制动力矩使电机 1 减速。而电流 I 对电机 2 却是电动机电流，在电机轴上产生拖动力矩，使电机 2 加速。可见，欲维持并联电网的电压和频率不变，调节励磁电流和原动机转矩时，只能两台电机同时调节，即若使一台电机的功率增加，必须使另一台电机的功率减小

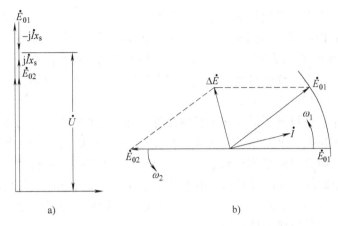

图 18-20　两台发电机并联调节 I_f 和 T_1 的情况

a）空载情况　b）增加某台原动机功率的情况

才行。

图 18-21a 为两台并联的发电机原带相同的有功和无功情况的相量图。现在增加 1 的励磁电流，同时减小 2 的励磁电流，E_{01} 增加到 E'_{01} 而 E_{02} 减小到 E'_{02}，则两电机的电流 $\dot{I}_1$ 和 $\dot{I}_2$ 如图中 18-21b 所示。这时电机 1 的落后无功增加，而电机 2 的落后无功减小，但电网电压可以保持不变。

而增加电机 1 原动机转矩 T_1，同时减少电机 2 的原动机转矩，则电机 1 的有功功率增加，电机 2 的有功功率减小，如图 18-21c 所示，从图中看出有功和无功通过调节已全部转给电机 1，但仍可以保持电网频率不变。

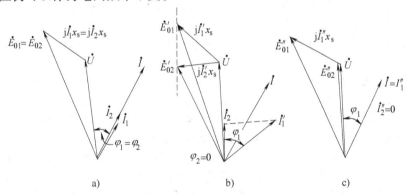

图 18-21　两台发电机并联同时调节 T_1、I_1 的情况

a）两台发电机有无功负荷相等　b）增加第 1 台的励磁减小第 2 台的励磁

c）增加第 1 台的有功减小第 2 台的有功

小　　结

同步发电机并列运行可提高供电可靠性、改善电能质量，从而达到经济运行。同步发电机投入并列方法有准同期法和自同期法两种。准同期法的并列条件为：待并发电机和电力系统的电压大小相等、相位相同、频率相同、相序一致、波形一致。自同期法的并列投入会产

生冲击电流，在电力系统发生故障时才可采用此法。

特别应注意的是：（1）"准同期法"中的自整步作用只有在频率差不大时，才能将转子牵入同步；（2）若相序不同而并网，则相当于相间短路，这是绝对不允许的。所以同步发电机并网是运行中一项重要的操作，现代化的电厂已经实现并网自动化。在手动操作时，一旦发生偏差可能产生严重的后果。

有功功率功角特性反映了同步发电机内部各物理量之间的关系。功率角 θ 既是电动势和电压相量的时间相位差，又是主极磁场 $\dot{B}_0$ 与气隙合成磁场 $\dot{B}_u$ 之间的空间夹角，也可认为是主极磁场轴线与气隙合成磁场轴线间的夹角。隐极同步电机在发电机状态下运行时，功率角 $\theta < 90°$，是静态稳定的；发电机并列于电力系统运行时，其静态稳定与整步功率和静态过载能力有关。同步电抗愈小，短路比愈大，输出额定功率时的功率角就愈小，发电机维持同步运行的能力就愈强，静态稳定性也就愈高。

发电机并网后，通过调节原动机的输出功率就可以调节发电机输出的有功功率，调节励磁电流可以调节输出的无功功率的大小和性质。当输出的有功功率不变时，改变发电机的励磁电流，只能调节发电机的无功功率。过励时，输出感性无功功率；欠励时，输出容性无功功率；正常励磁时，发电机只输出有功功率，此时功率因数 $\cos\varphi = 1$。调节励磁电流不会改变有功输出，但调节有功输出却能引起无功功率的变化，这是因为有功增加时，电网电压不变，感性无功将相应地减小。

思 考 题

18-1 三相同步发电机投入电网并联时应满足哪些条件？怎样检查发电机是否已经满足并网条件？如不满足某一条件，并网时会发生什么现象？

18-2 同步发电机与电网并联瞬间，其他并联条件均已满足，仅发电机的电压比电网电压略高一点，此时如果合闸，发电机会产生什么性质的电流？

18-3 功率角在时间及空间上各表示什么含义？功率角改变时，有功功率如何变化？无功功率会不会变化？

18-4 某并联于无穷大电网的隐极同步发电机原带额定负载运行（$\varphi > 0$），现使有功功率减少一半，功率因数保持不变，试定性地画相量图说明调节前后的情况。

18-5 某并联于无穷大电网的隐极同步发电机，当调节有功功率输出时欲保持无功功率输出不变，问此时 θ 角及励磁电流 I_f 是否改变，此时 $\dot{I}$ 和 $\dot{E}_0$ 各按什么轨迹变化？

18-6 有一台 50Hz、4 极同步发电机与电网并联整步时，同步指示灯每 5s 亮一次，问该机此时的转速为多少？同步指示灯为什么每相用两只？如果采用了直接连接法整步却看到"灯光旋转"现象，试问是何原因？这时应如何处理？如果用交叉连接法但看到三组相灯同时亮、暗，是何原因？应如何处理？

18-7 一台同步发电机单独供给一个对称负载（R 及 L 一定）且转速保持不变时，定子电流及功率因数 $\cos\varphi$ 由什么决定？当此发电机并联于无穷大电网时，定子电流及 $\cos\varphi$ 又由什么决定？还与负载性质有关吗？为什么？此时电网对发电机而言相当于怎样性质的电源？

18-8 试比较在下列情况下同步发电机的稳定性：（1）当有较大的短路比或较小的短路比时；（2）在过励状态下运行或在欠励状态下运行时；（3）在轻载下运行或在满载状态下运行时；（4）在直接接至电网或通过长的输电线路接到电网时。

18-9 试证明隐极同步发电机输出无功功率的功角特性公式为

$$Q = \frac{mE_0 U}{x_s}\cos\theta - m\frac{U^2}{x_s}$$

18-10 为什么同步发电机 $P_2 = 0$ 的 U 形曲线是直线?

18-11 为什么在隐极同步电机中定子电流和定子磁场不能相互作用产生转矩,但是在凸极电机中却可以产生?

18-12 试画出凸极同步发电机失去励磁($E_0 = 0$)时的电动势相量图,并推导其功角特性,此时 θ 角代表什么意义?

18-13 两台容量相近的同步发电机并联运行,有功功率和无功功率怎样分配和调节?

18-14 与无穷大电网并联运行的同步发电机如何进行有功和无功功率的调节?

18-15 试比较变压器并联运行和同步发电机并联运行条件的异同点。

18-16 与大电网并联运行的同步发电机,输出有功功率不变,改变励磁电流的大小,输出无功功率如何变化?

18-17 什么是同步电机的功角特性?试分别写出隐极和凸极同步发电机的功角特性方程,并绘制功角特性曲线,说明静态稳定的工作范围。

18-18 试说明如何提高同步发电机的静态过载能力。

习 题

18-1 有一台三相汽轮同步发电机,额定功率 $P_N = 12000\text{kW}$,额定电压 $U_N = 6300\text{V}$,电枢绕组丫形联结,$\cos\varphi_N = 0.8$(滞后),$x_s = 4.5\Omega$,发电机并网在额定状态下运行,额定频率 $f_N = 50\text{Hz}$ 时,不计电阻影响,试求:(1)每相励磁电动势 E_0;(2)额定运行时的功率角 θ;(3)最大电磁功率 $P_{\max}$;(4)静态过载倍数 k_M。

18-2 一台三相凸极同步发电机,$U_N = 400\text{V}$,每相励磁电动势 $E_0 = 370\text{V}$,电枢绕组丫形联结,每相直轴同步电抗 $x_d = 3.5\Omega$,交轴同步电抗 $x_q = 2.4\Omega$,该发电机并网运行,不计电阻影响,试求:(1)额定功角 $\theta_N = 24°$ 时,输向电网的有功功率是多少?(2)能向电网输送的最大电磁功率是多少?(3)静态过载倍数 k_M 为多少?

18-3 一台三相隐极同步发电机并联于无穷大电网运行,额定运行时功率角 $\theta_N = 30°$,因因故障电网电压降为 $0.8U_N$,假定电网频率仍保持不变,试求:(1)若保持输出有功功率及励磁不变,此时发电机能否继续稳定运行,功率角 θ 为多少?(2)在(1)的情况下,若采用加大励磁的办法,使 E_0 增大到原来的 1.6 倍,这时的功率角 θ 为多少?

18-4 一台三相隐极同步发电机并网运行,额定数据为:$S_N = 125000\text{kV} \cdot \text{A}$,$U_N = 10.5\text{kV}$,电枢绕组丫形联结,$\cos\varphi_N = 0.8$(滞后),每相同步电抗 $x_s = 1.6\Omega$,不计电阻影响,试求:(1)额定运行状态时,发电机的电磁功率 P_{em} 和功率角 θ;(2)此时如使原动机输入功率为零,不计损耗,求电枢电流为多少?

18-5 一台三相凸极同步发电机并网运行,额定数据为:$S_N = 8750\text{kV} \cdot \text{A}$,$U_N = 11\text{kV}$,电枢绕组丫形联结,$\cos\varphi_N = 0.8$(滞后),每相同步电抗 $x_d = 18.2\Omega$,$x_q = 9.6\Omega$,不计电阻影响,试求:(1)当输出功率为 2000kW,且 $\cos\varphi = 0.8$(滞后)时,发电机的功率角 θ 和每相励磁电动势 E_0;(2)若保持输出功率不变,发电机失去励磁,此时的功率角 θ 为多少?能否稳定运行?

18-6 一台三相汽轮同步发电机 $S_N = 353\text{MV} \cdot \text{A}$,$U_N = 20\text{kV}$,$\cos\varphi_N = 0.85$(滞后)$x_s^* = 1.86$,此发电机并联于无穷大电网运行,额定运行时的 $E_0^* = 2.52$,$\theta_N = 38.34°$。试求:在额定状态的基础上将有功减半,维持励磁电流不变,此时的功率角 θ',电磁功率 P'_{em} 和励磁电动势 $E_0'^*$ 为多大?

18-7 一台隐极同步发电机,电枢电阻可略去不计,同步电抗的标幺值 $x_s^* = 1.0$,端电压 U 保持在额定值不变,试求:负载电流为额定值且功率因数为 1 时;负载电流为 90% 额定值且功率因数为 0.85(滞后)时;负载电流为 90% 额定值且功率因数为 0.85(超前)时三种情况下的功率角 θ。

18-8 一台三相凸极同步发电机并网运行,额定数据为:$S_N = 8750\text{kV} \cdot \text{A}$,$U_N = 11\text{kV}$,电枢绕组丫形联结,$\cos\varphi_N = 0.8$(滞后),$x_d = 17\Omega$,$x_q = 9\Omega$,略去定子电阻。试求:(1)同步发电机额定运行时 E_0 与

ψ；（2）P_{em}^* 与 P_{max}；（3）静态过载倍数 k_M。

18-9 某三相凸极同步发电机，同步电抗的标幺值 $x_d^* = 0.8$，$x_q^* = 0.5$，略去定子电阻。该机与无穷大电网并联运行，额定功率因数 $\cos\varphi_N = 0.8$（滞后）。试求额定运行时的电磁功率、比整步功率和静态过载倍数。

18-10 某三相凸极同步发电机，电抗的标幺值 $x_d^* = 0.8$，$x_q^* = 0.5$，略去定子电阻。该机与无穷大电网并联运行，额定功率因数 $\cos\varphi_N = 0.8$（滞后）。电网发生故障，使电压降至原来的 70%，保持额定输出功率不变，并使功率角不大于 $20°$ 范围内，求此时的励磁电动势 E_0 值。

18-11 三相隐极同步发电机 $S_N = 60kV \cdot A$，$U_N = 380V$，$x_s = 1.55\Omega$，略去定子电阻。试求：（1）$S = 37.5kV \cdot A$，$\cos\varphi_N = 0.8$（滞后）时的 E_0^* 和 θ；（2）拆除原动机，不计损耗，求电枢电流。

18-12 一台汽轮发电机数据如下：$P_N = 25MW$，$U_N = 10.5kV$，丫形联结，$\cos\varphi_N = 0.8$（滞后），$x_s^* = 1.0$，定子电阻忽略不计，发电机与无穷大电网并联运行，试求：（1）发电机输出功率 $P = \dfrac{1}{2}P_N$，$\cos\varphi = 0.8$（滞后）时的功率角 θ、电磁功率 P_{em} 及无功 Q；（2）若维持励磁电流不变，但输出有功提高到额定值 P_N，求此时的无功为多少？（3）试画出同步发电机调节前后的相量图。

18-13 一台汽轮发电机与大电网并联运行，额定运行时 $E_0^* = 1.5$，静态过载倍数 $k_M = 2$，如保持励磁电流不变，增加有功功率输出，使无功功率为零，求此时输出的有功功率。

18-14 一台三相丫形联结隐极同步发电机与无穷大电网并联运行，已知电网电压 $U = 400V$，发电机的同步电抗 $x_s = 1.2\Omega$，当 $\cos\varphi = 1$ 时，发电机输出有功功率为 $80kW$。若保持励磁电流不变，减少原动机的输出，使发电机输出有功功率为 $20kW$，忽略电枢电阻，求功率因数、定子电流、输出的无功功率及其无功的性质。

第 19 章　同步电动机及同步补偿机

同步电机除作发电机运行外，还可作电动机和补偿机运行。同步电动机的功率因数较高，特别是通过调节励磁电流还可以改善电网的功率因数，这是异步电动机不能做到的。大功率、低速同步电动机比起异步电动机体积小、重量轻。这是因为电机的主要尺寸是由视在功率决定的，低速异步电动机由于功率因数较低，在同样的有功功率时，视在功率增大，体积增大。另外同步电动机的气隙较大，x_d 较小，因而过载能力较强，稳定性好，安装和维修也比较方便。因此，功率较大又不需要调速的地方常用同步电动机拖动，如大型空气压缩机、球磨机、水泵和鼓风机等。

同步电动机一般做成凸极式结构，为了进行自起动，在转子磁极的极靴上装有起动绕组，起动绕组用黄铜条制成。随着半导体整流技术的发展，一般采用可控硅整流励磁。

同步电动机的理论是在同步发电机的分析基础上而导出的，因此它的电动势平衡方程式、相量图、功角特性等，都与发电机有着类似的特点和形式。

19.1　同步电动机

19.1.1　同步电机的可逆原理

同步电机和其他电机一样是可逆的，既能够工作在发电机状态也能够工作在电动机状态，其工作状态完全取决于加给它的能量是机械能还是电能。

由前可知，同步电机工作在发电机状态时，转子磁场 $\dot{B}_0$ 总是领先于气隙合成磁场 $\dot{B}_u$（包括主极磁场、电枢反应磁场和电枢漏磁场）一个角度 θ。如图 19-1 所示，我们把气隙合成磁场 $\dot{B}_u$ 看成是一个等效的磁极，这样一来，θ 角也就表示了转子磁极 $\dot{B}_0$ 拖着定子合成等效磁极以同步速旋转，如图 19-1a。这时发电机产生了电磁制动转矩，由机械功率转化为电功率，发出了电功率输送到电网。

如果减小拖动发电机原动机的输入功率，θ 角也要减小，这样发电机向电网输送的功率也就减小了，当原动机输给发电机的功率仅仅能够抵偿发电机的空载损耗时，θ 角便等于零了。如图 19-1b，这时发电机处于有功空载运行状态，原动机仅提供发电机的空载损耗，并不向电网输送有功功率。

如果把拖动发电机的原动机撤掉，于是 θ 角开始变为负值，也就是说，转子磁极由领先定子合成等效磁极的状态就变成落后的状态了。但是，它们之间仍然保持着同步的关系，这时电机的空载损耗完全由电网来供给，同步电机已经处于空载运行的电动机状态了。如果在电动机的转轴上带上生产机械（即加上制动转矩），转子磁极则更加落后了，如图 19-1c。这时电磁转矩对转子而言是个拖动转矩。可见，在电动机运行状态时，转子磁极是被拖动的。

由此可见，同步电机处于发电机状态时，由原动机输入的机械能经过定子绕组转变为电

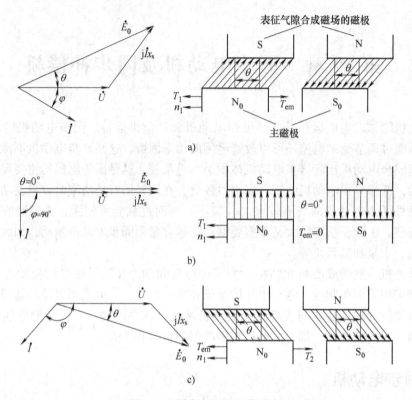

图 19-1 同步电机的工作状态

a) 发电机状态 b) 空载状态 c) 电动机状态

能输送到电网；而处于电动机状态时，却恰恰相反，由电网输入的电能转变为机械能拖动了生产机械。

19.1.2 同步电动机的相量图

同步电动机的相量图和发电机的相量图是相类似的，根据前面的分析可知，同步电机运行在电动机状态时，θ 角等于负值，即电动机的端电压 $\dot{U}$ 领先电动势 $\dot{E}_0$ θ 角，这时电网向电机输入有功功率，也就是说，负载电流 $\dot{I}$ 与端电压 $\dot{U}$ 之间的功率因数角 φ 已大于 90°了。图 19-2 是按照发电机相量图的画法而画出的在电动机运行情况下的相量图。这里忽略了定子绕组电阻的影响。图 19-2a 是运行于发电机状态的相量图，图 19-2b 是运行于电动机状态的相量图，图 19-2c 是按发电机惯例的等效电路，对应的电动势方程式为

$$\dot{U} = \dot{E}_0 - j\dot{I}x_s \tag{19-1}$$

图 19-2 是用发电机的惯例来画电动机的相量图，其特点表现在 φ 大于 90°，这是不方便的。如果把图 19-2 中的电流 $\dot{I}$ 倒过来画，就可以得到图 19-3 的相量图，这是正常的同步电动机的相量图。图 19-3a 是超前功率因数时的相量图，图 19-3b 是滞后功率因数时的相量图，图 19-3c 是按电动机惯例画的等效电路。对应的电动势方程式为

$$\dot{U} = \dot{E}_0 + j\dot{I}x_s \tag{19-2}$$

图 19-2 中，按发电机的惯例，发电机的电流方向与它的电动势是同方向的，所以当 φ 小于 90°时表示电功率输出。图 19-3 中，按电动机惯例，电流方向倒了过来即电流与电网电压同方向的，所以当 φ 小于 90°时表示功率输入。

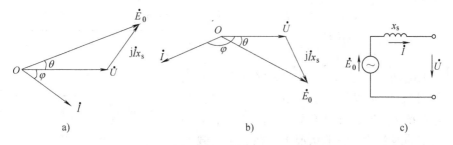

图 19-2　隐极同步电动机的相量图（按发电机惯例）

a）运行于发电机状态的相量图　b）运行于电动机状态的相量图　c）按发电机惯例的等效电路

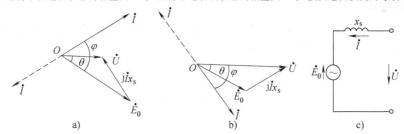

图 19-3　隐极同步电动机的相量图（按电动机惯例）

a）超前功率因数　b）滞后功率因数　c）等效电路

原来按发电机惯例，落后的电流起去磁作用，超前的电流起助磁作用。现在按电动机惯例，超前的电流起去磁作用，落后的电流起助磁作用，这是因为电流相量倒过来的结果。也可以这样来说明，在图 19-3b 中，电动机吸收电网落后的（感性）无功功率，但在图 19-3a 中，电动机吸收电网超前的（容性）无功功率。电动机以吸收为正发出为负。

从图 19-3a 可以看出处于转子过励状态（E_0 较大），b 图处于转子欠励状态（E_0 较小），所以给同步电动机过励就能使它吸收超前的无功功率，这样就可以补偿电力系统中一部分异步电机负载的落后无功功率。

从电动机功率角的定义上来说，$\dot{B}_U$ 超前于 $\dot{B}_0$（$\dot{U}$ 超前于 $\dot{E}_0$）表示 θ 角大于 0，从电网吸收功率为正，为电动机运行状态；而 $\dot{B}_U$ 滞后于 $\dot{B}_0$（$\dot{U}$ 滞后于 $\dot{E}_0$）表示 θ 角小于 0，从电网吸收负的有功功率，即向电网发出正的有功功率，为发电机运行状态；当 $\dot{B}_U$ 与 $\dot{B}_0$（$\dot{U}$ 与 $\dot{E}_0$）同相位，θ 等于 0°时，发出和吸收的有功功率为零，表示电动机处在空载运行状态，或补偿机运行状态。

19.1.3　同步电动机的功率与转矩平衡

1. 功率平衡关系

关于同步电动机的能量平衡关系，可以很清楚地从图 19-4 中看出，此时 P_1 代表从电网送入电动机的电功率，从 P_1 里减掉定子绕组铜耗 p_{Cua}，其余的能量转变为电磁功率 P_{em}，由定子侧传到转子侧。于是

$$P_{em} = P_1 - p_{Cua} \tag{19-3}$$

从电磁功率中再减去空载损耗 p_0（p_0 包括铁耗 p_{Fe} 和机械损耗 p_{mec}）后，转变为机械功率 P

$$P = P_{em} - p_0 = P_{em} - p_{Fe} - p_{mec} \tag{19-4}$$

其中
$$P_{em} = \frac{mUE_0}{x_s}\sin\theta \tag{19-5}$$

可见，求电动机电磁功率 P_{em} 的公式和求发电机的 P_{em} 公式一样，都可以从相量图中导出来。同步电动机的电磁功率 P_{em} 与 θ 角的关系，与同步发电机一样也是按正弦曲线变化。一般情况下，在额定负载下时，同步电动机的功角 θ 工作在 $30°$ 左右。

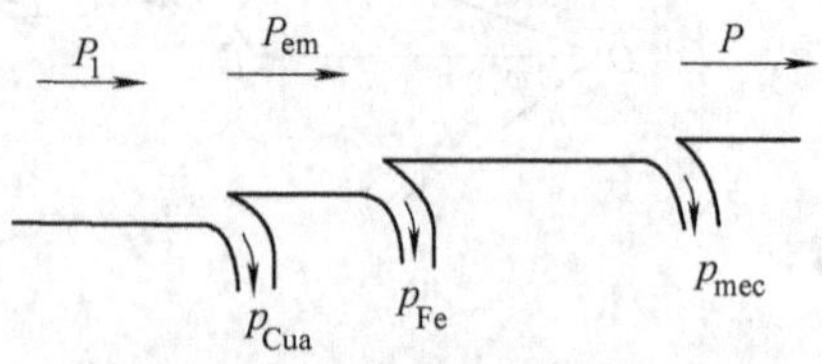

图 19-4　同步电动机的能量平衡关系

2. 转矩方程式

知道了电动机的功率后，就能很容易地算出它的电磁转矩。把式（19-4）两边都用 Ω_1 来除，就得出电动机的转矩平衡方程式

$$T = T_{em} - T_0 \tag{19-6}$$

$$T_{em} = \frac{P_{em}}{\Omega_1} \tag{19-7}$$

式中，Ω_1 为电动机的同步角速度，$\Omega_1 = 2\pi\dfrac{n_1}{60}°$。

同步电动机最大电磁转矩 T_{max} 为，

$$T_{max} = \frac{P_{max}}{\Omega_1} = \frac{mUE_0}{\Omega_1 x_s} \tag{19-8}$$

T_{max} 决定了同步电动机的静态稳定极限，最大电磁转矩 T_{max} 与额定电磁转矩 T_{emN} 之比，叫作同步电动机的静态过载倍数，用 k_M 表示

$$k_M = \frac{T_{max}}{T_N} \tag{19-9}$$

根据电动机所拖动的生产机械的不同，对过载能力的要求也不一样，但是根据国家标准规定，同步电动机的静态过载倍数应不低于 1.8。

19.1.4　同步电动机的起动

同步电动机通电刚刚起动时，由于机械惯性，转子尚未旋转，而转子绕组加入直流励磁以后，在气隙中产生静止的转子主极磁场。当在定子绕组中通入三相交流电流以后，在气隙中则产生一以 n_1 速度旋转的旋转磁场。由于起动时，定、转子磁场之间存在有 n_1 速度的相对运动，由于转子的机械惯性，使得转子上的平均转矩为零，所以同步电动机起动时并不产生同步起动转矩。下面来说明这个现象。在图 19-5a 所表示的这一瞬间，定、转子磁场之间的相互作用，倾向于使转子逆时针方向旋转，但由于惯性的影响，转子上受到作用力以后并没有马上转动，在转子还来不及转动以前，定子磁场已转过 $180°$，而得到图 19-5b，此时定、转子磁场之间的相互作用，倾向于使转子顺时针方向旋转。因此，转子上所受到的平均转矩为零，所以无起动绕组的同步电动机是不能自行起动的。

同步电动机的异步起动方法是目前采用得最为广泛的一种起动方法。在磁极表面上装设有类似异步电动机笼型导条的短路绕组（阻尼绕组），称为起动绕组。在起动时，电压施加于定子绕组，在气隙中产生旋转磁场，如同异步电动机工作原理一样，这个旋转磁场将在转

子上的起动绕组中感应出电流，经电流和旋转磁场相互作用而产生异步电磁转矩，所以同步电动机按照异步电动机原理转动起来。待速度上升到接近同步转速时，再给予直流励磁，产生转子磁场，此时转子磁场和定子磁场间的转速已非常接近，依靠这两个磁场间相互吸引力，自动将转子拉入同步。所以同步电动机的起动过程可以分为两个阶段：①首先按异步电动机方式起动，使转子转速接近同步速；②加直流励磁，使转子拉入同步。由于磁阻转矩的影响，凸极式同步电动机很容易拉入同步。甚至在未加励磁的情况下，有时转子也能被拉入同步。因此，为了改善起动性能，同步电动机绝大多数采用凸极式结构。当同步电动机按异步电动机方式起动时，励磁绕组绝对不能开路。

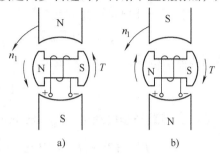

图 19-5 起动时同步电动机的电磁转矩
a）转子倾向于逆时针方向旋转
b）转子倾向于顺时针方向旋转

因为励磁绕组的匝数一般较多，旋转磁场切割励磁绕组而在其中感应一危险的高电压，从而有使励磁绕组绝缘击穿或引起人身安全事故等危险。起动时，励磁绕组要短路，为避免励磁绕组中短路电流过大并产生单轴转矩而影响起动，起动时在励磁绕组回路中必须串入其本身电阻 5~10 倍的外加电阻再短路。

19.1.5　同步电动机的应用

同步电动机具有良好的恒速特性，并且功率因数可以调节，所以在工业上得到广泛的应用。在交流电网上主要的负载是异步电动机和变压器，这些负载都要从电网中吸收感性无功功率，这样一来，加重了对电网供给感性无功功率的需求，如果使运行在电网上的同步电动机工作在过励状态，由于同步电动机需要从电网上吸收容性无功功率，因此缓解了上述负载对电网供给感性无功功率的要求，换句话说，把这些过励的同步电动机看成为除了拖动生产机械外，还担负着发出电感性无功功率的发电机。这样一来，使得电网的功率因数得以改善。

例 19-1　某工厂原有多台异步电动机，总输入功率为 1000kW，功率因数为 0.8，现增加一台同步电动机，其输出功率为 800kW，效率为 93%，使工厂功率因数提高到 1.0，试求：

（1）所需同步电动机的额定容量和功率因数。

（2）工厂原有异步电动机的总容量和装同步电动机后工厂的总容量。

（3）不装同步电动机，而是装 $P_N = 800kW$，$\cos\varphi = 0.8$（滞后），$\eta = 0.93$ 的异步电动机，此时工厂的总容量。

解　（1）工厂原输入功率 $P = 1000kW$，$\cos\varphi = 0.8$（滞后），则无功功率 $Q = P\tan\varphi = 1000\tan36.9°kvar = 750kvar$

因无功功率由同步电动机供给，则同步电动机额定容量为

$$S_N = \sqrt{\left(\frac{P_N}{\eta}\right)^2 + Q^2} = \sqrt{\left(\frac{800}{0.93}\right)^2 + 750^2}\ kV \cdot A = 1141kV \cdot A$$

同步电动机的功率因数为

$$\cos\varphi = \frac{P_N}{S_N \eta} = \frac{800}{1141 \times 0.93} = 0.75 (超前)$$

（2）原异步电动机总容量

$$S = \sqrt{P^2 + Q^2} = \sqrt{1000^2 + 750^2} \text{kV} \cdot \text{A} = 1250 \text{kV} \cdot \text{A}$$

装同步电动机后，工厂总容量为

$$S = P = \left(1000 + \frac{800}{0.93}\right) \text{kW} = 1860 \text{kW}$$

（3）新装异步电动机，$P_N = 800\text{kW}$，$\cos\varphi = 0.8$，$\eta = 0.93$。输入容量为

$$P' + jQ' = P' + jP'\tan\varphi = \frac{800}{0.93} + j\frac{800}{0.93}\tan36.8° = 861.3 + j645$$

工厂总容量

$$S = \sqrt{(P + P')^2 + (Q + Q')^2} = \sqrt{(1000 + 861.3)^2 + (750 + 645)^2} \text{kV} \cdot \text{A} = 2325.2 \text{kV} \cdot \text{A}$$

19.2 同步补偿机

从上面的分析可知，同步电动机在不同的励磁条件下，可以从电网上吸收电感性无功功率（欠励时），也可以吸收电容性无功功率（过励时）。根据这种特性，专门设计一种同步电动机，使它在运行时并不拖动任何机械负载，只是从电网上吸收感性或容性无功功率，这种电机就叫作补偿机，也可称为无功发电机。

应用补偿机的目的有两个：一是改善电网的功率因数；二是调节远距离输电线路的电压。我国的电力系统日益扩大，而运行在系统上的主要负载是异步电动机与变压器，因此电网就要负担很大一部分感性无功功率，这样一来，导致整个电网的 $\cos\varphi$ 降低。当电网传输一定的电能时，若 $\cos\varphi$ 降低，实际传输的有功功率就减少了。如果要求有功功率较多时，只好再增加发电设备，增加投资费用。此外，由于 $\cos\varphi$ 低，也就使得线路的损耗增大，电压降低，输电质量变坏，而且运行也很不经济。为此，就提出了提高电网 $\cos\varphi$ 的要求。当然，在电网上装上一部分同步电动机，并使它工作在过励状态，是能起到改善 $\cos\varphi$ 的作用。但是，仅仅依靠同步电动机来改善 $\cos\varphi$，远远不能满足实际的需要，因此有必要在电网的受电端装上一些补偿机、静止电容器等。

此外，当输电线路很长时，要想维持受端电压不变，是一件很困难的事情，因为，当电网在满负荷下工作时，由于滞后性功率因数负荷引起了线路电压的下降，当电网轻载时，由于线路的电容效应，又使电网电压升高，如果把补偿机装在线路上，就可以达到自动维持线路电压接近于恒定值。

1. 调节补偿机无功功率的方法

如前所述，补偿机是处于空载运行状态的同步电动机，它的任务是向电网吸收或供给无功功率。如图 19-6 是按电动机的惯例画的相量图。图 19-6a 中，$E_0 > U$，且 $\dot{I}$ 超前 $\dot{U}90°$，同步补偿机工作在过励状态，补偿机从电网吸收容性的无功功率，相当于电容器的作用（或发出感性的无功功率）。相反，图 19-6b 中，$E_0 < U$，且 $\dot{I}$ 滞后 $\dot{U}90°$，同步补偿机工作在欠励状态，从电网上吸收感性无功功率，相当于电感的作用（或发出容性无功功率）。

由此可见，把装在电网受电端的补偿机使它运行在过励状态，就可以改善 $\cos\varphi$ 的作用，

这是因为补偿机从电网吸收了容性无功功率，从而补偿了电网所担负的感性的无功功率，我们也可以把这种运行状态的补偿机，看成是一台专门发出感性无功功率的发电机。

同样，把装在线路上的补偿机在电网满负荷运行时，使它运行在过励状态；当电网轻载时，则运行在欠励状态。这样一来，就可以维持了电网电压不致发生大的变化。为了达到这个目的，补偿机应装设自动励磁调节器。

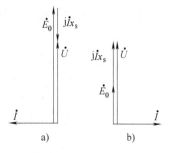

图 19-6　补偿机的相量图
a）过励状态　b）欠励状态

2. 同步补偿机的特点

工作在过励状态下的补偿机，它的励磁电流要比欠励状态时的励磁电流大，因此在过励状态时，补偿机损耗也是比较大的，通常补偿机的额定容量是根据运行在过励状态时的允许功率而定的。

由于补偿机不直接拖动任何机械负荷，因此在设计它的转轴时，可以不必考虑负载转矩的影响。为了减少励磁绕组的用铜量，补偿机的空气隙也是比较小的，这样就使它的同步电抗变大了，一般情况下补偿机的同步电抗的标幺值 $x_\mathrm{d}^* = 1.5 \sim 2$。

为了缩小补偿机的体积或提高它的出力，对现代大容量补偿机多采用加强冷却的方法来达到上述的目的，例如采用强迫空气冷却、氢气冷却以及水冷却等。

同步补偿机的起动方法和同步电动机的起动方法一样，但是由于补偿机并不拖动机械负载，所以其起动比同步电动机容易些。

19.3　特殊用途的同步电机

1. 磁阻同步电动机

普通的同步电动机都装有励磁绕组，但对于小容量应用的场合，若选用凸极转子结构，则可不必在转子上安装励磁机构（绕组或磁体）。

由式（18-7）可知，只要是 $x_\mathrm{d} \neq x_\mathrm{q}$ 的凸极转子，毋须励磁磁场作用，总会出现磁阻电磁功率并产生相应的磁阻电磁转矩。这种由交、直轴磁阻差异产生电磁转矩的电机统称为磁阻式同步电机，又因为此时电机中只存在电枢反应磁场，故也称为反应式同步电机。

磁阻同步电机多用作为电动机运行，用于驱动各种自动和遥控装置、仪表、电钟和放映机等，功率从百分之一瓦到数百瓦。近年来用于交流变速传动系统，功率等级已达数十千瓦。磁阻同步电机的转矩产生原理可由图 19-7 进行简单说明。图中 N、S 表示电枢反应磁场的等效磁极。

图 19-7a 是一个隐极转子，因此，当转子没有励磁时，由于磁路各向同性，无论转子直轴与电枢旋转磁场轴线相差多大角度，磁力线都不会产生非对称性扭曲变化，因而也就不会产生电磁力和电磁转矩。图 19-7b 改为凸极转子磁阻电动机模型，电机处于空转状态，忽略机械损耗，$T_\mathrm{em} = 0$，于是电枢旋转磁场轴线与转子磁场轴线重合，磁力线也不发生扭曲。设想给磁阻电动机加上机械负载，则由于转矩瞬时不平衡而致使转子发生瞬时减速，转子直轴落后于电枢旋转磁场轴线一个角度 θ，如图 19-7c 所示。图中 θ 角为 45°，是电机稳定运行允许的最大值。从图中可见，由于直轴磁路的磁阻远小于交轴，故磁力线将绕道直轴所处的极靴进入转子，产生明显扭曲，并由此产生与电枢旋转磁场相同转向的磁拉力，随即产生磁阻

电磁转矩 T_{em} 与负载转矩平衡。如 θ 角继续增大，设增大至 $90°$，如图 19-7d 所示，此时，气隙磁场又回归对称分布，转子不承受切向电磁力和电磁转矩作用，T_{em} 又变为零。图 19-8 所示为磁阻同步电动机转子示意图，图 a 为两极电机，图 b 为四极电机。

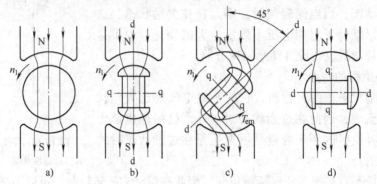

图 19-7　磁阻同步电动机的运行原理图

a）隐极转子模型　b）凸极转子模型　c）θ 角为 $45°$ 的情况　d）θ 角为 $90°$ 的情况

综上，对磁阻同步电机，在式（18-7）中令 $E_0 = 0$，可得电磁功率和电磁转矩表达式为

$$
\left.
\begin{aligned}
P_{em} &= \frac{mU^2}{2}\left(\frac{1}{X_q} - \frac{1}{X_d}\right)\sin 2\theta \\
T_{em} &= \frac{mU^2}{2\Omega}\left(\frac{1}{X_q} - \frac{1}{X_d}\right)\sin 2\theta
\end{aligned}
\right\} \tag{19-10}
$$

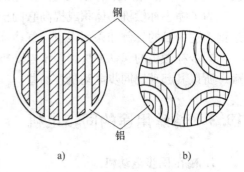

图 19-8　磁阻同步电动机转子示意图

a）两极　b）四极

需要说明的是，式（19-10）是在忽略定子电阻的情况下导出的，应用于小容量磁阻同步电机会带来一定的误差。分析表明，计及定子电阻作用，电磁功率和电磁转矩的幅值都会下降，所对应的功率角 θ 亦减小。

磁阻同步电机一般靠实心转子中感应的涡流或镶嵌于导磁材料之间的导电材料（铝、铜片）起笼条作用来起动，单相形式时还会采用罩极绕组。当转速接近于同步速时，磁阻转矩开始起作用，并最终自动将转子牵入同步。在现代交流变速传动系统中，磁阻同步电动机常采用变频方式起动，故转子设计已较少考虑起动方面的问题，主要是考虑增大交轴和直轴磁阻差别。

2. 磁滞同步电动机

磁滞同步电动机是依靠磁滞转矩来起动和工作的一种电机。这种电机的定子与普通同步电机无异，但转子要由硬磁材料制成。

首先介绍磁滞同步电动机的工作原理。以三相磁滞电动机为例，当三相绕组通入交流电流后，定子就会产生一个以同步速旋转的磁场。在起动或转子速度未达到同步速时，定子磁场与转子之间有相对运动，故转子处于旋转磁场的交变磁化之下，交变频率为转差频率 f_{sl}。此时，如果转子由理想的软磁材料制成，即转子上没有磁滞损耗，则被磁化了的转子中的磁场将与定子磁场同相位，转子上没有转矩作用，如图 19-9a 所示。若转子采用硬磁材料制造，设材料的磁滞回线如图 19-10 所示，则转子磁场将滞后于定子磁场一个 α_h 角（称为磁

滞角），磁力线发生的扭曲亦如图 19-9b 所示，转子因而就会受到电磁转矩的作用，称为磁滞转矩，其大小为

$$T_h = T_{hmax}\sin\alpha_h \tag{19-11}$$

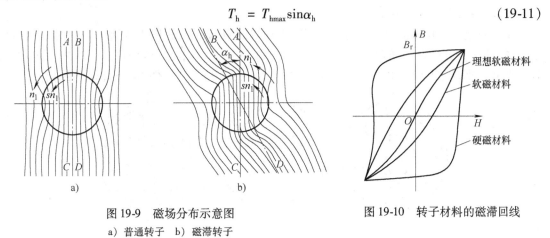

图 19-9　磁场分布示意图
a) 普通转子　b) 磁滞转子

图 19-10　转子材料的磁滞回线

事实上，由于交变磁场作用，转子上还存在着涡流转矩，故当合成转矩大于负载转矩时，转子会不断加速并最终进入同步。同步运行后，涡流等于零，电机仅靠磁滞效应保留的剩磁和定子磁场相互作用产生的转矩来工作。在此运行状态下，磁滞同步电动机实际上就相当于一台永磁同步电动机。

磁滞同步电动机转子的外圆一般采用环形的硬磁材料做成，内圈套筒采用磁性或非磁性材料，由于磁滞同步电动机本身具有起动转矩，所以转子上不再装设阻尼绕组。此外，为简化结构，定子一般也做成单相，采用罩极或电容起动方式。磁滞同步电动机在计时装置、电唱机、自动控制设备及仪表中有广泛应用。

3. 反应式步进电动机

步进电动机是一种把电脉冲信号转换成角位移的控制电机，是现代数字程序控制系统中的主要执行元件，应用极为广泛。由于其输入信号为脉冲电压，输出角位移是跃迁式的，即每输入一个电脉冲信号，转子就偏转一步，故此而得名。步进电动机的种类很多，目前应用最多的为同步反应式，或磁阻式。下面以三相反应式步进电动机为例说明其工作原理。图 19-11 为一台三相反应式步进电动机的示意图。定子为三相绕组，丫形联结，每相有两个磁极，转子铁心和定子极靴上都有小齿，且定、转子齿距相等。图中，转子齿数为 40，即每一齿距对应的空间角度为 360°/40 = 9°。

图 19-11 所示为 A 相绕组通电时的转子位置。此时电机内的磁场以 AA′ 为轴线，如图 19-12a 所示，转子在磁拉力作用下以最小磁阻、最小内能法则取向，故转子齿轴线与磁极齿轴线 AA′ 重合，1 号齿对准 A 相极轴。

B、C 两相与 A 相差 120° 及 240°。A、B 两相间含

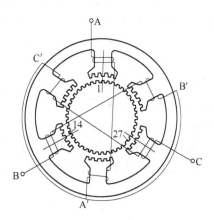

图 19-11　三相反应式步进电动机结构图（A 相通电）

1/3 个齿距（120°/9° = 13.33），故 B 相定子齿轴线沿 A—B—C 方向超前转子 14 号齿轴线 1/3 个齿距；同理，A、C 两相间含 2/3 个齿距（240°/9° = 26.66），即 C 相定子齿轴线超前于转子 27 号齿 2/3 个齿距。

A 相断电后，B 相通电，则建立以 BB′为轴线的磁场，如图 19-12b 所示。此时，磁场轴线沿 A—B—C 方向在空间转过 120°，并以同样的法则使 B 相定子齿轴线与最靠近的转子齿轴线对齐，即转子沿 A—B—C 方向转过 1/3 齿距（9°/3 = 3°），使 14 号齿对准 B 相极轴。

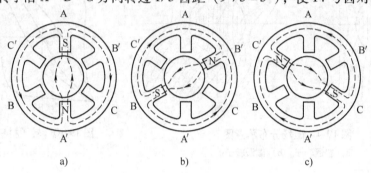

图 19-12　三相反应式步进电动机的主磁场示意图
a) A 相通电　b) B 相通电　c) C 相通电

同理，B 相断电后，给 C 相通电，将建立如图 19-12c 所示的以 CC′为轴线的磁场，在此磁场作用下，转子继续沿 A—B—C 方向转过 1/3 齿距，使 27 号齿对准 C 相极轴。

接下来再给 A 相通电，则转子再转过 1/3 个齿距，与 A 相极轴对准的是 40 号齿，表明已完成一个通电周期，转子转过了一个齿。依次切换通电，转子将沿 A—B—C 方向以步进方式脉动旋转，步距角为 3°。

同理，若通电顺序为 A—C—B—A，则转子反向旋转，但步距不变。综上分析可知，转子是严格追随定子磁场转动的，本例中，二者之间的速度比为 1:40，即通电 40 个周期转子才转过一圈。

步进电动机的上述通电运行方式称为"三相单三拍"方式。"三相"指绕组总相数为 3，"单"指同时通电的绕组相数为 1，"三拍"指一个工作循环内通电方式的切换次数为 3。类推下去，本例还可有三相双三拍运行方式，通电顺序为 AB—BC—CA 或 AC—CB—BA，每次导通两相，甚至还常采用单、双相轮流切换的三相六拍运行方式，讨论均从略。

步进电动机的步距角和转速不受电压波动和负载变化的影响，也不受环境条件如温度、气压、冲击和振动等因素的约束，仅与驱动电源的脉冲频率有关，且步距和一周内的步数固定，精度高，误差不积累，尤其适合于数字控制的开环系统。但是，步进电动机及其驱动电源是一个相互联系的整体，或者说，步进电动机的优良性能是二者配合的综合效果，因此，必须强调高频脉冲功率电源在步进电动机驱动系统中的关键作用。除反应式外，步进电动机还有永磁式和永磁—反应混合式等结构，在此不做更深入的介绍。

小　结

同步电动机的原理完全是从同步发电机的原理引申而来的，在忽略定子电阻下，其电磁

功率决定于功率角 θ，它和发电机在运行上的主要区别是 θ 的符号。所有发电机中的公式和相量图都可以在改变 θ 为负值后用于电动机。这样的相量图仍是按发电机惯例画出的，为了改为同步电动机的惯例，只需将电流反过来，这与直流电机中考虑发电机转为电动机时将电流正方向倒过来是一样的，这样就维持了原有的 $\dot{E}_0$ 和 $\dot{U}$ 的方向不变，更明确地显示 θ 的符号变化。

关于能量转换关系，在发电机中由转轴吸收机械功率通过电磁感应传递到定子变成了电功率送到电网，在电动机中从定子吸收电功率通过电磁感应传递到转子侧变成了机械功率来驱动生产机械。同步电动机可以像同步发电机一样通过调节励磁电流来改变吸收无功的大小和无功的性质。

同步补偿机实质上就是同步电动机的空载运行，是专门的无功发电机，也可以像同步电动机一样通过调节励磁电流来改变吸收无功的大小和无功的性质。同步补偿机的损耗由电网来提供。

特殊同步电机有磁阻同步电动机、磁滞同步电动机和反应式步进电动机，用于驱动各种自动和遥控装置、仪表、电钟、放映机、计时装置和打印机等。

思 考 题

19-1　异步转矩和同步转矩有何不同？同步电动机在运行过程中是否存在异步转矩？在起动过程中存在什么转矩？

19-2　试比较同步发电机和同步电动机的方程式、等效电路和相量图有什么不同。

19-3　试说明用同步补偿机改善电网功率因数的基本原理。

19-4　如何判断一台同步电机是运行在发电机状态还是电动机状态？

19-5　什么是同步补偿机？有何特点？它与同步电动机有什么不同？

19-6　试说明同步电动机带额定负载运行时，如 $\cos\varphi = 1.0$，若保持此励磁电流不变而空载运行，功率因数是否会发生改变？

19-7　试说明从同步发电机过渡到电动机时，功率角 θ、电流 I、电磁转矩 T_{em} 的大小和方向有何变化。

19-8　试说明同步电动机欠励运行时，从电网吸收什么性质的无功功率，过励时从电网吸收什么性质的无功功率。

19-9　磁阻同步电动机的转矩是怎样产生的？为什么隐极转子不产生这种转矩？

19-10　步进电动机的原理是怎样的？步进电动机的相数与极数有何联系？

习 题

19-1　一台凸极三相同步电动机，丫形联结，$U_N = 6\text{kV}$，$f_N = 50\text{Hz}$，$n_N = 300\text{r/min}$，$I_N = 57.8\text{A}$，额定功率因数 $\cos\varphi_N = 0.8$（超前），同步电抗 $x_d = 64.2\Omega$，$x_q = 40.8\Omega$，不计电阻，试求：（1）额定负载时的励磁电动势 E_0；（2）额定负载时的电磁功率 P_{emN} 和电磁转矩 T_{em}。

19-2　某企业电源电压为 6kV，内部使用多台异步电动机，其总输出功率为 1500kW，平均效率是 70%，功率因数 $\cos\varphi_N = 0.8$（滞后），企业新增一台 400kW 设备计划，采用运行于过励状态的同步电动机拖动，补偿企业的功率因数到 1（不计电机本身损耗）。试求：（1）同步电动机的容量为多大？（2）同步电动机的功率因数为多少？

19-3　一台隐极三相同步电动机，电枢绕组丫形联结，同步电抗 $x_s = 5.8\Omega$，额定电压 $U_N = 380\text{V}$，额定电流 $I_N = 23.6\text{A}$，不计电阻，当输入功率为 15kW 时，试求：（1）功率因数 $\cos\varphi = 1$ 时的功角 θ；（2）每相电动势 $E_0 = 250\text{V}$ 时的功角 θ 和功率因数 $\cos\varphi$。

19-4　某厂变电所的容量为 $2000kV \cdot A$，变电所本身的负荷为 $1200kW$，功率因数 $\cos\varphi_N = 0.65$（滞后）。今该厂欲添一台同步电动机，额定数据为 $P_N = 500kW$，$\cos\varphi_N = 0.8$（超前），效率为 $\eta_N = 95\%$。问当同步电动机额定运行时，全厂的功率因数是多少？变电所是否过载？

19-5　设有一台同步电动机在额定电压下运行，且由电网吸收一功率因数为 0.8（超前）的额定电流，该机的同步电杭标幺值为 $x_d^* = 1.0$，$x_q^* = 0.6$。试求该机的励磁电动势 E_0^* 和功率角 θ。指出该机是在过励状态下运行还是在欠励状态运行。

19-6　某工厂电力设备所消耗的总功率为 $4500kW$，$\cos\varphi = 0.7$（滞后）。由于生产发展新添一台设备，其功率为 $500kW$，为使总功率因数提高到 0.9（滞后），欲采用同步电动机拖动，试求此同步电动机的容量及功率因数应为多少？（计算时忽略各项损耗）

19-7　一无穷大电网 $U_N = 6kV$，供给一感性负载，其电流 $I = 1000A$、功率因数 $\cos\varphi = 0.8$（滞后），今欲用补偿机提高线路功率因数到 $\cos\varphi = 0.95$（滞后）而有功负载不变，试问此时补偿机输出多少滞后性无功电流？

第 20 章　同步发电机的不对称运行

当同步发电机相负荷不平衡或发生不对称故障（如单相、两相短路或两相对中性点短路）时，电机即处于不对称运行状态。由对称分量法可知，此时电机中除正序分量外，还存在负序和零序分量，从而使电机的损耗增加、效率降低、温升升高，并且对系统中运行的异步电动机与变压器产生不良影响。因此，要对同步发电机的负载不对称程度给予一定的限制。我国国家标准 GB 755—2008 规定，对普通同步发电机（采用导体内部冷却方式者除外），若各相电流均不超过额定值，对水轮同步发电机其负序分量不超过额定电流的 10%，对汽轮同步发电机其负序分量不超过额定电流的 8% 时，可允许长期运行。

同步发电机不对称运行时的电磁关系仍采用基于线性叠加原理的对称分量法进行分析。实践表明，就基波而言，在不饱和情况下，所得结果基本上是正确的，具体介绍如下。

20.1　相序阻抗和等效电路

如上所述，同步发电机的不对称运行主要是负载和故障原因所导致阻抗不相等而引起的。因此，不计饱和，应用对称分量法，可将负载端的不对称电压和不对称电流分解成三组对称分量（正序、负序和零序），且不对称的电压或电流作用的结果等于各对称分量分别作用结果之和。

以三相不对称电流 $\dot{I}_A$、$\dot{I}_B$、$\dot{I}_C$ 为例，并取 A 相为参考，其分解为

$$\left.\begin{aligned}
\dot{I}_A &= \dot{I}_A^+ + \dot{I}_A^- + \dot{I}_A^0 = \dot{I}^+ + \dot{I}^- + \dot{I}^0 \\
\dot{I}_B &= \dot{I}_B^+ + \dot{I}_B^- + \dot{I}_B^0 = \alpha^2 \dot{I}^+ + \alpha \dot{I}^- + \dot{I}^0 \\
\dot{I}_C &= \dot{I}_C^+ + \dot{I}_C^- + \dot{I}_C^0 = \alpha \dot{I}^+ + \alpha^2 \dot{I}^- + \dot{I}^0
\end{aligned}\right\} \tag{20-1}$$

式中，$\alpha = e^{j120°} = -\dfrac{1}{2} + j\dfrac{\sqrt{3}}{2}$，$\alpha^2 = e^{-j120°} = -\dfrac{1}{2} - j\dfrac{\sqrt{3}}{2}$ 为复数运算符，也叫作旋转算子。同理，可对三相不对称电压做类似分解。

显然，每个相序的对称电流分量都将建立自己的气隙磁场和漏磁场。但由于各相序电流所建立的磁场与转子绕组的交链情况不同，因而所对应的阻抗也就不相等。仍设各相序阻抗分别为 Z^+、Z^- 和 Z^0，考虑到三相对称绕组中感应的励磁电动势只可能有对称的正序分量，故以 A 相为例，将各相等效电路绘于图 20-1，相应的各相序电动势平衡方程式为

$$\left.\begin{aligned}
\dot{U}_A^+ &= \dot{E}_{0A} - \dot{I}_A^+ Z^+ \\
\dot{U}_A^- &= - \dot{I}_A^- Z^- \\
\dot{U}_A^0 &= - \dot{I}_A^0 Z^0
\end{aligned}\right\} \tag{20-2}$$

将下标 A 去掉，写成如下的形式

$$\left.\begin{array}{l} \dot{U}^+ = \dot{E}_0 - \dot{I}^+ Z^+ \\ \dot{U}^- = - \dot{I}^- Z^- \\ \dot{U}^0 = - \dot{I}^0 Z^0 \end{array}\right\} \tag{20-3}$$

式（20-3）中仅含三个方程，但有 $\dot{U}^+$、$\dot{U}^-$、$\dot{U}^0$ 和 $\dot{I}^+$、$\dot{I}^-$、$\dot{I}^0$ 六个变量，要求解，尚需再列出另外三个辅助方程。这可以根据不对称负载的实际情况，即端口约束条件得出。

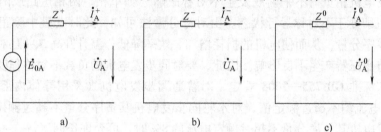

图 20-1　各相序的等效电路（A 相）
a）正序　b）负序　c）零序

在此之前，先介绍相序阻抗 Z^+、Z^- 和 Z^0 的物理意义及其对应的等效电路，因为这三个参数的确定也是求解式（20-3）所必需的。

20.1.1　正序阻抗

所谓正序阻抗，就是转子通入励磁电流正向同步旋转时，电枢绕组中所产生的正序三相对称电流所遇到的阻抗。显然，此时对应的运行状况也就是同步电机的正常运行情况，只是附加了磁路不饱和的约束条件而已。因此，正序阻抗也就是电机同步电抗的不饱和值，对于隐极电机，有

$$Z^+ = r^+ + jx^+ = r_a + jx_s \tag{20-4}$$

对于凸极电机，具体数值与正序电枢磁动势和转子的相对位置有关，可由双反应理论确定。特别地，在三相对称稳态短路时，忽略电阻有

$$\left.\begin{array}{l} I^+ = I_d^+ \\ I_q^+ = 0 \end{array}\right\} \Rightarrow x^+ \approx x_d \tag{20-5}$$

一般情况下，则有

$$x_q < x^+ < x_d \tag{20-6}$$

20.1.2　负序阻抗

负序阻抗是转子正向同步旋转，但励磁绕组短路时，电枢绕组中流过的负序三相对称电流所遇到的阻抗。这里，负序电流可设想为是由外施负序电压产生的。

电枢绕组中通入负序三相对称电流后，将产生反向电枢旋转磁场，该磁场以 $2n_1$ 转速切割短路的励磁绕组和阻尼绕组，使得电枢绕组、励磁绕组和阻尼绕组三个绕组间出现了变压器的感应关系，此时可以把同步电机看作为一台转差率 $s = 2$ 的异步电机。由于负序磁场的轴线与转子的直轴和交轴交替重合，因此，负序阻抗的数值是变化的，但工程上为简便起

见，将负序电抗取之为交、直轴两个典型位置的数值的平均值。

当负序磁场轴线与转子直轴重合时，励磁绕组和阻尼绕组都相当于异步电机的转子绕组，故忽略铁耗等效电阻后的等效电路图如图 20-2a 所示。

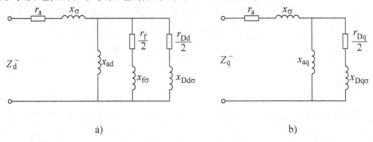

图 20-2 同步电机负序阻抗等效电路图

a）d 轴的情况 b）q 轴的情况

图 20-2a 中，x_σ、$x_{f\sigma}$、$x_{Dd\sigma}$ 和 r_a、r_f、r_{Dd} 分别为电枢绕组、励磁绕组、直轴阻尼绕组的漏电抗和电阻，且所有参数都已折算到定子侧；x_{ad} 为直轴电枢反应电抗，物理意义等同于异步电机的励磁电抗 x_m。

忽略全部电阻，可得直轴负序电抗为

$$x_d^- = x_\sigma + \cfrac{1}{\cfrac{1}{x_{ad}} + \cfrac{1}{x_{f\sigma}} + \cfrac{1}{x_{Dd\sigma}}} = x_d'' \qquad (20\text{-}7)$$

如转子直轴上没有阻尼绕组，$x_{Dd\sigma} = \infty$，于是式（20-7）便简化为

$$x_d^- = x_\sigma + \cfrac{1}{\cfrac{1}{x_{ad}} + \cfrac{1}{x_{f\sigma}}} = x_d' \qquad (20\text{-}8)$$

当负序磁场轴线移到转子交轴时，由于交轴上可能有阻尼绕组但无励磁绕组，故等效电路为图 20-2b 所示。图中 $x_{Dq\sigma}$、r_{Dq} 为交轴阻尼绕组的漏电抗和电阻，x_{aq} 亦为交轴电枢反应电抗。

同样忽略全部电阻，有交轴负序电抗

$$x_q^- = x_\sigma + \cfrac{1}{\cfrac{1}{x_{aq}} + \cfrac{1}{x_{Dq\sigma}}} = x_q'' \qquad (20\text{-}9)$$

式中，x_d'' 为同步发电机的直轴超瞬变电抗，x_d' 为直轴瞬变电抗，x_q'' 为交轴超瞬变电抗，这些参数的概念将在第 21 章做进一步介绍。

当转子交轴无阻尼绕组时，$x_{Dq\sigma} = \infty$，于是式（20-9）又可简化为

$$x_q^- = x_\sigma + x_{aq} = x_q \qquad (20\text{-}10)$$

由于直轴和交轴的负序电抗都是定子漏抗加上一个小于电枢反应电抗的等效电抗，所以数值上总是小于同步电抗，表明单位负序电流所产生的气隙磁场较正序弱，在电枢绕组中感应的电动势较正序的小。之所以如此，是由于负序磁场在励磁绕组和阻尼绕组中感应的电流起去磁作用。

求出典型位置的负序电抗值之后，两轴等效负序电抗的平均值为

$$x^- = \frac{1}{2}(x_{\mathrm{d}}^- + x_{\mathrm{q}}^-) = \frac{1}{2}(x_{\mathrm{d}}'' + x_{\mathrm{q}}'') \tag{20-11}$$

需要说明的是，由于正、负序电流产生漏磁通的情况基本类似，在不考虑饱和的情况下几乎无区别，因此，以上计算正、负序电抗时的定子漏电抗值 x_σ 都是相同的。

负序电阻是考虑到转子励磁绕组和阻尼绕组折算到电枢侧的电阻，由图 20-2 所示的等效电路可见，负序电阻 $r^- = r_a + r_r'$，r_r' 是折算到电枢侧的转子侧电阻，且 $r^- > r_a$。

20.1.3　零序阻抗

零序阻抗是转子正向同步旋转、励磁绕组短路时，电枢绕组中通入零序电流所遇到的阻抗。由于三相零序电流大小相等、相位相同，所以它们所建立的合成磁动势的基波和 $(6k \pm 1)$ 次谐波的幅值均为零，只可能存在 $(6k-3)$ 次脉振谐波磁动势，所产生的只有谐波磁场，归属于谐波漏磁通。

分析表明，零序电抗的大小与绕组节距有关。对整距绕组，同一槽内的上、下层导体属于同一相，槽内导体电流方向相同，槽漏磁场和槽漏抗与正序、负序情况时相近，故零序电抗基本上就等于定子漏电抗，即

$$x^0 \approx x_\sigma \quad (y = \tau) \tag{20-12}$$

当 $y = \frac{2}{3}\tau$ 时，同一槽内上、下层导体的电流方向相反，即槽漏磁基本为零，故

$$x^0 < x_\sigma \quad (y = \frac{2}{3}\tau) \tag{20-13}$$

由于零序电流不产生气隙磁场，所以零序电阻可以近似认为等于电枢电阻，即

$$r^0 \approx r_a \tag{20-14}$$

20.2　不对称稳态短路

短路是同步发电机不对称运行的极限工况，在短路故障中，又以单相对中点短路和两相短路较为常见。以下讨论单相对中点短路、两相短路和两相对中性点短路的情况。

为使问题简化，突出基本概念，同时为了能够比较不同短路情况下短路电流的数量关系，在此只讨论稳态短路过程，即认为短路已进入稳定状态，并且假设短路发生在发电机的出线端，非短路相均为空载。

20.2.1　单相对中点稳态短路分析

单相对中性点短路一般是指单相对地短路而言，这种短路情况只在发电机的中点接地时才可能发生，其电路如图 20-3 所示。图中假定 A 相发生短路而 B、C 相为空载。具体分析步骤如下：

1. 列写故障端子条件

根据假定，可列写故障端口的约束条件为

$$\left. \begin{array}{l} \dot{U}_{\mathrm{A}} = 0 \\ \dot{I}_{\mathrm{B}} = \dot{I}_{\mathrm{C}} = 0 \end{array} \right\} \tag{20-15}$$

2. 用对称分量求解相序端子约束条件

根据对称分量法方程式（3-8）可求得

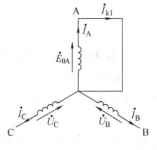

$$\dot{I}^+ = \dot{I}^- = \dot{I}^0 = \frac{1}{3}\dot{I}_A = \frac{1}{3}\dot{I}_{k(1)} \qquad (20\text{-}16)$$

$$\dot{U}^+ + \dot{U}^- + \dot{U}^0 = 0 \qquad (20\text{-}17)$$

这就是前面说到的利用故障端口约束条件另外列写出的三个独立的辅助方程式。

图 20-3　单相对中性点短路

3. 求解相序分量

将式（20-16）、式（20-17）与式（20-2）联立求解，就可以得到所需的解答。则有

$$\dot{U}^+ + \dot{U}^- + \dot{U}^0 = \dot{E}_0 - \dot{I}^+ Z^+ - \dot{I}^- Z^- - \dot{I}^0 Z^0 = \dot{E}_0 - \dot{I}^+ (Z^+ + Z^- + Z^0) = 0 \qquad (20\text{-}18)$$

所以

$$\dot{I}^+ = \dot{I}^- = \dot{I}^0 = \frac{\dot{E}_0}{Z^+ + Z^- + Z^0} \qquad (20\text{-}19)$$

4. 求故障相短路电流和非故障相电压

根据式（20-16），可得故障相（A 相）短路电流为

$$\dot{I}_{k(1)} = \dot{I}_A = 3\dot{I}^+ = \frac{3\dot{E}_0}{Z^+ + Z^- + Z^0} \qquad (20\text{-}20)$$

与以上求解过程对应的等效电路如图 20-4 所示。

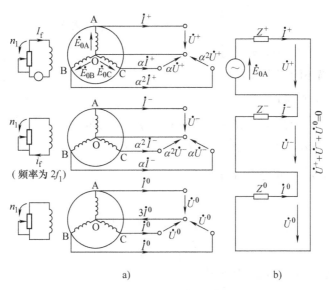

a) b)

图 20-4　求解单相短路的等效电路图

a）对称分量分解　b）复合序网

如忽略全部电阻，并改用数值表示的短路电流为

$$I_{k(1)} = I_A = \frac{3E_0}{x^+ + x^- + x^0} \qquad (20\text{-}21)$$

此外，利用上述有关结果，还可求得两开路相 B、C 相之间的线电压为

$$\dot{U}_{BC} = \dot{U}_B - \dot{U}_C = -\,j\dot{I}_{k(1)}\frac{2Z^- + Z^0}{\sqrt{3}} \tag{20-22}$$

5. 短路电流的谐波分量

单相短路时，定子电流所产生的磁场是脉振磁场，可以分解为两个大小相等、转向相反的旋转磁场。反向旋转磁场以 $2n_1$ 的相对速度切割转子，在转子绕组内感应出频率为 $2f_1$ 的电动势和电流。该电流又产生一个频率为 $2f_1$ 的脉振磁场，同样可分解为两个大小相等、转向相反的旋转磁场。考虑到转子本身的转速，这两个磁场在空间的转速分别为 $-n_1$ 和 $3n_1$。转速为 $-n_1$ 的磁场与定子反向旋转磁场同步，并建立磁动势平衡关系；而 $3n_1$ 速度的旋转磁场将在定子绕组内再感应出一个 $3f_1$ 的电动势和电流。依次类推，可见定子电流中除了基波外还将包含一系列奇数次谐波，而转子电流中除直流励磁电流外还包含一系列偶数次谐波。因此，为了改善负载时的电动势波形，减少谐波电流所产生的杂散损耗，通常凸极同步电机的转子上安装有低电阻值的阻尼绕组，用来产生去磁作用，使气隙合成磁场基本为正弦波。

20.2.2　两相稳态短路分析

两相短路有两相出线端直接短路和经中性点接地短路两种，但以前者较为多见。图 20-5 即为两相间直接短路的电路示意图。图中，假定 B、C 为短路相，A 为开路相，其端口约束条件为

$$\left.\begin{aligned}\dot{I}_A &= 0\\ \dot{I}_B &= -\,\dot{I}_C\\ \dot{U}_B &= \dot{U}_C\end{aligned}\right\} \tag{20-23}$$

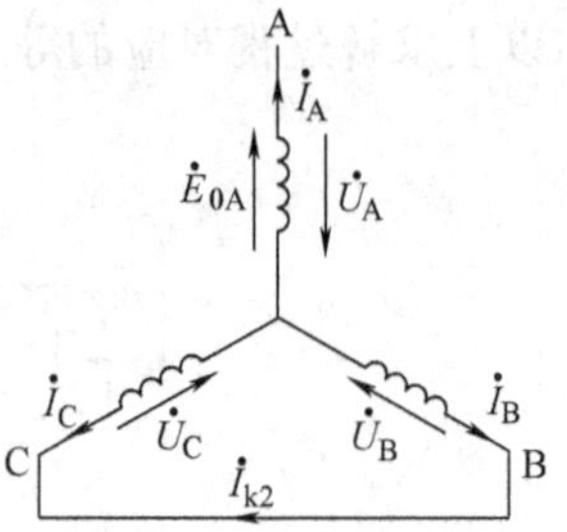

改用为对称分量法描述的方程式为

$$\left.\begin{aligned}\dot{I}^+ + \dot{I}^- + \dot{I}^0 &= 0\\ \alpha^2\dot{I}^+ + \alpha\dot{I}^- + \dot{I}^0 &= -\,\alpha\dot{I}^+ - \alpha^2\dot{I}^- - \dot{I}^0\\ \alpha^2\dot{U}^+ + \alpha\dot{U}^- + \dot{U}^0 &= \alpha\dot{U}^+ + \alpha^2\dot{U}^- + \dot{U}^0\end{aligned}\right\} \tag{20-24}$$

图 20-5　两相间直接短路

由式（20-24）可解出相序端子约束条件为

$$\left.\begin{aligned}\dot{I}^0 &= 0\\ \dot{I}^+ &= -\,\dot{I}^-\\ \dot{U}^+ &= \dot{U}^-\end{aligned}\right\} \tag{20-25}$$

将式（20-25）与式（20-2）联立后最终有

$$\left.\begin{aligned}\dot{U}^0 &= 0\\ \dot{I}^+ &= -\,\dot{I}^- = \frac{\dot{E}_0}{Z^+ + Z^-}\end{aligned}\right\} \tag{20-26}$$

即两相短路电流为

$$\dot{I}_{k(2)} = \dot{I}_B = (\alpha^2 - \alpha)\dot{I}^+ = -\,j\sqrt{3}\dot{I}^+ = -\,j\frac{\sqrt{3}\dot{E}_0}{Z^+ + Z^-} \tag{20-27}$$

同理，若忽略全部电阻，改写为数值形式就是

$$I_{k(2)} = I_B = \frac{\sqrt{3}E_0}{x^+ + x^-} \qquad (20\text{-}28)$$

由于两相短路时，定子电流产生的磁场也是脉振的，因此，短路电流中同样还会包含一系列奇数次谐波成分。

此外，利用联立求解的结果还可以得到非短路相（A 相）的端电压和短路相（B、C 相）相电压

$$\dot{U}_A = \dot{U}^+ + \dot{U}^- = 2\dot{U}^- = -2\dot{I}^- Z^- = \frac{2\dot{E}_0 Z^-}{Z^+ + Z^-} \qquad (20\text{-}29)$$

$$\dot{U}_B = \dot{U}_C = \alpha^2\dot{U}^+ + \alpha\dot{U}^- + \dot{U}^0 = -\dot{U}^- = -\frac{\dot{E}_0 Z^-}{Z^+ + Z^-} \qquad (20\text{-}30)$$

比较式（20-29）和式（20-30）有

$$\dot{U}_A = -2\dot{U}_B = -2\dot{U}_C \qquad (20\text{-}31)$$

从而开路相出线端到两相短路点的线电压为

$$\dot{U}_{AB} = \dot{U}_{AC} = \dot{U}_A - \dot{U}_B = -3\dot{U}^- = \frac{3\dot{E}_0 Z^-}{Z^+ + Z^-} = j\sqrt{3}\dot{I}_{k(2)}Z^- \qquad (20\text{-}32)$$

以上对称分量法的求解过程也可用相序等效电路予以直观描述，各相序等效电路及其连接关系如图 20-6 所示。

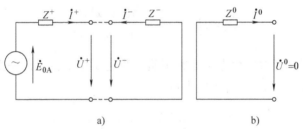

图 20-6　两相短路时的序等效电路及其连接
a）正序和负序的连接　b）零序

20.2.3　两相对中性点稳态短路分析

图 20-7 表示 B、C 相对中性点短路的情况，由图可写出故障端口的方程式

$$\left.\begin{array}{l} \dot{I}_A = 0 \\ \dot{U}_B = 0 \\ \dot{U}_C = 0 \end{array}\right\} \qquad (20\text{-}33)$$

将式（20-33）分解为对称分量可得

$$\left.\begin{array}{l} \dot{I}_A = \dot{I}_A^+ + \dot{I}_A^- + \dot{I}_A^0 = 0 \\ \dot{U}_A^0 = \dot{U}_A^+ = \dot{U}_A^- = \frac{1}{3}\dot{U}_A \end{array}\right\} \qquad (20\text{-}34)$$

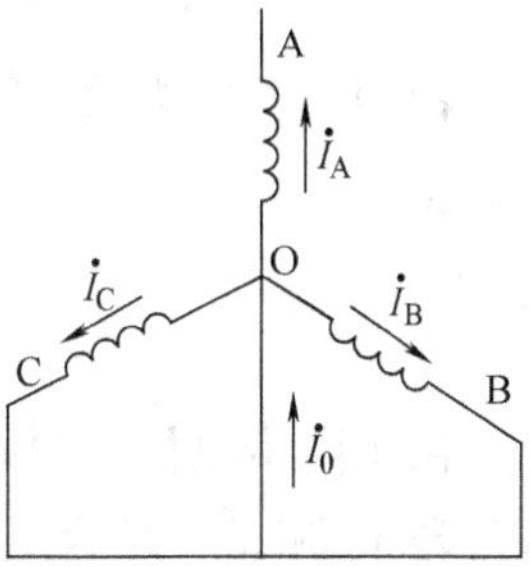

图 20-7　两相对中点短路

由式（20-34）和相序方程式（20-3）并忽略各相序电阻的影响，可求得电流的各相序分量

$$\dot{I}_A^+ = \frac{\dot{E}_0}{j(x^+ + \frac{x^- x^0}{x^- + x^0})} = -j\frac{\dot{E}_0(x^- + x^0)}{x^+ x^- + x^+ x^0 + x^- x^0}$$

$$\dot{I}_A^- = j\frac{\dot{E}_0 x^0}{x^+ x^- + x^+ x^0 + x^- x^0} \qquad (20\text{-}35)$$

$$\dot{I}_A^0 = j\frac{\dot{E}_0 x^-}{x^+ x^- + x^+ x^0 + x^- x^0}$$

$$\dot{U}_A^+ = \dot{U}_A^- = \dot{U}_A^0 = \frac{\dot{E}_0 x^- x^0}{x^+ x^- + x^+ x^0 + x^- x^0} \qquad (20\text{-}36)$$

最后可求得各相电流与电压的表达式

$$\dot{I}_B = \frac{j\dot{E}_0}{x^+ x^- + x^+ x^0 + x^- x^0}[x^-(1-\alpha^2) + x^0(\alpha - \alpha^2)]$$

$$\dot{I}_C = \frac{j\dot{E}_0}{x^+ x^- + x^+ x^0 + x^- x^0}[x^-(1-\alpha) + x^0(\alpha^2 - \alpha)] \qquad (20\text{-}37)$$

$$\dot{U}_A = 3\dot{U}_A^+ = \frac{3\dot{E}_0 x^- x^0}{x^+ x^- + x^+ x^0 + x^- x^0} \qquad (20\text{-}38)$$

此外，也可通过两相对中性点做短路试验，测定零序电抗。由图 20-7 可见，流过中线的电流 $\dot{I}_0$，可由 $\dot{I}_B + \dot{I}_C$ 或 $\dot{I}_{A0} + \dot{I}_{B0} + \dot{I}_{C0}$ 求得

$$\dot{I}_0 = \frac{j3\dot{E}_0 x^-}{x^+ x^- + x^+ x^0 + x^- x^0} = \frac{j\dot{U}_A}{x^0} \qquad (20\text{-}39)$$

所以只需在试验时测量开路相电压 U_A 和中性点电流 I_0，就可按下式求得零序电抗

$$x^0 = \frac{U_A}{I_0} \qquad (20\text{-}40)$$

20.2.4 不同稳态短路电流的比较

由同步发电机的运行特性可知，不计饱和，忽略定子电阻时，三相稳态短路电流可记为（注：$x_{d(\text{非})} = x^+$）

$$I_{k(3)} = \frac{E_0}{x^+} \qquad (20\text{-}41)$$

由于同步电抗，即同步电机的正序电抗 x^+ 一般要比负序电抗 x^- 和零序电抗 x^0 大很多，故忽略 x^- 和 x^0，综合式（20-21）、式（20-28）和式（20-41），可得相同励磁电动势时不同稳态短路情况下短路电流的近似比例关系为

$$I_{k(1)} : I_{k(2)} : I_{k(3)} = 3 : \sqrt{3} : 1 \qquad (20\text{-}42)$$

一般来说，对同样的 E_0，单相稳态短路电流最大，两相次之，三相时最小。

20.3 负序和零序参数的实验测定

20.3.1 两相稳态短路法测负序阻抗

试验线路如图 20-8 所示。先将电枢绕组两相短路，将被试电机拖动到额定转速，调节励磁电流使电枢电流值为 $0.15I_N$ 左右，量取两相短路电流 $I_{k(2)}$、短路相与开路相之间的电压 U 和相应的功率 P。为避免转子过热，上述试验过程应尽可能迅速，并注意观察电机的振动情况。

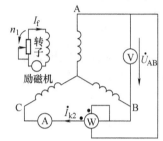

图 20-8 两相短路法测负序阻抗

由两相稳态短路分析结果及式（20-32）可知

$$Z^- = \frac{\dot{U}_{AB}}{j\sqrt{3}\dot{I}_{k(2)}} = \frac{U_{AB}}{\sqrt{3}I_{k(2)}} \angle \beta - 90° \quad (20\text{-}43)$$

式中，β 为 $\dot{U}_{AB}$ 超前 $\dot{I}_{k(2)}$ 的角度，这是一个钝角，其数值可由下式计算

$$\beta = 180° - \arccos\frac{P}{U_{AB}I_{k(2)}} \quad (20\text{-}44)$$

于是有负序参数

$$
\begin{aligned}
|Z^-| &= \frac{U_{AB}}{\sqrt{3}I_{k(2)}} \\
x^- &= -|Z^-|\cos\beta \\
r^- &= \sqrt{|Z^-|^2 - (x^-)^2}
\end{aligned}
\quad (20\text{-}45)
$$

20.3.2 逆同步旋转法测负序阻抗

试验线路如图 20-9 所示。将同步电机的励磁绕组短路，转子拖动到同步转速，定子绕组外施额定频率的三相对称负序电压（即相序与正常励磁电动势的相序相反），幅值以电枢电流不超过 $0.15I_N$ 为限，量取线电压 U、线电流 I 和功率 P（图中为两功率表读数之和），则负序参数为

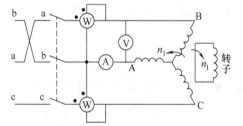

图 20-9 逆同步旋转法测负序阻抗

$$|Z^-| = \frac{U}{\sqrt{3}I}$$

$$r^- = \frac{P}{3I^2} \quad (20\text{-}46)$$

$$x^- = \sqrt{|Z^-|^2 - (r^-)^2}$$

20.3.3 串联法或并联法测零序阻抗

试验线路如图 20-10 所示。当定子绕组有六个出线端时，用串联法测定，接线如图 20-

10a 所示。先将励磁绕组短路,将定子绕组首尾串接成开口三角形,再将被试电机拖动到同步速,并在定子端加额定频率的单相电压,幅值以电枢电流在 $0.05I_N \sim 0.25I_N$ 之间为限,测定电压 U、电流 I 和功率 P,则零序参数为

$$|Z^0| = \frac{U}{3I}$$

$$r^0 = \frac{P}{3I^2} \tag{20-47}$$

$$x^0 = \sqrt{|Z^0|^2 - (r^0)^2}$$

如定子只有四个出线端子,用并联法测定,接线如图 20-10b。实验步骤与串联法相同,零序参数计算公式为

$$|Z^0| = \frac{3U}{I}$$

$$r^0 = \frac{3P}{I^2} \tag{20-48}$$

$$x^0 = \sqrt{|Z^0|^2 - (r^0)^2}$$

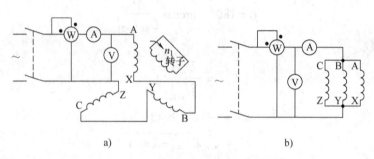

a)   b)

图 20-10   串联法或并联法测零序阻抗

a) 串联法   b) 并联法

20.4   不对称运行对电机的影响

同步发电机的不对称运行会对电机带来一系列不良影响,主要表现在两个方面。

20.4.1   转子的附加损耗和发热

由于不对称运行时出现的负序电流产生的反转磁场会以 $2n_1$ 的转速切割转子,在转子铁心、励磁绕组和阻尼绕组中感应电流,引起附加铁耗和附加铜耗,结果就有可能使转子过热。汽轮发电机转子本体的散热条件本来就比较差,负序磁场在整块转子本体表面的感应电流经两端护环形成回路,而护环与本体的接触电阻又比较大,因而发热就更为严重,由此亦可能引起转子绕组接地事故,或危及护环与转子本身连接及配合的机械可靠性。凸极电机没有护环引起的上述问题,转子通风条件也比较好,故水轮发电机允许承受比汽轮发电机略大的不对称度。

20.4.2　附加转矩和振动

不对称运行时，负序磁场与转子相对运动的转速为 $2n_1$，其相互作用的结果是产生 2 倍额定频率（简称倍频）的交变电磁转矩，同时作用于转轴并反作用于定子，引起倍频机械振动，严重时甚至损坏电机。

此外，发电机的不对称运行同时也会对电网中运行的其他电气设备造成不良影响。以异步电动机为例，此时也要产生负序磁场，导致输出功率和效率降低，并可能使电机过热。

综上，要减少不对称运行的诸多不良影响，限制负序电流所产生的负序磁场是至关重要的。为此，中型以上的同步电机都装有阻尼绕组，其位置是在励磁绕组外侧的极靴面上，可有效地削弱负序磁场的危害作用，并降低因负载不对称而引起的端电压的不对称度。

小　　结

本章讲述了不对称运行的分析方法及不对称运行时的参数及其测试方法，同时也讲述了不对称负载运行产生的影响及阻尼绕组的作用。

同步发电机不对称运行的分析方法和变压器、异步电动机一样，根据各相序的基本方程式和不对称的具体条件，解出电压和电流的相序分量，然后应用叠加原理得到各相电压和电流。

同步发电机不对称运行的相序阻抗和变压器、异步电动机都不一样，变压器是静止的交流电机，它的正序阻抗和负序阻抗没有什么差别；在忽略电阻的情况下，同步发电机转子旋转时，正序电流和负序电流有不同的电枢反应，使正序电抗与负序电抗差别很大，由于负序磁场在转子中产生感应电流起着削弱负序磁场的作用，使 x^- 远比 x^+ 小，异步电动机虽然也是旋转电机，但异步电动机转子磁路、电路都对称，所以异步电动机负序电抗为固定值，而同步发电机的 x^- 是在 x''_d 和 x''_q 之间变化。在同步发电机中零序电流不产生气隙磁通，因此零序电抗具有漏抗性质 $x^0 \leqslant x_\sigma$。

同步发电机的相序电阻：$r^+ = r_a = r^0 < r^- = r_a + r'_r$。

同步发电机不对称短路时，单相短路电流最大，两相短路次之，三相短路电流最小。由于 x^0、x^- 都比 x^+ 小得多，故 $I_{k(1)} : I_{k(2)} : I_{k(3)}$ 接近于 $3 : \sqrt{3} : 1$。不对称运行时负序电流会产生负序磁场，从而对发电机运行带来不良影响，因负序磁场以 $2n_1$ 切割转子，产生附加损耗使发电机转子发热并使振动加剧，采用阻尼绕组可以使不对称运行状况得到改善。

思　考　题

20-1　当转子以额定转速旋转时，定子绕组通入负序电流后，定子绕组和转子绕组之间的电磁联系与通入正序电流时有哪些本质区别？

20-2　为什么负序电抗比正序电抗小？而零序电抗又比负序电抗小？

20-3　简述三相同步发电机零序电抗的意义，并与电枢漏电抗相比较。

20-4　负序电抗的物理意义如何？它和装与不装阻尼绕组有哪些关系？

20-5　有两台同步发电机，定子完全一样，但一个转子的磁极用钢板叠成，另一个为实心磁极（整块锻钢），问哪台电机的负序阻抗要小些？

20-6 同步发电机不对称运行时，定子负序磁场在转子中产生的 $2f_1$ 的感应电流会在定、转子中分别引起奇、偶次谐波，产生高频干扰，如果在定子对称运行时，转子由外加电源通入 $2f$ 的电流，会不会引起比 $3f$ 更高的高频干扰问题？

20-7 为什么零序电流只建立漏磁以及 3 和 3 的倍数次的奇数次谐波磁通？为什么 $X_0 < X_\sigma$？

20-8 在一台同步电机中，转子绕组对正序旋转磁场起什么作用？对负序旋转磁场起什么作用？如何体会正序电抗就是同步电抗？为什么负序电抗要比正序电抗小得多？

20-9 试用对称分量法推导出两相对中性点短路的短路电流表示式。

20-10 试说明不对称运行对同步发电机产生什么影响。

20-11 为什么变压器的正、负序阻抗相同而同步电机的却不同？同步电机的负序阻抗与异步电动机相比有何特点？

20-12 试说明下列情况中同步电机转子电流中有无交流分量。（1）同步运转，定子电流三相对称且有稳定值；（2）同步运转，定子电流三相有稳定值，但三相不对称；（3）稳定异步运行；（4）同步运转，定子电流突然变化。

20-13 试说明如何通过实验的方法来求取负序电抗和零序电抗。

20-14 试说明电枢电阻、正序电阻、负序电阻和零序电阻有什么区别。

习　题

20-1 三相同步发电机，各相序阻抗的标幺值分别为 $x^+ = 1.871$，$x^- = 0.219$，$x^0 = 0.069$，试计算其单相稳态短路电流为三相稳态短路电流的多少倍？

20-2 某三相同步发电机，在空载电压为额定值的励磁下做短路试验，测得各短路电流的标幺值分别为：$I_{k(3)}^* = 0.55$，$I_{k(2)}^* = 0.85$，$I_{k(1)}^* = 1.45$，试求 x^+，x^-，x^0 的标幺值。

20-3 一台三相同步发电机定子加三相 $0.2U_N$ 的恒定交流电压，转子励磁绕组短路。当转子向一个方向以同步速旋转时测得定子电流为 I_N，当转子向相反方向以同步速旋转时测得定子电流为 $0.2I_N$。忽略零序阻抗，试求该发电机发生机端持续三相、两相、单相短路时的稳态短路电流值（用标幺值表示的数值）为多少？

20-4 有一台三相同步发电机，额定数据如下：$S_N = 500\text{kV} \cdot \text{A}$，$U_N = 6300\text{V}$（丫形联结），$\cos\varphi = 0.8$（滞后），$n_N = 750\text{r/min}$，$f = 50\text{Hz}$。参数为：$x^{+*} = 1.31$，$x^{-*} = 0.48$。在空载且 $E_0 = U_N$ 时发生两线间短路，试求线与线间的稳态短路电流及各相、线电压。

20-5 设有一台三相水轮同步发电机，测得各种参数如下：$x_d = 1.45\Omega$，$x^- = 0.599\Omega$，$x^0 = 0.2\Omega$。同步发电机每相励磁 $E_0 = 220\text{V}$，试求三相稳态短路电流、两相稳态短路电流和单相稳态短路电流。

20-6 某 300MW 的汽轮同步发电机，丫形联结，$U_N = 20\text{kV}$，$\cos\varphi = 0.85$（滞后），各参数的标幺值如下：$x_d = 1.8$，$x^- = 0.25$，$x^0 = 0.139$。试求同步发电机励磁电动势 $E_0^* = 1.0$ 时的 $I_{k(1)}$，$I_{k(2)}$，$I_{k(3)}$。

第21章 同步发电机的突然短路

当电力系统发生故障短路时，同步发电机将遇到突然短路。同步发电机的突然短路属于过渡过程的性质，在这个过程中，电机的电磁场能量及转动部分贮藏的动能都要发生变化；并且在各绕组中产生极大的电流冲击，因而在电机内部产生极大的机械应力及电磁力矩，如果同步发电机在设计制造中没有考虑到这些问题，那么突然短路就会损坏电机。如将定子绕组端接部分折断，将转轴扭弯等。

同步发电机的突然短路是一个很复杂的过程，为了分析简明，做如下假设：

1）由于电磁瞬变过程迅速，在突然短路过渡过程中，只考虑电磁瞬变过程而不考虑机械运动的瞬变过程，电机的转速不变。

2）磁路不饱和。

3）突然短路发生在同步发电机机端。

4）突然短路前，同步发电机空载运行，且运行在 $E_0 = U_N$。

21.1 超导回路磁链守恒原理

突然短路与稳态对称短路不同，后者由于电枢反应磁动势的大小不变并随转子以同步速旋转，因而不会在转子绕组中感应电流，但在突然短路中，定子电流的幅值是变化的，因而电枢反应磁通在变化，会使转子绕组感应电流，并且这个电流产生的磁动势反过来又影响定子电流，如同变压器一、二次侧相互作用一样，因此在突然短路分析中，每个短路绕组都将出现这样的情况。

图 21-1 上部为一条无源的超导体闭合回路，下部为一磁极。在初始位置时，如图 21-1a 所示，回路中所交链的磁链为 ψ_0。设磁极相对于回路发生了移动，导致 ψ_0 发生了变化，即在回路中感应电动势，以 e_0 表示，则

$$e_0 = -\frac{\mathrm{d}\psi_0}{\mathrm{d}t} \tag{21-1}$$

由于回路是闭合的，e_0 便在该回路中产生电流 i_a，而 i_a 又产生一自感磁链 ψ_a 和自感电动势 e_a，其值分别为

$$\psi_a = L_a i_a \tag{21-2}$$

$$e_a = -\frac{\mathrm{d}\psi_a}{\mathrm{d}t} \tag{21-3}$$

式中，L_a 为回路自感。

由于回路为超导体，即电阻为零，故电动势平衡方程为

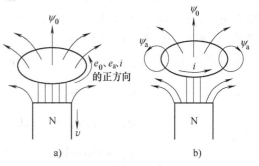

图 21-1 超导体闭合回路磁链守恒

a）初始位置 b）移动后的位置

$$\Sigma e = e_0 + e_a = -\frac{\mathrm{d}\psi_0}{\mathrm{d}t} - \frac{\mathrm{d}\psi_a}{\mathrm{d}t} = i_a r = 0 \tag{21-4}$$

即

$$\frac{\mathrm{d}}{\mathrm{d}t}(\psi_0 + \psi_a) = 0 \tag{21-5}$$

也就是

$$\psi_0 + \psi_a = 常数 \tag{21-6}$$

这表明，无论外磁场交链超导体闭合回路的磁链如何变化，回路感应电流所产生的磁链总会抵制这种变化，使回路中的总磁链保持不变。这就是超导回路的磁链守恒原理。

由式（21-6）可以得出以下的结论：在没有电阻的闭合回路中（又称为超导体闭合回路），原来所具有的磁链将永远保持不变，这种关系称为超导体闭合回路磁链守恒原理。根据磁链守恒原理，可以很方便地找出各个短路绕组的电流。

然而，实际电机中，定、转子绕组都不是超导回路，都存在一定的电阻。而由于电阻总要消耗一定的能量，所以储藏的磁场能量将逐步衰减。因此，突然短路后绕组回路中的磁链实际上是不能守恒的。以下分析中认为在突然短路初瞬，同步发电机各绕组均为超导回路，回路内的磁链都不会突变，即认为突然短路瞬间绕组回路中的磁链遵循磁链守恒原理，由此就可以确定突然短路电流的初始值。

21.2　三相突然短路的分析

在短路故障中，三相突然短路的情况是比较少见的，只因为它是对称的突然短路，通过对它的分析，可以掌握突然短路电磁现象的物理本质，利用这些知识可以很方便地获得不对称突然短路的结果。

在这部分分析中，假设突然短路初瞬，各绕组均为超导回路，电阻的存在所引起的衰减放到后面去讨论，此外，假设电机在短路前是处在空载运行状态。

21.2.1　定子绕组的磁链

图 21-2 表示同步发电机的简化图（导线上所标方向指其电流的正方向），在空载运行时，各相绕组磁链的变化曲线如图 21-3 所示，它们都随 α 角（由 A 相绕组轴线转至转子 d 轴的角度）而作正弦规律变化，只是因为相绕组的空间位置互差 120°，因而它们的变化在时间相角上也差了 120°，如图 21-3 所示，突然短路前各相绕组磁链 ψ_A、ψ_B、ψ_C 以下式表示为

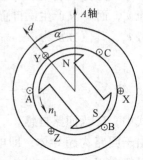

$$\left.\begin{aligned} \psi_A &= \psi_0 \cos\alpha \\ \psi_B &= \psi_0 \cos(\alpha - 120°) \\ \psi_C &= \psi_0 \cos(\alpha + 120°) \end{aligned}\right\} \tag{21-7}$$

假设 $\alpha = \alpha_0$ 时，定子绕组发生三相突然短路，我们以这时开始计算时间（即短路时作为 $t = 0$），则 α 角与时间 t 的关系为

图 21-2　同步发电机简图

$$\alpha = \alpha_0 + \omega t \tag{21-8}$$

式中，ω 是同步发电机的角速度。

突然短路后各相绕组磁链的初始值分别为

$$\left.\begin{aligned}\psi_A(0) &= \psi_{A0} = \psi_0\cos\alpha_0\\ \psi_B(0) &= \psi_{B0} = \psi_0\cos(\alpha_0 - 120°)\\ \psi_C(0) &= \psi_{C0} = \psi_0\cos(\alpha_0 + 120°)\end{aligned}\right\} \tag{21-9}$$

根据磁链守恒原理，突然短路以后，它们应该保持不变，式中 ψ_{A0}、ψ_{B0}、ψ_{C0} 大小如图 21-3 所示。

根据超导体闭合回路磁链不变的原则，定子各相绕组在短路前后要维持其在短路瞬间的磁链不变，要达到这样的情况，在定子的三相绕组中，当短路刚开始时，就要同时出现两种电流，一种是频率为 $f = \dfrac{\omega}{2\pi}$ 的对称交流，一种是不变的直流，它们的作用如下：

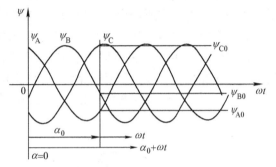

图 21-3　定子各相绕组的磁链

1）由定子三相对称短路电流产生旋转磁动势 $\dot F_{a\sim}$，因而对各相绕组产生一个交变的磁链，去抵消转子磁场对定子相绕组的交变磁链。图 21-4 画出 A 相绕组的情况，虚线代表这个磁链，它与 $\dot F_f$ 在 A 相绕组所产生的磁链正好是大小相等，方向相反。B 相和 C 相的情况，与 A 相类似，只是在相位上落后了 120° 和 240°。

2）如果把旋转磁动势 $\dot F_{a\sim}$ 在各相所形成磁链与原来短路前由转子的 $\dot F_f$ 在各相中形成的磁链叠加起来就会得到每相磁链永远是零的结果。为保持 ψ_{A0}、ψ_{B0}、ψ_{C0} 在三个相中必须还要有直流，因此定子各相将产生直流电流，在定子空间建立一个恒定不变的直流磁动势 $\dot F_{az}$。从而对各相绕组产生一个不变的磁链，以维持其在短路瞬间的磁链，如图 21-4 中的 ψ_{A0}，在 B、C 相要维持 ψ_{B0}、ψ_{C0}，其值已在图 21-3 中画出。只有在定子绕组中出现上述两种短路电流的情况下才能维持一相磁链不变。

定子各相电流就由这两部分电流合成。前者是周期性的，称为交流分量；后者是非周期性的，称为直流分量。

由上述可知，需要由定子电流产生的磁链是已知的，但是产生这些磁链究竟需要多大的电流，即在突然短路时，定子绕组有多大的电感，还需做进一步的讨论。由于定子绕组与转子绕组间存在着磁耦合关系，为了找出定子绕组的电感，还应研究一下转子绕组的情况。

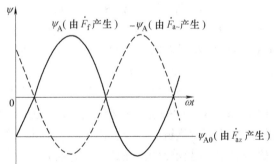

图 21-4　A 相绕组的磁链

此外，虽然由 $\dot F_f$ 所产生的 ψ_A 和由 $\dot F_{a\sim}$ 所产生的 $-\psi_A$ 在数值上相等，但它们产生的磁通情况有所不同。$\dot{F}_f$ 所产生的 ψ_A 其相应的磁通是空载时由转子经过气隙到达定子的磁通。$\dot{F}_{a\sim}$ 所产生的 $-\psi_A$ 其相应的磁通是短路后，由定子经过气隙到达转子的磁通 Φ''_{ad} 和定子漏磁通 Φ_σ，其中磁通 Φ''_{ad} 是以 n_1 速度旋转的。同时 $\dot{F}_{az}$ 所产生的磁通情况在 $t = 0$ 时与 $\dot{F}_{a\sim}$ 的恰恰相反，它是一个在空间静止不动的磁通 Φ_{az}。

21.2.2 转子绕组的磁链及电流

短路前，转子绕组的磁链是由励磁电流 I_f 所产生的，因而是一个恒定的数值，如图 21-5a 所示的磁通 Φ_0。在突然短路后，定子产生了旋转的磁动势以及不转的磁动势。前者对转子来说是不动的，它所产生的磁通 Φ''_{ad} 企图穿入转子绕组。但转子各绕组亦为超导闭合回路，磁链要保持原值不变。因此，在转子绕组中将感应直流电流 Δi_{fz}（产生 $\Phi_{f\sigma}$ 在励磁绕组中）和 Δi_{Dz}（产生 $\Phi_{Dz\sigma}$ 在阻尼绕组中），产生反磁链以抵消 Φ''_{ad} 所产生的磁链，如图 21-5a 所示，合成磁场分布如图 21-5b 所示。从图中可以看出，定子旋转磁场产生的气隙磁通 Φ''_{ad}，相当于只通过了转子绕组的漏磁路，因而并没有改变转子绕组的磁链。

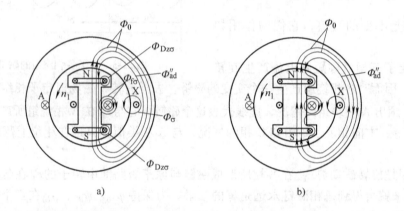

图 21-5 有阻尼绕组同步发电机突然短路后各绕组的磁链分布图

a) 各绕组的磁链情况　b) 合成磁场的分布

在这里，特别要指出 Δi_{fz} 的方向问题，根据绕组磁链守恒原理，旋转的 Φ''_{ad} 必然是对转子的一个反磁通。又根据转子励磁绕组磁链守恒原理，Δi_{fz} 又必然产生对 Φ''_{ad} 的反磁势，亦即 Δi_{fz} 必然与 I_{f0} 同方向。总的来看，当一发生突然短路时，励磁电流必然突然增加了一个 Δi_{fz}，这是一个很重要的概念。

至于定子 F_{az} 所产生的不变磁场，它对转子来说都是旋转的。同理，转子绕组将感应交流电流 $\Delta i_{f\sim}$（在励磁绕组）和 $\Delta i_{D\sim}$（在阻尼绕组中）用以抵消由于定子不转磁场在转子绕组所产生的交变磁链。此外，由于转子对定子的不转磁场有相对运动，对应于这个磁场的转子磁路实际上是变化的。在此，可忽略磁路变化所带来的影响。根据以上的分析，可以定性地画出发生三相突然短路，并且认为所有绕组均为超导体闭合回路时的转子励磁绕组和阻尼绕组的电流，如图 21-6 所示。

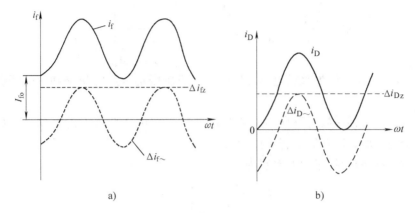

图 21-6　认为是超导回路时的励磁绕组和阻尼绕组电流

a）励磁绕组的电流　b）阻尼绕组的电流

21.3　同步电机的瞬变参数

21.3.1　直轴超瞬变电抗 x_d''

现在回过来再看定子电流与定子磁链之间的关系，亦即定子绕组在突然短路时电感的大小。首先求产生磁动势 $\dot{F}_{a\sim}$ 的定子电流交变分量。

定子电流产生两部分磁通：一部分是定子漏磁通；另一部分是气隙磁通，与漏磁通对应的电感决定于该磁通所通过磁路的磁导。

参看图 21-5b，定子磁动势 $\dot{F}_{a\sim}$（三相合成值）产生旋转的气隙磁通 $\dot{\Phi}_{ad}''$，受到转子阻尼绕组及励磁绕组反磁动势 F_{Ddz} 和 F_{fz} 的抵抗，回路的磁势平衡方程式为

$$\dot{F}_{a\sim} - \dot{F}_{Ddz} - \dot{F}_{fz} = \dot{\Phi}_{ad}'' R_{ad} \tag{21-10}$$

式中，R_{ad} 为图 21-5b 主磁通 Φ_0 通过的磁路磁阻。

根据阻尼绕组及励磁绕组磁链不变的原则，它们的反磁动势 $\dot{F}_{Ddz}$ 和 $\dot{F}_{fz}$ 相当于产生与 $\dot{\Phi}_{ad}''$ 同样大小的该绕组漏磁通所需的磁动势，即

$$\dot{F}_{Ddz} = \dot{\Phi}_{ad}'' R_{Dd\sigma}$$
$$\dot{F}_{fz} = \dot{\Phi}_{ad}'' R_{f\sigma} \tag{21-11}$$

式中，$R_{f\sigma}$ 和 $R_{Dd\sigma}$ 分别为励磁绕组和阻尼绕组漏磁通所通过磁路的磁阻。

将式（21-11）代入式（21-10），得

$$\dot{F}_{a\sim} = \dot{\Phi}_{ad}'' (R_{ad} + R_{Dd\sigma} + R_{f\sigma}) = \dot{\Phi}_{ad}'' R_{ad}'' \tag{21-12}$$

式中，R_{ad}'' 为在所有绕组均为超导体时直轴电枢反应磁路的磁阻，即图 20-5b 中 Φ_{ad}'' 通过磁路的磁阻，其值为

$$R_{ad}'' = R_{ad} + R_{Dd\sigma} + R_{f\sigma} \tag{21-13}$$

从图 21-5b 可以看出，由于阻尼绕组及励磁绕组的磁链不变，Φ_{ad}'' 实际上并不穿过这两个绕组，而是绕过该绕组，在它们的漏磁路上通过。因而总磁阻 R_{ad}'' 除了直轴电枢反应磁路的磁阻 R_{ad} 外，还应该包含两绕组的漏磁路磁阻 $R_{f\sigma}$ 及 $R_{Dd\sigma}$，则式（21-13）可以写成磁导的形式，为

$$\Lambda''_{ad} = \frac{1}{R''_{ad}} = \frac{1}{R_{ad} + R_{Dd\sigma} + R_{f\sigma}} = \frac{1}{\dfrac{1}{\Lambda_{ad}} + \dfrac{1}{\Lambda_{Dd\sigma}} + \dfrac{1}{\Lambda_{f\sigma}}} \tag{21-14}$$

式中，Λ_{ad}、$\Lambda_{Dd\sigma}$、$\Lambda_{f\sigma}$分别为直轴电枢反应磁路、直轴阻尼绕组漏磁路和励磁绕组漏磁路的磁导。

由绪论可知，自感系数与磁导的关系为 $L = N^2\Lambda$，式中 N 为绕组的匝数，设 $L_{f\sigma}$ 和 $L_{Dd\sigma}$ 均已折合到定子边，那么所有的 L 将正比于 Λ。

与式 (21-14) 磁导相对应的电感为

$$L''_{ad} = \frac{1}{\dfrac{1}{L_{ad}} + \dfrac{1}{L_{Dd\sigma}} + \dfrac{1}{L_{f\sigma}}} \tag{21-15}$$

确定了定子漏电感 L_σ 及气隙电感 L''_{ad} 后，定子相绕组磁链 ψ（最大值）与定子电流有效值 I''（在此情况下，I'' 被称为超瞬变电流亦即产生 $F_{a\sim}$ 的对称电流）的关系，即为

$$\frac{\psi}{\sqrt{2}} = I''(L_\sigma + L''_{ad}) = I''L''_d \tag{21-16}$$

由公式 (21-16) 可知，三相对称电流（其有效值为 I''）正比于 $F_{a\sim}$（$F_{a\sim}$ 作用在 d 轴上），$F_{a\sim}$ 正比于 Φ''_{ad}，Φ''_{ad} 正比于 ψ（ψ 是 Φ''_{ad} 对一个相的最大磁链）。因此 I'' 正比于 ψ，而 L''_d 表达了这个正比关系。

式 (21-16) 乘以角频率 ω，即得

$$\frac{\omega\psi}{\sqrt{2}} = I''(\omega L_\sigma + \omega L''_{ad}) = I''\omega L''_d$$

或

$$E_0 = I''(x_\sigma + x''_{ad}) = I''x''_d \tag{21-17}$$

式中 E_0 是励磁电动势；x_σ 是定子漏电抗。

则超瞬变电流的有效值为 $I'' = E_0 / x''_d$。

而

$$x''_d = x_\sigma + x''_{ad} = x_\sigma + \frac{1}{\dfrac{1}{x_{ad}} + \dfrac{1}{x_{Dd\sigma}} + \dfrac{1}{x_{f\sigma}}} \tag{21-18}$$

式中，x''_d 为直轴超瞬变电抗。这就是在突然短路时对称短路电流 I'' 所遇到的电抗。它的等效电路如图 21-7 所示。

图 21-7 相当于三绕组变压器（即定子绕组、励磁绕组和直轴阻尼绕组）短路时从一次侧（即定子绕组）看过去的等效电路。从物理概念上来看也是如此，直轴超瞬变电抗可以认为是直轴阻尼绕组和励磁绕组反磁动势作用后的变压器短路电抗。

现在可以总结一下定子交流分量 I'' 产生的过程。为了保持定子磁链不变，定子绕组

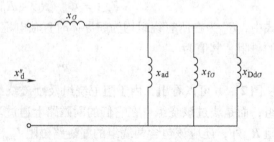

图 21-7　直轴超瞬变电抗 x''_d 的等效电路

突然出现交流分量 $\dot{I}''$，它产生 $\dot{F}_{a\sim}$，其方向与 $\dot{F}_{f}$ 相反。因此这个电流产生的磁场是去磁的，它落后于 $\dot{E}_0 90°$。这里应注意它与稳态三相短路的区别。在稳态短路时转子励磁绕组和直轴阻尼绕组对定子绕组是没有耦合关系的，这对定子电流产生的磁通来讲，相当于励磁绕组和直轴阻尼绕组开路，因此定子电流所遇到的电抗为 $x_\sigma + x_{ad} = x_d$。现在发生突然短路，转子绕组上的两个绕组为了保持其磁链不变而产生了相应于 F_{fz} 和 F_{Ddz} 的磁动势，这等于增加了定子电流产生的磁动势所遇到的磁阻，换言之，定子电流所遇到的是比 x_d 要小的电抗，即 x_d''。这就说明了为什么突然短路的交流分量远大于稳态短路电流的原因。

21.3.2　直轴瞬变电抗 x_d'

如果同步发电机没有阻尼绕组，或阻尼绕组的反磁势已经（衰减完毕）消失，则这种情况相当于阻尼绕组回路开路一样，这时，相应的电抗变为

$$x_d' = x_\sigma + \cfrac{1}{\cfrac{1}{x_{ad}} + \cfrac{1}{x_{f\sigma}}} \qquad (21\text{-}19)$$

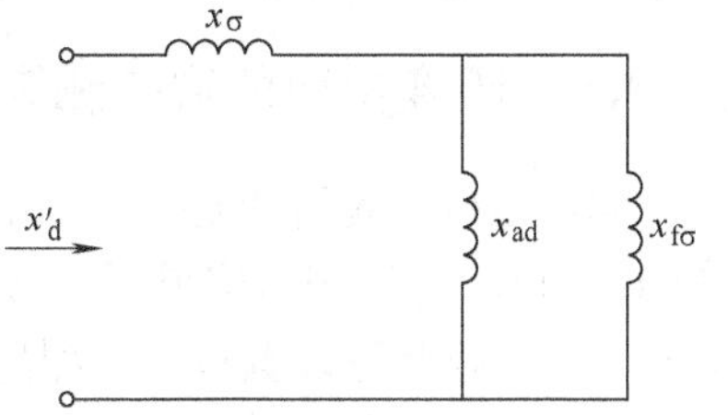

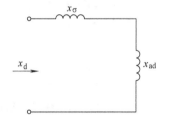

图 21-8　直轴瞬变电抗 x_d' 的等效电路

式中，x_d' 为直轴瞬变电抗，其等效电路如图 21-8 所示。相当于双绕组变压器二次侧短路时的等效电路。瞬变电流的有效值为 $I' = E_0 / x_d'$。

21.3.3　直轴稳态电抗 x_d（直轴同步电抗）

如果同步发电机阻尼绕组和励磁绕组的反磁动势均已衰减完毕（消失），则这种情况相当于阻尼绕组回路和励磁回路都开路一样，此时，相应的电抗变为

$$x_d = x_\sigma + x_{ad} \qquad (21\text{-}20)$$

图 21-9　直轴同步电抗 x_d 的等效电路

式中，x_d 为直轴同步电抗，其等效电路如图 21-9 所示。稳态电流的有效值为 $I = E_0 / x_d$。

21.3.4　交轴超瞬变电抗 x_q'' 和交轴瞬变电抗 x_q'

如果突然短路发生在电网上某处，由于线路阻抗的影响，短路电流中不仅有直轴分量，还可能存在交轴分量。若电机的 d 轴和 q 轴磁阻不等，则对应两个轴的超瞬变电抗和瞬变电抗也不相等。推导交轴超瞬变电抗和瞬变电抗的方法和直轴的情况一样，其等效电路如图 21-10 所示。

交轴超瞬变过程对应的电抗 x_q'' 称为交轴超瞬变电抗，因交轴无励磁绕组故少了一个并联支路，等效电路如图 21-10a 所示，其值为

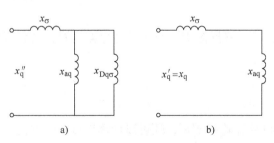

图 21-10　交轴超瞬变电抗和瞬变电抗
a) 交轴超瞬变电抗 x_q''　b) 交轴瞬变电抗 x_q'

$$x''_q = x_\sigma + \cfrac{1}{\cfrac{1}{x_{aq}} + \cfrac{1}{x_{Dq\sigma}}}$$ (21-21)

式中，x_{Dqo} 为交轴阻尼绕组漏抗折到定子绕组的数值。

当同步发电机交轴阻尼绕组的反磁动势已衰减完毕（消失），则这种情况相当于交轴阻尼绕组回路开路一样，等效电路如图 21-10b 所示，相应的电抗变为

$$x'_q = x_q = x_\sigma + x_{aq}$$ (21-22)

即交轴由超瞬变过程直接进入稳态过程，交轴无瞬变过程。

交、直轴超瞬变电抗及瞬变电抗均为同步电机的重要参数。它的数值均比交直轴同步电抗小得多，且与电机类型及结构有关。

21. 3. 5　瞬变参数的实验测定方法

同步电机的超瞬变电抗可以用静测法来求取，实验线路如图 21-11 所示，在定子绕组任意两端加入单相低压交流电源，使定子绕组电流不大于额定值，转子励磁绕组短路。转子不旋转，但缓慢地移动其位置。测量定子绕组的电压和电流，并根据所测的电压和电流计算出电抗值。其电抗值与转子位置有关，如图 21-12 的曲线所示。

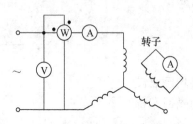

图 21-11　静测法实验接线图

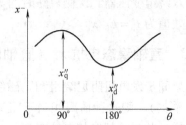

图 21-12　电抗变化曲线（转子位置）

根据同步电机的参数情况知道，最小电抗是相当于转子直轴对着定子脉振磁场时的情况。这时，定子绕组相当于变压器一次绕组，转子直轴各绕组相当于短路的二次绕组。根据图 21-7 的等值电路知道，在定子边测出的电抗就是直轴超瞬变电抗 x''_d，即

$$x''_d = \frac{U}{2I_{max}}$$ (21-23)

同理，根据图 21-10a 的等值电路可知，最大电抗值为交轴超瞬变电抗 x''_q，即

$$x''_q = \frac{U}{2I_{min}}$$ (21-24)

确定了 x''_d 和 x''_q 后，还可以计算出负序电抗值 $x^- = \dfrac{x''_d + x''_q}{2}$。

求瞬变参数的实验方法有很多，这里只选择典型的一种，其他的方法就不一一介绍了。至于求时间常数的实验方法，由于篇幅所限，在这里就不做介绍了。

21.4　同步发电机的突然短路电流及衰减时间常数

21.4.1　超导回路定子绕组的突然短路电流

确定了直轴超瞬变电抗和定子绕组的磁链或电动势后，由式（21-16）及式（21-17），就可以找出其对应的定子电流来。

根据前面的分析，定子电流有两个分量：交流分量和直流分量。前者与 $-\psi_A$、$-\psi_B$ 和 $-\psi_C$ 相对应；后者与 ψ_{A0}、ψ_{B0}、ψ_{C0} 相对应（参看图 21-4）。前者交流分量的数值是将式（21-16）改用瞬时值写法，并用式（21-7），超导回路各相短路电流的交流分量的一般表达式为

$$i_{A\sim} = \frac{-\psi_A}{L_d''} = \frac{-\psi_0\cos(\alpha_0 + \omega t)}{L_d''} = \frac{-\omega\psi_0\cos(\alpha_0 + \omega t)}{\omega L_d''} = \frac{-\sqrt{2}E_0\cos(\alpha_0 + \omega t)}{x_d''}$$

$$= -\sqrt{2}I''\cos(\alpha_0 + \omega t)$$

同理可以写出：

$$\left.\begin{array}{l} i_{B\sim} = -\sqrt{2}I''\cos(\alpha_0 + \omega t - 120°) \\ i_{C\sim} = -\sqrt{2}I''\cos(\alpha_0 + \omega t + 120°) \end{array}\right\} \tag{21-25}$$

式中

$$I'' = \frac{E_0}{x_d''} \tag{21-26}$$

称为定子绕组的超瞬变短路电流的有效值。

同理，短路电流的直流分量（非周期分量）利用式（21-9）得出，其一般表达式为

$$\left.\begin{array}{l} i_{Az} = \sqrt{2}I''\cos\alpha_0 \\ i_{Bz} = \sqrt{2}I''\cos(\alpha_0 - 120°) \\ i_{Cz} = \sqrt{2}I''\cos(\alpha_0 + 120°) \end{array}\right\} \tag{21-27}$$

如果电机没有阻尼绕组，或阻尼绕组的电流已经衰减完毕，则式（21-27）中的电流 I'' 均以电流 I' 代替，即

$$I' = \frac{E_0}{x_d'} \tag{21-28}$$

称为定子绕组的瞬变短路电流的有效值。

各相电流的瞬时值表达式为

$$\left.\begin{array}{l} i_A = i_{Az} + i_{A\sim} = \sqrt{2}I''\cos\alpha_0 - \sqrt{2}I''\cos(\alpha_0 + \omega t) \\ i_B = i_{Bz} + i_{B\sim} = \sqrt{2}I''\cos(\alpha_0 - 120°) - \sqrt{2}I''\cos(\alpha_0 + \omega t - 120°) \\ i_C = i_{Cz} + i_{C\sim} = \sqrt{2}I''\cos(\alpha_0 + 120°) - \sqrt{2}I''\cos(\alpha_0 + \omega t + 120°) \end{array}\right\} \tag{21-29}$$

如 $\alpha_0 = 90°$ 时发生突然短路，A 相绕组的起始磁链为 0，故 A 相的非周期分量为 0，按式（21-29）可以写出各相短路电流的瞬时表达式

$$i_A = i_{Az} + i_{A\sim} = \sqrt{2}I''\sin\omega t$$
$$i_B = i_{Bz} + i_{B\sim} = 0.866\sqrt{2}I'' + \sqrt{2}I''\sin(\omega t - 120°)$$
$$i_C = i_{Cz} + i_{C\sim} = -0.866\sqrt{2}I'' + \sqrt{2}I''\sin(\omega t + 120°)$$
$$(21\text{-}30)$$

同理，当 $\alpha_0 = 0°$ 时发生突然短路，A 相绕组的起始磁链为最大，按式（21-29）可以写出各相电流的瞬时表达式，其中 A 相的电流如图 21-13 所示。B 相及 C 相的电流亦可以按同样方法画出。

由图可见，当 A 相绕组的起始磁链最大时，A 相电流的直流分量具有最大的数值。在这种情况下，A 相总电流为

$$i_A = i_{Az} + i_{A\sim} = \sqrt{2}I''(1 - \cos\omega t)$$
$$(21\text{-}31)$$

当 $\omega t = 180°$ 时，i_A 达到它的最大值 $i_{A\max}$，其数值为

$$i_{A\max} = 2\sqrt{2}I'' = 2\sqrt{2}\frac{E_0}{x''_d} \quad (21\text{-}32)$$

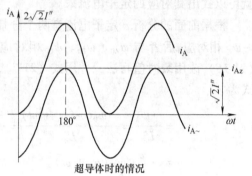

图 21-13　超导体当 $\alpha_0 = 0$ 时 A
相绕组的短路电流

如果电机是在额定电压下发生突然短路（这时 $E_0^* = U_N^* = 1.0$），按一般平均的超瞬变电抗值计算，即认为 $x''_d \approx 0.127$，则最大瞬时电流可达

$$i_{A\max}^* = 2\sqrt{2}\frac{1}{0.127} \approx 22$$

即达额定电流的 22 倍之多。因而，这是一个很大的短路电流。

当 A 相起始磁链为最大值时，B 相及 C 相的起始磁链并不是最大。因此，各相的直流分量电流有不同的数值。各相电流所能达到的最大瞬时值也是不同的。根据式（21-29）可以写出 B 相及 C 相的短路电流的表达式。

21.4.2　突然短路后电流的衰减

1. 定子绕组电流的衰减

由于各绕组里都有电阻，都要消耗能量，因此，在突然短路过程中，因需要满足起始条件而引起的自由分量电流，由于它没有电源供给，最终都要衰减为零。定子绕组电流中有两个分量：即交流分量和直流分量。前者由转子磁场感应而生，它的衰减情况决定于转子绕组各电流的衰减。后者是为了维持其起始磁链而产生的没有电源供给的自由分量，其衰减的情况由定子绕组直流分量电流衰减情况决定。以下首先讨论定子电流的衰减情况，然后再讨论衰减时间常数。先将式（21-29）改写成

$$i_A = i_{Az} + i_{A\sim} = I''_m\cos\alpha_0 - I''_m\cos(\alpha_0 + \omega t)$$
$$= I''_m\cos\alpha_0 - [(I''_m - I'_m) + (I'_m - I_m) + I_m]\cos(\alpha_0 + \omega t)$$
$$i_B = i_{Bz} + i_{B\sim} = I''_m\cos(\alpha_0 - 120°) - I''_m\cos(\alpha_0 + \omega t - 120°)$$
$$= I''_m\cos(\alpha_0 - 120°) - [(I''_m - I'_m) + (I'_m - I_m) + I_m]\cos(\alpha_0 + \omega t - 120°)$$
$$i_C = i_{Cz} + i_{C\sim} = I''_m\cos(\alpha_0 + 120°) - I''_m\cos(\alpha_0 + \omega t + 120°)$$

$$= I''_m \cos(\alpha_0 + 120°) - \left[(I''_m - I'_m) + (I'_m - I_m) + I_m \right] \cos(\alpha_0 + \omega t + 120°) \tag{21-33}$$

式（21-33）中将 I''_m 分解成 $I''_m - I'_m$、$I'_m - I_m$ 和 I_m 三部分再加上非周期分量，一共是四部分。各部分的物理意义为：

1）$I''_m - I'_m$ 为超瞬变分量变化部分的幅度，与阻尼绕组的非周期性电流 Δi_{D_z} 相对应。

2）$I'_m - I_m$ 为瞬变分量变化部分的幅度，与励磁绕组的非周期性电流 Δi_{f_z} 相对应。

3）I_m 为稳态分量，与励磁绕组的恒定励磁电流 I_{f0} 相对应。

4）非周期分量，与阻尼绕组和励磁绕组中的周期分量 $\Delta i_{D\sim}$ 和 $\Delta i_{f\sim}$ 相对应。

上述四个分量中，除稳态分量以外，其他三个均按各自的衰减时间常数衰减。其中与 Δi_{D_z} 对应的超瞬变分量衰减最快，衰减时间常数设为 T''_d，与 Δi_{f_z} 对应的瞬变分量衰减时间常数设为 T'_d，而与 $\Delta i_{D\sim}$ 和 $\Delta i_{f\sim}$ 对应的非周期分量将统一按定子绕组时间常数 T_a 衰减。至此考虑上述分量衰减因素，将式（21-33）改写为

$$i_A = i_{Az} + i_{A\sim} = I''_m e^{-\frac{t}{T_a}} \cos\alpha_0 - \left[(I''_m - I'_m) e^{-\frac{t}{T''_d}} + (I'_m - I_m) e^{-\frac{t}{T'_d}} + I_m \right] \cos(\alpha_0 + \omega t)$$

$$i_B = i_{Bz} + i_{B\sim} = I''_m e^{-\frac{t}{T_a}} \cos(\alpha_0 - 120°) - \left[(I''_m - I'_m) e^{-\frac{t}{T''_d}} + (I'_m - I_m) e^{-\frac{t}{T'_d}} + I_m \right]$$
$$\cos(\alpha_0 + \omega t - 120°)$$

$$i_C = i_{Cz} + i_{C\sim} = I''_m e^{-\frac{t}{T_a}} \cos(\alpha_0 + 120°) - \left[(I''_m - I'_m) e^{-\frac{t}{T''_d}} + (I'_m - I_m) e^{-\frac{t}{T'_d}} + I_m \right]$$
$$\cos(\alpha_0 + \omega t + 120°) \tag{21-34}$$

式（21-34）表示的是 $\alpha = \alpha_0$ 发生突然短路时短路电流的一般表达式。式（21-34）中对 A 相来说，$i_{Az} = \dfrac{\sqrt{2}E_0}{x''_d} e^{-\frac{t}{T_a}} \cos\alpha_0 = I''_m e^{-\frac{t}{T_a}} \cos\alpha_0$ 为直流（非周期）分量电流；$i_{A\sim} = -\left[(I''_m - I'_m) \right.$ $\left. e^{-\frac{t}{T''_d}} + (I'_m - I_m) e^{-\frac{t}{T'_d}} + I_m \right] \cos(\omega t + \alpha_0)$ 为交流（周期）分量电流；α_0 为突然短路发生时转子直轴离开 A 相绕组轴线的相角（见图 21-3）；$I''_m = \sqrt{2} \dfrac{E_0}{x''_d}$ 为超瞬变短路电流的最大值；$I'_m = \sqrt{2} \dfrac{E_0}{x'_d}$ 为瞬变短路电流的最大值；$I_m = \sqrt{2} \dfrac{E_0}{x_d}$ 为稳态短路电流的最大值。

作为特例，考虑衰减时同步发电机在 $\alpha_0 = 90°$ 发生突然短路时各相电流的表达式为

$$i_A = i_{Az} + i_{A\sim} = \left[(I''_m - I'_m) e^{-\frac{t}{T''_d}} + (I'_m - I_m) e^{-\frac{t}{T'_d}} + I_m \right] \sin\omega t$$

$$= E_{0m} \left[\left(\frac{1}{x''_d} - \frac{1}{x'_d} \right) e^{-\frac{t}{T''_d}} + \left(\frac{1}{x'_d} - \frac{1}{x_d} \right) e^{-\frac{t}{T'_d}} + \frac{1}{x_d} \right] \sin\omega t$$

$$i_B = i_{Bz} + i_{B\sim} = I''_m e^{-\frac{t}{T_a}} \cos30° - \left[(I''_m - I'_m) e^{-\frac{t}{T''_d}} + (I'_m - I_m) e^{-\frac{t}{T'_d}} + I_m \right] \cos(\alpha_0 + \omega t - 120°)$$

$$= \frac{E_{0m}}{x''_d} e^{-\frac{t}{T_a}} \cos30° + E_{0m} \left[\left(\frac{1}{x''_d} - \frac{1}{x'_d} \right) e^{-\frac{t}{T''_d}} + \left(\frac{1}{x'_d} - \frac{1}{x_d} \right) e^{-\frac{t}{T'_d}} + \frac{1}{x_d} \right] \sin(\omega t - 120°)$$

$$i_C = i_{Cz} + i_{C\sim} = I''_m e^{-\frac{t}{T_a}} \cos(\alpha_0 + 120°) - \left[(I''_m - I'_m) e^{-\frac{t}{T''_d}} + (I'_m - I_m) e^{-\frac{t}{T'_d}} + I_m \right]$$

$$\cos(\alpha_0 + \omega t + 120°) = \frac{E_{0m}}{x''_d} e^{-\frac{t}{T_a}} \cos210° + E_{0m} \left[\left(\frac{1}{x''_d} - \frac{1}{x'_d} \right) e^{-\frac{t}{T''_d}} + \left(\frac{1}{x'_d} - \frac{1}{x_d} \right) e^{-\frac{t}{T'_d}} + \frac{1}{x_d} \right]$$

$$\sin(\omega t + 120°)$$

图 21-14 所示为一般情况下发生突然短路时的定子 A 相绕组电流的衰减波形图。图中曲

线 1 是直流分量电流 i_{Az}，它按时间常数 T_a 衰减；曲线 2 是交流分量电流 $i_{A\sim}$；曲线 3 是总电流 i_A。此外，稳态短路电流 I 的幅值由包络线 4 表示；瞬变短路电流 I' 的幅值由包络线 5 表示；超瞬变短路电流 I'' 的幅值由包络线 6 表示。而包络线 5 是以包络线 4 作零值线按 T'_d 衰减；包络线 6 是以包络线 5 作零值线按 T''_d 衰减。

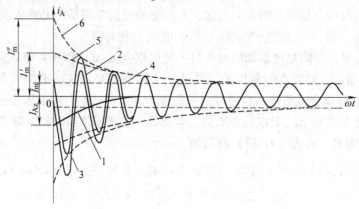

图 21-14   定子绕组电流的衰减情况（A 相）

从上述结果可以看出，B 相和 C 相电流的直流分量大小与 A 相不同，在交流分量电流上，大小与 A 相一样，只是相角有所不同。直流分量电流初始值的大小与合闸初相角 α_0 有关。当 $\alpha_0 = 0°$ 时，i_{Az} 达最大值，这时，总电流 i_A 的最大值 i_{Amax} 也是最大（与 α_0 为其他数值时比较）。如不考虑衰减，它是超瞬变短路电流幅值 $\sqrt{2}I''$ 的 2 倍，在考虑衰减时，一般认为是瞬变短路电流幅值 $\sqrt{2}I'$ 的 1.8 倍，这是三相短路可能出现的最大电流值，在考虑突然短路所造成的影响时，常要用到这个数值。

按国家标准规定，同步发电机必须能承受 105% 额定电压下的三相空载突然短路，最大电流的冲击值估算为

$$i''_{m,max} = \frac{1.8 \times 1.05 \times \sqrt{2}U_{Nph}}{x''_d} \qquad (21-35)$$

通常 $i''_{m,max} \leqslant 15\sqrt{2}I_N$

2. 励磁绕组电流 i_f 的衰减情况

励磁绕组电流包含三个分量：外电源供给的恒定励磁电流 I_{f0}，瞬变电流的直流分量 Δi_{fz} 和交流分量 $\Delta i_{f\sim}$。根据上面的分析，考虑到衰减情况的励磁绕组电流波形如图 21-15 所示。此图与图 21-6a 相对应的。其中恒定励磁电流 I_{f0}（曲线 1）不会衰减；直流分量 Δi_{fz} 以时间常数 T'_d 衰减；而交流分量 $\Delta i_{f\sim}$ 以时间常数 T_a 衰减。在作图时，Δi_{fz} 是以曲线 1 作为零值线来画的（曲线 2）；$\Delta i_{f\sim}$ 是以曲线 2 作为零值线来画的。而且画 $\Delta i_{f\sim}$ 时，先以曲线 2 作为中心线画出其衰减的包络线（曲线 4）来。因此，最后总的励磁电流 i_f，即为以横坐标为零值线所表示的曲线 3 所示。

3. 阻尼绕组电流 i_D 的衰减情况

阻尼绕组电流包含两个分量：直流分量 Δi_{Dz} 和交流分量 $\Delta i_{D\sim}$，根据上面的分析，并考虑到衰减情况，阻尼绕组电流波形如图 21-16 所示。此图与图 21-6b 是相对应的。其中直流

分量 Δi_{Dz} 以时间常数 T''_d 衰减（曲线 1）；而交流分量 $\Delta i_{D\sim}$ 以时间常数 T_a 衰减。作图方法与图 21-15 类似，$\Delta i_{D\sim}$ 是以曲线 1 作为零值线来画的，曲线 3 是 $\Delta i_{D\sim}$ 的衰减包络线。因此，总的阻尼绕组电流 i_D，即为以横坐标为零值线所表示的曲线 2 所示。

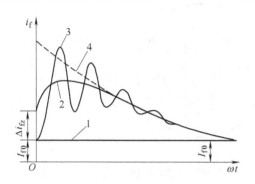

图 21-15　励磁绕组电流的衰减情况

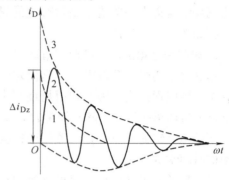

图 21-16　阻尼绕组电流的衰减情况

21.4.3　衰减时间常数

式（21-34）引入了三个衰减时间常数，其基本定义分述如下：

1. 电枢绕组电流的衰减时间常数 T_a

T_a 由定子绕组电阻和非周期性电流所建立的静止磁场对应的等效电感所确定。由于此磁场交替地与交、直轴相重合，故其对应的电抗应取为 x''_d 和 x''_q 的算术平均值，其实为负序电抗

$$x^- = \frac{x''_d + x''_q}{2}$$

相应的电感值 L''_a 也可求出

$$L''_a = \frac{x^-}{\omega} = \frac{x''_d + x''_q}{2\omega} = \frac{L''_d + L''_q}{2} \tag{21-36}$$

当定子绕组电阻 r_a 及相应的电感 L''_a 均知道后，定子绕组直流分量电流衰减的时间常数便可求出，即为

$$T_a = \frac{L''_a}{r_a} = \frac{x^-}{\omega r_a} \tag{21-37}$$

相应地，阻尼绕组和励磁绕组中的周期分量电流 $\Delta i_{D\sim}$ 和 $\Delta i_{f\sim}$ 也都按时间常数 T_a 衰减。

2. 阻尼绕组电流的衰减时间常数 T''_d

阻尼绕组的交流分量电流是由定子不转磁场感应而生，因此它应随定子绕组的直流分量电流的时间常数 T_a 衰减。而阻尼绕组的直流分量电流是一个自由分量，则应按其自身的时间常数 T''_d 衰减，其值为

$$T''_d = \frac{x''_{Dd}}{\omega r_D} \tag{21-38}$$

式中，r_D 为阻尼绕组的电阻；x''_{Dd} 是考虑了定子绕组和励磁绕组的反磁动势作用后的阻尼绕组电抗，其值为

$$x''_{Dd} = x_{Dd\sigma} + \cfrac{1}{\cfrac{1}{x_{ad}} + \cfrac{1}{x_{f\sigma}} + \cfrac{1}{x_{\sigma}}} \qquad (21\text{-}39)$$

从阻尼绕组看进去的等值电路和对应的磁路情况如图 21-17 所示。

3. 励磁绕组电流的衰减时间常数 T'_d

励磁绕组的交流分量电流也是由定子不转磁场感应而产生,因此与阻尼绕组中的交流分量电流一样,也随时间常数 T_a 衰减。而励磁绕组的直流分量电流则应按其自身的时间常数衰减。

在一般的同步电机里,阻尼绕组的衰减时间常数 T''_d 是很小的。为了使分析简单,在考虑励磁绕组的直流分量电流衰减时,认为阻尼绕组的直流分量电流已全部衰减完毕,即可以不考虑阻尼绕组的反磁动势作用。因此,励磁绕组直流分量电流的时间常数 T'_d 应为

$$T'_d = \frac{x'_f}{\omega r_f} \qquad (21\text{-}40)$$

式中,r_f 为励磁绕组的电阻;x'_f 为仅考虑定子绕组的反磁动势作用后的励磁绕组电抗,其值为

$$x'_f = x_{f\sigma} + \cfrac{1}{\cfrac{1}{x_{ad}} + \cfrac{1}{x_{\sigma}}} \qquad (21\text{-}41)$$

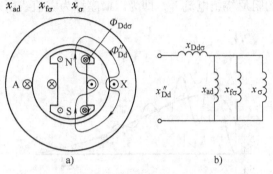

图 21-17　阻尼绕组中非周期性电流的
磁场和等效电路
a) 磁场分布　b) 等效电路

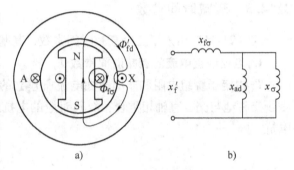

图 21-18　励磁绕组中非周期性
电流的磁场和等效电路
a) 磁场分布　b) 等效电路

从励磁绕组看进去的等值电路和对应的磁路情况如图 21-18 所示。

21.5　不对称突然短路的概念

据统计,在电力系统发生的短路故障中,绝大多数是线对中性点和线对线的短路,三相对称突然短路发生的机率相对很少,也就是说绝大多数为不对称突然短路。

不对称突然短路的物理现象比对称的三相突然短路来得更为复杂,但是和对称突然短路相似,定子绕组的电流中也包含有周期性瞬变分量和非周期性瞬变分量;当自由分量都衰减完毕以后,即进入不对称稳态短路状态。此外,和不对称稳态短路相似,突然短路电流中也将出现一系列高次谐波,非故障相绕组上也可能出现过电压现象。对这些现象的详细分析已超出了本课程的范围,下面只简单地介绍一下有关不对称突然短路的一些基本概念。

不对称突然短路的基波分量同样可利用对称分量法来进行分析,因此需要考虑各序短路电流的瞬变分量,现分述如下。

1. 正序分量

由于稳态短路时，转子回路对定子是没有耦合效应的，即对定子来说，转子励磁回路和阻尼绕组犹如开路一样，所以短路电流表示式中用的是同步电抗 x_d。而在突然短路过程中，转子励磁回路和阻尼绕组对定子来说犹如短路的副绕组，呈现去磁作用，短路电流表示式中计算超瞬变电流分量时须以 x_d'' 代替 x_d；计算瞬变电流分量时应以 x_d' 代替 x_d。也就是说，对正序系统来说，其情况与三相对称突然短路一样。

2. 负序分量

由于在稳态短路电流计算中，已经考虑了转子回路的去磁作用，因此在计算突然短路电流时，仍应取用负序电抗 x^-。也就是说对负序系统来说，限制超瞬变电流和瞬变电流的仍是负序电抗 x^-。

3. 零序分量

由于零序电流基本上不产生气隙磁通，不与转子发生磁通交链，所以零序电抗具有漏电抗的性质。在稳态短路电流和突然短路电流的计算中，仍应取用零序电抗 x^0。

根据上面分析，以单相对中性点短路为例，参照图 20-3 及式（20-21）得

超瞬变短路电流分量为

$$I_{k(1)}'' = \frac{3E_0}{x_d'' + x^- + x^0} \tag{21-42}$$

瞬变短路电流分量为

$$I_{k(1)}' = \frac{3E_0}{x_d' + x^- + x^0} \tag{21-43}$$

稳态短路电流为

$$I_{k(1)} = \frac{3E_0}{x_d + x^- + x^0} \tag{21-44}$$

参照式（21-34）可写出单相对中性点短路最不利情况下的突然短路电流表示式为 [$\alpha_0 = 90°$]

$$i_{k(1)} = E_{0m}\left[\left(\frac{1}{x_d'' + x^- + x^0} - \frac{1}{x_d' + x^- + x^0}\right)e^{-\frac{t}{T_{d1}''}} + \left(\frac{1}{x_d' + x^- + x^0} - \frac{1}{x_d + x^- + x^0}\right)e^{-\frac{t}{T_{d1}'}}\right.$$

$$\left. + \frac{1}{x_d + x^- + x^0}\right]\sin\omega t \tag{21-45}$$

必须注意，式（21-45）中 T_{d1}''、T_{d1}' 是单相短路时的相对应的时间常数，和三相对称短路电流表示中的时间常数是不同的。

21.6　突然短路对电机的影响

突然短路电流的最大瞬时值可能达到额定电流的 20 倍左右，必然要对电机本身和电力系统带来不利影响。由于冲击电流持续的时间很短暂，一般只有几秒钟，因此冲击电流引起的绕组发热并不严重，经验证明，在突然短路时很少发生绕组受到过热而烧坏的现象。但突然短路产生巨大的电磁力和电磁转矩，对电机的结构有破坏作用，同时定子绕组中的高次谐

波将对通信线路产生影响，影响通信线路的通信质量。

1. 冲击电流产生的电磁力作用

冲击电流产生的电磁力很大，对定子绕组的端接部分产生危险的应力，特别是在汽轮发电机里，由于它的端接伸出较长，问题更为严重。由于端接所处磁场的分布极为复杂，所以要准确地计算出电磁力的大小较为困难。对某发电厂的汽轮发电机进行突然短路研究的试验结果表明，发现同相带的线圈产生互相聚拢的切向弯曲，相带最靠边的线圈受弯曲最厉害，而且靠近这些线圈的端接压紧螺杆也有被折断的现象。

2. 突然短路时的电磁转矩

在突然短路时，气隙磁场变化不大，而定子电流却增长很多，因此，要产生巨大的电磁转矩。电磁转矩分为两类：第一类是短路后为了供给定子绕组和转子绕组中由于电阻而引起的损耗所产生的冲击单相转矩，它对原动机是个反抗转矩。第二类是由定、转子具有相对运动的磁场所产生的冲击交变转矩。后一类转矩比前一类转矩有更大的数值，它的方向是正负交替的，一是作用在原动机端的轴颈上；另一是作用在定子机座的底脚螺钉上，且当起始磁链最大的时候，对某台凸极同步发电机计算结果表明，其值达到额定转矩的 12 倍以上，以后很快就衰减下来。在设计电机转轴、机座和底脚螺钉等时，必须考虑到这个巨大转矩的作用。

3. 突然短路的发热现象

突然短路使各绕组都出现较大的过电流，使铜耗骤增，由于电流衰减的速度较快，以及保护装置的迅速动作，因此，各绕组的温升增长得并不多。实践证明，在突然短路时，很少发现电机受到热破坏的现象。

小 结

本章应用超导回路磁链守恒原理，认为同步发电机在突然短路初瞬各个线圈均为超导回路，分析了电机突然短路时的电磁物理过程和突然短路过程的参数、短路电流等。

突然短路电流之所以和稳态有很大的差别，是由于突然短路时的电枢反应磁通在转子的励磁绕组和阻尼绕组引起感应电流，因而使电枢反应磁通被挤到转子绕组的漏磁路上去。所以超瞬变电抗 x_d'' 和瞬变电抗 x_d' 均比 x_d 要小得多，所以使突然短路电流比稳态短路电流要大许多倍。

在突然短路的过渡过程中，各相突然短路电流的大小，与短路发生的时间有关，当合闸初相角 $\alpha_0 = 0$，发生突然短路时，$\psi = \psi_0$ 情况最为严重，直流分量最大，冲击电流发生在短路后半个周期时，其冲击电流的大小可达额定电流的 15～20 倍。

突然短路时，定子绕组的直流分量和转子励磁绕组、阻尼绕组的交流分量按定子直流分量衰减时间常数 T_a 衰减，而定子绕组交流分量分别按转子励磁绕组的衰减时间常数 T_d' 和阻尼绕组的衰减时间常数 T_d'' 衰减，且直流分量主动衰减而交流分量被动衰减。

思 考 题

21-1 说明瞬变电抗和超瞬变电抗的物理意义。它们和定子绕组的漏抗有什么不同？由于隐极式同步电机有均匀的空气隙，同步电抗 x_d 和 x_q 相等，为什么超瞬变电抗 x_d'' 和 x_q'' 却又不相等？为什么沿交轴的瞬

变电抗 x'_q 即等于沿交轴的同步电抗 x_q，而沿交轴的超瞬变电抗 x''_q 却又和 x_q 不相等？

21-2　试从物理概念说明，为什么同步发电机的突然短路电流要比稳态短路电流大得多？为什么突然短路电流与合闸瞬间有关？为什么在短路电流分量中会有直流分量？

21-3　怎样理解用静止法测得的是超瞬变电抗。

21-4　同步发电机三相突然短路时，各绕组的周期性电流和非周期性电流是如何出现的？在定、转子绕组中，它们的对应关系是怎样的？在什么情况下定子某相绕组中非周期性电流最大？

21-5　突然短路发生后的电流衰减过程中，电机中交链定子绕组的气隙磁通值有何变化？在超瞬变、瞬变和稳态情况下，磁通通过的路径有什么不同？

21-6　同步电机的电抗大小取决于什么？参数 x''_d、x'_d、x_d 哪一个大，哪一个小，为什么？试绘制上述三个电抗的等效电路。

21-7　三相突然短路时，定、转子各电流分量为什么会衰减？衰减时间常数都有哪些？衰减时哪几个电流是主动衰减的？哪几个电流是被动衰减的？

21-8　试按大小分别排列同步电机下列电抗：x_σ、x_d、x'_d、x''_d；x_q、x'_q、x''_q；x^+、x^-、x^0。

21-9　试写出同步发电机在 $\alpha = \alpha_0 = 0°$ 时发生突然短路的各相短路电流表达式。

21-10　同步发电机装有阻尼绕组和不装阻尼绕组时，突然短路后定子突然短路电流倍数和励磁电流非周期性分量的增长倍数哪个大？为什么？

21-11　试画出同步发电机求取 T''_d、T'_d 和 T_a 所对应的等效电路，并写出对应的表达式。

21-12　试说明突然短路会对同步发电机产生哪些影响。

21-13　试画出三相同步发电机 x'_d 和 x''_q 的等值电路图，并比较两者的大小。

习　题

21-1　一台汽轮同步发电机，$P_N = 12000\text{kW}$，$U_N = 6300\text{V}$，丫形联接，$\cos\varphi_N = 0.8$（滞后），在空载额定电压下，发生机端三相突然短路。已知 $x_d^* = 1.86$，$x'^*_d = 0.192$，$x''^*_d = 0.117$，$T'_d = 0.84\text{s}$，$T''_d = 0.105\text{s}$，$T_a = 0.162\text{s}$。设短路初瞬 B 相绕组交链的主极磁链为最大值。（1）试写出三相突然短路电流的表达式；（2）试问哪一相的短路电流最大？其值为多少？

21-2　一台汽轮同步发电机有下列数据：$x_d^* = 1.62$，$x'^*_d = 0.208$，$x''_d = 0.126$，$T'_d = 0.74\text{s}$，$T''_d = 0.093\text{s}$，$T_a = 0.132\text{s}$。设该机在空载额定电压下发生三相机端突然短路，试用标幺值求出：（1）在最不利情况下的定子突然短路电流的表达式；（2）最大瞬时冲击电流；（3）在短路后经过 0.5s 时的短路电流瞬时值；（4）在短路后经过 3s 时的短路电流瞬时值。

21-3　一台汽轮同步发电机，$S_N = 31250\text{kV} \cdot \text{A}$，$U_N = 6300\text{V}$，丫形联结，$\cos\varphi_N = 0.8$（滞后），由示波器图得到三相突然短路时定子电流周期分量的包络线方程式为：$i = 14200\text{e}^{\frac{-t}{0.145}} + 15350\text{e}^{\frac{-t}{1.16}} + 2025\text{A}$。试求：（1）$x''_d$、$x'_d$、$x_d$；（2）$T''_d$ 和 T'_d；（3）由同一示波器上求得 A 相定子电流的非周期分量方程为 $i_{Az} = 27300\text{e}^{\frac{-t}{0.21}}$，试求短路初瞬间主极轴线与 A 相轴线的夹角 α_0 和时间常数 T_a 值。

21-4　设一汽轮发电机有下列参数：$x_d = 1.1$，$x'_d = 0.155$，$x''_d = 0.09$（均为标幺值）$T'_d = 0.6\text{s}$，$T''_d = 0.035\text{s}$，$T_a = 0.09\text{s}$，（1）试写出在最不利情况下三相突然短路电流的表达式；（2）在突然短路以前 $E_0^* = U_N^* = 1.0$，试求出当短路后 0.01s 时的短路电流的瞬时值（用额定电流的倍数表示）。

21-5　一台三相汽轮同步发电机，$P_N = 6000\text{kW}$，$U_N = 3150\text{V}$，丫形联结，$\cos\varphi_N = 0.8$（滞后），已知 $x_d^* = 1.5$，$x'^*_d = 0.202$，$x''^*_d = 0.117$，$x^{-*} = 0.143$，$x^{0*} = 0.063$。试求此发电机在空载额定电压下分别发生三相、两相、单相突然短路时，突然短路电流的超瞬态、瞬态和稳态周期分量的有效值。

第 22 章　同步电机的振荡

22.1　振荡的物理概念

前已述及，当同步电机运行时，在合成磁场与转子磁场间可以看作有弹性联系。当负载增加时，位移角 θ 将增大，这便相当于把磁力线拉长。当负载减小时，位移角 θ 也将减小，这便相当于把磁力线缩短。当负载突然变化时，由于弹性力作用，使转子的位移角不能立即达到新的稳定值，而将引起振荡。在振荡期间，转子的转速有时在同步速度以上，有时在同步速度以下。如果振荡的振幅逐渐衰减下来，则转子将在最后获得新位移角的情况下，仍以同步速度稳定运行。如果振荡的振幅逐渐扩大，则位移角 θ 便将不断增加，这时便相当于磁力线的弹性极限已被超过，同步电机便将与电网失去同步。

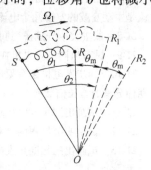

图 22-1　同步电机振荡的物理模型

以上所述的情况，可以用一机械模型来形象化地表示。在图 22-1 中，OS 和 OR 各表示以 O 点为支点的杆件。它们可以环绕着 O 点自由旋转。令 OS 和 OR 的质量分别为 ms 和 mr，且各集中于一点。OS 和 OR 间由一弹簧联结。由于外力的作用，这一弹簧处于某种稳定的伸长情况。如质量 ms 比质量 mr 大得多，则当 OR 振荡时，OS 可以不受影响。或者说，如把 OS 钉住，使其不能移动，则也可得到同样的结果。这时 OS 便相当于容量为无限大的电网，OR 便相当于接在电网上的同步发电机。如果作用在 mr 上的外力不变，则 OR 和 OS 间的位移角 θ_1 也将保持不变，外力将为弹簧的拉力所平衡。但如作用在 OR 上的外力突然增大，则系统中力的平衡将被破坏，mr 便将加速，一直到新的平衡位置 OR_1，使在这一新的位置上的弹簧拉力适合增加后的外力相等，OR_1 的位移角变为 $\theta_2 = \theta_1 + \theta_m$。这时被移动的杆件的加速度为零，而它的速度却有最大值。由于储藏在 mr 中的动能使得这一杆件的位置并不能就此稳定，而仍将继续前移。最后的位置将从 OR_1 再冲过一角度 θ_m 而达到 OR_2。在从 OR_1 移向 OR_2 的过程中，由于弹簧拉力大于外力，故杆件将减速，而储藏在 mr 中的动能亦将转变为储藏在弹簧中的位能，最后杆件的速度为零，而它的加速度却有负的最大值。如果没有由于摩擦力而引起的阻尼作用，则杆件便将围绕着新的平衡位置而在振幅为 $\pm\theta_m$ 的范围内振荡。实际上，由于阻尼作用的存在，振荡的振幅将逐渐衰减而使杆件稳定在新的平衡位置 OR_1 上。振荡的频率与外力无关，而仅决定于杆件的质量和弹簧的参数，故此种振荡称为自由振荡。

对于同步电机而言，转子原先以稳定的同步速度旋转，当外施转矩突然增加而使位移角从 θ_1 增加至 θ_2 时，转子将加速，当位移角为 θ_2 时，转子的转速达到最大值。在位移角再由 θ_2 增加至 $\theta_2 + \theta_m$ 的过程中，转子将减速，直到转子的转速仍旧恢复至同步速度。此后转子将继续减速至同步速度以下，因而使位移角减小。待到位移角回到 θ_2 时，转子的转速有最低值，而它的减速度为零。当位移角小于 θ_2 时，转子又将开始加速，但因它的转速仍在同步速度以下，故位移角将继续减小，直到 $\theta_1 = \theta_2 - \theta_m$ 为止，故转子的位移角将环绕着新的平衡位置 θ_2 而振荡，它的转速则将环绕着同步速度而振荡。如果振荡的振幅随着阻尼作用而逐渐减少，这一同步电机的运行便将趋于稳定。

再回到图 22-1，如果作用在杆件 OR 上的外力本身为一振荡力，则 OR 便将按照外力的振荡频率而随着一起振荡。此种振荡称为强制振荡。当同步发电机由有不均匀转矩的原动机拖动时，或当同步电动机拖动不均匀的负载转矩时，便将发生强制振荡。在各种原动机中，汽轮机常有均匀转矩，内燃机都有周期性的不均匀转矩，往复式空气压缩机可以作为不均匀负载转矩的例子。

以上所讨论的为当同步电机接在容量很大的电网上的情形。这时端电压 U 和频率 f 均可保持不变。如果有两台同步发电机并联运行，而它们的容量又差不多，则当任一发电机发生振荡时，必将引起另一发电机同时振荡。在图 22-1 中，设质量 mr 与质量 ms 在数值上相差不多时，则当杆件 OR 受到外力而发生振荡时，杆件 OS 也将跟着一起振荡。这便相当于电网电压的振荡。这种情形要比上面的情形复杂得多。

22.2　转矩平衡方程式

设所考虑的同步电机作为发电机运行。令 T_1 表示作用在机轴上的外施机械转矩。在任何情形之下，这一外施机械转矩必将为下列各部分转矩所平衡：①由空载损耗所引起的阻力转矩 T_0；②由发电机所发出的同步转矩 T_s；③由发电机所发出的异步转矩 T_a；④如果外施机械转矩在供给了以上各部分转矩以后，尚有多余的部分，则发电机的转子便将加速，如以 T_j 表示使转子加速所需的转矩（称为加速转矩），则得在任一瞬间的转矩平衡方程式为

$$T_j + T_a + T_s + T_0 = T_1 \tag{22-1}$$

在振荡时，转子的位移角不再保持稳定而随时间变化。由式（18-11）可见，在任一瞬间，同步转距 T_s 将和 $\sin\theta$ 成正比。当位移角变化时，空气隙的合成磁场与转子之间便有相对速度。相对速度即为相对位置对时间的导数，如空间角用电弧度表示时，则有

$$s = \frac{1}{\omega_1} \frac{d\theta}{dt} \tag{22-2}$$

式中，ω_1 为同步角速度，以电弧度/秒表示；s 为转差率。

必须注意，在我们所讨论的情况下，由于转子的空间位置超前于空气隙磁场，故 s 为转子截切空气隙磁场的相对速度。异步转矩 T_a 为转率 s 的函数。由图 11-2 可见，当转差率不大时，异步转矩可以认为和转差率成正比。当 $\frac{d\theta}{dt}$ 有正值时，这一同步电机中存在着异步发电机的作用，异步转矩便和外施机械转矩的方向相反，它倾向于阻止位移角 θ 的增加。当 $\frac{d\theta}{dt}$ 有负值时，这一同步电机中便存在着异步电动机的作用，异步转矩便和外施机械转矩的方向相同，它倾向于阻止位移角 θ 的减小。所以，无论位移角 θ 在增加着或减小着，异步转矩的作用总是倾向于阻止 θ 角的变化。因此，异步转矩又称阻尼转矩。

加速转矩将和转动部分的转动惯量及其角加速度的乘积成正比。如以 ω 表示转子的角

速度，且以每秒电弧度表示，则如以机械弧度/秒表示时，同一角速度便为 $\dfrac{\omega}{p}$，故有

$$T_j = \frac{J}{p}\frac{d\omega}{dt} \tag{22-3}$$

因为

$$\omega = \omega_1(1+s) \tag{22-4}$$

把式（22-4）对时间微分一次，再以式（22-2）所示关系代入，便得

$$\frac{d\omega}{dt} = \frac{d(\omega_1 s)}{dt} = \frac{d^2\theta}{dt^2} \tag{22-5}$$

再把式（22-5）代入式（22-3）中，则有

$$T_J = \frac{J}{p}\frac{d^2\theta}{dt^2} \tag{22-6}$$

在以上各式中，如转矩的单位为牛顿·米，则 J 的单位为千克·米^2。

把各项转矩都表示为位移角的函数，再代入式（22-1），则得同步电机在振荡时的转矩平衡方程式为

$$\frac{J}{p}\frac{d^2\theta}{dt^2} + k\frac{d\theta}{dt} + C\sin\theta = T_1 - T_0 \tag{22-7}$$

式中，k 和 C 都为比例常数，C 即为同步转矩的最大值。

$$C = m\frac{p}{\omega_1}\frac{E_0 U}{x_s} \tag{22-8}$$

由于所考虑的转矩为总转矩，故在式（22-8）的右边部分乘以相数 m。

在振荡期间，同步电机的转速不再是恒定不变的，而是在同步速度的附近振荡。依据式（22-4），在任一瞬间的转速为 $\omega = \omega_1 + \dfrac{d\theta}{dt}$ 电弧度/秒。实际上转速的振荡总是很小的，因此，在求功率时，便可应用同步速度 ω_1 作为转速的平均值。如把式（22-1）或式（22-7）的各项均乘以同步速度 ω_1，便得相应的平衡方程式。

以上的讨论也适用于电动机运行，我们只需把电动机转矩看作负的发电机转矩即可。作为发电机运行时，位移角 θ 取正值；作为电动机运行时，位移角 θ 取负值。

式（22-7）为一非线性微分方程，通常不易求解。如有具体数据时，则可应用逐点积分法，或用计算机求出具体的数字解答。如要得到普通的解析解，就需要把原来的微分方程式加以简化。例如，当 θ 很小时，$\sin\theta$ 可用 θ 来代替，于是式（22-7）便简化为具有常系数的线性微分方程，但因同步电机在正常运行时，θ 角的数值常在 20° 以上，故采用上述的简化方法误差较大。

从另一方面来看，θ 角的稳定值虽不算小，但在振荡时 θ 角偏离稳定值的幅度却常是很小的，这种振荡称为微振荡。在适合于微振荡的条件下，我们可把实际的位移角 θ 分解为稳定部分 θ_0 与振荡部分 θ_α，于是有

$$\theta = \theta_0 + \theta_\alpha \tag{22-9}$$

$$\sin\theta = \sin(\theta_0 + \theta_\alpha) = \sin\theta_0\cos\theta_\alpha + \cos\theta_0\sin\theta_\alpha \tag{22-10}$$

在式（22-10）中代入近似关系

$$\left.\begin{array}{r} \cos\theta_\alpha \approx 1 \\ \sin\theta_\alpha \approx \theta_\alpha \end{array}\right\} \tag{22-11}$$

则得
$$\sin\theta = \sin\theta_0 + \theta_\alpha \cos\theta_0 \tag{22-12}$$

由于 θ_0 为一常数,从式(22-9)又可得

$$\left.\begin{array}{r} \dfrac{\mathrm{d}\theta}{\mathrm{d}t} = \dfrac{\mathrm{d}\theta_\alpha}{\mathrm{d}t} \\[2mm] \dfrac{\mathrm{d}^2\theta}{\mathrm{d}t^2} = \dfrac{\mathrm{d}^2\theta_\alpha}{\mathrm{d}t^2} \end{array}\right\} \tag{22-13}$$

外施机械转矩也可以分解为稳定部分与振荡部分,即令
$$T_1 = T_{10} + T_{1t} \tag{22-14}$$

如把式(22-12)、式(22-13)和式(22-14)代入式(22-7)中,便得

$$\frac{J}{p} \cdot \frac{\mathrm{d}^2\theta_\alpha}{\mathrm{d}t^2} + k\frac{\mathrm{d}\theta_\alpha}{\mathrm{d}t} + C\sin\theta_0 + \theta_\alpha C\cos\theta_0 = T_{10} - T_0 + T_{1t} \tag{22-15}$$

当同步电机振荡消失,最后达到稳定状态时,外施转矩的稳定部分便将与稳定后的同步转矩相平衡,亦即

$$C\sin\theta_0 = T_{10} - T_0 \tag{22-16}$$

式(22-15)中,$C\cos\theta_0$ 可以称为当 $\theta = \theta_0$ 时的比值整步转矩,且可用另一常数 C_1 来表示。把式(22-16)从式(22-15)中消去,便得在有微振荡时的微分方程式为

$$\frac{J}{q} \cdot \frac{\mathrm{d}^2\theta_\alpha}{\mathrm{d}t^2} + k\frac{\mathrm{d}\theta_\alpha}{\mathrm{d}t} + C_1\theta_\alpha = T_{1t} \tag{22-17}$$

式(22-17)为一具有常系数的线性微分方程,可用简单的方法求其解。

22.3　同步电机的自由振荡

如果突然外施至同步电机为一恒定转矩,则所引起的振荡便为自由振荡。在求自由振荡时,应使式(22-17)的右边部分等于零,即令

$$\frac{J}{p} \cdot \frac{\mathrm{d}^2\theta_\alpha}{\mathrm{d}t^2} + k\frac{\mathrm{d}\theta_\alpha}{\mathrm{d}t} + C_1\theta_\alpha = 0 \tag{22-18}$$

这一方程式的解答应有如下的形式
$$\alpha = Ae^{zt} \tag{22-19}$$

把式(22-19)代入式(22-18),便可写出如下特征方程式

$$\frac{J}{p}z^2 + kz + C_1 = 0 \tag{22-20}$$

求解 z,得

$$z_{1,2} = -\frac{pk}{2J} \pm \mathrm{j}\sqrt{\frac{pC_1}{J} - \left(\frac{pk}{2J}\right)^2} = -\sigma \pm \mathrm{j}\mu \tag{22-21}$$

式中
$$\sigma = \frac{pk}{2J} \tag{22-22}$$

$$\mu = \sqrt{\frac{pC_1}{J} - \left(\frac{pk}{2J}\right)^2} \tag{22-23}$$

σ 称为衰减系数，μ 称为有阻尼的固有角频率。故得方程式（22-18）的普遍解答

$$\alpha = A_1 e^{z_1 t} + A_2 e^{z_2 t} \tag{22-24}$$

振幅 A_1 和 A_2 可由初始条件求得。设在没有加上上述外施转矩时，稳定的位移角为 θ_1，而在加上上述外施转矩以后，稳定的位移角便增加至 θ_2。在发生振荡的初瞬，我们可以认为转子的位置已从 θ_2 偏移至 θ_1。设 $\theta_m = \theta_2 - \theta_1$，则得初始条件为

当 $t = 0$ 时，$\qquad\qquad \theta_\alpha = \theta_1 - \theta_2 = -\theta_m \tag{22-25}$

同时，由于转子的速度不能突然变化，故有

当 $t = 0$ 时，$\qquad\qquad \dfrac{\mathrm{d}\theta_\alpha}{\mathrm{d}t} = 0 \tag{22-26}$

在式（22-24）中代入以上的初始条件，则得如下的联立方程式

$$\left.\begin{array}{l} A_1 + A_2 = -\theta_m \\ z_1 A_1 + z_2 A_2 = 0 \end{array}\right\} \tag{22-27}$$

求解 A_1 和 A_2，便得

$$\left.\begin{array}{l} A_1 = -\dfrac{z_2}{z_2 - z_1}\theta_m = -\dfrac{\sigma}{\mu}\,\dfrac{1}{2j}\theta_m - \dfrac{1}{2}\theta_m \\[3mm] A_2 = \dfrac{z_1}{z_2 - z_1}\theta_m = -\dfrac{\sigma}{\mu}\,\dfrac{1}{-2j}\theta_m - \dfrac{1}{2}\theta_m \end{array}\right\} \tag{22-28}$$

把式（22-28）和式（22–21）代入式（22-24）中，并化简，则得振荡角 θ 的表示式为

$$\theta = -\theta_m e^{-\sigma t}\left[\frac{\sigma}{\mu}\sin\mu t + \cos\mu t\right] \tag{22-29}$$

假定阻尼作用可以略去不计，即取 $K = 0$，则基本微分方程式将化简为

$$\frac{J}{p}\,\frac{\mathrm{d}^2\theta}{\mathrm{d}t^2} + C_1\theta = 0 \tag{22-30}$$

由于衰减系数 $\sigma = 0$ 振荡的振幅将不衰减，振荡的角频率便为

$$\left.\begin{array}{l} v_0 = \sqrt{\dfrac{pC_1}{J}} \\[3mm] f_0 = \dfrac{v_0}{2\pi} \end{array}\right\} \tag{22-31}$$

v_0 称为无阻尼时的固有角频率，f_0 称为无阻尼时的固有频率，大型水轮发电机或柴油发电机的固有振荡频率常在 $1 \sim 2\mathrm{Hz}$ 之间。于是得振荡角 θ 的表示式为

$$\theta = -\theta_m \cos v_0 t = -\theta_m \cos 2\pi f_0 t \tag{22-32}$$

例 22-1 设有一 $S_N = 9250\mathrm{kV \cdot A}$，$U_N = 6.6\mathrm{kV}$，$n_N = 500\mathrm{r/min}$ 的水轮发电机，在额定运行情况时，它的比整步功率为 $P_{syn} = 12800\mathrm{kW}$，转子的飞轮矩 $GD^2 = 8.48 \times 10^5 \mathrm{N \cdot m^2}$。试求该发电机在这一情况下发生自由振荡时的固有频率和周期。

解 极对数 $p = \dfrac{60f}{n} = \dfrac{60 \times 50}{500} = 6$

$$C_1 = \frac{p}{\omega_1} P_{syn} = \frac{6}{314} \times 12800 \times 10^3 \mathrm{N \cdot m} = 2.44 \times 10^5 \mathrm{N \cdot m}$$

转子的转动惯量 $J = \frac{1}{4} GD^2 = \frac{1}{4} \times 8.48 \times 10^5 \mathrm{N \cdot m^2} = 2.12 \times 10^5 \mathrm{N \cdot m^2}$

无阻尼时的固有角频率为

$$\nu_0 = \sqrt{\frac{pC_1}{J}} = \sqrt{\frac{6 \times 2.44 \times 10^5}{2.12 \times 10^5}} \mathrm{rad/s} = \sqrt{6.9} \mathrm{rad/s} = 2.63 \mathrm{rad/s}$$

固有频率 $\qquad\qquad f_0 = \frac{\nu_0}{2\pi} = \frac{2.63}{2\pi} \mathrm{Hz} = 0.418 \mathrm{Hz}$

固有周期 $\qquad\qquad T_0 = \frac{1}{f_0} = \frac{1}{0.418} \mathrm{s} = 2.39 \mathrm{s}$

22.4 同步电机的强制振荡

22.4.1 同步电机单机运行时的强制振荡

原动机转矩的周期性变化，便是使同步电机发生强制振荡的原因。不均匀的原动机转矩曲线，如图 22-2 所示。这一转矩曲线可用傅里叶级数分解为

$$T = T_{av} + T_1 \cos(\nu t + \gamma_1) + T_2 \cos(2\nu t + \gamma_2) + \cdots$$

$$(22\text{-}33)$$

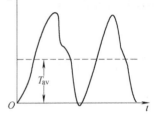

图 22-2 不均匀的原动机转矩

式中 T_{av} 为原动机的平均转矩。其后各项为具有各种不同频率的振荡转矩。转矩中各次谐波都可能存在，不仅有奇次谐波，也有偶次谐波。在分析同步电机的强制振荡时，可把各次谐波分别处理，然后把所得的结果叠加。

首先，我们将考虑某一发电机由有不均匀转矩的原动机带动单独运行时的情况。当一同步发电机单机运行时，它没有固定的同步速度，在任何情况下，转子的转速即为同步速度。定子磁场即由转子磁场所产生，它们之间的位移角 θ 将决定于励磁和负载情况。这时并没有任何因素足以保证端电压 U 的大小、相角和频率不变。在定子磁场和转子磁场之间，并不需要有整步功率把它们拉入同步。在阻尼绕组中不会有感应电流，因而也不可能有阻尼转矩。如果不考虑由于微小的瞬间速度变化而引起的感应电势的变化，则发电机的输出功率可以认为是不变的，且由输入功率的平均值所供给。于是原动机转矩中的振荡分量将只被加速转矩所平衡。如先考虑振荡转矩中的基波分量，则有

$$\frac{J}{p} \frac{\mathrm{d}^2\theta}{\mathrm{d}t^2} = T_1 \cos(\nu t + \gamma)$$

$$(22\text{-}34)$$

强制振荡即为在稳定状态下的振荡，求解式（22-34），其特解为

$$\theta_s = -\frac{p}{J} \frac{T_1}{\nu^2} \cos(\nu t + \gamma_1)$$

$$(22\text{-}35)$$

对于强制振荡来说，转子的振荡频率即和外施转矩的振荡频率相等。如外施转矩的振荡

振幅不衰减，则转子的振荡振幅也不衰减。由式（22-35）可见，对于单独运行的发电机，如要限制它的强制振荡的振幅，唯一的办法只有增加转动惯量 J。要达到这一目的，可以增加转子本身的转动惯量，或者在机轴上附装飞轮。

式（22-35）所示的仅为强制振荡中的一个分量。用同样的方法，我们可再考虑外施转矩中的其他谐波，从而求出强制振荡中的其他分量。强制振荡的总解答，可用一傅里叶级数表示。

22.4.2 同步电机接在电网上时的强制振荡

和前面一样，我们将先考虑外施振荡转矩中的基波分量。当同步电机接在电网上时，比值整步转矩及阻尼转矩均不为零，故得基本微分方程式为

$$\frac{J}{p}\frac{d^2\theta}{dt^2} + k\frac{d\theta}{dt} + C_1\theta = T_1\cos(vt + \gamma_1) \tag{22-36}$$

在求式（22-36）的稳态解答时，可用交流电路理论中的复数表示法，即令

$$T_1\cos(vt + \gamma_1) = \text{Re}[\dot{T}_1 e^{jvt}] \tag{22-37}$$

$$\theta_s = \text{Re}[\dot{A}e^{jvt}] \tag{22-38}$$

在以上两式中，符号 Re 的意义为："仅取其实数部分"。$T_1 = \dot{T}_1 e^{j\gamma_1}$ 为振荡转矩的复数振幅。$\dot{A}$ 为所求强制振荡复数振幅。把式（22-37）和式（22-38）代入式（22-36）中，略去符号 Re 不写，并消去 e^{jvt}，可得

$$-v^2\frac{J}{p}\dot{A} + jvk\dot{A} + C_1\dot{A} = \dot{T}_1 \tag{22-39}$$

从上式中求解 $\dot{A}$，则有

$$\dot{A} = \frac{T_1}{\left(C_1 - v^2\dfrac{J}{p}\right) + jvk} = Ae^{j\varphi} \tag{22-40}$$

其中

$$A = \frac{T_1}{\sqrt{\left(C_1 - v^2\dfrac{J}{p}\right)^2 + v^2k^2}} \tag{22-41}$$

$$\varphi = \gamma_1 - \arctan\frac{vk}{C_1 - v^2\dfrac{J}{p}} \tag{22-42}$$

在式（22-41）中，如分母的数值为最小，则强制振荡的振幅为最大。设当 $v = v_R$ 时，振幅 A 为最大，则 v_R 称为共振角频率。把式（22-41）中的根号下的数量对 v 进行微分，并把所得的结果等于零，便可求得共振角频率为

$$v_R = \sqrt{\frac{pC_1}{J} - \frac{1}{2}\left(\frac{pk}{J}\right)^2} \tag{22-43}$$

比较式（22-43）和式（22-23）可见，共振角频率 v_R 和固有角频率 μ 相差极小。如阻尼作

用可以略去不计，则共振角频率便和无阻尼时的固有角频率 v_0 相等。

　　在相同的外施振荡转矩作用下，当同步发电机接在电网上时，所引起的强制振荡的振幅，将比它在单机运行时大。接在电网上时的强制振荡振幅与在单机运行时强制振荡振幅之比，称为共振系数。如令 ξ 表示共振系数，则按式（22-40）和式（22-35），可得

$$\xi = \frac{-v^2 \dfrac{J}{p}}{\left(C_1 - v^2 \dfrac{J}{p}\right) + jvk} \tag{22-44}$$

把式（22-44）的分母和分子，各除以 $-v^2 \dfrac{J}{p}$，再代入式（22-31）所示的关系式，即 $v_0^2 = \dfrac{pC_1}{J}$，和式（22-22）所示的关系式，即 $\sigma = \dfrac{pk}{2J}$，便得

$$\xi = \frac{1}{1 - \left(\dfrac{v_0}{v}\right)^2 - j\dfrac{2\sigma}{v}} \tag{22-45}$$

当阻尼作用可以略去时，$\sigma = 0$，式（22-45）便化为

$$\xi_0 = \frac{1}{1 - \left(\dfrac{v_0}{v}\right)^2} \tag{22-46}$$

　　由式（22-45）和式（22-46）可见，当外施转矩的振荡频率和同步电机的固有频率愈相接近时，则强制振荡的振幅也就愈大。图 22-3 表示：当 $\dfrac{2\sigma}{v}$ 有不同的数值时，共振系数的绝对值随着角频率的比值而变化的关系。在实际应用时，如要使强制振荡的振幅不致过大，应使比值 $\dfrac{v_0}{v} < 0.8$ 或 > 1.2。在设计同步电机时，这一条件可由选择适当的转动惯量来满足。

　　装设阻尼绕组可以增大阻尼转矩，从而起抑制振荡的作用。目前的水轮发电机都装有阻尼绕组。汽轮发电机则因整块转子中的涡流同样可以起阻尼作用，一般不再需要另装阻尼绕组。

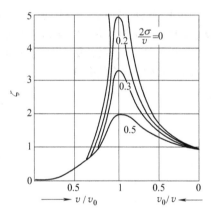

图 22-3　共振系数随着角频率的比值变化的曲线图

小　结

　　自由振荡是运行情况突变（例如负载改变）而引起的，之所以能产生振荡，是因为转子有转动惯量。但是同步电机单机运行时不可能出现自由振荡现象，这是因为振荡过程中电压 U 和电势 E_0 要一起振荡，它们之间的角度 θ 却保持不变。强制振荡是由于原动机转矩不均匀所引起的，所以无论运行有无突变都会产生强制振荡。必须理解自由振荡和强制振荡的

区别，它们有不同的性质，它们的起因和变化规律是不同的。

思 考 题

22-1 一台接在无穷大汇流排上的同步电机发生振荡。试绘出转速 ω 随时间而变化的关系曲线，以及位移角 θ 随时间而变化的关系曲线：(1) 在没有阻尼作用时；(2) 在有阻尼作用时，并且取开始发生振荡的瞬间为 $t=0$。

22-2 试说明转矩平衡方程式的物理意义。该方程式如何可以既适用于发电机运行情况，又适用于电动机运行情况？在两种运行情况下每一转矩分量有什么不同？

22-3 试把振荡方程式 (22-17) 和 R、L、C 串联谐振电路方程式相比较。如 T_{1i} 相当于外施电压 v，θ 相当于电荷 q，其他各系数 $\dfrac{J}{p}$、R 和 C_1 各相当于哪些物理量？

22-4 如何区别自由振荡和强制振荡？从数学观点看，自由振荡相当于哪一部分的解？强制振荡相当于哪一部分的解？在一外施正弦激励的 RLC 串联谐振电路中，如何体现自由振荡和强制振荡？试写出有关的方程式并和本章中的相应方程式做比较。

22-5 同步电机衰减与不衰减的自由振荡频率各与什么因素有关？是由什么原因造成自由振荡的衰减？

习 题

22-1 设有一台 $S_N = 90000 \text{kV} \cdot \text{A}$，$U_N = 13.8 \text{kV}$，$n_N = 88.2 \text{r/min}$ 的水轮同步发电机，在额定运行情况下的功率因数为 0.9（滞后），同步电抗的标幺值为 $x_d = 0.765$，$x_q = 0.53$，转子的飞轮矩为 $GD^2 = 3.23 \times 10^8 \text{N} \cdot \text{m}^2$，试求该发电机在额定运行情况下发生自由振荡时的固有频率和周期。

22-2 设有一台 $P_N = 50000 \text{kW}$，$U_N = 10.5 \text{kV}$，$n_N = 3000 \text{r/min}$ 的汽轮同步发电机，在额定运行情况下的功率因数为 0.85（滞后），静过载倍数 $k_M = 1.9$，转子的转动惯量为 $7.84 \times 10^3 \text{N} \cdot \text{m}^2$，试求：(1) 当该机接至电网空载运行时，发生自由振荡时的固有频率和周期；(2) 当该机接至电网并带有额定负载时，发生自由振荡时的固有频率和周期。

第五篇 直流电机

第 23 章 直流电机概述

直流电机是指输出直流电流的发电机或通入直流电流而产生机械运动的电动机。直流电动机具有很好的起动性能和宽广平滑的调速特性，因而被广泛应用于电力机车、无轨电车、轧钢机、机床和起重设备等需要经常起动并调速的电气传动装置中。直流发电机主要用作直流电源。此外，小容量直流电机大都在自动控制系统中以伺服电动机、测速发电机等形式作为测量、执行元件使用。

目前，虽然由晶闸管整流元件组成的静止固态直流电源设备已基本上取代了直流发电机，但直流电动机仍以其良好调速性能的优势在传动性能要求高的场合占据一定地位。

23.1 直流电机的工作原理

23.1.1 直流发电机的工作原理

电机的工作原理建立在电磁力和电磁感应的基础上。图 23-1 是一个直流发电机的物理模型。图中，N、S 是主磁极，它是固定不动的，abcd 是装在可以转动的铁磁柱体上的一个线圈，把线圈的两端分别接到两个圆弧型的铜片上（称换向片），两者相互绝缘，铁心和线圈合称电枢，通过在空间静止不动的电刷 AB 与换向片接触，即可对外电路供电。

当原动机拖动电枢以恒速 n 逆时针方向旋转时，在线圈中有感应电动势，其大小为

$$e = Blv$$

式中，B 为导体所在处的磁通密度，单位是 Wb/m^2；l 为导体的有效长度，即导体切割磁力线部分的长度，单位是 m；v 为导体切割磁力线的线速度，单位为 m/s。

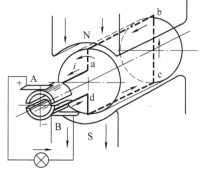

图 23-1　直流发电机的工作原理示意图

感应电动势的方向可用右手定则确定。在图 23-1 所示时刻，整个线圈的电动势方向是由 d 到 c，由 b 到 a，即由 d 到 a。此时 a 端经换向片接触电刷 A，d 端经换向片与电刷 B 接触，所以电刷 A 为正极性而电刷 B 为负极性。在电刷 AB 之间加上负载，就有电流 i 从电刷 A 经外电路负载而流向电刷 B。此电流经换向片及线圈 abcd 形成闭合回路，线圈中，电流方向从 d 到 a 。

当电枢转 180°时，线圈 abcd 中感应电动势的方向为 $e_{ab} + e_{cd}$，即从 a 到 d 。此时 d 端与

电刷 A 接触，a 端与电刷 B 接触，所以 A 仍正极性，B 仍为负极性。流过负载的电流方向不变。而线圈中电流的方向改变了，即从 a 到 d。

从以上分析可以看出，线圈中的电动势 e 及电流 i 的方向是交变的，只是经过电刷和换向片的整流作用，才使外电路得到方向不变的直流电。实际上发电机的电枢铁心上有许多个线圈，按照一定的规律连接起来，构成电枢绕组。这就是直流发电机的工作原理。同时也说明直流发电机实质上是带有换向器的交流发电机。

在发电机中存在电磁反转矩，当发电机接负载，绕组中便有电流通过，此电流与电枢磁场作用，产生电磁力 $f = Bli$，在电机的轴上形成一个制动力矩，发电机是克服此力矩，才能把机械能转变为电能。

23.1.2　直流电动机的工作原理

在图 23-2 的电刷 AB 上加上直流电源，便成为直流电动机的物理模型，这时线圈 abcd 中便有电流通过，见图 23-2。其方向为从 a 到 d，线圈中的电流 i 与磁场作用，产生电磁力 $f = Bli$，电枢在此电磁力的作用下，便旋转起来，进而带动生产机械旋转。电磁力的方向由左手定则确定，图示时刻，电流从 a 到 d，导体 ab 受电磁力的方向则从右向左，导体 cd 受力方向从左到右，电枢逆时针方向旋转。当电枢转过 180° 时，外部电路的 i 不变，线圈中的电流方向为从 d 到 a，此时电磁力方向不变，电机沿同一方向旋转。

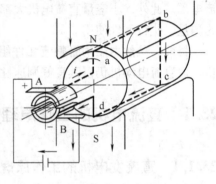

图 23-2　直流电动机工作原理示意图

由此可见，在直流电动机中，线圈中的电流是交变的，但产生的电磁转矩的方向是恒定的。与直流发电机一样，直流电动机的电枢也是由多个线圈构成的，多个线圈所产生的电磁转矩方向都是一致的。

23.1.3　电机的可逆原理

一台直流电机原则上既可以作为电动机运行，也可以作为发电机运行，只是外界条件不同而已。如果用原动机拖动电枢恒速旋转，就可以从电刷端引出直流电动势而作为直流电源对负载供电；如果在电刷端外加直流电压，则电机就可以带动轴上的机械负载旋转，从而把电能转变成机械能而成为电动机。这种同一台电机能作电动机或作发电机运行的原理，在电机理论中称为可逆原理。

23.2　直流电机的基本结构

直流电机的结构是多种多样的，由于篇幅所限，不可能做详细介绍，图 23-3 是一台常用小型直流电机结构图。它由定子（静止部分）和转子（转动部分）以及在定转子之间留有的一定的间隙（称为气隙）三部分组成。

1. 定子部分

定子部分包括机座、主磁极、换向极和电刷装置等。

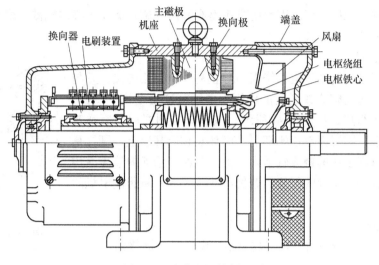

图 23-3　直流电机的剖面图

（1）主磁极

主磁极的作用是在定转子之间的气隙中建立磁场，产生主磁通。使电枢绕组在此磁场的作用下感应电动势和产生电磁转矩。

在大多数直流电机中，主磁极是电磁铁，主磁极铁心用 1～1.5mm 厚的低碳钢板叠压而成。整个磁极用螺钉固定在机座上。为了使主磁极能在气隙中分布更合理，铁心的下部（称为极靴）比套绕组的部分（称为极身）要宽些，如图 23-4 所示。

（2）换向极

换向极又称附加极或间极，其作用是用以改善电机的换向。换向极装在相邻两主极之间，它也是由铁心和绕组构成，见图 23-5。铁心一般用整块钢或钢板加工而成。换向极绕组与电枢绕组串联。

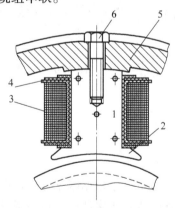

图 23-4　主磁极

1—主极铁心　2—极靴　3—励磁绕组
4—绕组绝缘　5—机座　6—螺杆

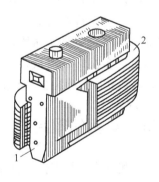

图 23-5　换向极

1—换向极铁心　2—换向极绕组

（3）机座

机座有两个作用，一是作为电机磁路系统中的一部分，二是用来固定主磁极、换向极及端盖等，起机械支承的作用。因此要求机座有好的导磁性能及足够的机械强度与刚度。机座通常用铸钢板或厚铁板焊成。

（4）电刷装置

电刷的作用是把转动的电枢绕组与静止的外电路相连接，并与换向器相配合，起到整流或逆变的作用。电刷装置由电刷、刷握、刷杆座和铜丝辫组成，如图23-6所示。电刷放在刷握内，用弹簧压紧在换向器上，刷握固定在刷杆上，刷杆装在刷杆座上。刷杆是绝缘体，刷杆座则装在端盖或轴承内盖上。各刷杆沿换向器表面均匀分布，并且有一个正确的位置，若偏离此位置，则将影响电机的性能。

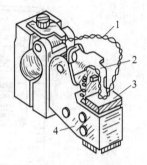

图 23-6　电刷装置
1—铜丝辫　2—压紧弹簧
3—电刷　4—刷握

2. 转子部分

直流电机的转子称为电枢，包括电枢铁心、电枢绕组、换向器、风扇、轴和轴承等。

（1）电枢铁心

电枢铁心是电机主磁路的一部分，且用来嵌放电枢绕组。为了减少电枢旋转时电枢铁心中因磁能变化而引起的磁滞及涡流损耗，电枢铁心常用0.5mm厚的两面涂有绝缘漆的硅钢片叠压而成。

（2）电枢绕组

电枢绕组是由许多按一定规律连接的线圈组成，它是直流电机的主要电路部分，也是通过电流和感应电动势，从而实现机电能量转换的关键性部件。线圈用包有绝缘的导线绕制而成，嵌放在电枢槽内。每个线圈（也称元件）有两个出线端，分别接到换向器的两个换向片上。所有线圈按一定规律连接成一闭合回路。

（3）换向器

换向器也是直流电机的重要部件。在直流电动机中，它将电刷上的直流电流转换为绕组内的交流电流；在直流发电机中，它将绕组内的交流电动势转换为电刷端上的直流电动势。换向器由许多换向片组成，每片之间相互绝缘。换向片数与线圈元件数相同，换向器结构如图23-7所示。

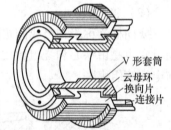

V形套筒
云母环
换向片
连接片

图 23-7　换向器

23.3　直流电机的额定值

为了使电机安全可靠工作，且保持优良的运行性能，电机厂家根据国家标准及电机的设计数据，对每台电机在运行中的电压、电流、功率、转速等规定了保证值，这些保证值称为电机的额定值。额定值一般标记在电机的铭牌或产品说明书上。直流电机的额定值有：

1）额定容量（功率）P_N，单位为 W 或 kW。

2）额定电压 U_N，单位为 V。

3）额定电流 I_N，单位为 A。

4）额定励磁电压 U_{fN}，单位为 V。

5）额定励磁电流 I_{fN}，单位为 A。

6）额定转速 n_N，单位为 r/min。

此外还有一些物理量的额定值，但不一定标在铭牌上。如额定效率 η_N，额定转矩 T_N，单位为 N·m，额定温升 τ_N，单位为℃。

关于额定容量，对直流发电机来说，是指电刷端输出的电功率，对直流电动机来说，是指轴上输出的机械功率。所以，直流发电机的额定功率为

$$P_N = U_N I_N \tag{23-1}$$

而直流电动机的额定功率为

$$P_N = U_N I_N \eta_N \tag{23-2}$$

例 23-1 一台直流发电机，其额定功率 $P_N = 145kW$，额定电压 $U_N = 230V$，额定转速 $n_N = 1450r/min$，额定效率 $\eta_N = 90\%$，求该发电机的输入功率 P_1 及额定电流 I_N 各是多少？

解 额定输入功率为 $\qquad P_1 = P_N/\eta_N = \dfrac{145}{0.9}kW = 161kW$

额定电流为 $\qquad I_N = \dfrac{P_N}{U_N} = \dfrac{145 \times 10^3}{230}A = 630.4A$

例 23-2 一台直流电动机，其额定功率 $P_N = 100kW$，额定电压 $U_N = 220V$，额定效率 $\eta_N = 89\%$，求额定输入功率 P_1 及额定电流 I_N 各是多少？

解 额定运行时的输入功率

$$P_1 = P_N/\eta_N = \frac{100}{0.89}kW = 112.36kW$$

额定电流为 $\qquad I_N = \dfrac{P_1}{U_N} = \dfrac{112.36 \times 10^3}{220}A = 510.73A$

或 $\qquad I_N = \dfrac{P_N}{\eta U_N} = \dfrac{100 \times 10^3}{0.89 \times 220}A = 510.73A$

小 结

直流电机是实现直流电能与机械能转换的电机。主磁场是实现能量转换的媒介，电磁感应定律和电磁力定律是变换的理论基础。

凡旋转电机均有定子、转子两大部件。直流电机定子包括磁极、磁轭等，可建立磁场。直流电机转子主要有电枢和换向器。在磁场中的电枢（包括电枢铁心和电枢绕组）可进行机电能量转换。但电枢导体上的电动势和电流为交流，实现与外部直流电之间的变换靠的是换向器和电刷。

直流电机的额定参数是正常使用的限值。额定功率，对发电机来讲是指输出的电功率；对电动机来讲是指轴上输出的机械功率。

思 考 题

23-1 试描述直流发电机和直流电动机的工作原理，并说明换向器和电刷起什么作用。

23-2 试判断在下列情况下，电刷两端的电压是交流还是直流。

（1）磁极固定，电刷与电枢同时旋转；（2）电枢固定，电刷与磁极同时旋转。

23-3 试说明什么是电机的可逆原理。为什么说发电机作用和电动机作用同时存在于一台电机中？

23-4 直流电机有哪些主要部件？试说明它们的作用和结构。

23-5 直流电机电枢铁心为什么必须用薄电工硅钢片叠成？磁极铁心何以不同？

23-6 试述直流发电机和直流电动机主要额定参数的异同点。

23-7 直流发电机是如何发出直流电的？如果没有换向器，发电机能否发出直流电？

习 题

23-1 某直流电动机，$P_N = 75kW$、$U_N = 220V$、$n_N = 1500r/min$ 以及 $\eta_N = 88.5\%$。试计算额定电流 I_N。

23-2 某直流发电机，$P_N = 240kW$、$U_N = 460V$、$n_N = 600r/min$，试计算额定电流 I_N。

第24章 直流电机的绕组和电枢反应

24.1 直流电机的电枢绕组

24.1.1 电枢绕组的基本特点

直流电机的电枢绕组是实现机电能量转换的中枢，是电机中电流通道的主体，也是电磁力的载体。

1. 对电枢绕组的基本要求是

1）产生尽可能大的电动势，并有良好的波形。

2）能通过足够大的电流，以产生并承受所需要的电磁力和电磁转矩。

3）结构简单，连接可靠。

4）便于维护和检修。

5）对直流电机，应保证换向良好。

2. 直流电机电枢绕组的类型

1）叠绕组，又分单叠和复叠绕组。

2）波绕组，又分单波和复波绕组。

3）蛙绕组，即叠绕和波绕混合的绕组。

下面只介绍较为简单的单叠和单波绕组。

24.1.2 电枢绕组的名词术语介绍

1. 元件

所谓元件是指两端分别与两片换向片连接的单匝或多匝线圈。电枢绕组由结构形状相同的绕组元件（简称元件）构成。

每一个元件有两个圈边，元件的圈边为放在槽中切割磁力线、感应电动势的有效边。元件在槽外（电枢铁心两端）的部分一般只作为连接引线，称为端接。与换向片相联的一端为前端接，另一端叫后端接。为便于绕组元件在电枢表面槽内的嵌放，每个元件的一个元件边放在某一槽的上层（称为上元件边），另一个元件边则放在另一个槽的下层（称为下元件边），见图 24-1 和图 24-2 所示。

2. 槽数、元件数、换向片数

电枢绕组的槽数为 Z、元件数为 S、换向片数 K。三者的关系为：由于每一个元件有两个元件边，而每一片换向片同时接有一个上元件边和一个下元件边，所以元件数 S 一定与换向片数 K 相等；又由于每一个槽亦包含上、下层两个元件边，即槽数 Z 也与元件数相等，故有

$$S = K = Z \tag{24-1}$$

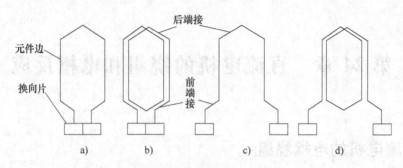

图 24-1 直流电机电枢绕组元件

a）叠绕组单匝线圈 b）叠绕组多匝线圈 c）波绕组单匝线圈 d）波绕组多匝线圈

3. 线圈的节距

极距 τ 为每个主磁极在电枢表面占据的距离或相邻两主极间的距离，用所跨弧长或该弧长所对应的槽数来表示。设电机的极对数为 p，电枢外径为 D_a，则

$$\tau = \pi D_a/2p（弧长） \quad 或 \quad \tau = Z/2p（槽数）$$

第一节距 y_1：每个元件的两个元件边在电枢表面所跨过的槽数，如图 24-3 和图 24-4 所示。为使元件中的感应电动势最大，y_1 所跨的距离应接近一个极距 τ。由于 y_1 必须要为整数，否则无法嵌放，因此有

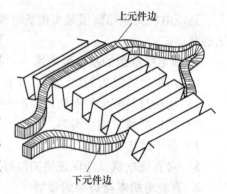

图 24-2 电枢元件在槽内的放置

$$y_1 = \frac{Z}{2p} \mp \varepsilon = 整数 \qquad (24\text{-}2)$$

式中，ε 为小于 1 的分数，用于将 y_1 凑成整数；$y_1 = \tau$ 称为整距；$y_1 > \tau$ 称为长距；$y_1 < \tau$ 称为短距。短距绕组端接连线较短，所以绕组大多采用短距。

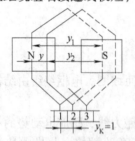

图 24-3 单叠绕组的联接情况

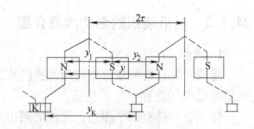

图 24-4 单波绕组的联接情况

第二节距 y_2：与同一片换向片相联的两个元件中的第一个元件的下元件边到第二个元件的上元件边在电枢表面所跨过的槽数。对叠绕组 $y_2 < 0$，对波绕组 $y_2 > 0$。

合成节距 y：相串联的两个元件的对应边在电枢表面所跨过的槽数。

$$y = y_1 + y_2 \qquad (24\text{-}3)$$

换向器节距 y_K：与每个元件相联的两片换向片在换向器表面跨过的距离，用换向片数表示。合成节距与换向器节距在数值上总是相等的，即

$$y = y_K \tag{24-4}$$

规定 $y_K > 0$ 为右行绕组，$y_K < 0$ 为左行绕组，其含义结合图 24-3 和图 24-4 一目了然，在此不另做解释。左行绕组每一个元件接到换向片上的两根端接线要相互交叉，亦较长，用铜多，故较少采用。

24.1.3　单叠绕组和单波绕组

1. 单叠绕组的构成

电枢绕组中任何两个串联元件都是后一个叠在前一个上面的称为叠绕组，若 $y = y_K = \pm 1$ 则称之为单叠。现举例说明单叠绕组的连接方法与特点。

例 24-1 已知电机极数 $2p = 4$，且 $Z = S = K = 16$。试绕制一单叠右行整距绕组。

解　（1）节距计算

单叠右行 $y = y_K = 1$

整距 $y_1 = Z/2p = 16/4 = 4$（整数，可绕制）

第二节距 $y_2 = y - y_1 = -3$

（2）绕组连接表

规定元件编号与槽编号相同，上元件边直接用槽编号表示，下元件边用所在槽编号加撇以示区别。上元件边与下元件边之间用实线连接，两元件通过换向器串联用虚线表示。依次连接完 16 个元件后，又回到第 1 个元件，即直流电枢绕组总是自行闭合的。绕组连接表如图 24-5 所示。

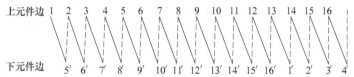

图 24-5　单叠绕组的连接表

（3）绕组展开图

相邻两主极间的中心线称为电枢上的几何中性线，基本特征是电机空载时此处的径向磁场为零。故位于几何中性线上的元件边中的感应电动势为零，如图 24-6 中槽 1、5、9、13 中的元件边即为这种状况。对于端接对称的绕组，元件的轴线应画为与所接的两片换向片的中心线重合。如图 24-6 中元件 1 接换向片 1、2，而元件 1 的轴线为槽 3 中心线，故换向片 1、2 的分隔线与槽 3 的中心线重合。另外，换向器的大小应画得与电枢表面的槽距一致，而换向片的编号、元件编号（即槽编号）则都要求相同。最后，由连接表图 24-5

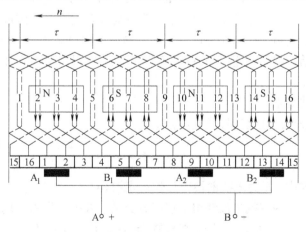

图 24-6　单叠绕组的展开图（$Z = 16$，$2p = 4$）

所示提供的元件之间的连接关系即可完成绕组展开图的绘制。

绕组展开图如图 24-6 所示，它是假设把电枢从某一齿中心沿轴向切开并展开成一带状平面。此时，约定上元件边用实线段表示，下元件边用虚线段表示；磁极在绕组上方均匀安放，N 极指向纸面，S 极穿出纸面；左上方箭头为电枢旋转方向，元件边上的箭头为由右手定则确定的感应电动势方向。由此可得电刷电位的正负如 24-6 图所示。

（4）绕组并联支路数

全部元件串联构成一个闭合回路，其中 1、5、9、13 四个元件中的电动势在图示瞬间为零。这四个元件把回路分成四段，每段再串联三个电动势方向相同的元件。由于对称关系，这四段电路中的电动势大小是相等的，方向两两相反，因此整个闭合回路内的电动势恰好相互抵消，合成为零，故电枢绕组内不会产生"环流"。如果在电动势为零的元件 1、5、9、13 所连接的换向片间的中心线上依次放置电刷 A_1、B_1、A_2、B_2，并且空间位置固定，则不管电枢和换向器转到什么位置，电刷 A_1、A_2 的电位恒为正，电刷 B_1、B_2 的电位恒为负。正、负电刷是电枢绕组支路的并联点，二者之间的电动势有最大值。

从图 24-7 可知，经 B 到 A，有四条支路与负载并联。当电枢旋转时，虽然各元件的位置随之移动，构成各支路的元件循环替换，但任意瞬间，每个主极下的串联元件总是构成一条电动势方向相同的支路，总的并联支路数不变，即恒等于主极数。这也是单叠绕组的基本特点。设 a 为并联支路对数，对单叠绕组，并联支路数和主极数的关系就是

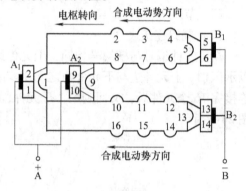

图 24-7　单叠绕组的电路图

$$2a = 2p \quad 或 \quad a = p \qquad (24-5)$$

这就是说，要增加并联支路数（使电枢通过较大电流），就要求增加主极数。若希望主极数不变，但又要求增加并联支路数，实际的做法就是把多个单叠绕组嵌放在同一个电枢上，再借助电刷并联方法构成复叠绕组。

2. 单波绕组的构成

所谓单波绕组是指相邻联接的两个元件呈波浪形。具体地讲，单波绕组的连接规律是从某一换向片开始，把相隔约为一对极距的同极性磁极下对应位置的所有元件串联起来，直到沿电枢和换向器绕过一周后，恰好回到开始换向片的相邻换向片上。然后，从该换向片开始，继续连，一直把全部元件联完，最后又回到开始出发的那个换向片，构成一个闭合回路。

波绕组

$$y = y_1 - y_2 \qquad (24-6)$$

按单波绕组的接线规律得知

$$y = y_k = \frac{K \mp 1}{p} = \frac{Z_1 \pm 1}{p} = y_1 + y_2 \qquad (24-7)$$

式中，K 为电机的换向片数；p 为极对数；单波左行：$y = -1$，单波右行：$y = +1$

因右行单波绕组端接部分交叉，故很少采用。现举例说明单波绕组的连接方法与特点。

例 24-2 已知电机极数 $2p = 4$，且 $Z = S = K = 15$。试绕制一单波左行短距绕组。

解 （1）节距计算

单波左行

$$y = \frac{K-1}{p} = \frac{15-1}{2} = 7$$

第一节距　$y_1 = \frac{Z_1}{2p} - \varepsilon = \frac{15}{4} - \frac{3}{4} = 3$

第二节距　$y_2 = y - y_1 = 7 - 3 = 4$

（2）绕组连接表

采用与单叠绕组讨论时相同的约定，即可给出单波绕组的连接表如图 24-8 所示。所有元件依次串联，连接完 15 个元件后，又回到第 1 个元件，即最终构成一个闭合绕组。

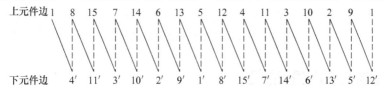

图 24-8　单波绕组的连接表

（3）绕组展开图

按连接表图 24-8 可以绘制绕组展开图如图 24-9 所示，绘图中的基本约定与单叠绕组大致相仿，由于波绕组的端接通常也是对称的，这意味着与每一元件所接的两片换向片自然会对称地位于该元件轴线的两边，即两换向片的中线与元件轴线重合，因此，电刷势必也就放置在主磁极轴线下的换向片上。

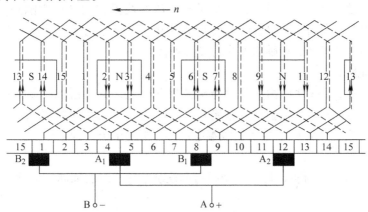

图 24-9　单波绕组的展开图（$Z = 15$，$2p = 4$）

（4）绕组并联支路

根据绕组的展开图可以绘制单波绕组的电路图，如图 24-10 所示。由图可见所有 N 极下的元件串成一个支路，而在 S 极下的元件串成了另一个支路。

1）无论极数的多少，单波绕组只有一对支路。即

$$a = 1 \tag{24-8}$$

2）电枢电流等于两条支路电流之和。电枢电动势等于支路电动势（一条支路各元件动势的总和）。

3）单波绕组支路数少，则相应每一支路串联的绕组元件就较多，故这种绕法适用于制作高压小电流电机。

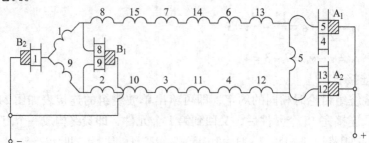

图 24-10 单波绕组的电路图

24.2 直流电机的空载磁场

24.2.1 直流电机的励磁方式

电机磁场是电机感应电动势和产生电磁转矩所不可缺少的因素。电机的运行性能在很大程度上决定于电机的磁场特性。要了解电机的运行原理，首先要了解电机的磁场，了解气隙中磁场的分布情况，每极磁通的大小以及与励磁电流的关系。

除少数微型电机之外，绝大多数的直流电机的气隙磁场都是在主磁极的励磁绕组中通以直流电流（称为励磁电流）而建立的。此励磁电流的获得方式（称为励磁方式）不同，电机的运行性能就有很大的差别。直流电机的励磁方式可分为他励、并励、串励和复励四种。现以电动机为例，说明这四种励磁方式的接法和特点。

1. 他励直流电机

所谓他励，就是励磁绕组由其他直流电源单独供电，其接法如图 24-11a 所示。电枢绕组与励磁绕组分别由两个互相独立的直流 U 和 U_f 供电，所以励磁电流 I_f 的大小，不会受端电压 U 及电枢电流 I_a 的影响。电机出线端电流等于电枢电流，即 $I = I_a$。

2. 并励直流电机

其接法如图 24-11b 所示，即励磁绕组与电枢绕组并联以后加同一个直流电压 U。

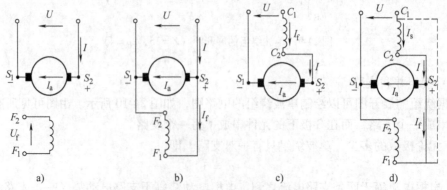

图 24-11 直流电机按励磁方式分类

a）他励 b）并励 c）串励 d）复励

$$U_f = U \tag{24-9}$$

$$I = I_a + I_f \tag{24-10}$$

式中，I_a 为电枢电流；I_f 为励磁电流，一般 $I_f = (1\% \sim 5\%) I_N$；I 为电网输入电机的电流。

3. 串励直流电机

其接法如图 24-11c 所示，即励磁绕组与电枢绕组串联后加上同一个直流电压 U。所以

$$I = I_a = I_f \tag{24-11}$$

4. 复励直流电机

这种电机的主磁极中有两套励磁绕组：一套与电枢绕组并联，称为并励绕组；另一套与电枢绕组串联，称为串励绕组。

$$I = I_s = I_a + I_f \tag{24-12}$$

按两个励磁绕组所产生的磁动势关系，可分为积复励和差复励两种。

1）积复励：串励绕组所产生的磁动势 F_s 和并励绕组所产生的磁动势 F_f 方向一致，互相叠加。此时主磁极的总励磁的磁动势为

$$\sum F = F_s + F_f \tag{24-13}$$

2）差复励：如果 F_s 方向与 F_f 相反，则称为差复励。此时主磁极总励磁磁动势为

$$\sum F = F_f - F_s \tag{24-14}$$

不同的励磁方式将会使电机的运行特性有很大的区别，但励磁磁场的分布情况是相同的。

24.2.2　直流电机的空载磁场

1. 空载时的主极磁场

当直流电机空载时（发电机出线端没有电流输出，电动机轴上不带机械负载），其电枢电流等于或近似为零。这时的气隙磁场，只由主磁极的励磁电流所建立。所以直流电机空载时的气隙磁场，又称励磁磁场。

图 24-12 表示一台四极直流电机空载时，由励磁电流单独建立的磁场分布图。其中 Φ_0 经过主磁极、气隙、电枢铁心及机座构成磁回路。它同时与励磁绕组及电枢绕组交链，能在电枢绕组中感应电动势并产生电磁转矩，称为主磁通。另一部分磁通 Φ_σ 仅交链励磁绕组本身，不进入电枢铁心，不和电枢绕

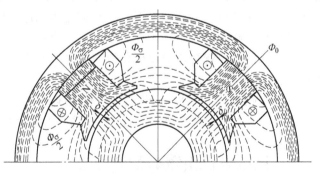

图 24-12　直流电机空载时的磁场分布

组相交链，不能在电枢绕组中感应电动势及产生电磁转矩，称为漏磁通。Φ_0 和 Φ_σ 由同一个磁动势所建立，但是主磁通 Φ_0 所走的路径（称为主磁路）气隙小，磁阻小，而漏磁通 Φ_σ 所走的路径（称为漏磁路）气隙大，磁阻大，所以 Φ_0 要比 Φ_σ 大得多。我们主要研究气隙中 Φ_0 的分布规律。

由于极靴下气隙小而极靴之外气隙很大，而且极靴下的气隙也往往是不均匀的，磁极轴线处气隙最小而极尖处气隙较大。所以在磁极轴线处气隙磁通密度最大而靠近极尖处气隙磁

通密度逐渐减小，在极靴以外则减小得很快，在几何中性线处气隙磁通密度为零。为此可得直流电机空载时，主磁场的气隙磁通密度沿圆周的分布波形如图 24-13 所示。

设电枢圆周为 x 轴而磁极轴线处为 y 轴，又设电枢长度为 l，则离开坐标原点为 x 的 $\mathrm{d}x$ 范围内的气隙磁通为

$$\mathrm{d}\Phi_x = B_x l\mathrm{d}x$$

则空载时每极主磁通为

$$\Phi_0 = \int \mathrm{d}\Phi_x = \int_{-\frac{\tau}{2}}^{+\frac{\tau}{2}} B_x l\mathrm{d}x = l\int_{-\frac{\tau}{2}}^{+\frac{\tau}{2}} B_x \mathrm{d}x = B_{av}\tau l \quad (24\text{-}15)$$

式中，B_{av} 为空载气隙磁通密度的平均值，$B_{av} = \dfrac{1}{\tau}\int_{-\frac{\tau}{2}}^{+\frac{\tau}{2}} B_x \mathrm{d}x$。由式 (24-15) 可知，每极磁通 Φ_0 和 $B_0(x)$ 曲线跟横坐标轴所围面积 $\int_{-\frac{\tau}{2}}^{+\frac{\tau}{2}} B_x \mathrm{d}x$ 成正比。对于尺寸一定的电机，空载气隙磁通密度 B_0 的大小由励磁磁动势 F_f 所决定。当励磁绕组 N_f 一定时，F_f 和 I_f 成正比。所以在实际电机中，空载时每极磁通 Φ_0 随励磁磁动势 F_f 或励磁电流 I_f 的改变而改变。

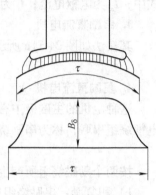

图 24-13 气隙中主磁场
磁通密度的分布

2. 电机的磁化曲线

要建立起一定大小的主磁通 Φ_0，主磁极就需要有一定大小的磁动势 F_f，如果改变主极磁动势的大小，主磁通的大小也就随着改变。表示空载主磁通 Φ_0 与主极磁动势 F_f 之间的关系曲线，叫作电机的磁化曲线，如图 24-14 所示。当主磁通 Φ_0 很小时，铁心没有饱和，此时铁心的磁阻比空气隙的磁阻小得多，主磁通的大小决定于气隙磁阻，由于气隙磁阻是常量，所以在主磁通较小时磁化曲线接近于直线。随着 Φ_0 的增长，铁心逐渐饱和，铁心的磁阻逐渐增大，随着磁动势 F_f 增大，磁通 Φ_0 的增大变慢，因而磁化曲线逐渐弯曲。在铁心饱和以后，磁阻很大而且几乎不变，磁化曲线平缓上升。此时为了增加一些磁通就必须增加很大的磁动势，也就是增加很大的励磁电流。

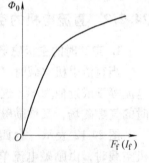

图 24-14 磁化曲线

在额定励磁时，电机一般运行在磁化曲线的弯曲部分，这样既获得较大的磁通密度，又不致需要太大的励磁磁动势，从而可以节省铁心和励磁绕组的材料。

24.3 直流电机负载时的电枢反应

1. 电枢反应

前面已经介绍了直流电机空载运行时的磁场，当电机带上负载后，如电动机拖动生产机械运行或发电机发出了电功率，情况就发生变化了。电机负载运行，电枢绕组中就有了电流，电枢电流也产生磁动势，叫电枢磁动势。电枢磁动势的出现，必然会影响空载时只有励磁磁动势单独作用的磁场，有可能改变气隙磁通密度分布情况及每极磁通量的大小。这种现象称为电枢反应。电枢磁动势也称为电枢反应磁动势。

2. 电刷在几何中性线上时的电枢反应

直流电机负载运行时，电刷在几何中性线上，在一个磁极下电枢导体的电流都是一个方向，相邻不同极性的磁极下，电枢导体电流方向相反。在电枢电流产生的电枢反应磁动势的作用下，电机的电枢反应磁场如图 24-15b 所示。

电枢是旋转的，但是电枢导体中电流分布情况不变，因此电枢磁动势的方向是不变的，相对静止。电枢磁场的轴线与电刷轴线重合，与励磁磁动势所产生的主磁场互相垂直，如图 24-15a 所示。

当直流电机负载运行时，电机内的磁动势由励磁磁动势与电枢磁动势两部分合成，电机内的磁场也由主磁极磁场和电枢磁场合成。下面分析合成磁场的情况。如不考虑磁路的饱和，可将两者叠加起来，则得到如图 24-15c 所示的负载时的合成磁场。从图 24-15c 可以看出，合成磁场对主磁极轴线已不再对称了，使得物理中性线（通过磁通密度为零的点并与电枢表面垂直的直线）由原来与几何中性线相重合的位置移动了一个角度 α。由图可见，电枢反应的结果使得主极磁场的分布发生畸变。

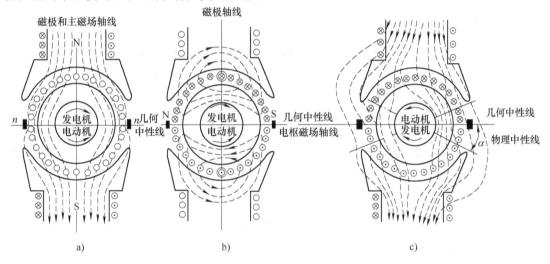

图 24-15　负载时气隙磁场

a）主极磁场　b）电枢反应磁场　c）合成磁场

为什么电枢反应使气隙磁场发生畸变呢？这是因为电枢反应将使一半极面下的磁通密度增加，而使另一半极面下的磁通密度减少。当磁路不饱和时，整个极面下磁通的增加量与减少的量正好相等，则整个极面下总的磁通量仍保持不变。但由于磁路的饱和现象是存在的，因此，磁通密度的增量要比磁通密度的减少量略少一些，这样，每极下的磁通量将会由于电枢反应的作用有所削弱。这种现象称为电枢反应的去磁作用。

3. 电枢反应作用的结果

1）使气隙磁场分布发生畸变。

2）使物理中性线位移（空载时，电机的物理中性线与几何中性线重合。在负载时，对电动机而言，物理中性线逆转向离开几何中性线 α 角度。若在发电机状态，则为顺转向移过 α 角度）。

3）在磁路饱和的情况下，呈一定的去磁作用。

24.4 直流电机的电枢电动势和电磁转矩

直流电机运行时，电枢导体在磁场中运动产生电动势，同时由于导体中有电流，会受到电磁力作用。下面对电枢电动势及电磁转矩进行定量分析。

24.4.1 电枢电动势

电枢电动势是指直流电机正、负电刷之间的感应电动势，也就是电枢绕组里每条并联支路的感应电动势。

电枢旋转时，就某一个元件来说，一会儿在 N 极下，一会儿又进入 S 极下，即从一条支路进入另一条支路，元件本身的感应电动势的大小和方向都在变化着。但是从绕组电路图可知，各个支路所含元件数量相等，各支路的电动势相等且方向不变。于是可以先求出一根导体在一个极距范围内切割气隙磁通密度的平均电动势，再乘上一条支路里的串联总导体数 $\frac{N}{2a}$（N 为电枢总导体数），便是电枢电动势了。

一个磁极极距范围内，平均磁通密度用 B_{av} 表示，极距为 τ，电枢的轴向有效长度为 l，每极磁通为 Φ，则

$$B_{av} = \frac{\Phi}{\tau l} \tag{24-16}$$

一根导体的平均电动势为

$$e_{av} = B_{av} l v \tag{24-17}$$

式中，v 为导体切割磁场的线速度。$v = 2p\tau \frac{n}{60}$。式中，p 为电机极对数，n 为电机转速。

所以

$$e_{av} = 2p\Phi \frac{n}{60} \tag{24-18}$$

导体平均感应电动势 e_{av} 的大小只与导体每秒所切割的总磁通量 $2p\Phi$ 有关，与气隙磁通密度的分布波形无关。于是当电刷放在几何中性线上时，电枢电动势为

$$E_a = \frac{N}{2a} e_{av} = \frac{N}{2a} \times 2p\Phi \frac{n}{60} = \frac{pN}{60a}\Phi n = C_e \Phi n \tag{24-19}$$

式中，$C_e = \frac{pN}{60a}$ 是一个常数，称为电动势常数。

如果每极磁通 Φ 的单位为 Wb，转速 n 的单位为 r/min，则感应电动势 E_a 的单位为 V。

从式（24-19）可以看出，对于一台已经制造好的电机，它的电枢电动势正比于每极磁通 Φ 和转速 n。

例 24-3 已知一台 10kW、4 极、2850r/min 的直流发电机，电枢绕组是单波绕组，整个电枢总导体数 372 根。当发电机发出的电动势 $E_a = 250$V 时，求这时气隙每极磁通量 Φ 是多少？

解 已知 $p = 2$，$a = 1$（单波绕组 a 恒等于 1），则

$$C_e = \frac{pN}{60a} = \frac{2 \times 372}{60 \times 1} = 12.4$$

由 $E_a = C_e \Phi n$ 得

$$\Phi = \frac{E_a}{C_e n} = \frac{250}{12.4 \times 2850} \text{Wb} = 7.07 \times 10^{-3} \text{Wb}$$

24.4.2　电磁转矩

先求一根导体的平均电磁力。根据载流导体在磁场中受力的原理，一根导体所受的平均电磁力为

$$f_{av} = B_{av} l i_a \tag{24-20}$$

式中，i_a 是导体中的电流，即支路电流；l 是导体的有效长度。

一根导体所受的平均电磁力乘以电枢的半径 $\dfrac{D}{2}$，即为一根导体所受的平均转矩 T_x。

$$T_x = f_{av} \frac{D}{2} \tag{24-21}$$

式中，D 是电枢的直径，$D = \dfrac{2p\tau}{\pi}$。

电机总电磁转矩用 T_{em} 表示，为

$$T_{em} = B_{av} l \frac{I_a}{2a} \frac{D}{2} = \frac{\Phi}{l\tau} \cdot l \frac{I_a}{2a} N \frac{2p\tau}{2\pi} = \frac{pN}{2\pi a} \Phi I_a = C_T \Phi I_a \tag{24-22}$$

式中，C_T 是一个常数，称为转矩常数，$C_T = \dfrac{pN}{2\pi a}$；I_a 是电枢总电流，$I_a = 2a i_a$。如果每极磁通 Φ 的单位为 Wb，电枢电流的单位为 A，则电磁转矩 T 的单位为 N·m。

从电磁转矩的表达式可以看出，对于一台具体的直流电机，电磁转矩的大小正比于每极磁通 Φ 和电枢电流 I_a。

电动势常数 C_e 和转矩常数 C_T 都是决定于电机结构的数据，对一台已制成的电机，C_e 和 C_T 都是恒定不变的常数，并且两者之间有一固定的关系，即

$$\frac{C_T}{C_e} = \frac{60}{2\pi} = 9.55 \quad \text{或} \quad C_T = 9.55 C_e$$

例 24-4　已知一台四极他励直流电动机额定功率为 100kW，额定电压为 330V，额定转速为 730r/min，额定效率为 0.915，单波绕组，电枢总导体数为 186，额定每极磁通为 6.98 × 10^{-2}Wb，求额定电磁转矩是多少？

解　转矩常数　　　　　$C_T = \dfrac{pN}{2\pi a} = \dfrac{2 \times 186}{2\pi \times 1} = 59.2$

$$I_N = \frac{P_N}{U_N \eta_N} = \frac{100 \times 10^3}{330 \times 0.915} \text{A} = 331\text{A}$$

额定电磁转矩为

$$T_{emN} = C_T \Phi_N I_N = 59.2 \times 6.98 \times 10^{-2} \times 331 \text{N·m} = 1367.7\text{N·m}$$

电枢电动势及电磁转矩的数量关系已经了解，它们的方向可根据右手定则和左手定则来确定。图 23-1 所示直流发电机的原理图中，转速 n 的方向是原动机拖动的方向，从电刷 B 指向电刷 A 的方向就是电枢电动势的实际方向，对外电路来说，电刷 A 为高电位，电刷 B

为低电位，分别可用正、负号表示。用左手定则判断电磁转矩的方向，电流与电动势方向一致，显然导体 ab 受力向右，而 cd 受力向左，电磁转矩方向与转速方向相反，也与原动机输入转矩方向相反。电磁转矩与转速方向相反，是制动转矩。在图 23-2 直流电动机原理图中，电刷 A 接电源的正极，电刷 B 接电源负极，电流方向与电压一致。导体受力产生的电磁转矩是逆时针方向的，故转子转速也是逆时针方向的，电磁转矩是拖动性转矩。用右手定则判断电枢电动势的方向，导体 ab 中电动势的方向从 b 到 a，cd 中电动势的方向从 d 到 c，电枢电动势从电刷 B 到电刷 A，恰好与电流或电压的方向相反。

电枢电动势的方向由电机的转向和主磁场的方向决定，其中，只要有一个方向改变，电枢电动势的方向将随之改变，但两者的方向同时改变时，电动势的方向不变。电磁转矩的方向由主磁通的方向和电枢电流方向决定。同样，只要改变一个方向，电磁转矩的方向将随之改变，但主磁通和电流两者的方向同时改变时，电磁转矩的方向不变。

24.4.3 直流电机的电磁功率

电枢电动势 E_a 与电磁转矩 T_{em} 这两个物理量有什么关系呢？现以电动机为例加以说明。电枢从直流电源吸收的电功率，扣除电枢绕组本身的铜耗后为 $P_{em} = E_a I_a$，而电枢在电磁转矩 T_{em} 的作用下，以机械角速度 Ω（单位为 rad/s）恒速旋转的机械功率为 $T\Omega$。根据式（24-19）及式（24-22）得

$$P_{em} = E_a I_a = C_e \Phi n I_a = \frac{pN}{60a} \Phi \frac{60\Omega}{2\pi} I_a = \frac{pN}{2\pi a} \Phi I_a \Omega = T_{em} \Omega \qquad (24\text{-}23)$$

由式（24-23）可知，直流电动机电枢从电源吸收的绝大部分电功率 P_{em}，通过电磁感应作用转换成轴上的机械功率 $T_{em}\Omega$。同时可以证明，在直流发电机中，原动机克服电磁转矩 T_{em} 的制动作用产生的机械功率 $T_{em}\Omega$ 也正好等于通过电磁感应作用在电枢回路所得到的电功率 $P_{em} = E_a I_a$。所以称这部分在电磁感应的作用下，机械能与电能相互转换的功率为电磁功率。

小　结

直流电机的电枢绕组是电机的核心部件，它是由若干个完全相同的绕组元件按一定的规律连接起来的。直流电机通过电枢绕组感应电动势、流过电流，并与气隙磁场相互作用而实现机电能量转换。

电枢绕组按其元件连接的方式不同而分为叠绕组和波绕组。两者都是闭合绕组，在绕组的闭合回路中，各元件的电动势恰好互相抵消，闭合回路中不产生环流。单叠绕组的并联支路对数 $a = p$，单波绕组的并联支路对数 $a = 1$。电枢绕组中的电流从电刷引入或引出，电刷的位置一般放在几何中性线上，使空载时正、负电刷之间获得最大电动势。

电枢绕组的感应电动势为 $E_a = C_e \Phi n$。对于任何既定的电机来说，感应电动势 E_a 的大小仅取决于每极磁通 Φ 和转速 n。而电磁转矩 $T_{em} = C_T \Phi I_a$，决定于每极磁通 Φ 和电枢电流 I_a。

从分析电机的主极磁场和电枢磁场入手，说明了电枢反应的性质，对电机运行性能的影响以及补偿电枢反应的方法。电枢反应将直接影响感应电动势和电磁转矩的大小，因而影响到电机的运行性能。

思 考 题

24-1　耦合磁场是怎样产生的？它的作用是什么？没有它能否实现机电能量转换？

24-2　如果将电枢绕组装在定子上，磁极装在转子上，换向器和电刷应怎样装置才能作直流电机运行？

24-3　试说明单叠绕组和单波绕组的连接特点。

24-4　什么叫电枢反应？电枢反应磁场对气隙磁场有什么影响？公式 $E_a = C_e \Phi n$ 和 $T_{em} = C_T \Phi I_a$ 中的 Φ 应是什么磁通？

24-5　电枢反应磁动势与励磁磁动势有什么不同？

24-6　对于直流发电机，如果电刷在几何中性线上，且磁路不饱和，这时的电枢反应是什么性质的？

24-7　直流电机的电枢电动势和电磁转矩的大小取决于哪些物理量？这些量的物理意义如何？

24-8　直流发电机和直流电动机的电枢反应有哪些共同点？有哪些主要区别？

习 题

24-1　一台直流电机，$p = 3$，单叠绕组，电枢绕组总导体数 $N = 398$，每极磁通 $\Phi = 2.1 \times 10^{-2} \mathrm{Wb}$，当 $n = 1500 \mathrm{r/min}$ 和 $n = 500 \mathrm{r/min}$ 时，求电枢绕组的感应电动势 E_a。

24-2　一台直流发电机额定功率 $P_N = 30 \mathrm{kW}$，额定电压 $U_N = 220 \mathrm{V}$，额定转速 $1500 \mathrm{r/min}$，极对数 $p = 2$，电枢总导体数 $N = 572$，气隙每极磁通 $\Phi = 0.016 \mathrm{Wb}$，单叠绕组。求：（1）额定运行时的电枢感应电动势 E_a；（2）额定运行时的电磁转矩 T_{emN}。

24-3　试计算下列绕组的节距 y_1、y_2、y、y_k，并绘制绕组的展开图，画出主极和电刷的位置，求出并联支路数。（1）右行短距单叠绕组，$2p = 4$，$Z = S = 22$；（2）左行短距单波绕组，$2p = 4$，$Z = S = 19$。

24-4　一台直流发电机，$p = 4$，当 $n = 600 \mathrm{r/min}$，每极磁通 $\Phi = 4 \times 10^{-3} \mathrm{Wb}$ 时，电枢绕组的感应电动势 $E_a = 230 \mathrm{V}$，试求：（1）若为单叠绕组，则电枢绕组总导体数 N 为多少？（2）若为单波绕组，则电枢绕组总导体数 N 为多少？

第25章 直流发电机

25.1 直流发电机的基本方程式

直流发电机的励磁方式可以是他励、并励、串励和复励方式。下面以并励为例推导出直流发电机的基本方程式。

在列出直流发电机稳态运行时的基本方程式之前，必须先规定好各物理量的正方向。我们按发电机惯例给出图 25-1 并励直流发电机各物理量的正方向。由图 25-1 可见，在发电机中，电枢电动势 E_a 与电枢电流 I_a 方向一致；T_1 为原动机输入的驱动转矩，所以转速 n 与 T_1 方向一致，而电磁转矩 T_{em} 与 n 方向相反，是制动转矩。根据图 25-1 正方向规定对电磁功率进行计算，若 $P_{em} = E_a I_a = T_{em}\Omega > 0$，则表示将轴上输入的机械功率转换成电枢回路的电功率。

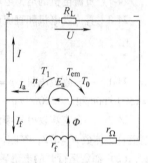

图 25-1 直流发电机惯例

1. 电动势平衡方程式

根据基尔霍夫第二定律，对任一有源的闭合回路，所有电动势之和等于所有电压降之和（$\sum E = \sum U$），有

$$E_a = U + I_a R_a$$
$$U = I_f(r_f + r_\Omega) = I_f R_f \tag{25-1}$$

式中，$R_f = r_f + r_\Omega$ 为励磁回路的总电阻，r_f 为励磁绕组本身的电阻，r_Ω 为励磁绕组串入的附加调节电阻。由式（25-1）可知，发电机的电枢电动势必大于端电压。

2. 转矩平衡方程式

直流发电机在稳态运行时，电机的转速为 n，作用在电枢上的转矩共有 3 个：一个是原动机输入给发电机转轴上的驱动转矩 T_1；一个是电磁转矩 T_{em}；还有一个是电机的机械摩擦、风阻以及铁耗引起的转矩，叫空载转矩，用 T_0 表示，空载转矩是一个制动性转矩，永远与转速 n 的方向相反。根据图 25-1 所示各转矩的正方向，可以得到稳态运行时的转矩平衡方程式

$$T_1 = T_{em} + T_0 \tag{25-2}$$

3. 功率平衡方程式

从原动机输入的机械功率可用下式表示

$$P_1 = T_1\Omega = (T_{em} + T_0)\Omega = P_{em} + p_0$$

式中，电磁功率 P_{em} 为转换成电枢回路的电功率，即

$$P_{em} = T_{em}\Omega = E_a I_a = (U + I_a R_a)I_a = UI_a + I_a^2 R_a$$

对并励直流发电机

$$I_a = I + I_f$$
$$\therefore P_{em} = U(I + I_f) + p_{Cua} = P_2 + p_{Cuf} + p_{Cua}$$

式中，P_2 为发电机输出的电功率，$P_2 = UI$；p_{Cuf} 为励磁回路消耗的功率，$p_{Cuf} = UI_f$；p_{Cua} 为电枢回路总铜耗，$p_{Cua} = I_a^2 R_a$。

空载损耗 p_0 为

$$p_0 = p_{Fe} + p_{mec} + p_{ad}$$

式中，p_{Fe} 为铁耗；p_{mec} 为机械损耗；p_{ad} 为附加损耗。

附加损耗又叫杂散损耗。例如电枢反应使磁场扭曲，从而使铁耗增大；电枢齿槽的影响造成磁场脉动，引起极靴及电枢铁心损耗增大等。此损耗一般不易计算，对无补偿绕组的直流电机，按额定功率的 1% 估算；对于有补偿绕组的直流电机，按额定功率的 0.5% 估算。

由以上各式可得：

$$P_1 = P_2 + p_{Fe} + p_{mec} + p_{ad} + p_{Cuf} + p_{Cua} = P_2 + \sum p \tag{25-3}$$

式中，$\sum p = p_{Fe} + p_{mec} + p_{ad} + p_{Cuf} + p_{Cua}$ 为发电机的总损耗。如果是他励直流发电机，则总损耗 $\sum p$ 不包括励磁损耗 p_{Cuf}。

发电机的效率为

$$\eta = \frac{P_2}{P_1} = 1 - \frac{\sum p}{P_2 + \sum p} \tag{25-4}$$

额定负载时，直流发电机的效率与电机的容量有关。10kW 以下的小容量发电机，效率为 75% ~ 88.5%；10 ~ 100kW 的发电机，效率为 85% ~ 90%；100 ~ 1000kW 的发电机，效率为 88% ~ 93%。

例 25-1　一台额定功率 $P_N = 20\text{kW}$ 的并励直流发电机，它的额定电压 $U_N = 230\text{V}$，额定转速 $n_N = 1500\text{r/min}$，电枢回路总电阻 $R_a = 0.156\Omega$，励磁回路总电阻 $R_f = 73.3\Omega$。已知机械损耗和铁耗 $p_{mec} + p_{Fe} = 1\text{kW}$，求额定负载情况下各绕组的铜耗、电磁功率、总损耗、输入功率及效率各为多少？（计算过程中，令 $P_2 = P_N$，附加损耗 $p_{ad} = 0.01P_N$）

解　额定电流为

$$I_N = \frac{P_N}{U_N} = \frac{20 \times 10^3}{230}\text{A} = 86.96\text{A}$$

励磁电流为

$$I_f = \frac{U_N}{R_f} = \frac{230}{73.3}\text{A} = 3.14\text{A}$$

电枢绕组电流为

$$I_a = I_N + I_f = (86.96 + 3.14)\text{A} = 90.1\text{A}$$

电枢回路铜耗为

$$p_{Cua} = I_a^2 R_a = 90.1^2 \times 0.156\text{W} = 1266\text{W}$$

励磁回路铜耗为

$$p_{Cuf} = I_f^2 R_f = 3.14^2 \times 73.3\text{W} = 723\text{W}$$

电磁功率为

$$P_{em} = E_a I_a = P_2 + p_{Cua} + p_{Cuf}$$
$$= (20000 + 1266 + 723)\text{W} = 21989\text{W}$$

总损耗为

$$\sum p = p_{Cua} + p_{Cuf} + p_{mec} + p_{Fe} + p_{ad}$$
$$= (1266 + 723 + 1000 + 0.01 \times 20000)\text{W} = 3189\text{W}$$

输入功率为

$$P_1 = P_2 + \sum p = (20000 + 3189)\text{W} = 23189\text{W}$$

效率为

$$\eta = \frac{P_2}{P_1} = \frac{20000}{23189} = 86.25\%$$

25.2　直流发电机的运行特性

直流发电机运行时，其转速由原动机带动保证其恒速运行，所以表征其运行状态的物理量主要有：发电机的端电压 U、负载电流 I 和励磁电流 I_f。这三个物理量 U、I、I_f，保持其中一个量不变，则另外两个物理量之间的函数关系称为发电机的运行特性，主要有：

（1）负载特性

指当 n = 常数且 I = 常数时，$U = f(I_f)$ 的关系，其中当 $I = 0$ 时的特性 $U_0 = f(I_f)$ 称为发电机的空载特性。

（2）外特性

指当 n = 常数且 I_f = 常数或 R_f = 常数时，$U = f(I)$ 的关系。

（3）调节特性

指当 n = 常数且 U = 常数时，$I_f = f(I)$ 的关系。

（4）效率特性 $\eta = f(P_2)$

下面介绍几种主要特性。

1. 他励直流发电机的空载特性

空载特性可由实验测得，其实验线路如图 25-2 所示。发电机由原动机拖动并保持其转速恒定。打开刀开关 Q，调节电阻 r_Ω 从而改变励磁电流 I_f。I_f 由零开始单调增长直至 $U_0 \approx (1.1 \sim 1.3)U_N$，然后让 I_f 单调减小至零再反向单调增加直至负的 U_0 为 $(1.1 \sim 1.3)U_N$，然后又使 I_f 单调减小至零。在调节过程中读取空载端电压 U_0 与励磁电流 I_f 数组数据，即为空载特性 $U_0 = f(I_f)$，如图 25-3 所示。

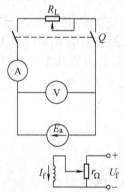

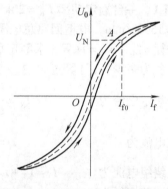

图 25-2 他励直流发电机空载与负载试验线路　　图 25-3 直流发电机的空载特性

由于铁磁材料的磁滞现象，使测得的 $U_0 = f(I_f)$ 曲线呈闭合的回线。由于电机有剩磁，使得 $I_f = 0$ 时仍有一个很低的电压，称为剩磁电压，其值约为 U_N 的 2% ~ 4%。实际使用时，一般取回线的平均值（如图中的虚线所示）作为空载特性。

由于他励发电机空载时 $U_0 = C_e \Phi n$，所以他励发电机的空载特性实质上即为 $E_a = f(I_f)$ 关系曲线。又因为试验中保持 n = 常数，$E_a = C_e \Phi n \propto \Phi$，因此，空载特性 $U_0 = f(I_f)$ 与电机的磁化曲线 $\Phi_0 = f(I_f)$ 形状相似，只差一个比例常数 $C_e n$。

由于空载特性实质上反映了励磁电流与由它建立的主磁通在电枢中所感应电动势之间的关系，而与 I_f 的获得方式无关，并励发电机的空载特性也可以用上述方法求取。因此，他励直流发电机的空载特性是直流电机最基本的特性曲线。

2. 他励直流发电机的外特性和调节特性

外特性也可用实验方法求得。将图 25-2 的刀开关 Q 闭合使发电机接上负载，当原动机

保持 $n = n_N$ 不变，调节 r_Ω 使 $I_f = I_{fN}$ 不变，然后改变负载使 I 从零增加到 I_N，读取 U 与 I 的值，即得到外特性曲线 $U = f(I)$，如图 25-4 所示。电流增大时，端电压下降，其原因有两个：

① 负载增大时，电枢反应的去磁作用增强，使每极磁通量减小，从而使电枢电动势减小；

② 电枢回路电阻上的压降随电流增大而增大，从而使端电压下降。

实际上，他励直流发电机的负载电流从零变化到额定值时，端电压下降得并不多，接近于恒压源。

由空载到负载，电压下降的程度用电压变化率来表示，即

$$\Delta U = \frac{U_0 - U_N}{U_N} \times 100\%$$

式中，U_0 是空载时的端电压，一般他励直流发电机的电压变化率约为 $5\% \sim 10\%$。

当负载电流变化时，欲维持他励直流发电机的端电压不变，需要调节励磁电流，负载电流增大时，励磁电流也增大，调节特性曲线见图 25-5 所示。

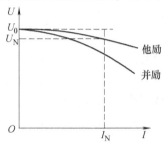

图 25-4　直流发电机的外特性

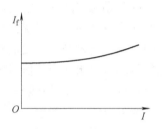

图 25-5　直流发电机的调节特性

3. 他励直流发电机的效率特性

负载运行时电枢绕组的铜耗与 I_a^2 成正比，称为可变损耗；电机的铁耗和机械损耗等与负载的大小无关，称为不变损耗。当负载很小，I_a 很小时，以不变损耗为主，但输出功率小，效率低。随着负载的增大，P_2 增大，效率增大。当可变损耗与不变损耗相等时，可达最高效率。若继续加负载，可变损耗随着 I_a 的增大急剧增加（$\propto I_a^2$），成为总损耗的主要部分，这时尽管负载增加、输出功率 P_2 增大，但 P_2 增大的速度比不上铜耗增加的速度，使效率反而随着输出的增大而降低。他励直流发电机的效率曲线如图 25-6 所示。一般电机最高效率设计在接近额定输出的地方，欠载和过载时效率都将降低。

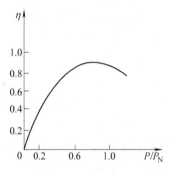

图 25-6　他励直流发电机
的效率特性

25.3　并励直流发电机的自励过程

图 25-7 所示是并励直流发电机的接线图。其中电枢电流 I_a 为负载电流 I 与励磁电流 I_f 之和，它的特点是励磁电流不需其他的直流电源供给，而是取自发电机本身，所以又称

"自励发电机"。并励发电机励磁电流一般仅为电机额定电流 I_N 的 1% ~ 5%。因此，励磁电流对电枢电压的数值影响并不大。

25.3.1 发电机的自励过程

为了说明并励发电机的自励过程，首先介绍自励发电机的空载特性曲线和励磁回路伏安特性曲线。

并励发电机在自励过程中空载端电压 U_0 和励磁电流 I_f 的关系曲线 $U_0 = f(I_f)$ 可以认为就是发电机的空载特性曲线。实际上，此时的电枢电流并不等于零，而是等于 I_f，励磁回路的电阻为 $R_f = r_f + r_\Omega$，当电阻 R_f 保持不变时，励磁电流 I_f 通过励磁回路时的电阻压降 $I_f R_f$ 便与 I_f 成正比。$I_f R_f$ 和 I_f 的关系可用图 25-8 中的直线 $\overline{OP}$ 来表示。此直线就是励磁回路的伏安特性曲线，$\overline{OP}$ 的斜率 $\tan\alpha = \dfrac{I_f R_f}{I_f} = R_f$ 即等于励磁回路的电阻，因此也称此直线为励磁回路的电阻线。下面可利用空载特性曲线和励磁回路伏安特性曲线来说明并励发电机的自励过程。由于电机磁路中总有一定剩磁，当发电机由原动机拖动至额定转速时，发电机两端将发出一个数值不大的剩磁电压。而励磁绕组又是接到电枢两端的，于是在剩磁电压的作用下，励磁绕组将流过一个不大的电流，并产生一个不大的励磁磁动势。如果励磁绕组接法正确，即这个励磁磁动势的方向和电机剩磁磁动势的方向相同，从而使电机内的磁通和由它产生的电枢端电压有所增加。在比较高的励磁电压作用下，励磁电流又进一步加大，导致磁通的进一步增加，继而电枢端电压又进一步加大。如此反复作用下去，发电机的端电压便自动建立起来。这就是发电机的自励过程。

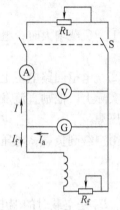

图 25-7　并励发电机的接线图

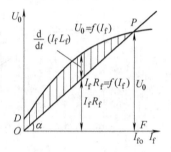

图 25-8　并励直流发电机的自励特性图

在自励过程中，发电机的电压是否会无限制地增长下去呢？从图 25-8 可以清楚地看出，当发电机的电压上升到 P 点所对应的电压时，恰好等于励磁电流通过励磁回路所需的电阻压降 $I_f R_f$，因此电枢电压和励磁电流都不会再增加，自励过程达到了稳定状态。

如果励磁绕组接到电枢的接线与上述情况相反，使得剩磁电压所产生的励磁电流所建立的磁动势方向与剩磁方向相反，那么不但不能提高电机的磁通，反而把剩磁磁通也抵消了。结果电枢端电压将比未接上励磁绕组的剩磁电压时还要低，励磁电流不可能增大，电枢电压便不能建立起来，电机不能自励。

在发电机自励过程中，电枢端电压 U_0 与励磁电流 I_f 都在不断地增长，因此，励磁回路的电压方程式为

$$U_0 = I_f R_f + L_f \frac{\mathrm{d}I_f}{\mathrm{d}t} \tag{25-5}$$

即

$$U_0 - I_f R_f = L_f \frac{\mathrm{d}I_f}{\mathrm{d}t} \tag{25-6}$$

式中，L_f 为励磁绕组的自感系数，可以认为是一个常数。

从式（25-6）可以看出，当 $U_0 - I_f R_f > 0$ 时，励磁电流 I_f 的增长率大于零，I_f 将随时间的增加而增加，图 25-8 中阴影线的高度即为 $(U_0 - I_f R_f)$。I_f 增长的过程一直持续到等于 I_{f0}（图中 P 点），此时由 I_{f0} 产生的 U_0 恰好等于压降 $I_{f0} R_f$，亦即 $\dfrac{\mathrm{d}I_f}{\mathrm{d}t} = 0$，电流 I_f 不再增长，自励过程结束。从上述可见，发电机自励时的稳定运行点为励磁回路伏安特性曲线与空载特性的交点。因此，当电机的转速 n 发生变化，即励磁回路伏安特性曲线发生移动时，都会使发电机的稳定工作点发生改变。当励磁回路电阻增加时，励磁回路伏安特性曲线与横坐标的夹角增大，两曲线的交点就从 P 点移到 P' 点（如图 25-9 所示），因而

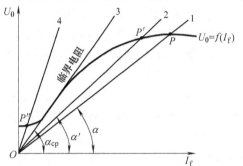

图 25-9　改变励磁回路电阻电压的变化

得到不同的输出电压。若继续增加励磁回路的电阻，使励磁回路伏安特性恰好与空载特性的直线部分重合，如图 25-9 中的直线 3 所示，此时励磁回路伏安特性曲线与空载特性没有固定的交点，自励所建立的电压不可能稳定在某一数值上。把这种情况下励磁回路的电阻值称为发电机自励时的临界电阻。当励磁回路的电阻高于临界电阻值时，相应的励磁回路伏安特性曲线与空载特性相交点的输出电压很低，与剩磁电压相差无几，这时发电机不能自励。

25.3.2　并励发电机的自励条件

综上所述，并励发电机的自励条件为：

1）电机必须有剩磁。如果发现电机失去剩磁或剩磁太弱，可用临时的外部直流电源，给励磁绕组通一下电流，即"充磁"，使电机剩磁得到恢复。

2）励磁绕组的接线与电枢旋转方向必须正确配合，以使励磁电流产生的磁场方向与剩磁方向一致。若发现励磁绕组接入后，电枢电压不但不升高，反而降低了，那就说明励磁绕组的接法不正确。这时只要把励磁绕组接到电枢的两根引线对调过来即可。

3）励磁回路的电阻应小于与电机运行转速相对应的临界电阻。必须明确，发电机的转速不同时，空载特性也不同。因此，对应于不同的转速便有不同的临界电阻。如果电机的转速太低，使得与此转速相对应的临界电阻值过低，甚至在极端情况下，励磁绕组本身的电阻即已超过所对应的临界电阻值，电机是不可能自励的。这时唯一的办法是提高电机的转速，从而提高其临界电阻值。

并励直流发电机的空载特性和调节特性与他励直流发电机相似。并励直流发电机的外特性如图 25-4 所示，其电压变化率比他励直流发电机大，一般在 20% 左右。其原因除电枢反应去磁和电枢电阻压降使端电压降低外，还因为保持 R_f 不变，端电压下降使励磁电流减小，电枢电动势减小，进一步使端电压下降。

直流发电机主要作为直流电源，供给直流电动机、同步电机的励磁以及作为化工、冶金、采矿、交通运输等部门的直流电源。随着电力电子技术的发展，直流发电机有逐步被可控整流电源所取代的趋势。

小 结

直流发电机按励磁方式的不同，可以分为他励和自励两大类。自励电机为建立电压必须满足下列三个条件：① 电机必须有剩磁；② 励磁绕组的接线与电枢旋转方向必须正确配合；③ 励磁回路的电阻应小于与电机运行转速相对应的临界电阻。

直流发电机的特性有空载特性、外特性和调节特性。不同励磁方式的发电机具有不同的特性。电枢反应的性质和大小，以及电枢电阻的大小对发电机的运行特性有影响，在各种特性中，对于发电机来说以外特性最为重要，它表征发电机的电压随负载电流而变化的情况。电压变化的原因和趋势因励磁方式不同而不同。例如，并励发电机的外特性就比他励发电机的外特性下降得厉害，其原因是并励发电机的励磁电流随电压的下降而减小。为了衡量一台直流发电机的端电压随负载电流变化的程度，可用电压变化率表示。即

$$\Delta U = \frac{U_0 - U_N}{U_N} \times 100\%$$

过去直流发电机一直是工业（例如同步发电机的励磁电源）和实验室中大功率直流电的主要电源，但近年来由于电力电子技术不断发展，直流发电机已有被逐步替代的趋势。

思 考 题

25-1 并励直流发电机能自励的基本条件是什么？

25-2 把他励直流发电机转速升高 20%，此时无载端电压 U_0 约升高多少（励磁电流不变）？如果是并励直流发电机，电压升高比前者大还是小（励磁电阻不变）？

25-3 直流电机的励磁方式有哪几种？每种励磁方式的励磁电流或励磁电压与电枢电流或电枢电压有怎样的关系？

25-4 他励直流发电机由空载到额定负载，端电压为什么会下降？并励发电机与他励发电机相比，哪个电压变化率大？

25-5 做直流发电机实验时，若并励直流发电机的端电压升不起来，应该如何处理？

25-6 并励发电机正转能自励，反转能否自励？

25-7 一台并励直流发电机，在额定转速下，将磁场调节电阻放在某位置时，电机能自励。后来原动机转速降低了，磁场调节电阻不变，电机不能自励，为什么？

25-8 在励磁电流不变的情况下，发电机负载时电枢绕组感应电动势与空载时电动势大小相同吗？为什么？

25-9 直流发电机空载和负载时有哪些损耗？各由什么原因引起？发生在哪里？其大小与什么有关？在什么条件下可以认为是不变的？

习 题

25-1 一台并励直流发电机，励磁回路电阻 $R_f = 44\Omega$，负载电阻 $R_L = 4\Omega$，电枢回路电阻 $R_a = 0.25\Omega$，端电压 $U = 220V$。试求：（1）励磁电流 I_f 和负载电流 I；（2）电枢电流 I_a 和电动势 E_a（忽略电刷电阻压降）；（3）输出功率 P_2 和电磁功率 P_{em}。

25-2 一台 4 极并励直流发电机的额定数据为：$P_N = 6kW$，$U_N = 230V$，$n_N = 1450r/min$，电枢绕组电阻 $R_a = 0.92\Omega$，并励回路电阻 $R_f = 177\Omega$，一对电刷上压降 $2\Delta U_b = 2V$，空载损耗 $p_0 = 355W$。试求额定负载下的电磁功率、电磁转矩及效率。

25-3　一台 4 极、82kW、230V、971r/min 的他励直流发电机，如果每极的合成磁通等于空载额定转速下具有额定电压时每极磁通，试求当电机输出额定电流时的电磁转矩。

25-4　一台直流发电机，$P_N = 100$kW，$U_N = 230$V，每极并励磁场绕组为 940 匝，在以额定转速运转，空载时并励磁场电流为 7.0A，可产生端电压 230V，但额定负载时需 8.85A 才能得到同样的端电压，若将该发电机改为平复励，问每极应加接串励绕组多少匝（平复励是指积复励当额定负载时端电压与空载电压一致）？

25-5　并励直流发电机，额定电压为 230V，现需要将额定负载运行时的端电压提高到 250V，试问：（1）若用增加转速的方法，则转速必须增加多少？（2）若用调节励磁的方法，则励磁电流增加多少？

第 26 章　直流电动机

26.1　直流电动机的基本方程式

和直流发电机一样，对直流电动机也可以根据能量守恒，导出电动机稳定运行时的功率、转矩和电压平衡方程式。它们是分析直流电动机各种特性的基础。要写出直流电动机稳态运行时各物理量之间相互关系的表达式，必须先规定好这些物理量的正方向。否则所写出的表达式将毫无意义，图26-1为按电动机惯例标定的直流电动机稳定运行时各物理量的正方向。由图可见，电动机的电枢电动势 E_a 的正方向与电枢电流 I_a 的方向相反，为反电动势；电磁转矩 T_{em} 的正方向与转速 n 的方向相同，是拖动转矩；轴上的机械负载转矩 T_2 及空载转矩（如轴承的摩擦及风阻等产生的阻转矩）T_0 均与 n 相反，是制动转矩。

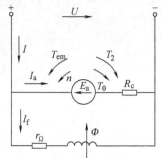

图 26-1　直流电动机惯例

根据图 26-1 规定的正方向对功率进行计算，若 $UI > 0$，表示该机从电源吸收电功率；$UI < 0$ 则表示该机电能回馈给电源。又如若 $P_{em} > 0$，则表示将输入电枢的电功率转换成机械功率从轴上输出；而 $P_{em} < 0$ 则表示从轴上输入机械功率转换成电枢回路中的电功率。

现以并励直流电动机为例，推导出直流电动机的基本方程式。

1. 电动势平衡方程式

根据基尔霍夫第二定律，对图 26-1 的电枢回路列回路电压方程即得直流电动机的电动势平衡方程式

$$U = E_a + I_a(R_a + R_c) \tag{26-1}$$

式中，R_a 为电枢回路电阻，包括电枢回路串联各绕组电阻与电刷接触电阻的总和；R_c 是外接在电枢回路中的调节电阻。

由式（26-1）可知，在电动机中，端电压 U 必大于反电动势 E_a，由此，可得到直流电动机的转速公式为

$$n = \frac{U - I_a(R_a + R_c)}{C_e \Phi} \tag{26-2}$$

励磁回路的电压方程为

$$U = I_f(r_f + r_\Omega) = I_f R_f \tag{26-3}$$

2. 转矩平衡方程式

根据力学中的牛顿定律，在直流电机的机械系统中，任何瞬间都必须保持转矩相平衡，即当电枢恒速旋转时，驱动转矩 T_{em} 必须与制动转矩（$T_2 + T_0$）相平衡，为此，可以列出直流电动机稳态时的转矩平衡方程式

$$T_{em} = T_2 + T_0 = T_L \tag{26-4}$$

式中，$T_2 + T_0 = T_L$ 为总负载转矩。

在电机稳态运行时，电磁转矩一定与负载转矩大小相等，方向相反，即 $T_{em} = T_L$。当 T_L 为已知，T_{em} 也为定数，在每极磁通为常数的前提下，$T_{em} = C_T \Phi I_a$，电枢电流 I_a 仅决定于负载转矩，即 $I_a = \dfrac{T_L}{C_T \Phi}$，故稳态运行时 I_a 也称为负载电流。电压 U、电枢回路电阻 R_a 是确定的，电枢电动势 $E_a = U - I_a R_a$ 也就确定了。而 $E_a = C_e \Phi n$，电动机的转速 $n = \dfrac{E_a}{C_e \Phi}$ 也就确定了。所以，当电动机的负载确定后，其电枢电流及转速等也相应地确定了。

3. 功率平衡方程式

并励直流电动机从电源输入的电功率为

$$
\begin{aligned}
P_1 &= UI \\
&= U(I_a + I_f) \\
&= \left[E_a + I_a(R_a + R_c) \right] I_a + UI_f \\
&= E_a I_a + I_a^2(R_a + R_c) + UI_f \\
&= P_{em} + p_{Cua} + p_{Cuf}
\end{aligned}
\tag{26-5}
$$

式中，$p_{Cua} = I_a^2(R_a + R_c)$ 为消耗在电枢回路总电阻（包括电刷接触电阻及外接调节电阻 R_c）上的损耗；$p_{Cuf} = UI_f$ 为消耗在励磁回路总电阻 $R_f = r_f + r_\Omega$ 上的铜耗，称为励磁损耗；而电磁功率 P_{em} 为

$$
P_{em} = E_a I_a = T_{em} \Omega = (T_2 + T_0) \Omega = P_2 + p_0
\tag{26-6}
$$

式中，P_2 为电机轴上输出的机械功率，$P_2 = T_2 \Omega$；p_0 为电机的空载损耗，$p_0 = T_0 \Omega$，包括铁心损耗 p_{Fe}、机械损耗 p_{mec} 及附加损耗 p_{ad}，即

$$
p_0 = p_{Fe} + p_{mec} + p_{ad}
\tag{26-7}
$$

从以上三式可知，并励直流电动机从电源输入的电功率 P_1，先有小部分消耗在励磁回路与电枢回路电阻的铜耗上，剩下的大部分为电磁功率 P_{em}，P_{em} 通过电磁感应转换成机械功率之后，还必须克服转动部件的摩擦损耗 p_{mec}，电枢铁心在磁场中旋转所产生的铁损耗 p_{Fe} 以及附加损耗 p_{ad}，剩下的才是从轴上输出的有用的机械功率 P_2。因此可以写成

$$
\begin{aligned}
P_1 &= P_2 + p_{Cua} + p_{Cuf} + p_{Fe} + p_{mec} + p_{ad} \\
&= P_2 + \sum p
\end{aligned}
$$

式中，$\sum p$ 为电机总损耗，$\sum p = p_{Cua} + p_{Cuf} + p_{Fe} + p_{mec} + p_{ad}$。

图 26-2 示出了并励直流电动机的功率流图。

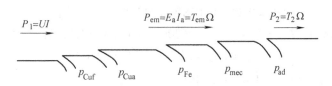

图 26-2 并励直流电动机的功率流图

电机的效率为

$$
\eta = \frac{P_2}{P_1} = 1 - \frac{\sum p}{P_2 + \sum p}
\tag{26-8}
$$

例 26-1 一台四极他励直流电动机，电枢采用单波绕组，电枢总导体数 $N = 372$，电枢回路电阻 $R_a = 0.208\Omega$。此电机运行在电源电压 $U = 220\text{V}$，电机的转速 $n = 1500\text{r/min}$，气隙每极磁通 $\Phi = 0.011\text{Wb}$ 的条件下，此时电机的铁耗 $p_{Fe} = 362\text{W}$，机械损耗 $p_{mec} = 204\text{W}$，忽略附加损耗。问：（1）该电机的电磁转矩是多少？（2）输入功率和效率各是多少？

解 先计算电枢电动势 E_a

$$E_a = C_e \Phi n = \frac{pN}{60a} \Phi n = \frac{2 \times 372}{60 \times 1} \times 0.011 \times 1500\text{V} = 204.6\text{V}$$

电枢电流为

$$I_a = \frac{U - E_a}{R_a} = \frac{220 - 204.6}{0.208}\text{A} = 74\text{A}$$

（1）电磁转矩

$$T_{em} = \frac{P_{em}}{\Omega} = \frac{E_a I_a}{\frac{2\pi n}{60}} = \frac{204.6 \times 74}{\frac{2\pi \times 1500}{60}}\text{N} \cdot \text{m} = 96.38\text{N} \cdot \text{m}$$

（2）输入功率

$$P_1 = UI_a = 220 \times 74\text{W} = 16280\text{W}$$

输出功率

$$P_2 = P_{em} - p_{Fe} - p_{mec} = (204.6 \times 74 - 362 - 204)\text{W} = 14574\text{W}$$

总损耗

$$\sum p = P_1 - P_2 = (16280 - 14574)\text{W} = 1706\text{W}$$

效率

$$\eta = \frac{P_2}{P_1} = 1 - \frac{\sum p}{P_1} = 1 - \frac{1706}{16280} = 89.5\%$$

例 26-2 有一台他励直流电动机，$P_N = 40\text{kW}$，$U_N = 220\text{V}$，$I_N = 210\text{A}$，$n_N = 1000\text{r/min}$，$R_a = 0.078\Omega$，$p_{ad} = 1\% p_N$，试求额定状态下

（1）输入功率 P_1 和总损耗 $\sum p$。

（2）电枢铜耗 p_{Cua}、电磁功率 P_{em}、铁耗与机械损耗之和 $p_{Fe} + p_{mec}$。

（3）额定电磁转矩 T_{em}、输出转矩 T_2 和空载转矩 T_0。

解 （1）输入功率 $\quad P_1 = U_N I_N = 220 \times 210\text{W} = 46200\text{W}$

总损耗为 $\quad \sum p = P_1 - P_N = (46200 - 40 \times 10^3)\text{W} = 6200\text{W}$

（2）铜耗为 $\quad p_{Cua} = I_a^2 R_a = 210^2 \times 0.078\text{W} = 3440\text{W}$

电磁功率为 $\quad P_{em} = P_1 - p_{Cua} = (46200 - 3440)\text{W} = 42760\text{W}$

或 $\quad P_{em} = E_a I_a = (U - I_a R_a) I_a = 42760\text{W}$

$$p_{Fe} + p_{mec} = P_{em} - P_N - p_{ad}$$

$$= (42760 - 40 \times 10^3 - 40 \times 10^3 \times 1\%)\text{W} = 2360\text{W}$$

（3）电磁转矩为 $\quad T_{em} = \frac{P_{em}}{\Omega} = \frac{P_{em}}{\frac{2\pi n_N}{60}}\text{N} \cdot \text{m} = \frac{42760}{\frac{2\pi \times 1000}{60}}\text{N} \cdot \text{m} = 408.5\text{N} \cdot \text{m}$

输出转矩为　　$T_2 = \dfrac{P_N}{\Omega} = \dfrac{P_N}{\dfrac{2\pi n_N}{60}}\text{N}\cdot\text{m} = \dfrac{40\times10^3}{\dfrac{2\pi\times1000}{60}}\text{N}\cdot\text{m} = 382.1\text{N}\cdot\text{m}$

空载转矩为　　$T_0 = T_{em} - T_2 = (408.5 - 382.1)\,\text{N}\cdot\text{m} = 26.4\text{N}\cdot\text{m}$

或　　　　　　$$T_0 = \dfrac{p_0}{\Omega} = \dfrac{p_{Fe} + p_{mec} + p_{ad}}{\Omega} = 26.4\text{N}\cdot\text{m}$$

26.2　直流电动机的工作特性

直流电动机的工作特性是指在 $U = U_N$，$I_f = I_{fN}$ 时，转速 n、电磁转矩 T 和效率 η 随输出功率 P_2 而变化的关系。由于电枢电流随 P_2 的增大而增大，两者变化趋势相似，而 I_a 容易测量，P_2 不易测量。所以，$n, T_{em}, \eta = f(P_2)$ 可以转化为 $n, T_{em}, \eta = f(I_a)$ 来讨论。

26.2.1　他励（并励）直流电动机的工作特性

1. 转速特性

当 $U = U_N$，$I_f = I_{fN}$，$R_c = 0$ 时，$n = f(I_a)$ 的关系叫转速特性。据式（26-2）有

$$n = \frac{U_N}{C_e\Phi} - \frac{R_a}{C_e\Phi}I_a = n_0 - \frac{R_a}{C_e\Phi}I_a \tag{26-9}$$

式中，$n_0 = \dfrac{U_N}{C_e\Phi}$ 为 $I_a = 0$ 时的转速，称理想空载转速。

由于 $I_f = I_{fN}$ 不变，如果不计电枢反应的去磁作用，则 $\Phi = \Phi_N$ 不变，因而，$n = f(I_a)$ 是一条下斜的直线。通常 R_a 很小，所以随 I_a 的增加，转速 n 的下降并不多，在额定工作状态下，电枢电阻压降差不多只占额定电压 U_N 的 5% 左右，$n = f(I_a)$ 曲线如图 26-3 所示。如考虑电枢反应的去磁作用，在 $I_f = I_{fN}$ 不变的条件下，当增加 I_a 时，磁通 Φ 减少，则转速不但下降减少甚至可能上升。

上升的转速特性（如图 26-3 中的虚线所示）将使运行不稳定，在设计电机时要注意这个问题，因为转速 n 要随着电流 I_a 的增加略微下降才能稳定运行。

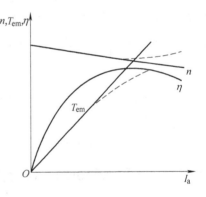

图 26-3　他励（并励）直流电动机的工作特性

空载转速 n_0 和额定转速 n_N 之差，用额定转速的百分比表示，称为电动机的转速变化率，用 Δn 表示，即

$$\Delta n = \frac{n_0 - n_N}{n_N} \times 100\% \tag{26-10}$$

并励电动机的转速变化率很小，通常只有 $(3\sim8)\%$，所以基本上是一种恒速电动机。

2. 转矩特性

当 $U = U_N$，$I_f = I_{fN}$ 时，$T_{em} = f(I_a)$ 的关系叫转矩特性。当不计电枢反应的去磁作用时，

$\Phi = \Phi_N$ 不变，则

$$T_{em} = C_T \Phi I_a = C_T \Phi_N I_a \propto I_a$$

这时，电磁转矩与电枢电流成正比，其转矩特性是一条通过原点的直线。如果考虑电枢反应的去磁作用，随着 I_a 的增大，T_{em} 要略微减小，如图 26-3 中虚线所示。

3. 效率特性

当 $U = U_N$，$I_f = I_{fN}$ 时，$\eta = f(I_a)$ 的关系叫效率特性。电机的效率为输出功率 P_2 与输入功率 P_1 之比用百分值表示，即

$$\eta = \frac{P_2}{P_1} \times 100\%$$

直流电动机在运行时，是将输入电功率转换为轴上的机械功率。在能量转换的过程中，有一部分功率不能有效地被利用，转换为热量而损失掉。

对于并励电动机，由于 $U = U_N$，$I_f = I_{fN}$，所以气隙磁场基本不变，并且并励电动机的转速变化很小，所以励磁损耗 p_{Cuf}、铁心损耗 p_{Fe} 以及机械损耗 p_{mec}，都可以认为是不变的。如果不计附加损耗 p_{ad}，并励电动机的效率为

$$\eta = \frac{P_2}{P_1} \times 100\% = \left[1 - \frac{\sum p}{P_1} \times 100\% \right]$$

$$= \left[1 - \frac{p_{Cuf} + p_{mec} + p_{Fe} + I_a^2 R_a}{U(I_a + I_f)} \right] \times 100\% \qquad (26\text{-}11)$$

从式（26-11）可看出，效率 η 是电枢电流的二次曲线。典型曲线形状如图 26-3 中所示。效率曲线 $\eta = f(I_a)$ 有一个最大值，即电动机在某一负载时，效率达到最高。用求函数最大值的方法可求出最大效率及最大效率时电动机的电枢电流值。对于并励电动机，由于 $I_{fN} \ll I_N$ 可不计 I_f，令 $\dfrac{d\eta}{dI_a} = 0$。可得

$$p_{Cuf} + p_{mec} + p_{Fe} = I_a^2 R_a \qquad (26\text{-}12)$$

式（26-12）表示，当电动机的不变损耗等于随电流平方而变化的可变损耗时，电动机的效率达到最高。这个结论具有普遍意义，对其他电机及不同运行方式都适用。

一般直流电动机效率约为 $0.75 \sim 0.94$，容量大的效率高些。

26.2.2 串励电动机的工作特性

串励电动机的接线如图 26-4 所示。串励电动机的运行特性是指 $U = U_N =$ 常数时，n、T、$\eta = f(I_a)$ 的关系曲线。由于串励电动机的励磁绕组与电枢串联，所以励磁电流 I_f 就是电枢电流 I_a，即 $I_a = I_f$，它是随负载的变化而变化的。因此，其工作特性将与他（并）励直流电机的工作特性有所不同。

1. 转速特性

串励电动机的转速特性是指当 $U = U_N$，$R_c = 0$ 时的 $n = f(I_a)$ 关系曲线。如果磁路不饱和，则主磁通 Φ 与励磁电流成正比，即

$$\Phi = K_f I_f$$

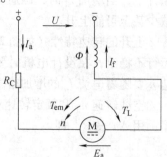

图 26-4　串励电动机的接线图

则由式（26-2）可得

$$n = \frac{U_N}{C_e K_f I_a} - \frac{R_a'}{C_e K_f} = \frac{U_N}{C_e' I_a} - \frac{R_a'}{C_e'} \tag{26-13}$$

式中，R_a' 为串励电动机电枢回路总电阻，$R_a' = R_a + R_s$；R_s 为串励绕组电阻；$C_e' = C_e K_f$ 为常数；K_f 为一比例常数。

据式（26-13），可得串励电动机的转速特性如图 26-5 所示。由图可知，串励电动机的转速随负载的增加而迅速降低，这一方面是 $I_a R_a'$ 的增加而使电枢电压降低，另一方面是 I_a 增加的同时 $\varPhi$ 也增大的结果。反之，当串励电动机轻载或空载时，由于 $I_f = I_a$ 很小，这时 $\varPhi$ 也很小，要产生一定的反电动势 $E_a = C_e \varPhi n$ 与端电压 U_N 相平衡，电动机的转速将很高。在理论上，如果电枢电流趋于零，气隙磁通也将趋于零，则电动机转速将趋于无限大。这种情况称为"飞车"，将使电机受到严重破坏。所以串励电动机

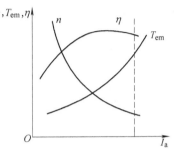

图 26-5　串励电动机工作特性

不允许在小于 15% ~20% 额定负载的情况下运行，更不允许空载运行。所以串励电动机的转速变化率的定义与并励电动机有所不同。即

$$\Delta n = \frac{n_{1/4} - n_N}{n_N} \times 100\% \tag{26-14}$$

式中，$n_{1/4}$ 为 $P_2 = \frac{1}{4} P_N$ 时电动机的转速。

2. 转矩特性

串励电动机的转矩特性是指当 $U = U_N$，$R_c = 0$，且 $I_f = I_a$ 时的 $T_{em} = f(I_a)$ 关系曲线。当 I_a 较小时，磁路不饱和，则有

$$T_{em} = C_T \varPhi I_a = C_T K_f I_a I_a = C_T' I_a^2 \tag{26-15}$$

式中，$C_T' = C_T K_f$ 为一常数。

由式（26-15）可知，当电枢电流在较小值范围内由零增大时，电磁转矩 T_{em} 随电枢电流 I_a 而变化的函数图形是抛物线，因为 $T_{em} \propto I_a^2$，因此 T_{em} 随 I_a 的增大而急剧上升，如图 26-5 所示。所以串励电动机有较大的起动转矩与过载能力。

当负载很大即 I_a 很大时，$I_f = I_a$ 很大，使磁路趋于饱和。这时 $\varPhi$ 接近不变，则 $n = f(I_a)$ 渐趋平坦而 $T_{em} = f(I_a) \propto I_a$ 成为直线，与他（并）励的特性相似。

串励电动机有较大的起动转矩与过载能力，这是两个很好的优点。当生产机械过载时，电动机的转速自动下降，其输出功率变化不大，使电机不致因负载过重而损坏。当负载减轻时，转速又自动上升。因此，电力机车、电车等一类牵引机械大都采用串励电动机拖动。

串励电动机的效率特性，和他（并）励电动机相似，如图 26-5 所示。

26.2.3　复励直流电动机的工作特性

复励电动机通常接成积复励，它的工作特性介于并励与串励电动机的特性之间。如果并励磁动势起主要作用，它的工作特性就接近并励电动机；如果串励磁动势起主要作用，它的工作特性就接近串励电动机。因为有并励磁动势的存在，空载时没有飞车的危险。复励电动

机的转速特性如图 26-6 所示。

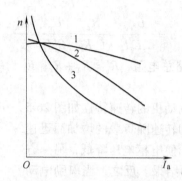

图 26-6　复励电动机的转速特性
1—并励电动机的转速特性　2—积复励电动机的
转速特性　3—串励电动机的转速特性

26.3　直流他励电动机的机械特性

1. 他励电动机的机械特性

直流电动机的机械特性是指电压 U、电枢电阻 R_a 和磁通 Φ 均维持常值时，转速和电磁转矩之间的关系，即 $n = f(T_{em})$。

根据公式（26-2）和 $I_a = \dfrac{T_{em}}{C_T \Phi}$，则有

$$n = \frac{U}{C_e \Phi} - \frac{R_a}{C_e \Phi^2 C_T} T_{em} = n_0 + k T_{em} \tag{26-16}$$

n_0 为理想空载转速，k 为机械特性的斜率。当 $U =$ 常数，又由于 $I_f =$ 常数，在忽略了电枢反应的去磁作用时，$\Phi =$ 常数；因为电枢回路电阻 $R_a \ll C_e \Phi^2$，故电动机由空载到额定负载时机械特性 $n = f(T_{em})$ 是一条略微下降的曲线。若考虑到交轴电枢反应去磁作用，随着负载的增加，磁通 Φ 将略微减小，所以 $n = f(T_{em})$ 曲线下降程度更小。这种转速随转矩增大而变化较小的特性称为硬特性，如图 26-7 所示。

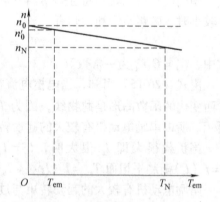

图 26-7　并励电动机的机械特性

2. 电力拖动机组稳定运行的条件

直流电动机与拖动的生产机械构成电力拖动机组，机组运行的稳定性决定于电动机和负载的机械特性，电动机的机械特性主要决定于电动机的励磁方式。负载的机械特性则决定于生产机械的性质。大致可分两种类型：一类是负载转矩与转速无关，即所谓恒转矩负载，如起重机、电梯等，如图 26-8 中的直线 1 所示；另一类是负载转矩与转速的平方成正比，如鼓风机、离心式水泵，如图 26-8 中曲线 2 所示。下面举例说明机组稳定运行的条件。

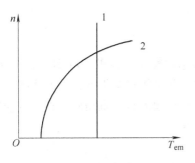

图 26-8　负载的机械特性

1—恒转矩负载　2—鼓风机负载

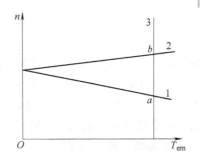

图 26-9　电动机稳定运行条件

图 26-9 中曲线 1 和 2 表示两种不同电动机的机械特性，曲线 3 表示负载的机械特性，从图中可见，曲线 1 或曲线 2 与曲线 3 的交点应是运行点。但是当电动机具有上升的机械特性时，机组是不能稳定运行的（b 点），因为由于偶然原因（例如电网电压波动或负载的转矩波动等）的扰动，引起机组的转速瞬时增加，将使电动机的电磁转矩 T 大于负载转矩 T_2 而使电动机继续加速；反之，当电动机具有下降的机械特性时，机组就能够稳定运行（a 点），因为当机组的转速瞬时增加时，将使电动机的电磁转矩 T 小于负载转矩 T_2，使机组减速而回复到原来运行点 a。判定运行稳定的依据是：在电动机和负载的机械特性的交点上，若

$$\frac{\mathrm{d}T_{\mathrm{em}}}{\mathrm{d}n} < \frac{\mathrm{d}T_2}{\mathrm{d}n} \tag{26-17}$$

则机组是稳定的；反之，若

$$\frac{\mathrm{d}T_{\mathrm{em}}}{\mathrm{d}n} > \frac{\mathrm{d}T_2}{\mathrm{d}n} \tag{26-18}$$

则机组是不稳定的。

由此可见，不论是转矩与转速无关的负载，还是转矩随转速上升而增大的负载，只要电动机的机械特性是下降的，整个机组就能稳定运行。若电动机的机械特性是上升的，则在某负载下不能稳定运行。为了扩大电机的使用范围，电动机应设计为具有下降的机械特性。因此并励电动机中也有匝数不多的串励稳定绕组，就具有这种作用。

26.4　直流电动机的起动与调速

26.4.1　直流电动机的起动

一台电动机要带动生产机械工作，首先要接上电源从静止状态转动起来到达稳定，这就是电动机的起动过程。对于电动机的起动要求，主要有两条：一是起动转矩要足够大，要能够克服起动时的摩擦转矩和负载转矩，否则电动机就转不起来。二是起动电流不要太大，因为起动电流太大，会对电源及电机产生有害的影响。

除了小容量的直流电动机，一般直流电动机是不允许直接接到额定电压的电源上起动的。这是因为在刚起动的一瞬间，$n = 0$，反电动势 $E_{\mathrm{a}} = 0$，起动电流（忽略电刷接触压降）为

$$I_s = \frac{U_N}{R_a} \tag{26-19}$$

而电枢电阻是一个很小的数值，故起动电流很大，将达到额定电流的 10～20 倍。这样大的起动电流将产生很大的电动力，损坏电机绕组，同时引起电机换向困难，供电线路上产生很大的压降等很多问题。因此，必须采用一些适当的方法来起动直流电动机。直流电动机的起动方法有电枢回路串电阻起动及降压起动。

1. 电枢回路串电阻起动

如果在电枢回路串入电阻 R_s，电动机接到电源后，起动电流为

$$I_s = \frac{U_N}{R_a + R_s} \tag{26-20}$$

可见这时起动电流将减小，串的电阻愈大，起动电流愈小。当起动转矩大于负载转矩，电动机开始转动后，$E_a \neq 0$，则

$$I_s = \frac{U_N - E_a}{R_a + R_s} \tag{26-21}$$

随着转速升高，反电动势 E_a 不断增大，起动电流逐步减小，起动转矩也逐步减小，为了在整个起动过程中保持一定的起动转矩，加速电动机起动过程，可以将起动电阻一段一段逐步切除，最后电动机进入稳态运行。在电机完成起动过程后，因起动电阻继续接在电枢回路中要消耗电能，同时起动电阻都是按照短时运行方式设计的，长时间通过较大的电流会损坏电阻，起动完成后应将电阻全部切除。

由于起动转矩 $T_s = C_T \Phi I_s$，在同一起动电流 I_s 的数值下，为了产生尽可能大的起动转矩，应使磁通 Φ 尽可能大些，因此，起动时应将串在励磁回路的调节电阻全部切除，以便产生尽可能大的励磁电流和磁通。

2. 他励直流电动机降低电枢回路电压起动

因他励直流电动机可单独调节电枢回路电压，故可采用降低电枢回路电压的方法起动。起动电流为

$$I_s = \frac{U}{R_a} \tag{26-22}$$

由式（26-22）可见，降低电枢回路电压可减小起动电流。因无外串电枢电阻，故这种方法在起动过程中不会有大量的能量消耗。

串励与复励直流电动机的起动方法基本上与并励直流电动机一样，采用串电阻的方法以减小起动电流。但特别值得注意的是串励电动机绝对不允许在空载下起动，否则电机的转速将达到危险的高速，电机会因此而损坏。

26. 4. 2 他励直流电动机的调速

电动机拖动一定的负载运行，其转速由工作点决定。如果调节其参数，则可以改变其工作点，即可以改变其转速。由电动机的机械特性方程

$$n = \frac{U}{C_e \Phi_N} - \frac{R_a + R}{C_e C_T \Phi_N^2} T_{em} \tag{26-23}$$

可知，他励直流电动机有三种调节转速的方法：

1）改变电枢电压 U。

2）改变励磁电流 I_f，即改变磁通 Φ。

3）电枢回路串入调节电阻 R_p。

这三种调速方法实质上是改变了电动机的机械特性，使之与负载的机械特性交点改变，以达到调速的目的。下面分别介绍这 3 种方法，为方便设负载均为恒转矩负载。

1. 降低电枢电压调速

由于电动机的电枢电压不能超过额定电压，因此电压只能由额定电压向低调。当磁通 Φ 不变，电枢回路不串电阻，改变电枢电压 U 时，电动机机械特性的 n_0 改变，而斜率不变，此时机械特性为一簇平行于固有特性的曲线，如图 26-10 所示，各特性曲线对应的电压 $U_1 > U_2 > U_3$。当改变电枢电压时，特性曲线与负载机械特性交于不同的工作点 A_1、A_2、A_3，使电动机的转速随之变化。

改变电枢电压 U 调节转速的方法具有较好的调速性能。由于调电压后，机械特性的"硬度"不变，因此有较好的转速稳定性，调速范围较大，同时便于控制，可以做到无级平滑调速，损耗较小。当调速性能要求较高时，

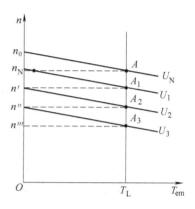

图 26-10　改变电枢电压调速

往往采用这种方法。采用这种方法的限制是，转速只能由额定电压对应的速度向低调。此外，采用这种方法时，电枢回路需要一个专门的可调压电源，过去用直流发电机—直流电动机系统实现，由于电力电子技术的发展，目前一般均采用可控硅调压设备—直流电动机系统来实现。

2. 弱磁调速

调节励磁回路串入的调节电阻，改变励磁电流 I_f，即改变磁通 Φ，为使电机不至于过饱和，因此磁通 Φ 只能由额定值减小，由于 Φ 减小，机械特性的 n_0 升高，斜率增大，如果负载不是很大，则可使得转速升高，Φ 减小越多，转速升得越高，不同的 Φ 可得到不同的机械特性曲线，如图 26-11 所示。图中各条曲线对应的磁通中 $\Phi_1 > \Phi_2 > \Phi_3$，各曲线和负载特性的交点 A_1、A_2、A_3 即为不同的运行点。

这种调速方法的特点是由于励磁回路的电流很小，只有额定电流的 $(1 \sim 3)\%$，不仅能量损失很小，且电阻可以做成连续调节的，便于控制。其限制是转速只能由额定磁通时对应的速度向高调，而电动机最高转速要受到电机本身的机械强度及换向的限制。

3. 电枢回路串电阻调速

他励直流电动机当其电枢回路串入调节电阻 R_p 后，其电枢回路的总电阻为 $R_\mathrm{a} + R_\mathrm{p}$，使得机械特性的斜率增大，串联不同的 R_p，可得到不同斜率的机械特性，和负载机械特性交于不同的点 A_1、A_2、A_3，电动机则稳定

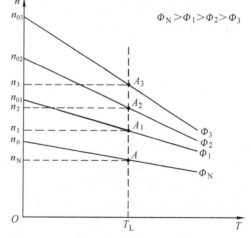

图 26-11　弱磁调速

运行在这些点，如图 26-12 所示。图中各条曲线对应的调节电阻 $R_{p3} > R_{p2} > R_{p1}$，即电枢回路串联电阻越大，机械特性的斜率越大，因此在负载转矩恒定时，即 T_L = 常数，增大电阻 R_p，可以降低电动机的转速。

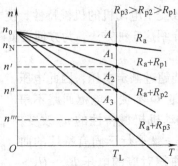

图 26-12　电枢回路串电阻调速

直流电动机上述三种调速方法中，改变电枢电压和电枢回路串电阻调速属于恒转矩调速，而弱磁调速属于恒功率调速。

小 结

同样一台直流电机既可作为发电机运行，也可作为电动机运行。直流电动机和发电机的差别，除能量转换方向不同外还表现在发电机的电动势 E_a 大于输出电压，因而电流 I_a 与电动势 E_a 同方向，发电机输出电能；而电动机则是 $E_a < U$，电流与电动势方向相反，因而电动机是吸收电能。发电机的电磁转矩起制动作用，将机械能转换为电能，而电动机的电磁转矩则起拖动作用，将电能转换为机械能。

直流电动机运行特性主要有转速特性、转矩特性、效率特性等工作特性和机械特性，其中机械特性最重要。要求掌握他励电动机的固有机械特性和改变电枢电压、改变励磁电流及电枢回路串电阻时的人为机械特性。

起动和调速是直流电动机使用中不可避免的运行方式，要求掌握他励电动机的调速方法，并了解其常用的起动方法。

思 考 题

26-1　从电动势方程式、转矩平衡方程式等几方面来比较直流发电机和直流电动机异同。写出并励直流电动机和串励直流电动机的工作特性。

26-2　在直流发电机和直流电动机中，电磁转矩和转动方向有什么不同？怎样知道直流电机运行于发电机状态还是运行于电动机状态？

26-3　并励直流电动机的起动电流决定于什么？正常工作时的电枢电流又决定于什么？为什么并励直流电动机直接起动时起动电流和起动转矩都很大？

26-4　如何改变并励、串励、积复励电动机的转向？

26-5　一台并励直流电动机原运行于某一 I_a、n、E_a 和 T_{em} 值下，设负载转矩 T_2 增大，试分析电机将发生怎样的过渡过程，并将最后稳定的 I_a、n、E_a 和 T_{em} 的数值和原值进行比较。

26-6　对于一台并励直流电动机，如果电源电压和励磁电流保持不变，制动转矩为恒定值。试分析在

电枢回路串入电阻 R_1 后，对电动机的电枢电流、转速、输入功率、铜耗、铁耗及效率有何影响？

26-7　试述并励直流电动机的调速方法，并说明各种方法的特点。

26-8　并励电动机在运行中励磁回路断线，将会发生什么现象？为什么？

26-9　并励直流电动机起动时，常把串接于励磁回路的磁场变阻器短接，为什么？若在起动时，励磁回路串入较大电阻，会产生什么现象？

习　题

26-1　一台并励直流电动机，$P_N = 17\text{kW}$，$U_N = 220\text{V}$，$n_N = 3000\text{r/min}$，$I_N = 88.9\text{A}$，电枢回路总电阻 $R_a = 0.114\Omega$，励磁回路电阻 $R_f = 181.5\Omega$，忽略电枢反应的影响，求：

（1）电动机的额定输出转矩；（2）额定负载时的电磁转矩；（3）额定负载时的效率；

（4）当电枢回路中串入一电阻 $R = 0.15\Omega$ 时，在额定转矩下的转速。

26-2　一台并励直流电动机，$P_N = 10\text{kW}$，$U_N = 220\text{V}$，$n_N = 1000\text{r/min}$，$\eta_N = 83\%$，$R_a = 0.283\Omega$。$2\Delta U_b = 2\text{V}$，$I_{fN} = 1.7\text{A}$。设负载总转矩 T_L 恒定，$T_L = T_{emN}$，在电枢回路中串入一电阻使转速减到 500r/min，试求：（1）电枢电流；（2）电枢回路串入的调节电阻；（3）调速后电动机的效率。

26-3　一台并励直流电动机，$P_N = 100\text{kW}$、$U_N = 220\text{V}$、$n_N = 550\text{r/min}$，在 75°C 时电枢回路电阻 $r_a = 0.022\Omega$，励磁回路电阻 $r_f = 27.5\Omega$，$2\Delta u = 2\text{V}$，额定负载时的效率为 88%，试求电机空载时的转速 n_0。

26-4　一台并励直流电动机，$P_N = 15\text{kW}$，$U_N = 220\text{V}$，电枢回路总电阻 $R_a = 0.2\Omega$，励磁回路电阻 $R_f = 44$ 欧，额定负载时的效率为 85.3%，今欲使电枢起动电流限制为额定电流的 1.5 倍，试求起动变阻器的电阻是多少？若起动时不接起动电阻，则起动电流为额定电流的多少倍？

26-5　一台他励直流电动机，额定电压 $U_N = 220\text{V}$，$I_{aN} = 41.1\text{A}$，$n_N = 1500\text{r/min}$，$R_a = 0.4\Omega$。设负载总转矩 T_L 恒定，$T_L = T_{2N}$，端电压下降到 110V，试求此时电机的转速为多少？

第27章　直流电机的换向

27.1　换向过程的物理现象

1. 换向的物理过程

以图27-1所示的单叠绕组为例，设电刷宽度等于换向片宽度。当电枢旋转时，电枢绕组的各个元件依次通过电刷而被短路。现在来观察电枢中某元件被电刷短路前后，元件中的电流的变化情况。在图27-1a所示时刻，元件1将被电刷短路，此时它属于右边的一条支路，该元件中电流 i 的大小及方向与右支路电流 i_a 相同，设这时的 $i = +i_a$。当旋转至图27-1b所示位置时，电刷将元件1短路，这时右支路电流 i_a 的一部分经换向片2直接流向电刷，使得流经元件1的电流 $i < i_a$。当转到图27-1c时，元件1结束被电刷短路状态，这时元件1进入左边支路，其电流 i 的大小及方向同左支路，即 $i = -i_a$，负号表示 i 的方向与原来的正方向相反。

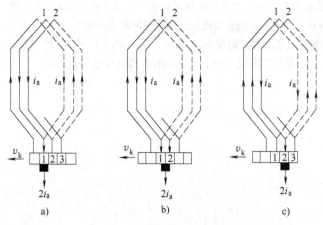

图27-1　电枢元件的换向过程

a）换向开始　b）正在换向　c）换向结束

可见，在电枢旋转时，被电刷所短路的元件称换向元件，从短路开始到短路结束，它从一条支路换到另一条支路，其电流从 $+i_a$ 到 $-i_a$，换了方向，换向元件中电流的这种变化过程称为换向过程。从换向开始至换向结束所需要的时间称为换向周期，用 T_K 表示。

如果换向元件中的电动势为零，则元件被电刷短路所形成的回路中就不会出现环流，这时换向元件中的电流 i 由电刷与换向片的接触面积所决定，其变化曲线 $i = f(t)$ 是一条直线，称之为直线换向，如图27-2中的 i_L。直线换向时，直流电机不会发生火花。这仅是一种理想的情况。在实际中，换向元件不可能没有感应电动势。

2. 换向元件中的感应电动势

如果电刷位于几何中性线，而电机未装换向极，则在换向元件中有以下两种感应电动势。

（1）电抗电动势 e_r

由于换向元件中的电流在换向过程中随时间而变化，换向元件本身就是一个线圈，线圈必有自感作用。同时电刷的宽度不止一个换向片宽，即同时进行换向的元件不止一个，元件与元件之间又有互感作用。因此换向元件中，在电流变化时，必然出现由自感和互感作用所引起的感应电动势，这个电动势称为电抗电动势。

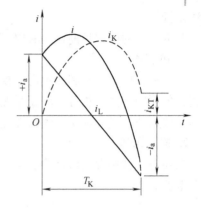

$$e_r = e_L + e_M = -L_r \frac{di}{dt} \qquad (27\text{-}1)$$

图 27-2　延迟换向时电流随时间的变化过程

式中，e_L 为自感电动势；e_M 为互感电动势；L_r 为换向元件的总自感系数，包括自感系数和互感系数。

在 $\Delta t = T_K$ 的时间内，换向元件的电流从 $+i_a$ 到 $-i_a$。即 $\Delta i = -2i_a$，则电抗电动势的平均值为

$$e_r = -L_r \frac{\Delta i}{\Delta t} = L_r \frac{2i_a}{T_K} \qquad (27\text{-}2)$$

设电刷宽度为 b_s，等于换相片宽度 b_K，换向片数为 K，换向器的线速度为 v_K，则换向周期 T_K 为：

$$T_K = \frac{b_s}{v_K} = \frac{b_K}{v_K} = \frac{\pi D_K/K}{\pi D_K n/60} = \frac{60}{Kn} \qquad (27\text{-}3)$$

则

$$e_r = \frac{K L_r}{30} i_a n \qquad (27\text{-}4)$$

可见电机的负载越重，转速越高，则 e_r 越大。根据楞次定律，漏感的作用总是阻碍电流变化的，因为电流是在减少，所以其方向必与 $+i_a$ 相同。

（2）电枢反应电动势 e_a

虽然换向元件位于几何中性线处，主磁场的磁密等于零，但电枢磁场的磁密不等于零。因此换向元件必然切割电枢磁场，而在其中产生一种旋转电动势，称为电枢反应电动势 e_a。设换向元件的匝数为 N_c，电枢的线速度为 v_a，则

$$e_a = 2N_c B_a l v_a \qquad (27\text{-}5)$$

因为 $v_a \propto n$，$B_a \propto I_a$，所以 $e_a \propto I_a n$，即当负载越重、转速越高时，e_a 越大。根据右手定则可以判定，无论是发电机或电动机状态，e_a 的方向总是与换向前元件中电流方向相同，即 e_a 与 e_r 方向相同，也是阻碍换向的。

27.2　换向火花及其产生原因

换向不良，电刷下将产生火花。延迟换向火花，发生在后刷边。电刷下发生微弱的火花，对电机的运行无危害；但火花超过一定限度，就将影响电机正常运行，严重时可使电机

无法运行。

产生火花的原因目前认为有以下几个方面。

1. 机械原因

主要有：换向器不圆或偏心，换向片或片间云母突出；电刷在刷握内松动，电刷压力不适当，各刷间距离不相等；转子平衡不好等。这些因素使电刷与换向器接触不良发生振动，从而导致火花，经验证明，电机在运行中产生火花的机械原因是首要的。

2. 电磁原因

在换向元件中存在着两个方向相同的电动势 $e_a + e_r$，因此在换向元件中，会产生附加的换向电流 i_K。

$$i_K = \frac{\sum e}{\sum R} = \frac{e_a + e_r}{\sum R} \tag{27-6}$$

式中，$\sum R$ 为闭合回路中的总电阻，主要是电刷与两片换向片之间的接触电阻。

附加电流 i_K 加在 i_L 上使换向元件上的电流为 $i = i_K + i_L$。由图27-2，可见由于 i_K 存在，使换向元件的电流改变方向的时间比直线换向时为迟，所以称为延迟换向。当 $t = T_K$，即电刷将离开换向片1而使由电刷与换向元件构成的闭合回路突然被断开时，由 i_K 所建立的电磁能量 $\frac{1}{2} i_K^2 L_r$ 要释放出来。当这部分能量足够大时，它将以火花的形式从后刷边放出，使 i_K 维持连续，这就是电刷下产生火花的电磁原因。

3. 化学原因

实验证明，电机正常工作时，换向器和电刷接触的表面上有一层氧气和水蒸气以及在某些工厂工作时，氧化亚铜薄膜遭到破坏电刷下就会产生火花。

27.3 改善换向的方法

改善换向的目的在于消除电刷下的火花，而火花产生的原因有机械和电磁方面的因素。机械方面的原因大都可以通过改进制造工艺来获得解决。本节重点分析消除产生火花的电磁性原因。

前面的分析指出，附加的换向电流 i_K 是在电磁方面引起火花的基本原因，从公式 $i_K = \frac{\sum e}{\sum R} = \frac{e_a + e_r}{\sum R}$ 可得出改善换向的两种途径——减小换向回路合成电势 $\sum e$ 和增加接触电阻。减少合成电势 $\sum e$ 的方法有：

1）减少电抗电动势 e_r，即减少元件匝数和降低等效比磁导等方法来达到，这是电机设计要解决的问题。

2）在换向区域内设立一个适当的外磁场，使正换向元件产生一换向电动势 e_K 来与电抗电动势 e_r 相抵消使 $\sum e = 0$。

为此，可采用装设换向极或移动电刷位置两种方法。增加换向器和电刷间的接触电阻可采取选用电阻较大的电刷。

下面就改善换向的几种方法做分析介绍。

1. 用装换向极的方法来改善换向

目前有效的方法是装换向极，装换向极的目的是在换向元件所在处建立一个磁动势 F_K，其一部分用来抵消电枢反应磁动势，剩下部分用来在换向元件所在气隙建立磁场 B_K。换向元件切割 B_K 产生感应电动势 e_K，且让 e_K 的方向与 e_r 相反，要求做到换向元件中的合成电动势 $\sum e = e_r - e_K = 0$，成为直线换向，从而消除电磁性火花。为此，对换向极的要求是：

1）换向极应装在几何中性线处。

2）换向极的极性应使所产生的 B_K 的方向与电枢反应磁动势的方向相反。由图 27-3 可见，电动机状态时，换向极应与逆转向看的相邻主磁极同极性。而发电机状态时，应与顺转向看的相邻主磁极同极性。

3）由于 $e_r \propto I_a n$ 是随负载的大小及转速而变化的，为使换向电动势 e_K 在任何负载下都能抵消 e_r，要求 $e_K \propto I_a n$。根据 $e_K = 2 N_c B_K l v_a$，需要 $B_K \propto I_a$，所以换向极绕组必须与电枢绕组串联，而且换向极磁路应不饱和。

一般，容量为 1kW 以上的直流电机都装有换向极。

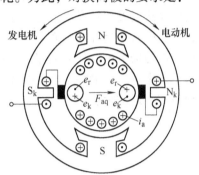

图 27-3　用换向极改善换向

2. 用移动电刷的方法来改善换向

在不装设换向极的电机中，可用移动电刷的方法来改善换向，其目的是：将电刷从几何中性线移开一适当角度，使换向区域也跟着从几何中线移开一适当角度而进入主极下。利用主极磁场来代替换向极产生的换向磁场。因此，根据前述换向极的极性确定法可知，当电机作发电机运行时，电刷应自几何中线顺着电枢旋转方向移动一个适当角度，而作电动机运行时，则逆着电机旋转方向移过一适当角度，如图 27-4 所示，从图中还可以看出，电刷移动的角度 β，必须大于物理中性线移动的角度 α。β 的具体大小，须使移动电刷后换向元件中产生适当的 e_K，以使 e_K 和 e_r 互相抵消。

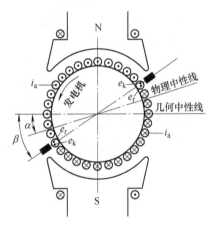

图 27-4　用移动电刷改善换向

此法的缺点是：由于电抗电动势值随负载变化而变化，而电刷移动一个角度仅能适应某一个负载，负载改变时，电刷的位置又要相应地移动，很不方便。此外电刷移动后产生直轴电枢去磁磁动势，使气隙磁场减弱，因而使发电机的外特性下降，也使发电机的端电压下降，使电动机的转速升高，机械特性上翘，造成运行不稳定，故生产上很少采用。

3. 选用适当的电刷

改善换向的另一个办法是选择合适的电刷。换向回路的主要电阻是电刷接触电阻，实验表明，选择合适的电刷对换向有重大影响，而不同牌号的电刷具有不同的接触电阻，从改善换向的角度来看，增加换向回路电阻的主要途径是增加接触电阻。但从引导电枢电流的角度来看，电刷的接触电阻应该较小，以免引起过大的接触压降。所以必须根据不同电机的具体情况来选择不同牌号的电刷。

现在产生的电刷中，碳—石墨电刷的接触电阻最大，石墨电刷和电化石墨电刷次之，青铜—石墨电刷和紫铜—石墨电刷则电阻最小。一般说来，对于换向并不困难的中、小型电机，通常采用石墨电刷，对换向比较困难的常用碳—石墨电刷；对于低压大电流电机则有用接触电压较小的青铜—石墨电刷或紫铜—石墨电刷。

4. 装设补偿绕组

换向极只能抵消换向区域内交轴电枢反应的影响，但是换向区域以外的交轴电枢反应仍然使气隙磁场发生畸变出现电位差火花，甚至引起环火。为了防止环火和电位差火花，大型电机在主极极靴上开槽，嵌入补偿绕组，补偿绕组与电枢绕组串联，补偿绕组中的电流方向恰好与该磁极下电枢导体电流方向相反，从而消除交轴电枢磁动势的影响，使气隙磁场在负载时不产生畸变，消除了电位差火花，防止了环火。装有补偿绕组的电机，其换向极所需磁动势可相应地减少。

小 结

对直流电机来说，换向是指绕组元件从一条支路进入另一条支路时，元件内电流改变方向的过程，换向不良的后果是电刷下发生危害性火花，以致电机不能长期运行。火花产生的原因有电磁方面的、机械方面的。从电磁方面而言，关键在于电抗电动势阻碍换向元件中电流的变化。

换向理论认为，电刷下发生火花的主要原因是换向回路内存在附加电流，此电流使电刷下的电流密度不均匀，并使换向回路断开时有一定的电磁能量释放，过分延迟换向时，后刷边会产生火花。直线换向时不会产生火花。

改善换向的方法主要靠换向区磁场产生的旋转电势 e_K，来抵消换向元件的电抗电动势 e_r，以使附加换向电流等于零，达到理想的直线换向。为此装设换向极、移动电刷、选择合适的电刷是目前行之有效的办法。为了防止电位差火花和环火，可在主极极靴上装设补偿绕组。

思 考 题

27-1 换向元件在换向过程中，可能产生哪些电动势？是什么原因引起的？它们对换向条件有什么影响？

27-2 换向极的作用是什么？它装在何处？绕组如何连接？

27-3 一台直流电动机改为发电机运行时，是否需要改接换向极绕组？为什么？

27-4 小容量两极直流电机，只装了一个换向极，是否会造成一个电刷换向好而另一个电刷换向不好？

27-5 带换向极的并励直流发电机，如果只改变并励绕组的接法，使其反方向运行，换向情况有无变化？

27-6 造成换向不良的主要电磁原因是什么？采取什么措施来改善换向？

习 题 答 案

绪 论

0-1 （1）提示：电磁感应原理；（2）一次感应电动势由 A 指向 X，二次感应电动势由 a 指向 x；（3）一次感应电动势由 X 指向 A，二次感应电动势由 x 指向 a。

0-2 提示：向右。

0-3 （a）$e = N\dfrac{\mathrm{d}\varPhi}{\mathrm{d}t}$；（b）$e = -N\dfrac{\mathrm{d}\varPhi}{\mathrm{d}t}$。

0-4 （1）$F = N_1I_1 - N_2I_2$；（2）$F = N_1I_1 + N_2I_2$；（3）$F = N_1I_1 - N_2I_2$；气隙磁压降大；铁心中的 B 与气隙中的 B 基本相等；气隙 H 大。

0-5 励磁电流 $I = 0.79\mathrm{A}$。

0-6 感应电动势表达式：$e = 168\sin104.9t$；

感应电势的最大值：$e_\mathrm{M} = 168\mathrm{V}$；

感应电势的有效值：$E = \dfrac{168}{\sqrt{2}} = 119\mathrm{V}$；

出现感应电势最大值时，线圈平面与磁力线平行。

第 1 章

1-1 $I_{1N} = 5\mathrm{A}$，$I_{2N} = 217.4\mathrm{A}$。

1-2 $U_{1N} = 35\mathrm{kV}$，$U_{2N} = 6.3\mathrm{kV}$，$I_{1N} = 16.5\mathrm{A}$，$I_{2N} = 91.65\mathrm{A}$，$U_{1Nph} = 20.21\mathrm{kV}$，$U_{2Nph} = 6.3\mathrm{kV}$，$I_{1Nph} = 16.5\mathrm{A}$，$I_{2Nph} = 52.91\mathrm{A}$。

第 2 章

2-1 （1）$N_1 = 407$ 匝，$N_2 = 222$ 匝；（2）$I_{1N} = 57.74\mathrm{A}$，$S_N = 1000\mathrm{kV \cdot A}$；

（3）$P_2 = 800\mathrm{kW}$。

2-2 （1）$N_1 = 1121$ 匝，$N_2 = 45$ 匝；（2）$N_1 = 1068/1180$ 匝。

2-3 （1）$Z_\mathrm{m} = 1116.55\Omega$，$r_\mathrm{m} = 83.86\Omega$，$x_\mathrm{m} = 1113.39\Omega$，

$Z_\mathrm{k} = 0.982\Omega$，$r_\mathrm{k} = 0.0571\Omega$，$x_\mathrm{k} = 0.98\Omega$；

（2）$Z_\mathrm{m} = 1330.72\Omega$，$r_\mathrm{m} = 99.94\Omega$，$x_\mathrm{m} = 1326.96\Omega$，

$Z_\mathrm{k} = 1.17\Omega$，$r_\mathrm{k} = 0.068\Omega$，$x_\mathrm{k} = 1.168\Omega$。

2-4 $U_1 = 36818\mathrm{V}$，$I_1 = 53.5\mathrm{A}$，$\cos\varphi_1 = 0.77$（滞后）。

2-5 （1）$r_\mathrm{k} = 1.16\Omega$，$x_\mathrm{k} = 3.83\Omega$，$Z_\mathrm{k} = 4.0\Omega$；（2）$U_2 = 389.7\mathrm{V}$。

2-6 （1）$\eta = 98.38\%$；（2）$\beta_\mathrm{m} = 0.567$。

2-7 （1）$Z_\mathrm{m}^* = 50$，$r_\mathrm{m}^* = 2.65$，$x_\mathrm{m}^* = 49.93$，$Z_\mathrm{k}^* = 0.105$，$r_\mathrm{k}^* = 0.0048$，$x_\mathrm{k}^* = 0.105$；

（2）$\Delta U\% = 2.99\%$，$U_2 = 10.67\mathrm{kV}$，$\eta = 99.46\%$；

(3) $\beta_{\mathrm{m}} = 0.471$, $\eta_{\max} = 99.47\%$。

2-8 (1) $r_{\mathrm{m}}^* = 5.82$, $x_{\mathrm{m}}^* = 68.97$, $r_{\mathrm{k}}^* = 0.0032$, $x_{\mathrm{k}}^* = 0.0549$;

(2) $\Delta U\% = 3.55\%$, $U_2 = 6.076\mathrm{kV}$, $\eta = 99.45\%$; (3) $\eta_{\max} = 99.51\%$。

2-9 (1) $Z_{\mathrm{m}}^* = 20$, $r_{\mathrm{m}}^* = 1.96$, $x_{\mathrm{m}}^* = 19.99$, $Z_{\mathrm{k}}^* = 0.05$, $r_{\mathrm{k}}^* = 0.015$, $x_{\mathrm{k}}^* = 0.0477$;

(2) $\Delta U\% = 4\%$; (3) $\eta_{\max} = 97.57\%$。

2-10 (1) $I_2 = 141.45\mathrm{A}$, $U_{2l} = 383.6\mathrm{V}$; (2) $\cos\varphi_1 = 0.787$。

第 3 章

3-1 略。

3-2 (a) Yy10; (b) Yd3; (c) Dy1; (d) Dd6。

3-3 (1) $S_{\mathrm{A}} = 1668\mathrm{kV}\cdot\mathrm{A}$, $S_{\mathrm{B}} = 1132\mathrm{kV}\cdot\mathrm{A}$; (2) $S_{\max} = 2618\mathrm{kV}\cdot\mathrm{A}$。

3-4 (1) $S_{\mathrm{A}} = 953\mathrm{kV}\cdot\mathrm{A}$, $S_{\mathrm{B}} = 1715\mathrm{kV}\cdot\mathrm{A}$, $S_{\mathrm{C}} = 2832\mathrm{kV}\cdot\mathrm{A}$;

(2) $S_{\max} = 5771\mathrm{kV}\cdot\mathrm{A}$, $K_{\mathrm{L}} = 0.962$。

3-5 (1) $\dot{U}_{\mathrm{A}}^+ = 211.57\angle 3.5°\mathrm{V}$, $\dot{U}_{\mathrm{A}}^- = 28.58\angle 193.1°\mathrm{V}$, $\dot{U}_{\mathrm{A}}^0 = 37.22\angle -9.96°\mathrm{V}$;

(2) $\dot{I}_{\mathrm{A}}^+ = 200.2\angle -10.55°\mathrm{A}$, $\dot{I}_{\mathrm{A}}^- = 48.3\angle 26.3°\mathrm{A}$, $\dot{I}_{\mathrm{A}}^0 = 25.32\angle 142.8°\mathrm{A}$。

3-6 (1) $\dot{I}_{\mathrm{A}} = 3.09\angle -80.28°\mathrm{A}$, $\dot{I}_{\mathrm{B}} = 1.539\angle 99.72°\mathrm{A}$, $\dot{I}_{\mathrm{C}} = 1.539\angle 99.72°\mathrm{A}$;

(2) $\dot{U}_{\mathrm{a}} = 0\mathrm{V}$, $\dot{U}_{\mathrm{b}} = 394.4\angle 30.4°\mathrm{V}$, $\dot{U}_{\mathrm{c}} = 394.4\angle -30.4°\mathrm{V}$。

3-7 $I_{\mathrm{A}} = -\dfrac{10}{3}\mathrm{A}$, $I_{\mathrm{B}} = \dfrac{5}{3}\mathrm{A}$, $I_{\mathrm{C}} = \dfrac{5}{3}\mathrm{A}$。

3-8 (1) 第一台; (2) 第二台; $S_{\max} = 1098\mathrm{kV}\cdot\mathrm{A}$; $K_{\mathrm{L}} = 0.98$。

第 4 章

4-1 (1) $I_{\mathrm{k}} = 1572.3\mathrm{A}$; (2) $i_{\mathrm{kmax}} = 4052\mathrm{A}$。

4-2 (1) $I_{\mathrm{k}}^* = 25$; (2) $i_{\mathrm{kmax}}^* = 29.31$。

第 5 章

5-1 $r_1 = 10.72\Omega$, $x_1 = 126.45\Omega$; $r_2' = 2.73\Omega$, $x_2' = 78.22\Omega$;

$r_3' = 7.28\Omega$, $x_3' = -5.58\Omega$。

5-2 $r_1 = 0.0976\Omega$, $x_1 = 4.799\Omega$; $r_2' = 0.3677\Omega$, $x_2' = 15.699\Omega$;

$r_3' = 0.8248\Omega$, $x_3' = 14.723\Omega$。

5-3 (1) $S_{\mathrm{aN}} = 8400\mathrm{kV}\cdot\mathrm{A}$; (2) $I_{\mathrm{ka}}^* = 14.285$, $I_{\mathrm{ka}}^*/I_{\mathrm{k}}^* = 1.5$。

5-4 (1) $S_{\mathrm{aN}} = 40178\mathrm{kV}\cdot\mathrm{A}$; $S' = 31500\mathrm{kV}\cdot\mathrm{A}$; $S'' = 8678\mathrm{kV}\cdot\mathrm{A}$; 增加了 $8678\mathrm{kV}\cdot\mathrm{A}$;

(2) 效率提高了 0.20%; (3) 1.27 倍; 6.71 倍; 8.55 倍。

第 6 章

6-1 $\tau = 12$ 槽, $\alpha = 15°$; $q = 4$ 槽/每极每相。

6-2 $\tau = 9$ 槽, $\alpha = 20°$; $q = 3$ 槽/每极每相, $N = 30$ 匝。

6-3 $\tau = 3$ 槽, $\alpha = 60°$; $q = 1$ 槽/每极每相。

6-4 180°。

6-5 140°。

6-6 60 匝。

第 7 章

7-1 电动势增大 2%；波形不变；51Hz；相位差不变。

7-2 （1）220V；（2）46V；（3）225V，380V。

7-3 （1）$f_1 = 50\text{Hz}$；$K_{N1} = 0.9553$；$E_{ph1} = 6383.5\text{V}$；（2）$y = \frac{4}{5}\tau$；$E_{ph1} = 6070.7\text{V}$。

7-4 $\Phi_1 = 0.995\text{Wb}$。

7-5 224V。

7-6 （1）14V；（2）27V；（3）324.6V；（4）1797.5V；（5）7435.6V；（6）12878V。

7-7 231.6V。

第 8 章

8-1 7。

8-2 （1）146.2 安匝/极，1500r/min；（2）0，0；（3）1.23 安匝/极，−300r/min；（4）3.14 安匝/极，214r/min。

8-3 150 安匝/极；1500r/min。

8-4 （1）圆形旋转磁动势，转向与相序一致(A-B-C)；（2）脉振磁动势；（3）椭圆形旋转磁动势，转向为 A-C-B-A。

8-5 $F_1 = 49972$ 安匝/极，$n_1 = 3000\text{r/min}$，正转；$F_3 = 0$ $n_3 = 0$；$F_5 = -311.2$ 安匝/极，$n_5 = 600\text{r/min}$，反转；$F_7 = 844.4$ 安匝/极，$n_7 = 429\text{r/min}$，正转。

8-6 777 安匝/极；750r/min。

8-7 18.5A。

第 9 章

9-1 $I_N = 126.17\text{A}$。

9-2 （1）$2p = 6$；（2）$s = 0.025$；（3）$\eta = 70.8\%$。

9-3 （1）$n_N = 715\text{r/min}$；（2）$s = 1.95$。

9-4 （1）$n_1 = 750\text{r/min}$；（2）$n_N = 718\text{r/min}$；（3）$s = 0.067$；（4）$s = 1$。

第 10 章

10-1 （1）$p = 3$；（2）$s_N = 0.04$；（3）$f_2 = 2\text{Hz}$。

10-2 （1）$k_e = 5.15$；（2）$k_i = 5.15$；（3）$r_1 = 0.45\Omega$，$x_1 = 2.45\Omega$；$r_2' = 0.53\Omega$，$x_2' = 2.39\Omega$。

10-3 （1）$s_N = 0.037$；（2）$\dot{I}_1 = 20.12\angle -24.20°\text{A}$，$\dot{I}_2' = 18.99\angle -9.68°\text{A}$，$\dot{I}_0 = 5.11\angle -88.64°\text{A}$；（3）$E_{2s} = 1.91\text{V}$；（4）$f_2 = 1.87\text{Hz}$。

10-4 （1）$I_2 = 359.46\text{A}$；（2）$I_2 = 293.07\text{A}$。

10-5　(1) $r_2' = 0.39\Omega$, $x_2' = 1.84\Omega$, $r_\text{m} = 2.42\Omega$, $x_\text{m} = 38.68\Omega$; (2) $\cos\varphi_\text{N} = 0.88$, $\eta_\text{N} = 87.48\%$。

第 11 章

11-1　(1) $s_\text{N} = 0.05$; (2) $P_\text{em} = 106.32\text{kW}$; (3) $p_\text{Cu2} = 5.32\text{kW}$; (4) $T_\text{em} = 1015.36\text{N} \cdot \text{m}$; (5) $T_\text{2N} = 1005.26\text{N} \cdot \text{m}$; (6) $T_0 = 10.10\text{N} \cdot \text{m}$。

11-2　(1) 略; (2) $I_1 = 20.29\text{A}$, $\cos\varphi_1 = 0.86$, $P_1 = 11.50\text{kW}$, $\eta = 86.93\%$; (3) $T_\text{em} = 66.97\text{N} \cdot \text{m}$; (4) $n = 1275\text{r/min}$。

11-3　(1) $T_\text{emN} = 33.33\text{N} \cdot \text{m}$; (2) $T_\text{max} = 70.80\text{N} \cdot \text{m}$; (3) $k_\text{m} = 2.13$; (4) $s_\text{m} = 0.19$。

11-4　(1) $s_\text{N} = 0.027$; (2) $s_\text{m} = 0.16$; (3) $T_\text{emN} = 981.16\text{N} \cdot \text{m}$; (4) $T_\text{max} = 3041.60\text{N} \cdot \text{m}$。

11-5　(1) $P_\text{em} = 7965\text{W}$; (2) $p_\text{Cu2} = 270.81\text{W}$; (3) $P_\text{mec} = 7694.19\text{W}$。

11-6　(1) $T_\text{em} = 116.88\text{N} \cdot \text{m}$; (2) $T_\text{2N} = 115.01\text{N} \cdot \text{m}$; (3) $T_\text{max} = 296.95\text{N} \cdot \text{m}$, $k_\text{m} = 2.54$; (4) $T_\text{st} = 108.70\text{N} \cdot \text{m}$。

11-7　(1) $s_\text{N} = 0.027$; (2) $p_\text{Cu2} = 1.68\text{kW}$; (3) $\eta = 89\%$; (4) $I_\text{N} = 123.41\text{A}$; (5) $f_2 = 1.33\text{Hz}$。

11-8　(1) $\eta = 86.88\%$; (2) $s = 0.041$; (3) $n = 1438\text{r/min}$; (4) $T_0 = 0.49\text{N} \cdot \text{m}$; (5) $T_2 = 36.06\text{N} \cdot \text{m}$; (6) $T_\text{em} = 36.55\text{N} \cdot \text{m}$。

11-9　(1) $T_\text{em} = 751.4\text{N} \cdot \text{m}$; (2) $n = 1466\text{r/min}$。

第 12 章

12-1　$r_\Omega = 0.12\Omega$, $T_\text{st} = 3108.65\text{N} \cdot \text{m}$。

12-2　(1) $n_\text{N} = 1479\text{r/min}$, $T_\text{em} = 1019.61\text{N} \cdot \text{m}$; (2) $r_\Omega = 0.10\Omega$, $p_\text{Cu2} = 21.36\text{kW}$。

12-3　(1) $I_\text{st}'' = 393.23\text{A}$; (2) $I_\text{st}' = 435.90\text{A}$; (3) $T_\text{st} = 221.49\text{N} \cdot \text{m}$。

12-4　(1) $r_\Omega = 0.18\Omega$; (2) 1 倍; (3) 1 倍。

12-5　(1) $\begin{aligned}I_\text{st}' &= 4.8I_\text{N} > 4.2I_\text{N} \\ T_\text{st}' &= 1.28T_\text{N} > T_\text{N}\end{aligned}$ 不符合要求; (2) $\begin{aligned}I_\text{st}' &= 2I_\text{N} < 4.2I_\text{N} \\ T_\text{st}' &= 0.67T_\text{N} < T_\text{N}\end{aligned}$ 不符合要求;

(3) $\begin{aligned}I_\text{st}' &= 3.84I_\text{N} < 4.2I_\text{N} \\ T_\text{st}' &= 1.28T_\text{N} > T_\text{N}\end{aligned}$ 符合要求。

12-6　(1) $I_\text{N} = 19.89\text{A}$; (2) 选 80% U_N 抽头; (3) $I_\text{st}' = 82.75\text{A}$。

12-7　$r_\Omega = 2.08\Omega$。

第 15 章

15-1　40 极。

15-2　14.43A; 8kW; 6kvar。

15-3　3.04A; 1472W。

15-4　略; 略; 80 极; 300 转/分; 凸极式结构。

第 16 章

16-1　(1) 2.236；(2) 0.78。

16-2　10.74kV；18.4°；略。

16-3　13.85kV；32.63°；略。

16-4　12534.88V；57.4°；387.6A；247.7A；略。

16-5　3000V；5796V。

16-6　(1) 707∠–45° A 交磁兼直轴去磁；(2) 500∠–90°A；直轴去磁；
　　　(3) 1000∠0°A；交轴交磁。

第 17 章

17-1　(1) $x_{d\sharp} = 5.87\Omega$, $K_c = 0.96$；(2) 作图, $x_\sigma = 1.018\Omega$, $I_{fa} = 165A$；
　　　(3) 作图, $I_{fN} = 377.5A$, $\Delta u\% = 27\%$。

17-2　(1) $I_{fk}^* = 1.833$；(2) 作图, $I_{fN}^* = 2.5$。

17-3　$x_{d\sharp}^* = 1.97$；$K_C = 0.65$。

17-4　(1) $x_p^* = 0.17$；(2) $x_{d\sharp}^* = 1.716$；(3) $K_c = 0.6993$。

17-5　(1) 1.13 欧姆；0.937 欧姆；7.47 欧姆；1.036；(2) 28%；458.6A。

17-6　(1) 0.2；(2) 2.86，32%。

17-7　2.2；25%。

第 18 章

18-1　(1) 8859.7V；(2) 33.96°；(3) 21483.6kW；(4) 1.79。

18-2　(1) 37.575kW；(2) 75.987kW；(3) 2.02。

18-3　(1) 可以稳定运行；38.68°；(2) 23°。

18-4　(1) 100000kW；34.7°；(2) 5847A。

18-5　(1) 8.07°；7975V；(2) 21.1°；因小于 45°可以稳定运行。

18-6　18.07°；150MW；2.52。

18-7　45°；27.43°；55.49°。

18-8　(1) 12560V、57.6°；(2) $P_{em}^* = 1.605\sin\theta + 0.359\sin 2\theta$；15225kW；(3) 2.18。

18-9　0.8；2.53；2.65。

18-10　2.27。

18-11　(1) 282V；14.58°；(2) 40A。

18-12　(1) 17.1°；12.5MW；9.375Mvar；(2) 3.118Mvar；(3) 略。

18-13　$1.49P_N$。

18-14　0.692(滞后)、41.85A、21kvar，发出感性无功功率。

第 19 章

19-1　(1) $E_0 = 6378.3V$；(2) $P_{emN} = 480.333kW$；$T_{em} = 15289.5N \cdot m$。

19-2　(1) 1656. 18kV · A；(2) 0. 242(超前)。

19-3　(1) 30. 92°；(2) 31. 82°；0. 998(滞后)。

19-4　0. 8635；没有过载。

19-5　1. 77；−19. 4°；过励运行。

19-6　2226kV · A；0. 225。

19-7　337A。

第 20 章

20-1　2. 6。

20-2　1. 818；0. 22；0. 031。

20-3　1. 0；1. 443；2. 5。

20-4　$I_{k2} = 44. 33A$；设 B、C 两相短路：$U_A = 1950. 7V$；$U_B = U_C = 975. 4A$；$U_{BC} = 0V$；$U_{AB} = U_{AC} = 2926V$。

20-5　(1) 151. 7A；(2) 186A；(3) 293A。

20-6　13959A；8610A；5634A。

第 21 章

21-1　(1) $i_a^* = A\cos\left(314t + \dfrac{2}{3}\pi\right) - 6. 045\mathrm{e}^{-\frac{t}{0. 162}}$, $i_b^* = A\cos314t + 12. 09\mathrm{e}^{-\frac{t}{0. 162}}$,

$i_c^* = A\cos\left(314t - \dfrac{2}{3}\pi\right) - 6. 045\mathrm{e}^{-\frac{t}{0. 162}}$, 其中 $A = -\left(4. 72\mathrm{e}^{-\frac{t}{0. 105}} + 6. 61\mathrm{e}^{-\frac{t}{0. 84}} + 0. 76\right)$；

(2) B 相, 22. 95。

21-2　(1) $i_k^* = -\sqrt{2}\left(3. 129\mathrm{e}^{-\frac{t}{0. 093}} + 4. 19\mathrm{e}^{-\frac{t}{0. 74}} + 0. 617\right)\cos314t + 11. 2\mathrm{e}^{-\frac{t}{0. 132}}$；

(2) 21. 06, (3) −3. 65, (4) −0. 975。

21-3　(1) 0. 1629Ω, 0. 296Ω, 2. 54Ω；(2) 0. 145s, 1. 16s；(3) 30. 16°, 0. 21s。

21-4　$i_k = E_{0m}\left[\left(\dfrac{1}{x_d''} - \dfrac{1}{x_d'}\right)\mathrm{e}^{-\frac{t}{T_d''}} + \left(\dfrac{1}{x_d'} - \dfrac{1}{x_d}\right)\mathrm{e}^{-\frac{t}{T_d'}} + \dfrac{1}{x_d}\right]\cos\omega t + I_m\mathrm{e}^{-\frac{t}{T_a}}$,

$i_k^* = -\left(6. 589\mathrm{e}^{-\frac{t}{0. 035}} + 7. 83\mathrm{e}^{-\frac{t}{0. 6}} + 1. 285\right)\cos314t + 15. 71\mathrm{e}^{-\frac{t}{0. 09}}$, $i_{k(t=0.01)}^* = 28$。

21-5　$I_{k(3)}'' = 11749A$, $I_{k(2)}'' = 9157A$, $I_{k(1)}'' = 12768A$；

$I_{k(3)}' = 6805A$, $I_{k(2)}' = 6901A$, $I_{k(1)}' = 10108A$；

$I_{k(3)} = 916. 4A$, $I_{k(2)} = 1449A$, $I_{k(1)} = 2417A$。

第 22 章

22-1　1. 51Hz；0. 6625s。

22-2　(1) 2. 24Hz, 0. 446s；(2) 2. 85Hz, 0. 35s。

第 23 章

23-1　385. 2A。

23-2 521.7A。

第 24 章

24-1 1500r/min 时 208.95V；500r/min 时 69.65V。

24-2 （1）228.8V；（2）198.7N·m。

24-3 （1）5，−4，1，1；（2）5，4，9，9。

24-4 （1）单叠 5750 根；（2）单波 1438 根。

第 25 章

25-1 （1）1.3A，55A；（2）60A，235V；（3）12.1kW，14.1kW。

25-2 7047W；44.9N·m；81%。

25-3 806.9N·m。

25-4 4 匝。

25-5 （1）4.25%；（2）8.7%。

第 26 章

26-1 （1）51.11N·m；（2）59.21N·m；（3）86.92%；（4）2814r/min。

26-2 （1）53.1A；（2）1.94Ω；（3）38%。

26-3 585r/min。

26-4 1.758Ω；13.76 倍。

26-5 689r/min。

参 考 文 献

[1] 曾令全. 电机学[M]. 北京：中国电力出版社，2007.
[2] 杨玉荣. 电机学[M]. 长春：吉林大学出版社，1995.
[3] 汪国梁. 电机学[M]. 北京：机械工业出版社，1998.
[4] 周顺荣. 电机学[M]. 北京：科学出版社，2002.
[5] 辜承林. 电机学[M]. 武汉：华中科技大学出版社，2005.
[6] 胡虔生. 电机学[M]. 北京：中国电力出版社，2007.
[7] 汤蕴璆. 电机学[M]. 北京：机械工业出版社，1999.
[8] 王正茂. 电机学[M]. 西安：西安交通大学出版社，2000.
[9] 张广溢. 电机学[M]. 重庆：重庆大学出版社，2006.
[10] 孙旭东. 电机学[M]. 北京：清华大学出版社，2006.
[11] 牛维扬. 电机学[M]. 北京：中国电力出版社，2005.
[12] 李发海. 电机学[M]. 北京：科学出版社，2001.